Dierschke/Briemle
Kulturgrasland

Ökosysteme Mitteleuropas
aus geobotanischer Sicht

herausgegeben von
Professor Dr. Richard Pott

Hartmut Dierschke
Gottfried Briemle

Kulturgrasland

Wiesen, Weiden und verwandte Staudenfluren

Mit einem Beitrag von Anselm Kratochwil
und Angelika Schwabe

40 Schwarzweißabbildungen
86 Farbabbildungen
42 Zeichnungen
20 Tabellen

Umschlagfotos: Oben links: Umtriebsweide nach 1–2 Tagen (Wollershausen 1998). Oben rechts: Bergwiese (Abb. 68). Unten von links nach rechts: Geranium pratense, Tragopogon pratensis, Melanargia galathea (Abb. 153, S. 136).

Prof. Dr. Hartmut Dierschke, geb. 1937 in Groß Ladtkeim, ist Leiter der Abteilung für Vegetationskunde und Populationsbiologie im Albrecht-von-Haller-Institut für Pflanzenwissenschaften der Universität Göttingen. Studium der Botanik, Zoologie, Geographie und Chemie an den Universitäten Göttingen, Kiel und Freiburg.
Forschungsschwerpunkte: Vegetationsökologie, insbesondere Vegetationssystematik, Vegetationsphänologie, Sukzessionsforschung, vorwiegend in Mitteleuropa.

Dipl.-Ing. Dr. sc. agr. Gottfried Briemle, geb. 1948 in Mengen, gelernter Gärtner, Studium der Landespflege, Landschaftsökologie und Geobotanik in Weihenstephan, Berlin, Hannover und Hohenheim. Seit 1984 als Grünlandbotaniker und -ökologe bei der Staatlichen Lehr- und Versuchsanstalt für Viehhaltung und Grünlandwirtschaft, Aulendorf, tätig.
Arbeitsschwerpunkte: Praxisorientierte Beratung von Landwirtschaft und Naturschutz anhand geobotanischer Erkenntnisse aus langjährigen Freilandversuchen.

Bibliografische Information der Deutschen Nationalbibliothek
Die Deutsche Nationalbibliothek verzeichnet diese Publikation in der Deutschen Nationalbibliografie; detaillierte bibliografische Daten sind im Internet über http://dnb.d-nb.de abrufbar.

Wollgrasweg 41, 70599 Stuttgart (Hohenheim)
E-Mail: info@ulmer.de
Internet: www.ulmer.de
Lektorat: Cornelie Steidel, Helen Haas
Herstellung: Gabriele Wieczorek
Druck und Bindung: Friedrich Pustet, Regensburg
Printed in Germany

ISBN 978-3-8001-5641-2

Inhaltsverzeichnis

Vorwort des Herausgebers

Beziehungsgefüge von Organismen mit physikalischen und chemischen Standortfaktoren bezeichnet man unabhängig von ihrer Ausdehnung und Komplexität als **Ökosysteme**. Als naturräumlich abgrenzbare Einheiten können landschaftliche Ökosysteme physiogeographisch und typologisch abgegrenzt werden. In Mitteleuropa unterscheidet man u. a. die Binnengewässer der Flüsse und Seen als aquatische Ökosysteme von den marinen Ökosystemen der Küsten des Wattenmeeres und der Inseln. Man trennt die Moore von den Heiden, die Gebüsche von den Wäldern und die Hochgebirgsrasen von den Trockenrasen. Hinsichtlich ihrer Natürlichkeit oder Naturnähe unterscheidet man die primären natürlichen Ökosysteme von den sekundären Ökosystemen der Kulturlandschaften.

Das ist auch die Grundidee unserer neuen Buchreihe über die „Ökosysteme Mitteleuropas aus geobotanischer Sicht“. Ursprüngliche Naturlandschaften, aber auch Kulturlandschaften, sollen mit ihren typischen Pflanzen- und Tierarten im Zentrum dieser neuen Buchreihe stehen: Gewässer des Binnenlandes, Moore, Küstenlebensräume, Trockenrasen, Zwergstrauchheiden, Grünlandvegetation, Ruderalvegetation, Vegetation der Äcker, Weinberge und der besiedelten Regionen, Säume, Hecken und Gebüsche, Hochgebirgsvegetation und die verschiedenen Waldtypen Mitteleuropas.

Ich danke allen Autorinnen und Autoren der ersten Bände dieses umfangreichen Gesamtwerkes für ihre Bereitschaft zur Mitwirkung. Dem Verlag Eugen Ulmer danke ich für die Bereitschaft und Unterstützung zum Druck eines solchen Werkes.

Möge diese neue Buchreihe ein Bild von der biologischen Vielfalt der Ökosysteme Mitteleuropas liefern und eine Vorstellung von ihrem Werden, ihrer Entwicklung, ihrer Funktion sowie vom Gesamtgefüge von Klima, Boden, Pflanze, Tier und Mensch wie auch eine Kausalanalyse ihrer Stoff- und Energieumsätze geben. Darüber hinaus hoffe ich sehr, mit diesen Bänden neue Freunde für unsere *Scientia amabilis*, die Geobotanik, zu gewinnen.

Hannover, im Juli 2001
Richard Pott

Vorwort des Verfassers

Gehölze, Äcker und Grasland sind die drei landschaftsbestimmenden Ökosysteme in weiten Teilen Mitteleuropas. Fast überall hat der Mensch die Vegetation verändert. Diese Beeinflussung ist am stärksten beim Ackerland und am wenigsten in naturnahen Wäldern sichtbar. Dazwischen befinden sich unsere Graslandökosysteme, die fast alle anthropogen mitgeprägt oder sogar erst durch die Tätigkeit des Menschen entstanden sind. Keine andere Formation spiegelt so gut sowohl das Naturpotential als auch das Wirken des Menschen in seiner historischen Entwicklung wider. So gibt es heute ein sehr weites Spektrum unterschiedlicher Graslandökosysteme, das von Resten aus bereits historischen landwirtschaftlichen Systemen bis hin zu Resultaten aktueller Agrarnutzung reicht. Das vorliegende Buch konzentriert sich auf solche Graslandökosysteme, die erst im Zuge landschaftskultureller Eingriffe des Menschen entstanden sind und sich vor allem in den letzten 200 Jahren entwickelt haben. Somit kommt neben der vegetationsökologischen Seite auch der Graslandbewirtschaftung eine wichtige Rolle zu, wenn man solche Ökosysteme verstehen und vor allem ihre aktuelle Situation beurteilen will.

Schon bei der ersten Konzeption für dieses Buch erschien es mir sehr wichtig, auch einen Gründlandexperten mit engen Beziehungen zur Landwirtschaft als Mitautor zu gewinnen. Bereits 1996 ergaben sich erste Kontakte zu Dr. Gottfried Briemle, aus denen sich im Laufe der Jahre ein fruchtbarer Gedankenaustausch entwickelte mit einer wechselseitigen kritischen Durchleuchtung der verfassten Kapitel. Auch für biozönologische Fragen, die leider nur am Rande einbezogen werden konnten (Kapitel 10), wurden mit den Autoren des neuen Biozönologie-Lehrbuches, Prof. Dr. Anselm Kratochwil und Prof. Dr. Angelika Schwabe, profunde Fachleute gewonnen. Allen Beteiligten möchte ich sehr für ihre Mitarbeit danken. Gottfried Briemle hat vor allem Kapitel 8 verfasst und meine eigenen Kapitel kritisch kommentiert. Die abschließende Biologische Tafel (Kapitel 12) wurde gemeinsam zusammengestellt.

Mein Dank gilt auch besonders meinen beiden technischen Mitarbeiterinnen, Brigitte Siegesmund und Ute Wergen, ohne deren langzeitige Hilfe das Buch wohl kaum zustande gekommen wäre. Bei einigen Abbildungen war außerdem Bernd Raufeisen behilflich. Auch für die Bereitstellung einiger Fotos möchte ich verschiedenen Kollegen danken, die im Bildnachweis genannt sind. Schließlich gilt mein Dank Prof. Dr. Richard Pott als Initiator und Herausgeber dieser Buchreihe und dem Verlag Eugen Ulmer mit seinem Arbeitsteam, insbesondere Frau Antje Springorum, deren kooperative Mitwirkung sehr zum Gelingen des Buches beigetragen hat.

Göttingen, Frühjahr 2002
Hartmut Dierschke

1 Wiesen und Weiden als Kulturerbe

Im Juni 1996 fand in Bonn ein kleiner Kongress mit dem Thema „Wiesen und Weiden – ein gefährdetes Kulturerbe Europas" statt. Anlass war die Ausstellung „Future Garden. Die gefährdeten Wiesen Europas". Hierzu wurde in Zusammenarbeit von Botanikern mit dem amerikanischen Künstlerehepaar Harrison eine bunte Wiese auf das Dach der Kunsthalle verpflanzt, umrahmt von Bildern und Texten, welche die Entstehung und Schönheit des Ökosystems Wiese als Kulturerbe erfassbar machen und das Bewusstsein für den drohenden Verlust schärfen sollten (Weiler 1997; Abb. 1).

Unter dem Thema Wiesen und Weiden als Kulturerbe verbirgt sich ein weites Feld menschlicher Einwirkungen, die im Laufe der Geschichte zugenommen haben und sich in vielfältigen Reaktionen der Natur widerspiegeln. **Kultur** bedeutet hier weniger ein planerisches Gestalten im Detail, als vielmehr ein ausgewogenes Wechselspiel menschlicher Tätigkeit und natürlicher Antwort, also die Entstehung und Entwicklung einer ausgewogenen **Kulturlandschaft**. Haber (1996) versteht unter Kultur die Aneignung eines Naturraumes als Lebensraum und die naturgebundene Entwicklung und Steigerung seines Leistungsvermögens. Die Schaffung waldfreier Grasländer mit zunehmender Produktivität ist demnach eine echte, langzeitige **Kulturleistung**, ihre weitere Erhaltung eine **Kulturaufgabe**. Allerdings

Abb. 1 „Future Garden". Auf das Dach der Kunsthalle Bonn verpflanzte artenreiche Wiese.

ist nicht alles Kultur, was der Mensch mit der Natur anstellt. Wie Konold (1996) betont, bedeutet das Stammwort „colere" nicht nur bauen, bestellen, sondern auch pflegen, ehren, verehren. Neben Kultur gibt es auch Ausbeutung und Zerstörung. Briemle (1978a) spricht von „**Kulturferner Wirtschaftslandschaft**", das heißt einer in großräumiger Wirtschaftsweise intensiv genutzten Agrarlandschaft, die durch nivellierende Eingriffe des Menschen, Ausräumung von raumgliedernden Landschaftselementen und durch Uniformität geprägt ist und deren Haushalt nur über künstliche Eingriffe im Gleichgewicht gehalten werden kann. Klein et al. (1997) schlagen hierfür den Namen „**Zivilisationslandschaft**" vor.

Erbe bedeutet Hinterlassenschaft unserer Vorfahren, möglicherweise etwas, das gar nicht mehr der heutigen Wirkungs- und Lebensweise entspricht. Dies trifft teilweise auch auf die heutige Situation des Kulturgraslandes zu. Glücklicherweise gibt es aber noch die aus früheren Zeiten überkommenen artenreichen Wiesen und Weiden, wenn auch mit stark abnehmender Tendenz. Das Erbe ist vorhanden, muss aber von uns angenommen, erhalten und gepflegt werden, wie auch viele andere Kulturgüter, etwa alte Bauwerke, Kunstgegenstände, Bilder oder Musik.

Wie die folgenden Kapitel zeigen werden, ist die heutige Kulturlandschaft in vielen Zwischenschritten aus der vom Menschen unbeeinflussten Naturlandschaft entstanden. Aus relativ monotonen Wäldern wurde ein vielfältiges Mosaik unterschiedlich stark beeinflusster Ökosysteme mit Wäldern, Gebüschen, Heiden, Äckern, Ruderalfluren und **Grasland**. Letzteren Vegetationstyp, oft von Gräsern bestimmt, aber von vielen Kräutern durchsetzt, gibt es in sehr unterschiedlicher Ausbildung. Er entstand allmählich durch Beweidung und/oder Mahd und gehört seit langem zu den prägenden Elementen vieler Kulturlandschaften in ganz Europa und darüber hinaus. Manche Graslandtypen haben ihren Anfang schon vor mehreren 1000 Jahren, andere sind erst in den letzten Jahrzehnten entstanden oder noch in Neubildung begriffen. Wie in anderen Bereichen hat sich auch die Weiterentwicklung des Graslandes in den letzten 200 Jahren exponentiell beschleunigt, oft mit bedenklichen Folgen.

Lange Zeit gab es vorwiegend weitläufig (extensiv) genutzte Grasländer mit naturausbeutender Nutzung. Man nahm, was die Natur hergab, ohne sich um eine Nachhaltigkeit Gedanken zu machen. Die hierdurch entstandenen Ökosysteme können wir heute nachträglich als **Extensivgrasland** bezeichnen. Erst durch standortverbessernde, die biologische Leistungskraft fördernde Maßnahmen (Meliorationen) und durch standortschonende Bewirtschaftung entstanden Wiesen und Weiden höherer Produktivität als Grundlage einer intensiveren Landwirtschaft. Zu nennen sind zum Beispiel Regulierungen des Wasser- und Nährstoffhaushaltes, Einbringung produktiverer Pflanzenarten und -sorten, eine geregelte Mahd- oder Weidenutzung. Diese oft noch relativ jungen, in den letzten 200 Jahren entstandenen Vegetationstypen können als **Ökosystem Kulturgrasland** im engeren Sinn bezeichnet werden. Noch etwas enger gefasst, aber meist ähnlich gebraucht, ist die Bezeichnung **„Wirtschaftsgrünland"**. Man könnte auch von mesophytischem Grün- oder Grasland sprechen. Den Kern der hier dargestellten Graslandgesellschaften bildet, pflanzensoziologisch gesehen, die Klasse der **Molinio-Arrhenatheretea**. Andere Graslandtypen werden nur am Rande mit einbezogen, soweit sie als Vorläufer oder Kontaktgesellschaften von Bedeutung sind.

Naturschutz im Sinne der Erhaltung überkommener Graslandtypen ist immer auch **Kulturschutz**, eine Vorstellung, die sich heute zunehmend durchsetzt. Allerdings wird dieses kulturelle Erbe immer noch vernachlässigt. Erbstücke können Schmuckstücke sein, die als Reste früherer Kulturformen ihren besonderen Wert haben. Im Falle des Kulturgraslandes sind es außerdem biologisch sehr vielfältige Ökosysteme, die einer großen Zahl von Pflanzen und Tieren Lebensmöglichkeiten bieten. Hoffen wir also, dass die in diesem Buch bevorzugt beschriebenen Pflanzengesellschaften noch lange wichtige Bestandteile unserer Kulturlandschaften bleiben und nicht nur noch in musealen Schutzgebieten zu finden sein werden.

2 Graslandökosysteme als prägendes Landschaftselement

Gut die Hälfte Deutschlands wird heute landwirtschaftlich genutzt. Hier wird bevorzugt Ackerbau betrieben, soweit es die natürlichen Gegebenheiten (Klima, Relief, Boden, Hydrologie) zulassen. Kulturgrasland ist in begünstigten Lagen höchstens beigemengt, macht aber insgesamt etwa ein Drittel der Agrarfläche aus. Es gibt in Mitteleuropa nämlich auch stärker von Graslandökosystemen bestimmte Landschaften (Abb. 2), auf die hier kurz eingegangen werden soll. Deutlich erkennbar sind größere Graslandgebiete im küstennahen Raum, in großen Flussniederungen und in klimatisch weniger günstigen Bereichen der Mittelgebirge und der Alpen mit ihrem nördlichen Vorland. Nur im Bergland gibt es noch größere Anteile extensiver Magerrasen.

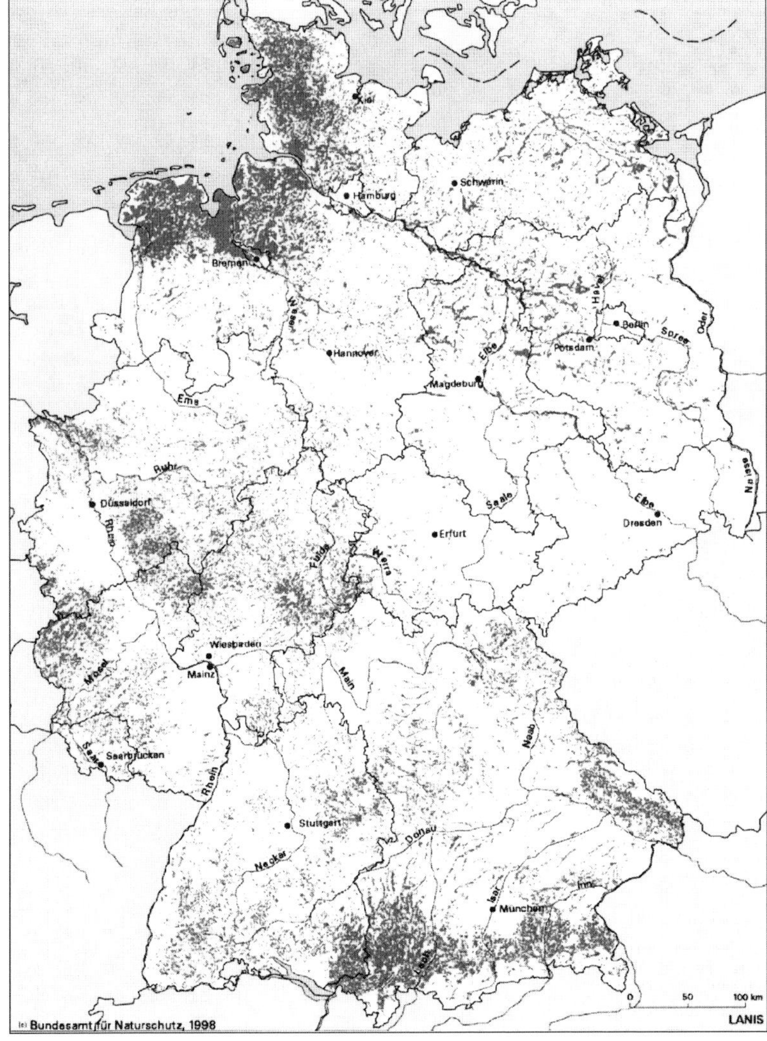

Abb. 2
Kulturgraslandgebiete in Deutschland (Statistisches Bundesamt 1997/ Bundesamt für Naturschutz 1998).

2.1 Naturnahe Graslandgebiete

In der Naturlandschaft spielte Grasland im Zuge der nacheiszeitlichen Wiederbewaldung eine zunehmend untergeordnete Rolle, oder es fehlte ganz. Nur in hohen Berglagen oberhalb der Waldgrenze gibt und gab es so genannte **„Urwiesen"**, meist eher wenig wüchsige Magerrasen (Abb. 3). Produktiver sind dagegen die wiesenartigen Bestände der **Seemarschen** (Abb. 4). Diese Bereiche haben mit dem eigentlichen Kulturgrasland wenig gemeinsam und werden andernorts besprochen. Als Vorläufer heutigen Kulturgraslandes können eher naturnahe **Auenwiesen** gelten, die allerdings wohl kaum landschaftsprägend waren. Auch Störflächen durch Hochwasser oder Eisgang in Randbereichen großer Flüsse waren Wuchsbereiche von mesophytischem Grasland. Schließlich gab es naturnahe Nasswiesen in und am Rande von **Mooren**. Diese Bereiche sind heute alle stark vom Menschen überprägt oder völlig verwandelt.

2.2 Anthropogene Graslandgebiete

Über Jahrtausende haben sich **extensive Weidelandschaften** entwickelt, die aber in Mitteleuropa heute weitgehend wieder verschwunden sind, wenn auch deren Pflanzengesellschaften kleinflächig durchaus noch vorkommen. Subatlantisch-submediterrane **Trockenrasen** im Westen und subkontinentale **Steppen** im Osten findet man meist nur noch in Schutzgebieten, ebenfalls **Magerrasen** basenarmer Böden.

Relativ ausgedehnt und landschaftsprägend wachsen Kalkmagerrasen westlicher Ausprägung zum Beispiel noch auf der Schwäbischen Alb (Abb. 5), Magerrasen basenärmerer Bereiche noch in einigen Gebieten der Rhön. Auch im norddeutschen Tiefland haben sich einige Beispiele alter Hudelandschaften erhalten (Abb. 6).

Ein Zentrum intensiver genutzter Viehweiden sind in Mitteleuropa die **küstennahen Marschen** und angrenzende Gebiete mit at-

Abb. 3 Alpine Krummseggenrasen in den Kitzbüheler Alpen.

Abb. 4 Naturnahe Salzmarsch am Jadebusen.

Abb. 5 Kalkmagerrasen-Hudelandschaft auf der Schwäbischen Alb.

Abb. 6 Alte Hudelandschaft der „Meppener Kuhweide" im Emstal.

Abb. 7 Weite Polderlandschaft mit Viehweiden in den Niederlanden.

Abb. 8 Abwechslungsreiche Weide-Heckenlandschaft in Schleswig-Holstein.

lantischem Klima, das in weiten Bereichen eine sehr lange jährliche Weideperiode erlaubt. So steht hier traditionell eine mäßig intensive Viehwirtschaft im Vordergrund und prägt mit grünen Weiden das Landschaftsbild (Abb. 7). Landeinwärts der Marschen ist oder war neben dem Dauergrün der Weiderasen stellenweise ein weitläufiges Netz von Hecken und Feldgehölzen landschaftsbestimmend (Abb. 8). Weite Bereiche mit Kulturgrasland gibt es auch in größeren **Flussniederungen**, soweit sie noch ein naturgeprägtes oder nur mäßig verändertes Wasserregime aufweisen (Abb. 9).

In **Mooren** bedurfte es größerer Anstrengungen, um sie überhaupt nutzbar zu machen. **Nieder-** und **Anmoore** waren nach mäßiger Entwässerung Kernbereiche unserer artenreichen Feuchtwiesen (Abb. 10, S. 33), lange Zeit der wichtigste Lieferant für Winterheu. Noch stärkeren menschlichen Einsatzes bedurfte es zur Kultivierung von **Hochmooren**, die sich vor allem im Nordwesten Mitteleuropas entwickelt haben. Hier führte tiefreichende Entwässerung und Abtorfung teilweise direkt zum Ackerbau, oft aber auch zu weitläufigem Kulturgrasland aus Wiesen und Weiden (Abb. 11).

Fast alle bisher erwähnten Graslandgebiete liegen vorwiegend im Tiefland, oft in größeren Niederungen, mehr oder weniger mitbestimmt von Eigenheiten des Wasserhaushaltes. Ein zweiter großer Bereich mit Kulturgrasland sind die klimatisch ungünstigeren Lagen der **Mittelgebirge** und des nördlichen **Alpenvorlandes**. Hohe Niederschläge, niedrigere Temperaturen, lange Winter, aber auch stärker reliefiertes Gelände machen diese Gebiete heute für Ackerbau ungeeignet. Lange Winter bedeuten auch eine längere Stallhaltung der Nutztiere, wenn nicht überhaupt die Stallhaltung vorherrscht. Der hohe Heubedarf ließ größere Gebiete mit krautreichen, bunten Wiesen entstehen, meist im Kontakt zu Wäldern und Forsten (Abb. 12, S. 33, Abb. 13).

Neben diesen großräumigen, vom Grasland geprägten Landschaften gibt es auch anderswo Kulturgrasland in größerer Ausdehnung, oft in Gemengelage mit Ackerland. Je mehr sich die Landwirtschaft von Naturgegebenheiten unabhängig macht, umso weniger bleiben vielfältig gegliederte Kulturlandschaften erhalten, im Allgemeinen als **traditionelle** oder **klassische Kulturlandschaft** bezeichnet. Hierunter fallen vom Menschen zwar intensiver genutzte, aber

Abb. 9 Untere Havelaue mit Kulturgrasland.

Abb. 11 Hochmoorgrasland in Ostfriesland.

Abb. 13 Wiesenlandschaft im Alpenvorland.

durch kleinräumige Wirtschaftsweisen geprägte Agrarlandschaften, deren Haushalt durch eine Vielzahl von Landschaftselementen ökologisch relativ stabil ist und die physiognomisch ihre naturräumliche Vielfalt bewahrt haben (Briemle 1978b). Als neuen Typ muss man besonders die artenarm-monotonen Agrarbereiche des Intensivgraslandes herausstellen, die zunehmend die oben beschriebenen Landschaftstypen ersetzen (Abb. 14, S. 33). Hierauf wird im weiteren Verlauf des Buches näher einzugehen sein.

Kulturlandschaft ist immer etwas sehr Dynamisches, in ständiger Entwicklung und Umordnung begriffen. Andererseits gibt es gerade im Bereich der Landwirtschaft alte Traditionen der Lebens- und Wirtschaftsweise, die eine gewisse Verzögerung neuer Entwicklungen bewirken. So findet man neben neuartigen Landschaftstypen, wie wir sie oben kurz angesprochen haben, auch immer noch ältere Formen, die in ihrer Struktur und Physiognomie lange historische Entwicklungen mit individuellen Ausprägungen widerspiegeln. Beispiele schildern unter anderen Nowak (1988) aus dem Lahn-Dill-Bergland und Wilmanns (1995) aus dem Schwarzwald. Über die Vielfalt ihrer Pflanzengesellschaften, ihre Schönheit, aber auch ihre Probleme wird in diesem Buch berichtet.

3 Entstehung und Geschichte des Graslandes in Mitteleuropa

Über die ersten Anfänge und Entwicklungen mesophilen Graslandes unter Mitwirkung des Menschen gibt es keine genaueren Angaben. Man ist auf generelle Überlegungen zur Rekonstruktion von Landschaften und Wirtschaftsweisen des Menschen in der Jungsteinzeit und den folgenden Perioden angewiesen.

3.1 Allgemeines

Für prähistorische Ereignisse lassen sich vor allem zwei Quellen heranziehen: Pollenablagerungen in organogenen Böden und subfossile Pflanzenreste (Samen, Früchte, Heureste, Hölzer und ähnliches) aus frühzeitlichen Siedlungen. Gewisse Einblicke und Schlüsse erlauben auch die archäologischen Funde selbst, zum Beispiel Geräte oder Gebäude, die auf bestimmte Lebens- und Wirtschaftsweisen hinweisen, oder Tierknochen, die über Art und Größe von Haustieren Auskunft geben.

Auch bei jüngeren Gesellschaften, die erst in historischer Zeit entstanden sind, bleiben zahlreiche Einzelheiten im Dunkeln. Nach ersten Aufzeichnungen aus der Römerzeit mehren sich zwar seit dem Mittelalter schriftliche Dokumente, lassen aber meist nur oberflächliche Schlüsse zu, zum Beispiel über Ausdehnung und allgemeine Nutzungsweise des Graslandes oder über Meliorationen zur Ertragsverbesserung. Aus vielen Bausteinen formt sich aber ein immer detaillierteres Bild über die in engem Zusammenwirken von Mensch und Natur entstandenen und sich wandelnden Kulturlandschaften Mitteleuropas. Gute Zusammenfassungen finden sich zum Beispiel in Arbeiten von Behre, Bonn & Poschlod, Ellenberg, K.C. Ewald, Hartmann, Konold, Küster, Pott und Speier; auf sie wird in den folgenden Kapiteln häufig Bezug genommen.

Die **Kulturepochen des Menschen** setzten zu unterschiedlichen Terminen in Mitteleuropa ein. Ein grobes Zeitraster gibt Willerding (1977):

bis 8300 v. Chr.	Paläolithikum
bis 4500 v. Chr.	Mesolithikum
bis 1800 v. Chr.	Neolithikum
bis 800 v. Chr.	Bronzezeit
bis 1 v. Chr.	Eisenzeit
bis 400 n. Chr.	Römische Kaiserzeit
bis 600 n. Chr.	Völkerwanderungszeit
bis 1500 n. Chr.	Mittelalter
ab 1500 n. Chr.	Neuzeit

3.2 Herkunft der Pflanzen des Kulturgraslandes

Obwohl die heutigen Graslandökosysteme fast durchweg anthropogenen Ursprungs sind, stammen doch fast alle Pflanzen aus der einheimischen Flora. Im Kulturgrasland häufiger vertreten sind etwa 250 Pflanzensippen. Für Mitteldeutschland ergab eine Auswertung von Frank et al. (1990) 201 solcher Sippen, das sind 8,8 % der gesamten Gefäßpflanzenflora dieses Gebietes. 196 Graslandarten (97,5 %) sind einheimisch, nur drei wanderten frühzeitig neu ein (**Archäophyten**: *Plantago lanceolata*, *P. major*, *Veronica arvensis*), zwei kamen in der Neuzeit hinzu (**Neophyten**: *Lolium multiflorum*, *Veronica filiformis*). Dies bedeutet umgekehrt, dass von den 228 bei Lohmeyer & Sukopp (1992) für Mitteleuropa aufgeführten **Agriophyten**, also fest eingebürgerten Archäo- und Neophyten, fast keiner einen Stammplatz im Kulturgrasland erobert hat. Die Autoren werten *Arrhenatherum elatius* (unsicher) und *Phleum pratense* ebenfalls als Archäophyten. Körber-Grohne (1990, 1993) hält auch *Alopecurus pratensis* und *Cynosurus cristatus* für frühzeitig eingeschleppt.

Viele unserer Graslandpflanzen konnten vermutlich schon im Spätglazial, also seit etwa 12 000 bis 14 000 Jahren, und im frühen **Postglazial** ihre Rückwanderung und Neuausbreitung beginnen und waren bereits im **Präboreal** (vor 10 000 Jahren), zu Beginn der dauerhaften Wiederbewaldung Mitteleuropas, vorhanden. In tonigen Rheinablagerungen aus dieser Zeit (ca. 9000 v. Chr.) wurden 32 Graslandarten identifiziert, zum Beispiel *Angelica sylvestris*, *Anthriscus sylvestris*, *Crepis biennis*, *Festuca pratensis*, *F. rubra*, *Heracleum sphondylium*, *Poa pratensis*, *Ranunculus acris*, *Rumex acetosa* (Knörzer 1996). Seit dem **Atlantikum** bis **Subboreal** (ab 5500 v. Chr.) entwickelten sich dann in einem warm-feuchten Klima, vor allem mit dem Einwandern von Buche und Hainbuche, stark beschattende Wälder, die manche Lichtpflanzen auf marginale Standorte zurückdrängten.

Für diese Zeit geben heutige Wälder einige Anhaltspunkte über das mögliche Vorkommen von Arten des Kulturgraslandes. Mit sehr lichten Wäldern im Präboreal (bis 7500 v. Chr.) kann man am ehesten die alpennahen Schneeheide-Kiefernwälder der Erico-Pinetea vergleichen, die wegen zahlreicher Glazialrelikte auch als Reliktkiefernwälder bezeichnet werden. Von Natur aus lichtere Laubwälder findet man heute gelegentlich auf schweren, wasserstauend-wechselfeuchten Böden. So beschreiben Meusel & Niemann (1971) aus dem Grabfeld einen Eichenmischwald auf Tonboden, in dessen üppiger Krautschicht viele Arten bodenfeuchter Magerwiesen wachsen. Sie können als Modell mancher Laubmischwälder seit dem Boreal angesehen werden.

In Tabelle 1 sind Arten des Kulturgraslandes zusammengestellt, die häufiger in heutigen Laubwäldern Süddeutschlands vorkommen. Die Tabelle enthält nur diejenigen Arten, die mit über 20 % Stetigkeit angegeben sind, also etwas häufiger in Wäldern vorkommen. Die Zahl potentieller Pflanzen des Kulturgraslandes ist mit 105 recht gering, würde sich aber mit Arten niedriger Stetigkeit noch deutlich erhöhen. Naturwälder früherer Zeiten mit ihrem Mosaik verschiedener Altersphasen, also auch mit lichtreichen Flecken kürzlich abgestorbener oder umgefallener Bäume, gaben zudem viel mehr Möglichkeiten für heutige Graslandpflanzen.

Die **Wälder bodensaurer Standorte** enthalten erwartungsgemäß kaum Arten des Kulturgraslandes (Spalten 1 und 2); in dichteren Nadelwäldern fehlen sie fast ganz. Die lichtreicheren **Trockenwälder** (Spalten 3 und 4) besitzen zwar relativ viele heliophile Pflanzen, ihre meist nährstoffarmen Böden sind aber für Arten des Kulturgraslandes wenig geeignet. Bessere Böden genügen andererseits nicht, wenn die Baumbestände dicht geschlossen sind und für die Krautschicht das notwendige Licht fehlt. So finden sich weder in **Buchen**- (Spalte 5), **Eichen-Hainbuchen**- (Spalte 6) oder **Schatthangwäldern** (Spalte 7) viele der gesuchten Arten. Ihr Schwerpunkt liegt deutlich in den relativ lückigen Wäldern der Flussauen und Moorniederungen. Dies muss man auch für frühere Zeiten annehmen. Hier gab es einerseits immer relativ nährstoffreiche Böden, durch Störungen andererseits auch eine ständige Dynamik, wodurch vor allem Arten des Feuchtgraslandes Wuchsmöglichkeiten hatten. Mit 26 Arten weist entsprechend der **Hartholzauenwald** (Spalte 9) ein Maximum solcher Pflanzen auf. Viele wichtige Arten des aktuellen Kulturgraslandes fehlen jedoch in Wäldern. Sie müssen ihre Heimat eher an Waldrändern oder auf langzeitigen Lichtungen in saumartigen Beständen gehabt haben, wie sie wiederum in Flussauen häufig zu finden sind (Abb. 15).

Von einigen Autoren (z. B. Ellenberg 1996) wird die Heimat mancher Graslandpflanzen an der Waldgrenze und auf dauernd waldfreien Schutt- und Lawinenbahnen im Gebirge angenommen. Carbiener (1969) beschreibt aus mehreren hohen Mittelgebirgen vom Französischen Zentralmassiv über Vogesen und Schwarzwald bis zu den Sudeten **subalpine „Urwiesen“**, das heißt sehr artenreiche Hochgras- und Staudenfluren aus dem Waldgrenzbereich mit zahlreichen Pflanzen des heutigen Kulturgraslandes, teilweise in abweichenden Varietäten. Dagegen fand Ewald (1996) bei der Untersuchung naturnaher, montaner Rasen auf Lawinenbahnen der Kalkalpen neben zahlreichen Pflanzen subalpin-alpiner Rasen nur relativ wenige anspruchsvollere Graslandarten.

3.3 Neubildung von Sippen und Ökotypen

Manche unserer heutigen Graslandpflanzen waren in der Naturlandschaft wahrscheinlich nicht in ihrer jetzigen Form vorhanden. Selbst wenn man von der Ansaat und raschen Ausbreitung vieler gezüchteter, ertragreicher Sorten (s. Kap. 8.5 und Kap. 11.1; wohl schon seit der Römerzeit!) einmal absieht, entsprechen viele Sippen des heutigen Graslandes nicht ihren natürlichen Vorfahren. So darf angenommen werden, dass unter geänderten (verbesserten) Standortbedingungen und verschärfter

Tab. 1 Vorkommen von Arten des Kulturgraslandes in süddeutschen Waldgesellschaften (nach OBERDORFER 1992)

Gesellschaftsgruppe Zahl der Arten	1 1	2 2	3 8	4 11	5 7	6 4	7 11	8 13	9 26	10 22
Molinia caerulea	+	–	–	–	–	–	–	–	+	–
Anthoxanthum odoratum	–	+	+	–	–	–	–	–	–	+
Agrostis capillaris	–	+	–	–	–	–	+	–	–	–
Betonica officinalis	–	–	+	–	–	–	–	–	–	–
Serratula tinctoria	–	–	+	–	–	–	–	–	–	–
Galium boreale	–	–	+	+	–	–	–	–	–	–
Campanula rotundifolia	–	–	+	+	–	–	–	–	–	–
Taraxacum officinale	–	–	+	+	+	–	–	–	–	–
Vicia sepium	–	–	+	–	+	+	+	–	–	–
Galium mollugo agg.	–	–	+	+	+	+	–	+	+	–
Lotus corniculatus	–	–	–	+	–	–	–	–	–	–
Dactylis glomerata	–	–	–	+	–	–	–	–	–	–
Lathyrus pratensis	–	–	–	+	–	–	–	–	–	–
Vicia cracca	–	–	–	+	–	–	–	–	–	–
Briza media	–	–	–	+	–	–	–	–	–	–
Pimpinella major	–	–	–	+	–	–	+	–	–	–
Angelica sylvestris	–	–	–	+	–	–	+	+	+	+
Veronica chamaedrys	–	–	–	–	+	–	+	–	–	–
Heracleum sphondylium	–	–	–	–	+	–	–	–	+	–
Ajuga reptans	–	–	–	–	+	+	+	–	+	+
Deschampsia cespitosa	–	–	–	–	+	+	+	+	+	+
Geranium sylvaticum	–	–	–	–	–	–	+	–	–	–
Chaerophyllum hirsutum	–	–	–	–	–	–	+	–	+	–
Cirsium oleraceum	–	–	–	–	–	–	+	+	+	+
Valeriana officinalis agg.	–	–	–	–	–	–	+	+	+	+
Agrostis gigantea	–	–	–	–	–	–	–	+	–	–
Achillea millefolium	–	–	–	–	–	–	–	+	–	–
Symphytum officinale	–	–	–	–	–	–	–	+	+	–
Myosotis palustris agg.	–	–	–	–	–	–	–	+	+	–
Filipendula ulmaria	–	–	–	–	–	–	–	+	+	+
Poa trivialis	–	–	–	–	–	–	–	+	+	+
Ranunculus repens	–	–	–	–	–	–	–	+	+	+
Lysimachia vulgaris	–	–	–	–	–	–	–	+	+	+
Caltha palustris	–	–	–	–	–	–	–	–	+	+
Crepis paludosa	–	–	–	–	–	–	–	–	+	+
Equisetum palustre	–	–	–	–	–	–	–	–	+	+
Cardamine pratensis	–	–	–	–	–	–	–	–	+	+
Geum rivale	–	–	–	–	–	–	–	–	+	+
Juncus effusus	–	–	–	–	–	–	–	–	+	+
Scirpus sylvaticus	–	–	–	–	–	–	–	–	+	+
Valeriana dioica	–	–	–	–	–	–	–	–	+	+
Colchicum autumnale	–	–	–	–	–	–	–	–	+	–
Bistorta officinalis	–	–	–	–	–	–	–	–	+	–
Stachys palustris	–	–	–	–	–	–	–	–	+	–
Cirsium palustre	–	–	–	–	–	–	–	–	–	+
Galium uliginosum	–	–	–	–	–	–	–	–	–	+
Juncus acutiflorus	–	–	–	–	–	–	–	–	–	+
Lythrum salicaria	–	–	–	–	–	–	–	–	–	+

Gesellschaftsgruppe:

1 Vaccinio-Piceetea (bodensaure Nadelwälder)
2 Quercetalia roboris (bodensaure Birken-Eichen- u. Buchen-Eichenwälder)
3 Quercetalia pubescenti-petraeae (Flaumeichenwälder)
4 Erico-Pinetea (Schneeheide-Kiefernwälder)
5 Fagion sylcaticae (artenreiche Buchenwälder)
6 Carpinion betuli (Eichen-Hainbuchenwälder)
7 Tilio-Acerion (Eschen-Ahorn-Linden-Hangwälder)
8 Salicetea purpureae (Weidenauenwälder)
9 Alno-Ulmion (Hartholzauenwälder)
10 Alnetea glutinosae (Erlenbruchwälder)

Abb. 15 Ufersaum eines Auenwaldes auf einer jungen Schotterbank mit *Anthriscus sylvestris*, *Alopecurus pratensis*, *Arrhenatherum elatius* und anderen.

Konkurrenz entsprechend angepasste, **präadaptierte Ökotypen** aus genetisch breiteren Populationen ausgelesen wurden und noch werden. Viele heutige Graslandarten haben ihren Ursprung vielleicht in diploiden Sippen, die während der Eiszeiten in südlichen Refugien überdauerten. Durch Bastardierung und Vervielfältigung der Chromosomenzahl (**Allopolyploidie**) entstanden genetisch vielfältige Sippengruppen, die in verschiedenen Einwanderungswellen unterschiedliche Standorte in Mitteleuropa neu besiedelt haben, wie EHRENDORFER (1962) an Beispielen von *Achillea*, *Knautia* und *Galium* nachgewiesen hat.

Auch LANDOLT (1967, 1970) weist auf Neubildungen hybridogener Graslandsippen aus nahe verwandten, ursprünglicheren Sippen hin. Manche kamen in der Naturlandschaft isoliert, etwa im Tiefland und Gebirge vor und hatten sich vermutlich aus vorher weit verbreiteten Sippen nach Isolierung differenziert (postglaziale Spezialisierung nach SCHOLZ 1975). Nachdem der Mensch durch Auflichtung der Wälder und neue Ausbreitungsmöglichkeiten solche Sippen zusammenbrachte, entstanden durch Kreuzung aus den diploiden Eltern tetra- bis polyploide Sippen, die den neuen Lebensbedingungen im Grasland besser angepasst waren. Hierzu gehören zum Beispiel *Chrysanthemum ircutianum (C. montanum x leucanthemum), Lotus corniculatus (L. alpinus x tenuis)* und *Trifolium pratense (T. nivale x diffusum).*

Auch viele Gräser des Kulturgraslandes sind Hybriden alter diploider Sippen (z. B. *Anthoxanthum odoratum, Agrostis stolonifera, Dactylis glomerata, Poa pratensis*); starker Polymorphismus mancher Arten (z. B. *Bromus hordeaceus, Poa pratensis*) ist erkennbar. Scholz (1975) sieht in Mitteleuropa das **Ursprungs- und Diversitätszentrum vieler Wiesen- und Weidepflanzen** mit bis heute andauernder Evolution. Dieses Genreservoir wertvoller Kulturpflanzen sollte auch bei Naturschutzfragen stärker beachtet werden (s. Kap. 11.1).

3.4 Extensivgrasland

Als vor etwa 35 000 bis 40 000 Jahren der „Cro-Magnon-Mensch" aus Asien nach Europa einwanderte, hat er für lange Zeit, bis ins Mesolithikum, also bis vor rund 5000 bis 10 000 Jahren, die natürlichen Gegebenheiten wenig beeinflusst. Er lebte sehr zerstreut als nomadischer Sammler, Jäger und Fischer, zuletzt in einer zunehmend dichter bewachsenen Waldlandschaft. Diskutiert werden **Einflüsse großer Weidetiere** (Megaherbivoren), die zur Ausbildung und Erhaltung von Grasland geführt haben könnten. Im Spätglazial und frühen Postglazial gab es noch Herden von Mammut, Auerochse, Wollnashorn, Wisent, Elch, Hirsch, Rentier, Wildpferd und anderen, denen die Kältesteppen und spätere Offenwälder als Nahrung dienten. Wie weit der Mensch die Tiere reduzierte oder gar ausrottete, ist umstritten (z. B. Geiser 1992, Bunzel-Drüke et al. 1995). Kürzlich hat Menting (2000) die verschiedenen Theorien hierzu (Overkill-, Klima-, Naturkatastrophenhypothese) übersichtlich dargestellt. Auf jeden Fall hatten die weit herumziehenden Herden sicher eine wichtige Funktion für die rasche Ausbreitung vieler Arten (Bonn & Poschlod 1998). Gesichert ist, dass im Spätglazial und frühen Postglazial parallel zur Wiederbewaldung viele Arten der Megafauna allmählich oder relativ plötzlich verschwanden (Küster 1995).

Erst die **Entwicklung bäuerlicher Kulturen** mit der Domestikation von Tieren und der Züchtung von Nutzpflanzen, die schon vor etwa 10 000 Jahren im Nahen Osten stattfanden und sich vor 6700 bis 6400 Jahren nach Mitteleuropa auszubreiten begannen, ermöglichte eine sesshafte Lebensweise und bedingte zunehmende Eingriffe in die natürliche Pflanzendecke. In den Siedlungen gab es feste Häuser, in der Umgebung erste Äcker mit Kulturpflanzen. Nutztiere waren Schafe, Ziegen, Rinder, Schweine und Geflügel, später auch Pferde. Die naturangepassten, genügsamen Haustierrassen suchten sich ihr Futter ganzjährig im Wald. Fraß und direkte menschliche Eingriffe wie Ringelung der Bäume, Brand und Holzschlag führten im Laufe längerer Zeit allmählich zu Auflichtungen (Abb. 16). Erste Anfänge gehölzarmer Weiden kann man auf Ackerbrachen vermuten, die vom Vieh abgefressen wurden. Aus **archäologischen Fundstätten** werden zunehmend Arten des Graslandes nachgewiesen (z. B. Knörzer 1975, 1996, Hüppe 1997, Pott 1996, 1997). Abbildung 17 zeigt eine starke Zunahme solcher Arten seit der Zeitenwende, aber auch schon beachtliche Zahlen seit dem frühen Neolithikum (Bandkeramik).

Viehhaltung erfolgte meist über extensive Waldweide. Daneben hatte man in winterkalten Gebieten auch Stallhaltung mit Laubfütterung. Hierzu gehörte die weit verbreitete Praktik des **Schneitelns**: zur Gewinnung von Winterfutter (Laubheu) wurden die Gehölze (vor allem Ahorne, Esche, Hainbuche, Linde, Ulme, aber auch andere Arten, zum Teil sogar Nadelhölzer) regelmäßig beschnitten. Es entstanden ganze Schneitellandschaften locker stehender Bäume und Büsche mit starkem Stockausschlag. Landschaftsbilder, wie sie zum Beispiel heute noch häufig im nördlichen Iran, seltener in abgelegenen Bereichen Europas zu finden sind (Abb. 18), mögen früher auch bei uns existiert haben (s. Burrichter & Pott 1983). Die Gewinnung von Laubheu begann bereits im Neolithikum und hat in Mitteleuropa bis ins 19. Jahrhundert eine gewisse Rolle gespielt.

In der **Bronzezeit** (etwa 1800 bis 800 v. Chr.) verschlechterte sich gegen Ende der Späten Wärmezeit (Subboreal) allmählich das Klima, was die winterliche Stallhaltung und den Futterbedarf verstärkte. Nach Küster (1995) wurden jetzt Feuchtgebiete stärker einbezogen, da die normale Waldweide für die inzwischen domestizierten Pferde wenig geeignet war. Mit der Entwicklung erster metallener Schneidegeräte gab es vermutlich auch Anfänge von Gras-

Abb. 16 Rest eines Hudewaldes im Bramwald (Weserbergland).

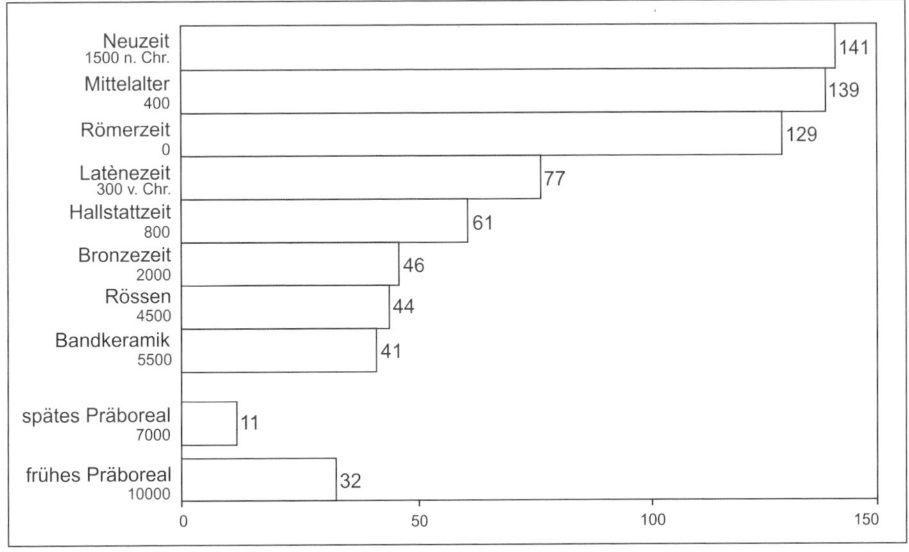

Abb. 17 Zahl nachgewiesener Graslandarten in verschiedenen Zeiten vom Niederrhein (aus KNÖRZER 1996).

Abb. 18 Schneitelbuchenwald im Elburs-Gebirge (Iran).

heugewinnung. Erst mit Beginn der **Eisenzeit** um 800 bis 450 v. Chr. wurde die Landnutzung verstärkt und bis in die Mittelgebirge ausgeweitet. Die Erfindung der Sense ermöglichte in größerem Umfang die Gewinnung von Streu und Heu. Besonders in den feuchten Niederungen, die schon durch Holzschlag und Weide relativ offen waren, entstanden jetzt erste größere Wiesenflächen in Form von Röhrichten, Seggenrieden und Hochstaudenbeständen. Dies lässt sich in manchen Pollendiagrammen nachweisen (Abb. 19). Auch Funde von Makroresten zeigen einen deutlichen Schub neuer, das heißt vorher nicht gefundener Arten.

Aus der **Römischen Kaiserzeit** (Römerzeit: bis 400 n. Chr.) häufen sich Hinweise auf einen erneuten Strukturwandel von Lebensweise und Landwirtschaft. Die rasch wachsende Bevölkerung, jetzt teilweise in befestigten Städten und Militäranlagen untergebracht, musste zusätzlich ernährt werden. Neue Kulturpflanzen und Viehrassen wurden eingeführt, unterstützt durch verbesserte Landbautechniken. Neben ausgeweiteten Ackerflächen, starker Waldweide und Streugewinnung können erste Futterwiesen mit planmäßiger Nutzung angenommen werden. Stika (1995) geht aufgrund von Funden anspruchsvollerer Graslandpflanzen in Baden-Württemberg davon aus, dass es bereits gepflegtes und gedüngtes Grasland gegeben hat, aber auch Magerrasen, Streuwiesen und Flutrasen. Die zusammenfassende Auswertung von Grasfunden seit dem Neolithikum von Körber-Grohne (1990) deutet für weniger feuchte Bereiche auf das Vorherrschen magerer, wenig produktiver Wiesen hin.

Nach einigen Rückschlägen in der **Völkerwanderungszeit** (400 bis 600) vollzog sich im **Mittelalter** (600 bis 1500) der endgültige Durchbruch zur offenen Kulturlandschaft. Die Nutzflächen dehnten sich rasch aus, auch bis in höhere Lagen der Mittelgebirge, teilweise parallel zum Vordringen von Bergbau und Erzverarbeitung. Auf Dauer entwickelten sich stärker differenzierte, in Grasland- und Heidegebieten oft parkartige Landschaften mit entsprechend feiner gegliederter Vegetation. So entstand eine **hohe Diversität** von Waldresten, Feldgehölzen, Gebüschen, Krautsäumen und verschiedenen stärker anthropogen geprägten Ersatzgesellschaften der Äcker und ihrer Brachen, von Heiden, Weiden und Wiesen sowie der Siedlungsbereiche. Für einen neuen Schub der Artenausbreitung kam vermutlich der Entwicklung einer weiträumigen Wanderschäferei (Abb. 20) größere Bedeutung zu (Poschlod et al. 1997, Bonn & Poschlod 1998).

Die Weide blieb bis weit in die **Neuzeit** unverändert, vorwiegend in weitläufig-extensiver Nutzung der Allmende (gemeinen Mark), dem der ganzen Dorfgemeinschaft eigenen Weideland. Wiesennutzung konzentrierte sich auf für Ackerbau ungeeignete Gebiete, also feuchte Niederungen und steilere, oft auch klimatisch ungünstige Berglagen. Meist waren Heuertrag

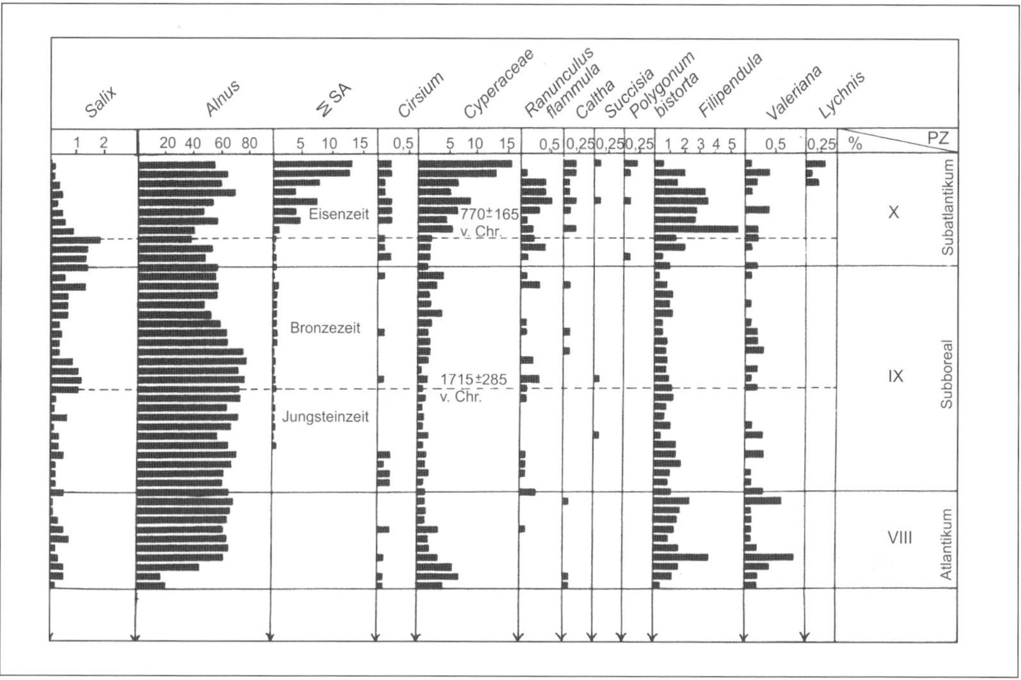

Abb. 19 Pollenanalytisches Spektrum aus dem Rothaargebirge (aus Speier 1994). Erkennbar ist die Zunahme der Feuchtwiesenpflanzen seit der Bronzezeit, die auf die Entstehung erster Wiesen hindeutet. Gleichzeitig nehmen Erlenpollen ab. *Salix* kann als Pioniergehölz in Zeiten nachlassender Nutzung interpretiert werden.

Abb. 20 Wandernde Schnuckenherde in der Uckermark.

und -qualität der einschnittigen Wiesen gering. Nur in unmittelbarer Umgebung der Höfe gab es wohl schon kleinere Graslandparzellen mit besserer Pflege und leichter Düngung zur raschen Versorgung des Stallviehs. Hier mögen Vorläufer heutiger Fettwiesen und -weiden existiert haben.

Die Entstehung der **extensiven Kulturlandschaft** mit starker Diversität der Pflanzendecke, allerdings mit wenig produktiver und geregelter Nutzung und vielen nachteiligen Auswirkungen, begann im Neolithikum. Die Landschaft hat sich über etwa 7000 Jahre hinweg langsam und mit manchen Stockungen (z. B. Völkerwanderungszeit, Dreißigjähriger Krieg) fortentwickelt. Dabei sind zahlreiche Relikte älterer Nutzungen in Überlagerung mit jeweils neuen Einflüssen erhalten geblieben, was den Reichtum an Vegetationstypen erhöhte.

3.5 Kulturgrasland

Die Entstehung und Geschichte des Kulturgraslandes ist wesentlich von kulturhistorischen und politischen Entwicklungen mitbestimmt worden. Seit dem 18. Jahrhundert schufen Aufklärung und Liberalismus neue Vorstellungen von Natur, Kultur und menschlichem Zusammenleben. In der Landwirtschaft rückten Agrarreformen in den Vordergrund, unterstützt durch die rasche Verbesserung der Bewirtschaftung und die Erfindung von neuen Geräten, Maschinen und Fahrzeugen, durch die Einführung neuer Nutztierrassen und Kulturpflanzen sowie durch die Verwendung mineralischer Düngemittel. Insbesondere nach den Kriegswirren der Napoleonischen Zeit kam es in der ersten Hälfte des 19. Jahrhunderts zu einer allmählichen Erholung des Landes mit deutlichem Aufschwung in Landwirtschaft und Industrie.

3.5.1 Von der Agrarrevolution zur heutigen Monotonie

Die Entwicklung der Landwirtschaft kann man als echte **Agrarrevolution** bezeichnen. Sie bewirkte die tiefgreifendsten Veränderungen seit dem Neolithikum in Flurordnung und Landnutzung. Die gesicherte Ernährung einer rasch wachsenden Bevölkerung war ein wichtiges Ziel nicht nur der Politik sondern auch der Wissenschaft. Die von den Landesherren ausgehende Agrarreform veränderte grundlegend das bisher genossenschaftliche, von Großgrundbesitzern abhängige Zusammenleben der Dorfbevölkerung. Durch Aufhebung der Leibeigenschaft und Ablösung alter Lasten und Verpflichtungen wurden die Bauern von mancherlei Dienstleistungen und Kosten befreit. Einschneidende Strukturverbesserungen ergaben sich durch **Aufteilung der Allmende** oder Gemeinheit und die **Verkoppelung**, eine erste Form der Flurbereinigung, durch die der kleinflächig zersplitterte Besitz zusammengelegt wurde. Für das Kulturgrasland bedeutete die Agrarrevolution keinen Neuanfang, aber doch einen deutlichen Umschwung, mit manchen weit zurückliegenden Vorläufern. Im Gegensatz zum Extensivgrasland früherer Zeiten kann man aus heutiger Sicht von **halbextensiven bis halbintensiven Pflanzengesellschaften** sprechen (s. Kap. 4.1).

Von jeher war die Landwirtschaft entscheidend vom verfügbaren **Dünger** abhängig. So waren Ackerbau und Graslandnutzung über die Produktion von Stallmist eng aneinander gekoppelt. Mit zunehmender Verwendung mineralischer Dünger seit Mitte des 19. Jahrhunderts, zum Beispiel des importierten Chilesalpeters, fand eine gewisse Entkoppelung beider Nutzungsweisen statt, die aber in Krisenzeiten wieder rückläufig war. Bis 1914 kam es zu einem allgemeinen wirtschaftlichen Aufschwung auf dem Lande, ohne dass der steigende Bedarf der Bevölkerung befriedigt werden konnte. Im Dritten Reich wurde die Landwirtschaft planvoll und zielstrebig weiter entwickelt, unter rascher Zunahme agrarwissenschaftlicher Kenntnisse und mit starker staatlicher Unterstützung. Nachdem zunächst die Niederungen zunehmend in Grasland überführt wurden, machte man sich später auch verstärkt die Hochmoore zunutze.

Nach **Ende des Zweiten Weltkrieges** wurde vielfach Grasland zu Ackerland umgebrochen. Erst nach der Währungsreform 1948, als wieder verstärkt Nahrungsmittel und Dünger importiert werden konnten, gab es eine andere Entwicklung. Die Erträge stiegen rasch an bis weit über das Niveau der Vorkriegszeit. Neben den Ackerbau trat eine auf Veredelung abzielende intensivere Viehhaltung mit internationalen Verflechtungen, gesteuert durch die Subventionspolitik europäischer Gemeinschaften. Zunehmender Einsatz von Großmaschinen, gründliche Meliorationen, vor allem auch ein ungehemmter Düngereinsatz haben zu großräumigen Nivellierungen des ökologischen Potentials geführt (s. Kap. 8). Damit einher geht eine Angleichung der Pflanzendecke unter weitgehender Beseitigung von Kleinstrukturen und halbnatürlichen Elementen. So wird die landwirtschaftliche Nutzung immer unabhängiger von natürlichen Gegebenheiten. Im Grasland selbst werden kleinräumiger differenzierte, artenreiche Gesellschaften durch artenarme, monotone Einheitsbestände ersetzt (Abb. 21, S. 34).

Die Summe dieser Entwicklungen ist sehr bedenklich, zum Glück aber noch nicht überall abgeschlossen. Wenn heute von der **traditionellen Kulturlandschaft** gesprochen wird, ist darunter im positiven Sinne wohl am ehesten an den Zustand im 19. bis Mitte des 20. Jahrhunderts gedacht, als sich Vielfalt mit einer relativ nachhaltigen Nutzung paarten. Aus dieser Landschaft stammt auch das in diesem Buch beschriebene **Kulturgrasland**, das, obwohl es ein echtes Produkt menschlicher Tätigkeit ist, ein stabiles Ökosystem ohne negative Aspekte darstellt.

3.5.2 Wirtschaftswiesen

Art und Ausmaß der Wiesenwirtschaft waren zunächst von technischen Möglichkeiten (Erfindung von Schnittwerkzeugen), dann aber auch von natürlichen Gegebenheiten, Bedarf und Besitzverhältnissen abhängig. Besonders in klimatisch ungünstigeren, vor allem winterkalten Gebieten war eine längere Aufstallung des Viehs notwendig, entsprechend der Heubedarf hoch. Lange Zeit spielte auch die Gewinnung von strohiger Wiesenstreu eine sehr große Rolle. Erste Wiesen kann man schon in der Bronzezeit, verstärkt in der Römerzeit mit rascher Ausweitung im Mittelalter annehmen (s. Kap. 3.4). Es waren vermutlich zunächst so genannte **Laubwiesen**, das heißt locker mit Bäumen und Büschen bestandene Flächen, zwischen denen das Heu gewonnen wurde (Abb. 22). Auch im Weideland wurden bei Bedarf kleinere Flächen abgemäht. Überhaupt war die Trennung von Wiese und Weide nicht sehr scharf.

Die meisten ertragreicheren Wiesen sind erst seit dem 18. Jahrhundert entstanden, also relativ junge Entwicklungen des Kulturgraslandes. In Gebieten mit vorherrschender Graslandwirtschaft konnte der erzeugte Mist oder die Jauche aber schon immer zur Düngung der Wiesen verwendet werden. Neben einschnittigen **Magerwiesen** gab es so bereits zweischnittige **Fettwiesen**, die den heutigen durchaus entsprochen haben mögen. Ellenberg (1963, 1996) setzt den Ursprung der Fettwiesen schon vor etwa 1000 Jahren an. Über ihre genauere Artenzusammensetzung ist aber nichts bekannt.

Schon frühzeitig ersann man Möglichkeiten einer Ertragsverbesserung durch erste **Meliorationen**. Großräumige Erfolge wurden mit der Anlage von **Riesel-**, **Wässer-** oder **Flößwiesen** erzielt (Abb. 23). Seit dem 16. Jahrhundert, verstärkt im 18. und 19. Jahrhundert entstanden ausgeklügelte Systeme einer fein regulierbaren Wasserzufuhr und -ableitung, um die Quantität und Qualität der Produktion zu erhöhen. Nach Hassler et al. (1995) ist die Wiesenberieselung im Schwarzwald sogar bereits aus dem 12./13. Jahrhundert belegt; nach Thomas (1990) gab es schon bei den Römern erste Bewässerungsanlagen in der Rheinaue. Die zeitweise, vor allem im Frühjahr erfolgende Bewässerung führte oft zu deutlichen Ertragssteigerungen, einmal durch erhöhte Wasserverfügbarkeit, dann durch eine gewisse Nährstoffzufuhr, in winterkalten Gebieten auch durch rascheres Abtauen des Schnees und frühere Bodenerwärmung. So konnten im Schwarzwald in niedrigen Lagen bis zu drei Schnitte erzielt werden (Schwabe-Braun 1983). Neben den Rieselwiesen gab es Stauwiesen, wo der Bau von Schleusen und Wehren eine Überstauung der Wiesenflächen ermöglichte (Abb. 24).

Zunehmender Arbeitskräfte- und Geldmangel sowie die Verwendung von Mineraldüngern führten dann im 20. Jahrhundert zum raschen Rückgang der engmaschigen Systeme von Gräben und Rinnen, die auch einer maschinellen Nutzung im Wege standen. Spätestens im Zuge größerer Flurbereinigungen wurden sie ganz beseitigt. Noch 1925 waren aber 34 % aller südbadischen Wiesen bewässert, und noch 1950 gab es dort viele Gemeinden mit Wässerwiesen (Konold 1997).

Bis zu Beginn des 20. Jahrhunderts wurden fast alle Wiesen mit der **Sense** gemäht. Schnitt, Zusammenrechen, Trocknen und Abfahren des Heus bedeuteten harte, langwierige Arbeit und erforderten den Einsatz des ganzen Personals (Classen 1997). Nach Angaben dieses Autors schaffte ein guter Schnitter am Tag etwa 0,5 Hektar. Deshalb zog sich die Mahd über mehrere Wochen hin. Es ergab sich ein kleinräumiges Gefüge unterschiedlicher Entwicklungsphasen der Pflanzenbestände, förderlich für die Vielfalt an Pflanzen und Tieren.

Abb. 22 Laubwiese in einem Naturschutzgebiet auf Öland.

Auch für die Bodenstruktur war Sensenmahd günstig. Selbst auf weicheren Moorböden blieb die Verdichtungsgefahr gering.

Ab Mitte des 19. Jahrhunderts begann der Handel mit **Landmaschinen.** In größeren Betrieben gab es nach Classen (1997) bereits um die Jahrhundertwende Gespanngrasmäher mit Fingermesserbalken, wo bewegliche Messer gegen feststehende Finger als Gegenschneide arbeiteten. Dies ermöglichte eine raschere Mahd größerer Flächen, etwa 0,5 Hektar pro Stunde. Gabelheuwender erleichterten auch das Trocknen des Schnittgutes. Eine stärkere Mechanisierung und rasche Weiterentwicklung von Mahdwerkzeugen setzte dann erst nach dem Zweiten Weltkrieg ein.

Eine neue Entwicklungsphase des Graslandes begann mit den **großräumigen Flurbereinigungen** seit den 1950er Jahren. Erste Grundlage hierfür war schon das Reichsumlegungsgesetz von 1936. 1953 folgte das Flurbereinigungsgesetz für die Bundesrepublik, das mit Änderungen bis heute (Reuter 1996) gilt. Ziele waren zunächst räumliche Besitzordnungen zur Produktionssteigerung, später mehr Regelungen zur Verbesserung der Produktions- und Arbeitsbedingungen. Erst in jüngster Zeit gehen auch landschaftsökologische Aspekte zur Erhaltung und Verbesserung der natürlichen Gegebenheiten bis zum Naturschutz in solche Raumordnungen mit ein.

Abb. 23 Reste von Wässerwiesen im so genannten Rückenbau in einer Sandniederung im Landkreis Paderborn.

Abb. 24 Reste eines alten Schleusensystems zur Wiesenbewässerung in der Allerniederung.

Flurbereinigungen und andere Rationalisierungen leiteten einen erneuten, sehr raschen Entwicklungsschub im Grasland ein. Durch großräumig-intensives Wirtschaften auf meliorierten Standorten unter starkem Düngereinsatz entstand eine **hochproduktive Viehwirtschaft**, wie sie heute in Mitteleuropa weithin vorherrscht, auch gefördert durch mancherlei nationale und internationale (EU-)Regelungen. Die halbintensive, artenreiche **Heuwiese** wurde durch die sehr intensive, artenarme **Vielschnittwiese** ersetzt (s. Kap. 8).

Die Monotonisierung unseres Kulturgraslandes hat etwa in den 1960er Jahren begonnen und verstärkt in den 1970er Jahren eingesetzt. Ein Beispiel aus Nordwestdeutschland zeigt Abbildung 25. Das Holtumer Moor war noch Anfang der 1960er Jahre ein abwechslungsreiches, durch Kultivierung von Nieder- und Hochmoor entstandenes Feuchtwiesengebiet mit traditioneller Nutzung (Dierschke 1979). Eine Neuaufnahme der Vegetation nach 25 Jahren ergab eine völlig veränderte Situation (Abb. 25). Gründliche Entwässerung, zum Teil auch Tiefumbruch des Niedermoores, hat den Ackeranteil fast verdoppelt (von 15 auf fast 28 % der Fläche; Abb. 26, S. 34). Die früher für weite Teile des nordwestdeutschen Tieflandes bezeichnende Wassergreiskrautwiese (s. Kap. 7.5.1) ist fast verschwunden (von über 17 auf unter 1 %). Dafür haben artenarme Wiesenfuchsschwanzwiesen hoher Produktivität, die es bei der ersten Untersuchung gar nicht gab, fast 10 % erreicht. Auf den übrigen Flächen hat sich innerhalb der Weiden eine Entwicklung von artenreicheren zu artenarmen Ausbildungen vollzogen. Aus anderen Gebieten werden ähnliche Umwandlungen beschrieben (Literatur in Dierschke & Wittig 1991). Eine Bilanz für das Feuchtgrasland Norddeutschlands geben Rosenthal et al. (1998). Die zum Teil noch gravierenderen Eingriffe in der ehemaligen DDR schildert Hundt (2001) sehr eindrücklich.

Im Großen und Ganzen verschont von solchen gravierenden Umstrukturierungen blieben die **höheren Berglagen**, wo eine Intensivierung weniger Nutzen versprach. Hier vollzog sich eher ein Wandel von genutzten Futterwiesen zu Brachen, da sich die Landwirtschaft nicht mehr lohnte. Es gab auch größere Aufforstungen ehemaliger Wiesen, die aber heute nicht mehr gewünscht werden. Am Beispiel des Schwarzwaldes hat Luick (1996b) die kulturlandschaftliche Entwicklung eines Mittelgebirges mit ihren heutigen landwirtschaftlichen Problemen und Tendenzen recht eindrücklich dargestellt. Viele Graslandgesellschaften und -arten sind dort in ihrer Existenz bedroht. Brachgefallen sind ebenfalls viele hofferne Moorwiesen (s. Kap. 9).

3.5.3 Wirtschaftsweiden

Viehweide ist eine sehr alte Form der Landnutzung (s. Kap. 3.4). Unsere heutigen Weiden als Kulturgrasland sind aber erst in jüngerer Zeit entstanden, etwa parallel zu den Futterwiesen (s. Kap. 4.3.1). Erst die stärkere Trennung von Weide und Mahd, auch von Wald und Weide, führte zu einer eigenständigen floristischen Entwicklung beider Grundtypen. Anstelle der extensiven Triftweide trat die mäßig intensive **Standweide.** Trotz mancher standortausgleichender Eingriffe und der ebenfalls nivellierenden Fraßwirkung zeichneten die Pflanzengesellschaften die natürlichen Gegebenheiten oft noch sehr gut nach. Mit der Einführung von Stacheldrahtzäunen wurden die alten Wallhecken und andere Gehölzstreifen überflüssig und zunehmend beseitigt.

Größere Weidegebiete entwickelten sich, mit weit zurückliegenden Anfängen, vor allem in den wintermild-humiden Gebieten in Nähe der Nord- und Ostsee (Abb. 7 und 8). In den eingedeichten Seemarschen gab es Fettweiden schon seit dem Mittelalter. Unter etwas kontinentalerem Klima mit kalten Wintern und trockeneren Sommern war dagegen zum Beispiel in Süddeutschland die Stallhaltung des Viehs mit Wiesenwirtschaft günstiger. Wichtig für eine Produktionssteigerung war auch die Einführung und Züchtung neuer Nutztierrassen, welche die alten, gebietstypischen Rassen ersetzten und schließlich zu einer Einheitskuh mit hoher Milchleistung geführt haben.

Parallel zu den Wiesen setzte seit den 1960er Jahren auch hier eine rasche Uniformierung durch Nutzungsintensivierung ein. Die Standweiden wurden durch **Umtriebs- und Portionsweiden** ersetzt (s. Kap. 4.3.1.3). Wegen Aufgabe der Viehhaltung gehen in jüngster Zeit selbst die Intensivweiden durch Umwandlung in Ackerland zurück, oder es kommt überhaupt zur Nutzungsaufgabe.

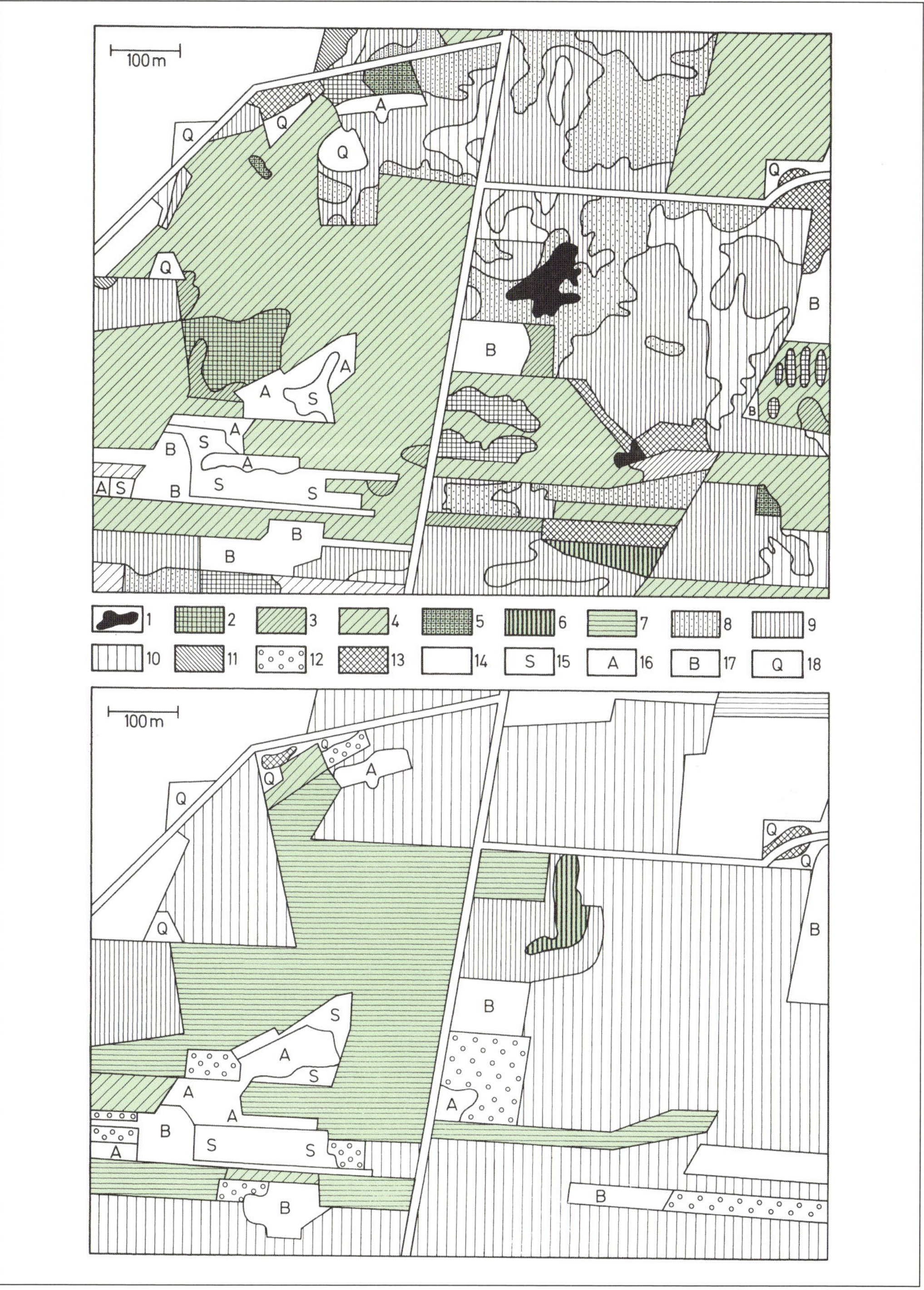

Abb. 25 Graslandbereiche des Holtumer Moores. Ausschnitte aus Vegetationskarten von 1964 (oben) und 1988 (unten) (aus Dierschke & Wittig 1991). Erläuterung im Text.
1: Kleinseggenried; 2–6: Artenreiche Feuchtwiesen; 7: Artenarme Intensivwiesen; 8, 9, 11: Artenreiche Magerweiden; 10: Artenarme Fettweide; 12–13: Brachen; 14: Äcker; A, B, Q, S: Gehölze.

4 Typen von Graslandökosystemen

Eine Typisierung und Ordnung der sehr vielfältigen Graslandökosysteme kann nach ganz unterschiedlichen Gesichtspunkten erfolgen. Da unser mitteleuropäisches Grasland größtenteils anthropo-zoogenen Ursprungs ist, wirkt sich die jeweilige Art und Intensität der Nutzung entscheidend auf die Physiognomie und Artenzusammensetzung aus. Auch standortökologische Unterschiede spiegeln sich im Grasland wider und können Ansätze für eine Gliederung ergeben. Eine Typisierung nach der Artenzusammensetzung differenziert am weitreichendsten. Oft werden die verschiedenen Möglichkeiten der Typisierung auch kombiniert.

4.1 Gliederung nach Nutzungsintensität

Eine häufig benutzte Gliederung von Graslandökosystemen wird nach dem Ausmaß menschlicher Bewirtschaftungseinflüsse vorgenommen. Die Graslandnutzung kann im einfachsten (urtümlichsten) Fall das gegebene Naturpotential ausbeuten. Eine nachhaltige Nutzung muss hingegen für einen Ausgleich entnommener Stoffe sorgen. Heutzutage führen höhere Nutzungsfrequenzen mit entsprechender Düngung zu einer Produktivitätssteigerung über das natürliche Standortpotential hinaus. Dies gibt auch die historische Entwicklung mit den Epochen der Extensiv- und Intensivwirtschaft, entsprechend mit Extensiv- und Intensivgrasland (s. Kap. 3) wieder.

Extensive Bewirtschaftung bedeutet eigentlich eine großräumige, wenig regelhafte, aufwandschwache Nutzung des Naturangebotes (Reif et al. 1996). Der menschliche Aufwand für bessere Erträge ist gering (z. B. mäßige Entwässerung oder Bewässerung, Beseitigung von Gehölzen und Unkräutern). Im einzelnen kann der Nutzungsdruck, vor allem durch Überbeweidung, sehr intensiv sein, bis hin zu starken Störungen des Graslandökosystems mit entsprechenden ökologischen Risiken. Extensiv in diesem Sinne war vor allem die weiträumige **Triftweide** auf der Allmende mit anspruchslosen Nutztieren. Heute wird unter extensiver Wirtschaftsweise oft die traditionelle, wenig produktive, möglichst naturgemäße (aber auch ausbeuterische) Graslandnutzung früherer Jahrhunderte verstanden. Entsprechend meint **Extensivierung** die Rückführung zwischenzeitlich intensiver genutzter Bestände auf eine naturgemäßere, weniger produktive Nutzungsweise mit Reduktion von Düngung und anderen Maßnahmen (s. Kap. 8.6 und Kap. 11.3). **Intensive Bewirtschaftung** bedeutet hingegen eine Nutzung mit großem Aufwand an Dünger, Standortverbesserung und Pflege für hohe Erträge qualitativ wertvollen Futters. Sie entwickelte sich erst nach Einführung von Mineraldünger, neuer Maschinen und Kulturtechniken sowie mit der Züchtung von Hochleistungsvieh. So setzte die Intensivwirtschaft erst mit der Agrarrevolution im 19. Jahrhundert ein (s. Kap. 3.5.1).

Zwischen **extensiv** und **intensiv** gibt es einen großen Spielraum. Die verschiedenen Zustände kann man in ein System von **Intensitätsstufen** einordnen. So haben zum Beispiel Schumacher (1995) und Bockholt et al. (1996) eine fünfstufige Skala vorgeschlagen, die von sehr extensiv bis sehr intensiv reicht. Dort werden allerdings, aus heutiger Sicht verständlich, artenreichere Wiesen und Weiden

---

Farbtafeln S. 33 u. 34

Abb. 10 Wassergreiskraut-Niedermoorwiesen im Wendland (zu S. 15).

Abb. 12 Bunte Bergwiesenlandschaft im Thüringer Wald (zu S. 15).

Abb. 14 „Moderne“ submontane Agrarlandschaft in Nordhessen mit artenarmen Intensivwiesen (zu S. 17).

Abb. 21 Monotones Intensivgrasland im Harzvorland (zu S. 27).

Abb. 26 Holtumer Moor. Anstelle artenreicher Feuchtwiesen (a, 1963) erstrecken sich heute eintönige Ackerflächen (b) (zu S. 30; s. auch Abb. 25, S. 31).

10
12
14

21
26a
26b

29

30

32

43a

43b

Tab. 2 Intensitätsstufen der Graslandnutzung (nach Bockholt et al. 1996, Schumacher 1995 u. a.)

	Nutzungseinfluss	**Wiese**	**Weide**	**N-Düngung Trophie**	**Narbenpflege**	**Bestandesstruktur und Nutzungstyp**
0 Brache	–	–	–	verschieden	–	meist dichte, oft höherwüchsige, relativ artenarme, zur Dominanzbildung neigende Bestände; starke Streubildung (je nach Ausgangsbestand verschieden)
1 extensiv	sehr gering	unregelmäßiger Sommerschnitt oder regelmäßiger Herbstschnitt	Triftweide	oligotroph	–	produktionsschwache, lockere, oft sehr artenreiche Bestände (Magerrasen, Streuwiesen, magere Heuwiesen)
2 halbextensiv	gering bis mäßig	ein Schnitt im Juli, evtl. Nachweide	Stand- oder Koppelweide	0–50 kg schwach mesotroph	auf Weiden gelegentliche Nachmahd	mäßig wüchsige, dichtere Bestände, oft sehr artenreich (magere Ausbildungen von Heuwiesen und Weiden)
3 halbintensiv	mittel	2 Schnitte im Juni und August/Sept. Herbstweide	Umtriebsweide auf größeren Flächen	50–150 kg mesotroph	auf Weiden periodische Nachmahd, Walzen von Moorböden	ertragreiche, hochwüchsige, mäßig artenreiche Heuwiesen und Fettweiden
4 intensiv	hoch	3 bis 4 Schnitte ab Ende April	z. T. portionierte Umtriebsweide	150–300 kg eutroph	gelegentliche Übersaat, Walzen, Abschleppen	sehr produktive, hochwüchsig-dichte, relativ artenarme Bestände (Mehrschnitt-Silagewiesen, Mähweiden)
5 sehr intensiv	sehr hoch	>4 Schnitte ab Ende April	Portionsweide	>300 kg hypertroph	gelegentliche Nachsaat, Umbruch mit Neueinsaat, Walzen, Schleppen, Unkrautbekämpfung	hochproduktive, dichte, sehr artenarme Bestände (Vielschnitt-Silagewiesen, Mähweiden, z. T. Ackerfutterflächen)

mit mäßiger Düngung als Extensivgrasland bewertet. Die durch stärkere Standortmeliorationen und mäßige Düngung entstandenen Grasländer sollten besser als **halbintensiv** eingestuft werden, die bei verstärkter Düngung und Nutzung in Intensivgrasland im engeren Sinne übergehen. Vorläufer in früheren Zeiten mit leichter Düngung bzw. auf von Natur aus guten Böden (z. B. Flussauen) können als **halbextensiv** bezeichnet werden. In Tabelle 2 werden sechs Intensitätsstufen der Graslandnutzung vorgeschlagen. Zu den fünf Stufen der oben zitierten Arbeiten kommt noch die völlige Nutzungsaufgabe (Stufe 0) hinzu (s. auch Klein et al. 1997). Die angegebenen Grenzwerte der

Farbtafeln S. 35 u. 36

Abb. 29 Halbextensive Standweide in der Elbaue bei Havelberg. Auf dem fruchtbaren Auenboden ist auch ohne Düngung eine Fettweide möglich (zu S. 41).

Abb. 30 Halbintensive (gedüngte) Standweide im Wendland (zu S. 41).

Abb. 32 Portionsweide im Harzvorland. Die vordere Parzelle wurde vor kurzem vom Vieh verlassen (zu S. 42).

Abb. 43 Vorfrühlingsaspekte (Phase 1) von Feucht- (a) und Frischwiesen (b) (zu S. 62).

Abb. 44 Phase 2: Erste Blüten von *Primula veris* (a) und *Anemone nemorosa* (b) in einer mageren Glatthafer- beziehungsweise Goldhaferwiese (zu S. 62).

Düngung sollten nur als grobe Richtzahlen gewertet werden. Daneben sind auch andere Faktoren für die Definition von Intensitätsstufen bedeutsam. So verschiebt sich mit zunehmender Intensität der Termin der ersten Mahd immer mehr ins Frühjahr, was vielen Pflanzen- und Tierarten ihre Lebensmöglichkeiten nimmt (s. Kap. 4.3.2). Bei Beweidung kann die Besatzdichte als Kriterium dienen. Auch Nach- und Neuansaaten und andere Maßnahmen spielen eine große Rolle. Gar nicht näher erwähnt werden hier Regulierungen des Wasserhaushaltes, die sowohl auf feucht-nassen wie trockenen Böden von Bedeutung sind.

4.2 Gliederung nach Natürlichkeit oder Hemerobie

Eine mit der vorhergehenden verwandte Gliederung richtet sich nach der Naturnähe oder -ferne des Graslandes. Die vorhandenen Bestände werden gewissermaßen nach ihrem Abstand von der (potentiell) natürlichen Vegetation bzw. nach dem Ausmaß anthropogener Beeinflussung eingestuft. Im ersteren Fall spricht man vom **Natürlichkeitsgrad**, im zweiten von **Hemerobiestufen**. Beiden Einteilungen liegen also nur verschiedene Blickrichtungen zugrunde (s. Dierschke 1984).

1. Ahemerob (natürlich)
Rein natürliche Vegetation ist heute in Mitteleuropa äußerst selten. Für ausgedehntere Graslandökosysteme kommen nur Bereiche an der Küste und oberhalb der Waldgrenze in Frage.

2. Oligohemerob (naturnah)
Hierzu gehören viele Vegetationstypen, die im allgemeinen Sprachgebrauch als natürlich bezeichnet werden, zum Beispiel forstlich schwach beeinflusste Wälder, viele Wasser- und Ufergesellschaften, Dünen, manche Salzmarschen, Trockenrasen und die alpine Vegetation.

3. Mesohemerob (halbnatürlich)
Es gibt viele Pflanzengesellschaften, die ihre Entstehung zwar dem Menschen verdanken, deren Wuchsbedingungen er aber kaum, zumindest nicht direkt beeinflusst. Sie bildeten in Mitteleuropa ein bestimmendes Element der extensiv genutzten Kulturlandschaft früherer Jahrhunderte (s. Kap. 3.4), zum Beispiel Mittel- und Niederwälder, Zwergstrauchheiden, Magerrasen, extensiv genutzte Streu- und Futterwiesen. Mesohemerob sind auch viele Gesellschaften bandartiger Grenzstrukturen wie Gebüschmäntel und Säume, die von den vom Menschen geschaffenen Landschaftsmosaiken profitieren, ohne selbst genutzt zu werden.

4. Euhemerob (naturfern bis naturfremd)
Sobald ein deutlicher Kultureinfluss im Sinne produktionsverbessernder Maßnahmen wirksam wird, entfernt sich die Vegetation in ihrer floristischen Zusammensetzung zunehmend von den natürlichen Vorläufern. Dann spricht man von naturfernen Ökosystemen. Hierzu gehören die meisten Gesellschaften der bäuerlichen Kulturlandschaft mit halbintensiver bis intensiver Nutzung, also auch Düngewiesen und -weiden, viele Acker- und Ruderalfluren, ebenfalls Forsten aus einheimischen, aber standortfremden Gehölzen. Eine weitere Untergliederung ist deshalb sinnvoll:

- **β-euhemerob (naturfern):** Unter mäßigem Kultureinfluss bei relativ standortangepasster Nutzung gibt es die oben bereits angesprochene artenreiche (halbintensive) Grasland- und Ackervegetation.
- **α-euhemerob (naturfremd):** Bei starken standortverändernden und oft nivellierenden Einflüssen und intensiver Nutzung entstehen weithin sehr ähnliche, meist artenarme Pflanzengesellschaften. Hierzu gehört auch das Intensivgrasland.

5. Polyhemerob (künstlich)
Die Vegetation stark vom Menschen geprägter oder von ihm erst geschaffener Standorte hat mit natürlichen Bedingungen nur noch wenig oder gar nichts mehr zu tun. Hierzu gehören junge Neuansaaten von Intensivgrasland, auch Sport-, Haus- und Zierrasen. Über Ackerfutterflächen bestehen Übergänge zum Ackerland.

4.3 Gliederung nach Nutzungsart und Struktur

Das Aussehen einer Pflanzengesellschaft wird wesentlich von der Art und Anordnung ihrer Pflanzen bestimmt, die im Grasland wiederum von der Art und Intensität der Nutzung abhängen. Einfach gesagt: durch Mahd oder Beweidung entstehen Wiesen oder Weiden. Mit **Wiesen** verbindet man mehr oder weniger hochwüchsig-dichte Bestände mit einem Wechsel von Aufwuchs, Hochstand, Mahd (Tiefstand) und Regeneration, die oft durch bunte Blühaspekte landschaftsprägend sind und zum Naturgenuss des Menschen beitragen In jüngerer Zeit beinhalten diese Bestände auch sehr artenarmes Intensivgrasland. **Weiden** sind dagegen grüne, farblich weniger auffällige Graslandbestände mit vorwiegend niedrigem oder unregelmäßigem, horizontal stärker strukturiertem Bewuchs. Man spricht auch von Weiderasen, wobei **„Rasen“** im Allgemeinen für kurzwüchsige Grasbestände benutzt wird.

4.3.1 Einfluss durch Beweidung und Weidetypen

Beweidung mit Haustieren ist die älteste Form landwirtschaftlicher Nutzung (s. Kap. 3). Eine intensivere, ertragreichere Weideform setzte sich aber erst in den zurückliegenden 200 Jahren allmählich durch, wesentlich verfeinert in den letzten Jahrzehnten. Sowohl historisch als auch nach der Nutzungsintensität kann man eine Reihe von Weidetypen aufstellen. Außerdem gibt es einige Unterschiede je nach Art der Weidetiere. Im Gegensatz zur Mahd, die alle Pflanzen erfasst, geschieht die Beweidung selektiv, denn das Vieh sucht sich die bestschmeckenden Pflanzen heraus, insbesondere, wenn zuviel Futter angeboten wird (**Unterbeweidung**). Viele Pflanzen, auch Futterpflanzen, bleiben stehen, werden überständig und rohfaserreich, das heißt sie verlagern Stoffe nach unten und verschlechtern die Futterqualität. Ist das Futterangebot sehr knapp, werden vor allem die schmackhafteren Pflanzen sehr (zu) stark verbissen (**Überbeweidung**). Arten, die das Vieh gar nicht oder nur im Notfall frisst, werden als **Weideunkräuter** bezeichnet. Sie können sich vor allem bei Unterbeweidung ausbreiten.

Für die Kennzeichnung der Futterqualität werden in der Landwirtschaft seit den 1930er Jahren **Futterwertzahlen** benutzt. Es sind Erfahrungswerte nach positiven Eigenschaften wie Schmackhaftigkeit, Eiweiß- und Mineralstoffgehalten, Zeitdauer der Vollwertigkeit als Futterpflanze, aber auch umgekehrt nach Giftigkeit und anderen negativen Eigenschaften. Briemle et al. (2001) haben hierfür eine neue neunstufige Skala entwickelt, die auch in unserer Biologischen Tafel (s. Kap. 12) angewendet wird. Allerdings verändert sich der Futterwert vieler Pflanzen im Laufe der Entwicklung (s. Kap. 8). Dieselben Autoren schlagen auch erstmals eine neunstufige Skala für die **Weideverträglichkeit** vor, abhängig von zum Beispiel der Regenerationsfähigkeit, aber auch nach der Fraßvermeidung durch niedrigen Wuchs, sehr zeitige Entwicklung im Frühjahr oder allgemeine Unbeliebtheit (s. Weideunkräuter im nachfolgenden Abschnitt).

4.3.1.1 Triftweiden

Nach der Waldweide ist die Trift-(Hute-)weide die älteste Weideform. Auf weiten Triften (Hutungen, Huten) werden große Herden von den Hirten betreut. Das Vieh zieht relativ ungeregelt über große Landstriche, weidet also extensiv mit Selektion der besten Futterpflanzen (Abb. 5 und 27). Oft herrscht dadurch Unterbeweidung vor; bei hohem Viehbesatz und/oder in ungünstigen Zeiten kommt es aber auch zu (stellenweiser) Überbeweidung mit entsprechenden Schädigungen der Pflanzendecke. Weideunkräuter gehören zum festen floristischen Artenbestand (Abb. 28). Eine Düngung findet, abgesehen vom Verbleib der Exkremente der Tiere, nicht statt, so dass über längere Zeit durch Stoffexport, teilweise verstärkt durch Erosion, eine Degradation des Weidelandes erfolgen kann.

Als **Weideunkräuter** kommen verschiedene Pflanzengruppen in Frage:

- Anatomisch - morphologisch stark strukturierte, für Weidetiere unangenehme Pflanzen mit stark entwickeltem Festigungsgewebe, Dornen, Stacheln, harten bis ledrigen und stachelspitzigen Blättern sowie mit dichter Behaarung. Hierzu gehören zum Beispiel manche Sträucher wie *Berberis vulgaris*, *Crataegus*, *Ilex aquifolium*, *Juniperus communis*, *Prunus spinosa*, *Rosa* oder *Rubus*. Stachelig-dornig sind weiter *Carlina*, *Cirsium*, *Eryngium*, *Ononis* und einige *Genista*-Arten, hartblättrig *Carex*, *Deschampsia cespitosa*, *Equisetum*, *Festuca ovina* agg., *Juncus*, *Molinia*, *Nardus*, *Sesleria* und andere. Auch haarige Arten wie *Brachypodium pinnatum* und *Hieracium pilosella* werden ungern gefressen, ebenfalls *Urtica dioica*. Im jungen Zustand werden jedoch manche Weideunkräuter mit abgeweidet.
- Für Weidetiere schlecht schmeckende und/oder unangenehm duftende Arten mit Bitterstoffen und ätherischen Ölen bleiben meist verschont, zum Beispiel *Allium*, *Arte-*

Abb. 27 Extensive Triftweidelandschaft in der Eifel.

Abb. 28 Extensiv beweideter Kalkmagerrasen mit *Carlina acaulis* und *Gentianella germanica* als Weideunkräutern.

misia, *Euphorbia*, *Gentiana/Gentianella*, *Helianthemum*, *Mentha*, *Origanum*, *Ranunculus*, einige *Rumex*-Arten, *Salvia*, *Teucrium*, *Thymus*, *Valeriana*.

- Pflanzen mit Giftstoffen (teilweise in geringer Menge verträglich) sind *Caltha*, *Cardamine*, *Equisetum*, *Euphorbia*, *Gentiana/Gentianella*, *Pteridium*, *Pulsatilla*, *Ranunculus*, *Senecio*, *Trollius*, *Veratrum*. Die Herbstzeitlose (*Colchicum autumnale*) gilt aufgrund des hohen Gehaltes von Colchicin, einem giftigen Alkaloid, als die giftigste Graslandpflanze.
- Pflanzen, die aufgrund ihrer Wuchsform dem Fraß teilweise entgehen, vor allem Kriech- und Rosettenpflanzen (z. B. *Arnica*, *Galium saxatile*, *Plantago*, *Potentilla*, *Prunella*). Schließlich spielen auch Mengenverhältnisse der Arten eine Rolle: vorherrschende Arten sind oft weniger beliebt als eingestreute.

Insgesamt herrscht auf Triftweiden eine große **Diversität an Kleinstandorten**, verursacht durch die natürlichen Gegebenheiten, unterschiedlichen Fraßdruck und Selektivität sowie durch mancherlei auftretende Störungen bis Zerstörungen der Grasnarbe. So finden hier viele Arten (auch Tiere) ihre Nische; zumindest bei etwas großräumigerer Betrachtung gibt es eine große biologische Vielfalt an Arten, Wuchsformen und Blütenfarben.

Ertrag und Futterwert von Triftweiden sind gering. Das eiweißarme Futter ist nur für solche Nutztiere bzw. Altersklassen ausreichend, die lediglich den energetischen Eigenbedarf decken müssen. Hierzu gehören zum Beispiel nichttragende Mutterschafe und Jungrinder

(s. Kap. 8.7.7). Durch Triftweide entstandene Vegetationstypen gehören zum Extensivgrasland oder zu Zwergstrauchheiden. Erstere werden als Magerrasen, Trocken- und Halbtrockenrasen oder Steppen bezeichnet. In Mitteleuropa kommen sie fast überall nur noch in kleineren Resten vor, oft ohne die früher bezeichnende Nutzung, es sei denn durch pflegende Maßnahmen im Bereich von Schutzgebieten.

4.3.1.2 Standweiden

Mit der Aufteilung der Allmende im 19. Jahrhundert (s. Kap. 3.5.1) wurden die Weideflächen zugunsten der Äcker stark eingeengt. Einen gewissen Ausgleich bewirkten etwas intensivere Weideformen und produktivere, aber auch anspruchsvollere Nutztiere. Sie wurden auf größeren eingezäunten, leicht bis mäßig gedüngten Weideflächen gehalten. Damit vollzog sich der Übergang von der Mager- zur **Fettweide**. Hatte man früher eher die Äcker gegen herumziehende Herden abgegrenzt, wurden jetzt die Weiden durch Hecken, Wälle, Mauern, Zäune, Gräben, später durch Stacheldraht eingeschlossen. Das Vieh stand während der ganzen Weidezeit, in atlantisch-humiden Gebieten fast ganzjährig, auf einer größeren Parzelle (Koppel), daher der Name **Stand-** oder **Koppelweide**.

Standweiden gab es schon frühzeitig auf fruchtbareren Marsch- und Auenböden (Abb. 29, S. 35), wo ohnehin Wassergräben und Gehölzstreifen zur Abgrenzung vorhanden waren. Auch in Hofnähe kamen kleinere Weideflächen mit intensiverer Nutzung und leichter Düngung vor. Größere Ausdehnung erfuhren die Standweiden aber erst nach der Allmendteilung und der Verfügbarkeit von Handelsdünger. Für die jetzt im Privatbesitz befindlichen Flächen lohnte sich die Verbesserung und Pflege des Weidelandes. Dem Vieh steht während der gesamten Weideperiode ausreichend Futter zur Verfügung (Abb. 30, S. 35). Zu Beginn herrscht Unterbeweidung mit Futterüberschuß, später eher Überbeweidung. Weideunkräuter kommen noch in beschränkter Zahl vor, zum Beispiel verschiedene Disteln. Eine zeitige Nachmahd kann sie weiter eindämmen. Durch Düngung erhöhen sich Ertragskraft und Futterqualität, noch gefördert durch gezielte Einsaat geeigneter Gräser. Der Stoffverlust hält sich in Grenzen, da die Exkremente des Viehs auf der Weide verbleiben. Schäden durch Tritt und Erosion sind geringer und werden durch pflegende Maßnahmen ausgeglichen.

Auf Standweiden hat sich im Verlauf längerer Zeit ein **Potential guter Weidepflanzen** entwickelt und angesammelt. Hohe Regenerationskraft und rascher Nachwuchs sowie Trittverträglichkeit sind wichtige Eigenschaften. Niedrige Kriech- und Rosettenpflanzen sowie halbhohe Gräser und Kräuter sind bezeichnend. Zu den geschätzten Weidepflanzen und ihren nutzbaren Mitläufern gehören zahlreiche, meist weit verbreitete Arten, unter den Gräsern vor allem *Cynosurus cristatus*, *Dactylis glomerata*, *Festuca pratensis*, *F. rubra*, *Lolium perenne*, *Phleum pratense*, *Poa annua*, *P. pratensis* und andere. Gut weideverträgliche Kräuter sind *Ajuga reptans*, *Bellis perennis*, *Hypochaeris radicata*, *Leontodon autumnalis*, *Lysimachia nummularia*, *Plantago*, *Prunella vulgaris*, *Taraxacum officinale*, *Trifolium pratense*, *T. repens* und andere.

Im Gegensatz zu Triftweiden ist die **Strukturdiversität** eingeschränkt. Durch Narbenpflege, Eindämmung und Entfernung unerwünschter Arten, auch durch Ausgleich von Gelände-Unebenheiten und vor allem durch Düngung wird eine höhere Weidequalität erzeugt. Seltener gibt es Gehölze oder kaum befressene Stellen, auch kein stärker ausgeprägtes Standortmosaik. Die Artenzusammensetzung von Standweiden ist deshalb einheitlicher, die Artenzahl geringer. In Zeiten stärkerer Beweidung herrscht auf Standweiden meist eine niedrig-grüne, rasenartige **Struktur**, nur unterbrochen durch so genannte „Geilstellen" (Abb. 31) um neuere (oft vorjährige) Viehexkremente, zum Beispiel Kuhfladen. Hier wachsen die Pflanzen üppiger, sind durch höhere Stickstoffverfügbarkeit teilweise auch dunkler grün, werden aber vom Vieh wegen pathogener Keime verschmäht und können sich daher ungestört entwickeln.

Standweiden waren bis in die 1950er Jahre die vorherrschende Nutzungsform. Sie können als halbextensives bis halbintensives Graslandökosystem eingestuft werden (s. Kap. 4.1), heute vor allem für die Aufzucht von Jungvieh, für Pferde, Schafe und andere weniger anspruchsvolle Nutztiere geeignet. Großflächiger gibt es sie noch im norddeutschen Tiefland, ebenfalls im Voralpenland und in höheren Lagen der Mittelgebirge sowie in den Alpen. In anderen Gebieten sind sie eher selten als Relikte früherer Landbewirtschaftung zu finden.

Abb. 31 Feinstruktur einer Standweide mit Geilstellen in der Leineaue.

4.3.1.3 Umtriebs- und Portionsweiden

Die Intensivierung der Weidenutzung führt von der Trift- über die Standweide zur Umtriebs- und Portionsweide neuester Prägung. Die Züchtung von Milchvieh mit hoher Milchleistung und damit hohen Anforderungen an die Futterqualität zwingt zu einer sehr intensiven Graslandwirtschaft, unterstützt durch kostengünstige Verfügbarkeit von Düngemitteln (s. Kap. 8.4). Erste Umtriebsweiden gab es bereits in den 1930er Jahren oder noch früher. Ein wichtiger Schritt war die Einführung von Elektrozäunen in jüngerer Zeit, die eine rasche, dem jeweiligen Fraßfortschritt anpassbare Aufteilung größerer Weideflächen erlauben. So können ehemalige Standweiden in kleineren Parzellen nacheinander in kurzer Zeit abgefressen werden, was Unterbeweidung verhindert und eine sehr gleichmäßige Nutzung ermöglicht. Das Vieh wird mit hoher Besatzdichte in Rotation von einer Koppel zur nächsten gebracht, frisst in kurzer Zeit (2 bis 10 Tagen) fast alles weg und kommt dann auf die Nachbarfläche, während sich die erste nach guter Düngung regeneriert. Diese Nutzungsart wird als **Umtriebsweide** bezeichnet. Noch intensiver ist die **Portionsweide**, wo das Vieh auf noch kleineren Parzellen nur etwa einen Tag verbleibt (Abb. 32, S. 35).

Mit der Umtriebs- und Portionsweide wird während der ganzen Weideperiode gleichwertiges Futter hoher Qualität angeboten (s. Kap. 8.7.6). Eventuell vorkommende Weideunkräuter (bei starker Düngung zum Beispiel die Brennnessel oder der Stumpfblättrige Ampfer) werden mechanisch oder durch Herbizide in Einzelbekämpfung ausgemerzt. Die Ruhepause zwischen den Weidegängen beträgt im Frühjahr etwa drei Wochen und verlängert sich später, wenn der Bestand durch Mehrfachnutzung an Wuchskraft verliert. Je kürzer diese Pausen sind, desto stärker setzen sich niedrige, regenerationskräftige Kriechpflanzen durch, zum Beispiel *Agrostis stolonifera*, *Poa trivialis*, *Ranunculus repens*, *Trifolium repens*, auch *Taraxacum officinale*, das sich in Lücken rasch ansiedeln kann und von hohen Düngergaben profitiert. Diese Auswahl führt aber, zum Beispiel durch den Kriechenden Hahnenfuß auf feuchteren Böden, zu eher schlechterer Futterqualität, was eine Neueinsaat nach wenigen Jahren erforderlich macht.

Die **Struktur** solcher Weiden ist sehr gleichmäßig. Es herrscht eine weithin einheitliche, sehr niedrige und artenarme Pflanzendecke. Die dominierenden Gräser ergeben ein dunkles „Stickstoffgrün". Nur im Frühjahr fällt stellenweise der gelbe Löwenzahnaspekt stärker auf. Die Intensität der Weidenutzung beeinflusst nicht nur die oberirdische Struktur, sondern auch den Wurzelraum. Mit zunehmender Nutzung wird die meiste Energie für oberirdischen Nachwuchs verwendet; das Wurzelsystem ist immer mehr eingeschränkt. KLAPP (1971, S. 384) gibt zum Beispiel folgende Werte für **Wurzeltrockenmasse** pro Hektar an: selten genutztes Ödland 252 dt, Futterwiesen 131 dt, Extensivweiden 120 dt, Standweiden 84 dt, Parkrasen 28 dt. Damit einher geht eine zunehmende Konzentration der Wurzeln auf den Oberboden, was an Hängen die Erosionsanfälligkeit erhöhen kann, in trockeneren Lagen auch die Wasserversorgung gefährdet.

Umtriebs- und Portionsweiden gehören zum halbintensiven bis sehr intensiven Kulturgrasland (s. Kap. 4.1). Sie sind heute in Mitteleuropa weit verbreitet, insbesondere in Gebieten stärkerer Milcherzeugung.

4.3.1.4 Mähweiden

Hinter diesem widersprüchlich erscheinenden Namen verbirgt sich eine gemischte, wiederum recht intensive Nutzungsform aus Mahd und Beweidung (s. Kap. 8.7.5), die aber auch schon auf Standweiden praktiziert wurde. Der erste Aufwuchs wird meist zur Silagegewinnung verwendet; erst später setzt die Beweidung ein. Da es besonders bei intensiver Weidenutzung im Rotationsverfahren im Frühjahr zu viel Fläche gibt, was zu überständigem Futter führt, wird ein Teil besser zunächst einmal gemäht und steht erst später als Weide zur Verfügung. In Mähweiden ist die **Struktur** zunächst eher wiesenartig. Auch hochwüchsigere, weniger weideverträgliche Arten können sich entwickeln. Die dichte Oberschicht aus Gräsern und einigen Kräutern ist zwar etwas bunter als bei reinen Umtriebsweiden, aber doch relativ artenarm. Auffällig ist der weiße Aspekt von *Anthriscus sylvestris*. Auch der Löwenzahn blüht im Frühjahr kräftig.

4.3.1.5 Einfluss verschiedener Weidetiere

Bestimmte Weidesysteme führen zu verschiedenen Graslandtypen, die sich in Struktur und Artenzusammensetzung unterscheiden. Weniger auffällig sind Unterschiede, die durch den Einfluss verschiedener Tiere hervorgerufen werden. Angaben hierzu gibt es zum Beispiel bei BRIEMLE et al. (2001), LUICK (1996a), NITSCHE & NITSCHE (1994), SPATZ (1994) (s. auch Abb. 116 in Kap. 8.7.7.3). Die Weidewirkung lässt sich in **Fraß** und **Tritt** differenzieren. Ersterer ist abhängig von Maul und Zähnen der Tiere sowie von der Bevorzugung bestimmter Pflanzen, letzterer von der Art der Hufe und Klauen, dem Gewicht der Tiere und Bewegungs- und Aufenthaltsgewohnheiten des Viehs.

Das schmale Maul von **Schafen** und **Ziegen** vermag sehr gezielt bestimmte Pflanzen aufzunehmen oder auszulassen, hat also ein hohes Selektionsvermögen. Aufgrund der Zahnstellung werden die Pflanzen tief am Boden abgebissen und oft auch die für die Regeneration wichtigen Basalteile mit erfasst. Typisch sind zurückbleibende Stängel mit abgefressenen Blättern. Schafe haben außerdem eine Vorliebe für junges, gut verdauliches Futter. Ziegen fressen fast alles, bevorzugt auch Laubwerk und Geäst sowie Rinde von Holzpflanzen. **Pferde** haben ebenfalls ein sehr selektives Fraßverhalten. Sie ergreifen die Pflanzen mit den Lippen und beißen sie mit beiderseits bezahnten Kiefern dicht am Erdboden ab, was zur Schädigung der Narbe führen kann. Pferdeweiden sind oft extrem kurzgefressen. **Rinder** besitzen keine Schneidezähne im Oberkiefer. Sie umfassen die Pflanzen büschelweise mit der Zunge, ziehen sie ins Maul, drücken sie gegen den Oberkiefer und reißen sie ab. Die Pflanzen werden weniger selektiv erfasst und in unterschiedlicher Länge, meist mit größerer Stoppelhöhe abgerissen. Hierdurch wird die Narbe erhalten und die Regeneration erleichtert; insgesamt gilt Rinderweide als relativ narbenschonend.

Tritt wirkt durch mechanische Schädigung direkt auf die Pflanzen; vor allem hochwüchsigere Arten mit wenig Festigungsgewebe sind betroffen. Durch Verdichtung des Oberbodens wird außerdem das Porengefüge verändert. Nach KLAPP (1965) wirkt der Tritt im Boden bei Schafbeweidung bis etwa 5 cm, bei Rinderweide 10 bis 15 cm tief (s. auch BRIEMLE et al. 2001). Tritt führt zu starken Narbenschäden und fördert die Ausbreitung unerwünschter Arten. Wasserstau und damit Luftarmut kön-

Abb. 33 Viehtränke einer Standweide mit offener Trittstelle.

nen die zeitweilige Folge sein. So ist das gemeinsame Vorkommen von Arten wie *Agrostis stolonifera*, *Alopecurus geniculatus* und *Ranunculus repens* in Flutrasen und manchen Weiden auffällig, ebenfalls von Trittpflanzen wie *Plantago major* und *Poa annua* (s. Kap. 7.3.3.5 und Kap. 7.4). Die Trittempfindlichkeit der Graslandarten wird in der Biologischen Tafel (s. Kap. 12) in einer neunstufigen Skala angegeben.

Trittschäden mehren sich an Stellen, wo das Vieh länger verweilt oder häufig entlangwandert. Hier kann die Narbe der Weiderasen völlig zerstört sein, zum Beispiel an Weideeingängen, Tränken (Abb. 33), Melk- und Lagerplätzen (zum Beispiel auch im Schatten einzelner Bäume oder Sträucher), außerdem auf Trampelpfaden. Trittgesellschaften oder (bei stärkerer Anreicherung von Exkrementen) üppige **„Lägerfluren"** sind hierfür bezeichnend. Das Ausmaß von Trittschäden ist auch von natürlichen Gegebenheiten abhängig. Insbesondere feuchtere Standorte (vor allem Moore) mit weichem Oberboden sind für eine pflegliche Weidenutzung ungeeignet. Hier wird die Narbe zertreten, was Wasseransammlungen und Luftarmut verstärkt; oft breiten sich Binsen verstärkt aus (s. Kap. 7.4.2 und Kap. 7.5.1.3). Feuchtweiden machen deshalb meistens einen sehr ungepflegten bis vernachlässigten Eindruck (Abb. 34). Eine Beweidung mit Rindern und Pferden ist besonders problematisch. Feuchte Böden fördern außerdem Hufkrankheiten mancher Tiere.

In reliefiertem Gelände können stärkere Trittschäden auftreten, besonders in Verbindung mit hoher Bodenfeuchtigkeit. Hier wird nicht nur die Narbe zerstört, sondern es kommt auch zu Rutschungen und Hangerosion. Besonders Rinder weiden und laufen

Abb. 34 Ungepflegte Feuchtweide mit fleckenweiser Binsenausbreitung.

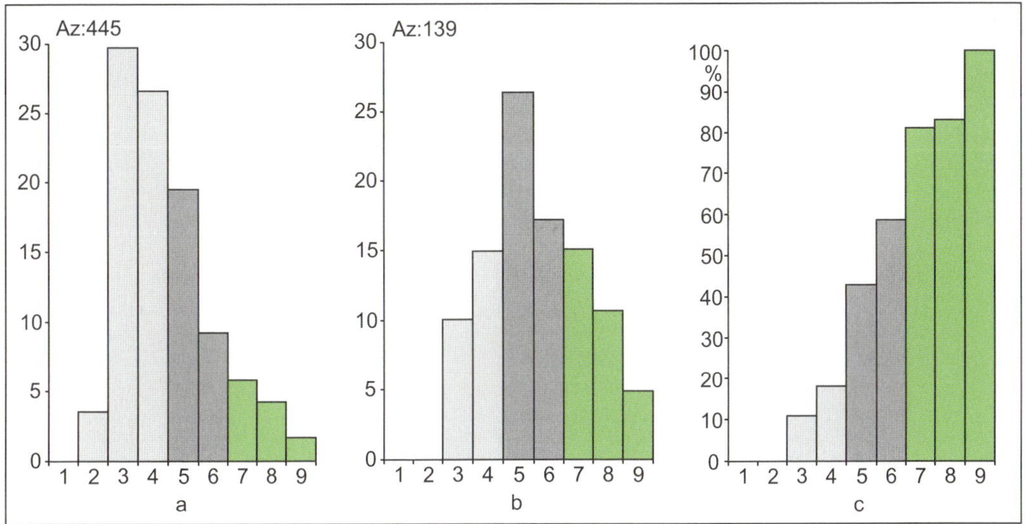

Abb. 35 Anteil von 455 Graslandarten an verschiedenen Stufen der Mahdverträglichkeit, von 1,2 = unverträglich bis 9 = überaus verträglich (s. Kap. 12). Erläuterung im Text.
a) alle Graslandarten; b) Arten des Kulturgraslandes; c) Kulturgraslandarten einer Stufe (b) im Bezug zur Gesamtartenzahl der Stufe (a).

gerne hangparallel, was zu so genannten **„Viehgangeln"** (Kuhtreppen) führt, das heißt schmalen, stärker zertretenen bis offenen Pfaden mit treppigen Hangstrukturen. Das Futter wächst dann vorwiegend auf den steileren Stirnflächen, während die ebeneren Treppenflächen kaum Vegetation tragen. In manchen Fällen kann es zur Ausbildung ganz verschiedener Pflanzengesellschaften in kleinräumigen Zonierungen und Mosaiken kommen.

4.3.2 Einfluss durch Mahd

Im Gegensatz zur Beweidung bedeutet Mahd stets einen plötzlichen Einschnitt für *alle* Pflanzen. Trotzdem hat sich eine breite Palette unterschiedlicher Wiesengesellschaften entwickelt (s. Kap. 7). Differenzierende Faktoren sind die naturgegebenen Standorte, meliorierende Maßnahmen des Menschen, insbesondere Entwässerung, Düngung, aber auch Zeitpunkt und Intervalle der Mahd und entsprechende Anpassungen der Pflanzen.

4.3.2.1 Auswirkung der Mahd auf die Pflanzen

Die meisten Wiesenpflanzen sind **Hemikryptophyten** (s. Kap. 4.3.3), die sich aus dicht an der Bodenoberfläche liegenden Knospen erneuern, gefördert durch Reservestoffe in bodennahen und unterirdischen Speicherorganen. Nach Briemle & Ellenberg (1994) ist eine Schnitthöhe von etwa 7 cm günstig für die rasche Regeneration vieler Arten. In den Stoppeln bleiben genügend Reserven zum Neuaufwuchs übrig. Bei tieferem Schnitt werden Ausläufer- und Rhizompflanzen gefördert, hochwüchsige Arten zurückgedrängt. Obergräser und hohe Kräuter haben bei raschem Wuchsvermögen Konkurrenzvorteile, werden aber bei kurzzeitiger Schnittfolge zugunsten niedrigwüchsiger, bodenblattreicher Arten eingeschränkt. Bei häufiger Mahd ähneln die Wiesen deshalb sowohl physiognomisch als auch floristisch stärker den Umtriebsweiden (s. Kap. 4.3.1.3). Allerdings bleiben einige grundsätzliche Unterschiede erhalten: in Wiesen fehlt die Selektionswirkung des Viehs; alle Pflanzen werden gleichzeitig in gleicher Höhe betroffen. Auch die Trittwirkung, in Umtriebsweiden ein wichtiger Faktor, unterbleibt.

Briemle & Ellenberg (1994) und darauf aufbauend Briemle et al. (2001) haben die Pflanzenarten des Graslandes und verwandter Gesellschaften nach ihrer **Mahdverträglichkeit** in einer neunstufigen Skala geordnet (s. auch Kap. 12). In Abbildung 35 sind einige Beziehungen von Graslandarten insgesamt (Abb. 35a) bzw. der Arten des Kulturgraslandes (Abb. 35b) zur Mahdverträglichkeit darge-

Abb. 36 Dreischichtig strukturierte, halbintensive Glatthaferwiese.

stellt. Demnach entfallen von den 445 Arten über die Hälfte auf schnittempfindliche Pflanzen (Stufe 2 bis 4). Diese stammen vor allem aus extensivem Weideland und kaum nutzbaren Sümpfen. Gut schnittverträglich (Stufe 7 bis 9) sind nur etwas mehr als 10 %. Dies bedeutet, dass durch intensivere Mahdnutzung eine extreme Reduzierung des Artenpotentials stattfindet. Abbildung 35b zeigt für 139 Arten des Kulturgraslandes im engeren Sinn eine tendenzielle Verschiebung der Anteile zu besser schnittverträglichen Pflanzen. Stufe 3 bis 4 enthält etwa ein Viertel der Arten; diese kommen vor allem in den extensiv genutzten Wiesen und Weiden vor. Über ein Drittel ist gut bis sehr gut schnittverträglich (Stufe 7 bis 9). Hier konzentrieren sich Arten, die (noch) in intensiv genutztem Grasland zu finden sind. Abbildung 35c zeigt den Anteil der Kulturgraslandarten an der jeweiligen Gesamtzahl für eine Stufe der Schnittverträglichkeit. Fast alle gut schnittverträglichen Arten der Stufen 7 bis 9 (43 von 51 Arten) sind auch im Kulturgrasland präsent. Schnittempfindliche Pflanzen (2 bis 4) gibt es dagegen wenig oder gar nicht (nur 35 von 266). Die Arten der intensiven Mäh- und Umtriebsweiden kommen großenteils auch in Vielschnittwiesen vor und sind fast alle in Stufe 8 bis 9 zu finden.

4.3.2.2 Allgemeine Struktur von Wiesenbeständen

Im Gegensatz zu Weiden haben Wiesen immer eine mehr oder weniger deutliche und differenzierte **Vertikalstruktur**, das heißt eine Schichtung aus unterschiedlich hochwüchsigen Pflanzen. In der Regel sind zwei bis drei Schichten aus Gefäßpflanzen, teilweise auch eine Kryptogamenschicht vorhanden (Abb. 36). Die **Oberschicht** kann bis über 1,5 m hoch werden und besteht aus den Blüten- und Fruchtständen der Obergräser und Hochstauden. Viele brauchen eine gute Nährstoff- und Wasserversorgung und fallen auf trockeneren und/oder wenig gedüngten Flächen aus. Andere haben eine längere Entwicklungszeit und fehlen in früh gemähten Wiesen. Hochwüchsige Gräser sind *Alopecurus pratensis*, *Arrhenatherum elatius*, *Dactylis glomerata*, *Festuca pratensis*, eingeschränkt auch *Bromus erectus*, *Helictotrichon pubescens*, *Phleum pratense*, *Trisetum flavescens*, auf feuchten Böden weiter *Molinia caerulea*, *Phalaris arundinacea* und *Phragmites australis*. Hohe Kräuter gibt es in großer Zahl; viele tendieren aber mehr zur Mittelschicht (siehe unten). Sie bestimmen wesentlich die bunten Blühaspekte der Wiesen. In Fettwiesen fallen besonders bei stärkerer organischer Düngung die weißen Doldenblütler auf, vor allem *Anthriscus sylvestris* und *Heracleum sphondylium*, im Feuchten *Angelica sylvestris*. Viele Arten der Oberschicht erreichen in traditionellen Wiesen gerade noch vor dem ersten Heuschnitt ihr Entwicklungsoptimum (s. Kap. 5.2) und treten später eher vegetativ auf. Andere kommen erst im zweiten Aufwuchs zu voller Entfaltung, zum Beispiel *Centaurea*-Arten, *Geranium pratense* oder *Heracleum sphondylium*, auch *Angelica sylvestris*, *Cirsium oleraceum*, *Senecio aquaticus*, *Sanguisorba officinalis* und andere auf feuchteren Standorten. Echte Spätentwickler, die nur bei sehr später Mahd zur Blüte kommen, sind zum Beispiel *Lysimachia vulgaris*, *Molinia caerulea*, *Selinum carvifolium*, *Succisa pratensis*.

Unter der Oberschicht, die meist relativ locker ist und genügend Licht nach unten durchlässt, folgt eine **Mittelschicht** halbhoher Pflanzen. Auf ärmeren Standorten kann dies auch die oberste Schicht sein. Abbildung 37 zeigt das Strukturprofil einer Magerwiese, in welcher die Oberschicht sehr lückig ist. In der Mittelschicht wachsen viele Kräuter und die meisten Untergräser, die oft nur etwa 50 cm Höhe erreichen. Hierzu gehören manche Arten der Gattungen *Agrostis*, *Bromus*, *Holcus*, *Lolium*, *Poa*, weiter *Anthoxanthum odoratum*, *Briza media*, *Cynosurus cristatus*, *Festuca rubra* und andere.

Ein Maß für die vertikale Bestandesdichte ist der **Blattflächenindex** (LAI = Leaf Area Index), der angibt, wie viele Blattschichten übereinander eine Bodenfläche abdecken. Er wurde von GEYGER (1964) für verschiedene Graslandgesellschaften bestimmt. Bei Glatthafer-Frischwiesen liegen die Werte bei 13 bis 16, bei Kohldistel-Feuchtwiesen je nach Ausbildung zwischen 7 und 15. Der zweite Aufwuchs nach der Mahd hat einen deutlich niedrigeren Wert. Auch von Jahr zu Jahr treten stärkere Schwankungen auf. Für eine Mädesüß-Hochstaudenflur liegt der Wert sogar über 19. Bedenkt man, dass der LAI der Baumschicht von Laubwäldern bei 2,5 bis 10 liegt, wird das enge Gefüge im Grasland mit optimaler Nutzung der Lichtenergie deutlich. Je nach Höhe und Dichte absorbieren die Ober- und Mittelschicht große Anteile der einfallenden Strahlung, so dass zumindest zeitweise dicht am Boden sehr schattige Verhältnisse herrschen (Abb. 39). Deshalb ist die **Unterschicht** aus niedrigwüchsigen Kriech- und Rosettenpflanzen oft eher artenarm und lückig. Hier finden sich zum Beispiel die wenigen Frühlingsblüher, deren Blätter teilweise frühzeitig vergilben. Auch *Bellis perennis* ist als immergrüne Rosettenpflanze, die schon sehr zeitig zu blühen beginnt, gut an den Wechsel von Tief- und Hochstand angepasst. *Colchicum autumnale* geht als Herbstblüher den hohen Wiesenpflanzen aus dem Weg. Zur Unterschicht gehören weiter Bodenkriecher wie *Ajuga reptans*, *Glechoma hederacea*, *Prunella vulgaris* und *Ranunculus repens*. Sie werden bei häufiger Mahd gefördert, ebenfalls *Agrostis stolonifera*, *Poa trivialis* und *Trifolium repens*. In Vielschnittrasen tritt schließlich der Neophyt *Veronica filiformis* mit seinen feinen Kriechtrieben auf, dessen sich neu bewurzelnde Sprossstücke durch häufigen Schnitt ausgebreitet werden (s. Kap. 7.3.3.4).

Abb. 37 Strukturprofil einer artenreichen Magerwiese. Unter einer sehr lockeren Oberschicht dominiert die Mittelschicht. Eine Unterschicht ist nur angedeutet (aus STYNER & HEGG 1984).

Recht unterschiedlich entwickelt ist die **Kryptogamenschicht**. In dichten Intensivwiesen findet man Moose sehr selten. Eher in Ma-

Abb. 38 Gemähte Fettwiese. Unter dem vorher dichten Bestand bleiben nur sehr lückige Stoppeln übrig. Dazwischen liegen Heureste und ausgestreute Samen.

gerwiesen, vor allem aber in Feuchtwiesen können Moose eine größere Rolle spielen. Insgesamt ist im Kulturgrasland aber die Kryptogamenschicht von relativ geringer Bedeutung; Flechten fehlen wohl ganz.

Ein charakteristisches Strukturmerkmal aller Wiesen ist der **Wechsel von Tief- und Hochstand**, gesteuert durch den Entwicklungsrhythmus und die Vitalität der Pflanzen im Zusammenwirken mit Zeitpunkten und Intervallen der Mahd. Mit diesem Wechsel sind starke Änderungen im Bestandesklima verbunden, sowohl die Lichtverhältnisse als auch Temperatur und Feuchtigkeit betreffend. Die erste Mahd erfolgt in Wiesen älterer (traditioneller) Nutzungsweise etwa zu Beginn der Grasblüte. Nach der Mahd bleiben nur gelbgrüne Stoppeln und einzelne grüne Blätter übrig (Abb. 38). Überall wird die Assimilation der Pflanzen für einige Zeit abrupt unterbrochen. Bei Gräsern wird durch den Schnitt die Bestockung (der Neuaustrieb bodennaher Seitenknospen) stimuliert, wohl auch bei vielen Kräutern.

4.3.2.3 Futterwiesen

Futterwiesen dienen der Ernährung des Viehs in Zeiten der Stallhaltung. Sie sollen ein möglichst nahrhaftes, gut verdauliches Futter liefern. Zur Heugewinnung erfolgt der erste Schnitt meist im Juni, in klimatisch ungünstigen Lagen erst im Juli. Zur Silagegewinnung wird erstmals schon ab Anfang Mai geschnitten. Feuchtwiesen können wegen ihrer im Frühjahr sehr wasserhaltigen Böden erst später gemäht werden.

Den Futterwiesen wird mit jeder Mahd ein größerer Anteil der im Ökosystem befindlichen **Nährstoffe** entzogen. In früheren Zeiten verschlechterten sie sich deshalb allmählich zu wenig produktiven Beständen. Eine nachhaltige Nutzung erfordert mittlere bis hohe Düngergaben in organischer oder mineralischer Form. Ertragreiche, qualitativ hochwertige, zwei- bis mehrschnittige Futterwiesen sind allgemein nur bei sehr guter Nährstoff- und Wasserversorgung möglich (s. Kap. 8). Besonders bunt waren früher viele **Magerwiesen**, deren Reste in tieferen Lagen heute meist nur noch aus Schutzgründen gemäht werden. Besser und großflächiger erhalten sind sie teilweise in **Goldhaferwiesen** als schwach gedüngte, ein- bis zweischnittige Bestände der Montanstufe (s. Kap. 7.3.2). Sie repräsentieren noch am besten den Typ der halbextensiven bis halbintensiven Wiese früherer Jahrhunderte, mit nur lockerer Ober-, aber dichter Mittelschicht. Auch **Fettwiesen des Tieflandes** können bei nicht zu intensiver Nutzung artenreich sein, haben aber eine mehr oder weniger deutliche Oberschicht mit wertvollen Futtergräsern (Abb. 36). Sie bilden die ertragreichsten Graslandtypen überhaupt. Ihr Aussehen ist sehr unterschiedlich, von sehr bunten Aspekten bei halbintensiver Nutzung über Doldenblütleraspekte bei stärkerer organischer Düngung bis zu dunklem „Stickstoffgrün“ artenarmer Vielschnittbestände (s. Kap. 7.3.1). Dagegen sind die **Feuchtwiesen** eher krautreich (s. Kap. 7.5.1).

4.3.2.4 Streuwiesen

In Zeiten mit Düngermangel, wie sie bis ins 19. oder sogar 20. Jahrhundert die Landwirtschaft bestimmten, waren Wiesen die „Mutter des Ackerbaus“, und zwar als Streulieferanten. Die Streu wurde in die Ställe gebracht und ergab, vermengt mit den Tierexkrementen, den wertvollen Stallmist, ohne den ein halbwegs ertragreicher Ackerbau unmöglich war. Aber auch für das Vieh selbst war Streumaterial notwendig. Im Alpenvorland war der Höhepunkt der Streuwiesenkultur im ersten Drittel des 20. Jahrhunderts erreicht (Konold 1996).

Zur Streugewinnung werden bewusst strohige Reste bevorzugt, wie sie in den Wiesen im Spätsommer bis Herbst übrigbleiben. Eine späte Mahd stellt zugleich eine schonendere Nutzungsweise dar, da weniger Stoffe entnommen werden. In Streuwiesen haben die Pflanzen also viel Zeit zur allmählichen Entwicklung. Frühes Blühen gibt zwar auch hier gewisse Vorteile, Spätentwickler werden aber nicht durch zu frühen Schnitt gehemmt und können sich ebenfalls gut entfalten. Hingegen ist vegetative Ausbreitung kaum ein Vorteil und in Streuwiesen seltener zu finden; eher herrschen horstige Pflanzen vor. Der Name Pfeifengraswiese deutet in diese Richtung. *Molinia caerulea* entwickelt sich vegetativ langsam und blüht erst im Spätsommer. Danach werden viele Reservestoffe nach unten zurückverlagert, und zwar in die gestauchten Internodien dicht über dem Boden. Bei frühzeitiger Mahd wird *Molinia* deshalb stark geschwächt beziehungsweise ist in entsprechenden Wiesen nicht zu finden. Viele typische Streuwiesenpflanzen gehören zur Mahdverträglichkeitsstufe 3 bis 4 (s. Kap. 12).

Streuwiesen haben auf basenreicheren Feuchtböden ihr Optimum. Hier ist die Artenzahl sehr hoch; es herrscht eine bunte Aspektfolge im Verlauf der Vegetationsperiode bis zur späten Mahd. Auf ärmeren Böden kommt es eher zur Dominanz einzelner Arten, zum Beispiel von Seggen, Binsen oder Simsen (s. Kap. 7.5.1.3). Im Frühjahr, wenn die Futterwiesen schon frischgrün aussehen, sind die Streuwiesen eher unansehnlich. Einige Frühblüher (z. B. Anemonen, Primeln, Orchideen) setzen erste Farbtupfer. Erst im Hochsommer wird ein Optimum bunt blühender Stauden erreicht, zum Beispiel mit *Betonica officinalis*, *Inula salicina*, *Selinum carvifolium*, *Serratula tinctoria*, *Succisa pratensis* und vielen anderen (s. auch Kap. 5.2, 5.3 und Kap. 7.5.3). Die Vertikalstruktur der Bestände ist je nach Artenverbindung sehr unterschiedlich, oft aber aus einer Ober-, Mittel- und Unterschicht sowie einer Kryptogamenschicht bestehend. Alle Schichten sind eher schütter, so dass genügend Licht nach unten durchdringen kann.

4.3.3 Strukturvergleich verschiedener Graslandtypen

Tiefere Einblicke in die Vertikalstruktur einer artenreichen Glatthaferwiese gibt Abbildung 39. Im oberen, naturnahen **Strukturprofil** sind deutlich eine Ober- und eine Mittelschicht erkennbar. In der ersteren fallen vor allem *Anthriscus sylvestris* (2), *Crepis biennis* (6) und *Rumex acetosa* (14), unter den Gräsern *Arrhenatherum elatius* (3) und *Alopecurus pratensis* (1) auf. Die Mittelschicht ist artenreich und dicht. Dass es auch eine Unterschicht aus Gefäßpflanzen und eine schwach entwickelte Moosschicht gibt, lässt die Biomasseverteilung in je 20 cm-Schichten erkennen. Im unteren

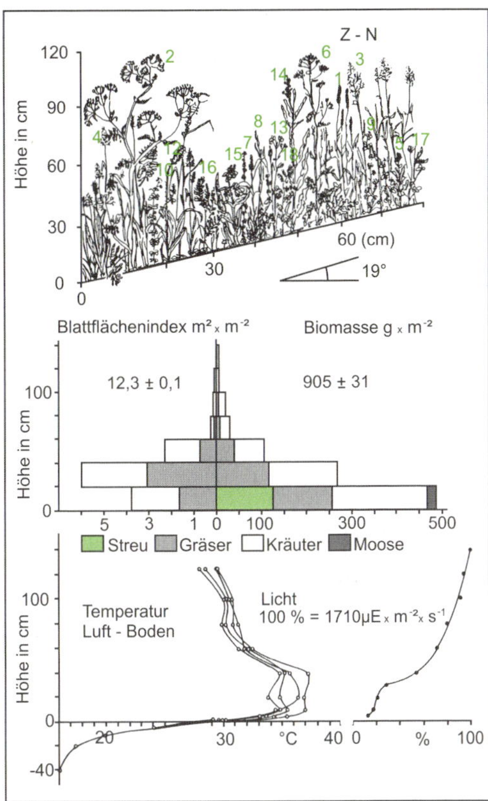

Abb. 39 Vertikales Strukturprofil (oben), Biomasseschichtung und Blattflächenindex (Mitte) sowie Licht- und Temperaturgradienten (unten) in einer halbintensiven Fettwiese (nach FLIERVOET 1984, verändert). Erläuterung im Text.

Bereich sind die höchsten Anteile an Gräsern und Kräutern sowie Streureste versammelt. Bei 40 cm Höhe ist die Grenze sehr dichten Wuchses erreicht. Der nach links eingetragene **Blattflächenindex** (s. Kap. 4.3.2.2) ist bei 20 bis 40 cm Höhe am größten. Entsprechend der Vertikalstruktur verändert sich auch das **Bestandesklima** von oben nach unten. Die Einstrahlung, und damit auch das Licht, nimmt vor allem unterhalb von 40 cm rasch ab. Mit etwas über 5 % des Freilandwertes herrschen am Boden Verhältnisse wie in einem sehr schattigen Wald. Für die Temperaturentwicklung (die Kurven a bis d zeigen Temperaturprofile eines warmen Sommertages zwischen 14 und 16 Uhr) ergibt die dichte Blattschicht bis 40 cm Höhe den Hauptbereich des Wärmeumsatzes. Am Boden ist es deutlich kühler, und der Boden selbst profitiert relativ wenig von der Einstrahlung. Ähnliche Tendenzen eines eigenständigen Graslandmikroklimas, modifiziert durch die jeweilige Vertikalstruktur, treten in allen Bestandestypen auf (s. Kap. 6.4).

Ein grundlegendes strukturelles Element von Ökosystemen sind **Lebens- und Wuchsformen**. Lebensformen vereinigen Pflanzen ähnlicher Erscheinungsweise und Lebensrhythmik unter Betonung ihrer Anpassungen an den Standort. Zum genaueren Strukturvergleich ist die Kombination mit etwas stärker differenzierten Wuchsformen besser geeignet, da im Grasland die Hemikryptophyten eindeutig vorherrschen. In der Biologischen Tafel (s. Kap. 12) werden alle Graslandpflanzen solchen Lebens- und Wuchsformen zugeordnet. Allerdings sind manche Merkmale variabel, so dass im Einzelfall eine andere Einstufung denkbar ist. Die Hauptlebensformen entsprechen weitgehend denen von Ellenberg et al. (1992). In der Tafel werden außerdem Angaben über Ausläufer gemacht. Sie spielen für die Struktur, auch über die Fähigkeit zu vegetativer Vermehrung eine große Rolle, zum Beispiel durch Ausbildung dichter Polycormone (s. Kap. 9.2.2.4).

1. Hemikryptophyten (H)

Ausdauernde, mindestens zweijährige Pflanzen, die sich im Frühjahr und nach Mahd oder Fraß aus bodennahen Erneuerungsknospen regenerieren.

a) Horstpflanzen (HH). Vom Grunde her mehr- bis vielstängelige, aufrechte Pflanzen, ohne oder nur mit kurzen Ausläufern. Durch Mahd oder Fraß wird oft ein mehrstängeliger Neuaustrieb (Bestockung) gefördert. Die vegetative Ausbreitungsfähigkeit ist gering.

Agrostis capillaris, Alopecurus pratensis, Arrhenatherum, Briza, Bromus erectus, Caltha, Carex nigra, Cynosurus cristatus, Dactylis glomerata, Deschampsia cespitosa, Festuca, Holcus lanatus, Juncus effusus, Lolium perenne, Luzula campestris, Molinia, Phleum pratense, Trifolium pratense, Trisetum flavescens und andere.

b) Rosettenpflanzen (HR). Alle Blätter sitzen als Rosette dicht am Boden, der Blütenstängel ist oft relativ kurz, es gibt höchstens kurze Ausläufer; generative Ausbreitung herrscht vor. Die Rosetten bleiben ganz oder teilweise von Mahd und Fraß verschont.

Bellis, Hypochaeris, Leontodon, Plantago, Primula, Taraxacum und andere.

c) Schaftpflanzen (HS). Aufrechte, oft hochwüchsige, einstängelige Pflanzen. Erneuerung aus bodennahen Knospen; teilweise mit Ausläufern. Arten mit grundständiger Blattrosette werden auch als Halbrosettenpflanzen abgetrennt.

Angelica, Anthriscus, Betonica officinalis, Cardamine pratensis, Cirsium, Crepis, Heracleum, Hypericum, Knautia, Leucanthemum, Lychnis flos-cuculi, Lysimachia vulgaris, Mentha, Phragmites, Phyteuma, Pimpinella, Rumex acetosa, Salvia pratensis, Sanguisorba, Senecio, Stachys palustris, Valeriana und andere.

d) Kletterpflanzen (HL). An anderen Pflanzen windend, rankend oder klimmend emporwachsend, sonst ähnlich c).

Galium album, Lathyrus, Vicia und andere.

e) Kriechpflanzen (HK). Mit mehr oder weniger langen Trieben dicht am Boden kriechende Pflanzen, niederliegende Sprosse teilweise einwurzelnd. Durch Bildung neuer Kriechtriebe schnelle Regeneration, auch bei häufiger Wiederholung mechanischer Störungen. Hohes Ausbreitungsvermögen auf offenen Störstellen.

Agrostis stolonifera, Ajuga reptans, Alopecurus geniculatus, Glechoma, Hieracium pilosella, Poa trivialis, Potentilla reptans, Ranunculus repens, Valeriana dioica und andere.

Insgesamt spielen Horst- und Schaftpflanzen (in weiterer Auslegung) die größte Rolle. Auch die folgenden Lebensformen können entsprechend unterteilt werden.

2. Chamaephyten (C, Z)

Ausdauernde Pflanzen mit Erneuerungsknospen oberhalb, aber in Nähe der Bodenoberfläche, mehr oder weniger immergrün. Im Kulturgrasland spielen nur krautige Arten (C) eine gewisse Rolle, verholzte Zwergsträucher

(Z) kommen kaum vor. Da sie sich nach Mahd oder Fraß bodennah regenerieren müssen, ist der Unterschied zu Hemikryptophyten kaum von Nutzen.

Achillea millefolium, Galium saxatile, Lysimachia nummularia, Potentilla palustris, Trifolium repens, Veronica chamaedrys und andere.

3. Geophyten (G)
Mit Speicherorganen im Boden den Winter (oder Trockenzeiten) überdauernd und aus diesen neu austreibend (Zwiebel-, Knollen-, Rhizom-, Wurzelknospen-Geophyten = Kryptophyten).

Allium, Anemone nemorosa, Cirsium arvense, Colchicum, Dactylorhiza, Elymus repens, Equisetum, Iris, Orchis und andere.

4. Therophyten (T)
Kurzlebige bis einjährige (zum Teil überwinternde) Pflanzen. Erneuerung ist nur durch Samen möglich, die bevorzugt an offenen Stellen keimen können.

Bromus racemosus, Linum catharticum, Poa annua, Rhinanthus, Stellaria media, Trifolium dubium, Veronica arvensis und andere.

In der Graslandwirtschaft wird neben hohen Erträgen auch eine dauerhafte, dichte **Narbe** der Wiesen und Weiden angestrebt. Eine wichtige Grundlage hierfür bilden ausdauernde Horst- und Kriechpflanzen mit hoher Regenerationskraft. Rosettenpflanzen geben zwar auch eine dichte Bodendeckung, sind aber weniger regenerationsfreudig und können bei Ausfall offene Stellen hinterlassen. Schaftpflanzen bringen oft hohe Erträge, werden aber von ELLENBERG (1952) als „lästige Platzräuber" bezeichnet. Vor allem Pflanzen mit großen Grundblättern verhindern in ihrem Umkreis das Gedeihen von Bodenpflanzen und hinterlassen nach Mahd Lücken oder gar offenen Boden. Eine dichte Narbe wird auch durch Regeneration aus unterirdischen Ausläufern gefördert.

In Abb. 40 sind **Lebensformenspektren** zusammengestellt, bei den Hemikryptophyten

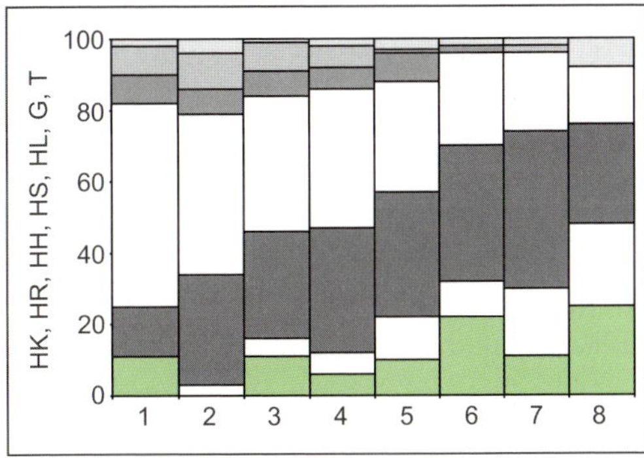

Abb. 40 Differenzierte prozentuale Lebensformspektren verschiedener Graslandgesellschaften. Erläuterung im Text.
1 Hochstaudenflur (*Filipendulo-Geranietum*)
2 Streuwiese (*Molinietum*)
3 Feuchtwiese (*Angelico-Cirsietum oleracei*)
4 Bergwiese (*Geranio-Trisetetum*)
5 Fettwiese (*Arrhenatheretum*)
6 Flutrasen (*Ranunculo-Alopecuretum geniculati*)
7 Fettweide (*Lolio-Cynosuretum*)
8 Vielschurrasen (*Crepido-Festucetum*).
T = Therophyten
G = Geophyten
H = Hemikryptophyten (HL = Kletterplanzen, HS = Schaftpflanzen, HH = Horstpflanzen, HR = Rosettenpflanzen, HK = Kriechpflanzen).

(und Chamaephyten) stärker untergliedert. Hierfür wurden Daten aus Übersichtstabellen verschiedener Autoren entnommen. Berücksichtigt sind alle Arten, die mit Stetigkeit (Häufigkeit) ≥ 20 % vorkommen; für jede Art ist die jeweilige Stetigkeitsklasse I-V (s. DIERSCHKE 1994) addiert und die Gesamtsumme gleich 100 % gesetzt. Schon auf den ersten Blick zeigen sich deutliche Unterschiede, vor allem innerhalb der Subtypen der Hemikryptophyten. Therophyten und Geophyten sind im Kulturgrasland allgemein von sehr untergeordneter Bedeutung (2 bis 14 %).

Die stärksten Unterschiede ergeben sich bei den **Kriechpflanzen**. Häufigere Mahd und/oder Beweidung fördern diese Lebensform als sinnvolle Anpassung. In den zweischnittigen Futterwiesen (3 bis 5), halbintensiven Fettweiden (6) und ungemähten Staudenfluren (1) erreichen sie nur bis 11 %; in den Streuwiesen (2) fehlen sie ganz. Dagegen sind sie in Vielschnittwiesen und häufig gemähten Rasen mit 22 bis 25 % beteiligt. Unter Einbezug des Deckungsgrades würde bei letzteren der Anteil noch wesentlich steigen. Die Zunahme der Kriechpflanzen von links nach rechts entspricht auch einem Gradienten verstärkter Nutzungsintensität. Ähnliche Verteilungstendenzen zeigen erwartungsgemäß die **Rosettenpflanzen**. Dies bedeutet auch die zunehmende Ausbildung einer bodennahen Unterschicht. Die übrigen Subtypen der Hemikryptophyten sind maßgeblich für die Mittel- und Oberschicht, damit auch für das langzeitige Aussehen vieler Graslandbestände. Allgemein haben **Horstpflanzen** in Wiesen und Weiden einen Anteil um 30 %, in Vielschnittwiesen sogar von 44 %. Eine abnehmende Reihe von links nach rechts zeigen die mittel- bis hochwüchsigen **Schaftpflanzen**. Sie erreichen in dichten Staudenfluren fast 60 %, in den Streuwiesen (2) noch 45 %, in Futterwiesen (3 bis 5) 31 bis 39 %, in Vielschurrasen dagegen nur 16 %. Auch die **Kletterpflanzen** nehmen in gleicher Richtung ab, erreichen aber maximal nur 8 % und fehlen bei Weide und Vielschnitt ganz.

4.4 Gliederung nach der Artenzusammensetzung

Alle Einflüsse von Standort und Mensch/Tier spiegeln sich in der Artenverbindung eines Bestandes wider.

4.4.1 Artenverbindungen als vieldimensionale Indikatoren und Klassifikationsgrundlage

Zugrunde liegt zunächst die **Flora** eines Gebietes, die von allgemeinen ökologischen Bedingungen (besonders Großklima) und historischen Ereignissen (Einwanderung, Ausbreitung) abhängt. Hieraus erklären sich bereits gewisse floristische Gradienten, die sich im Grasland Mitteleuropas oft in einer Artenabnahme von Süden nach Norden beziehungsweise von subkontinentalen zu atlantischen Gebieten äußern. Bedingt durch die lokalen **Standortbedingungen** (Stoff- und Wasserhaushalt, Meso- bis Mikroklima) wird die Zahl der überhaupt an einem Wuchsort möglichen Arten eingeschränkt und durch **Wechselwirkungen** zwischen den Pflanzen noch weiter begrenzt (z. B. Konkurrenz, Förderung; Dierschke 1994, S. 34 ff.). Diese Wechselwirkungen werden im Grasland stark von **anthropo-zoogenen Einflüssen** mitbestimmt, was die Zahl möglicher Arten weiter reduziert. Hinzu kommen noch **direkte Einflüsse des Menschen** sowohl auf den Standort als auch teilweise auf die Flora selbst (Einführung neuer Arten oder Zuchtformen, Beseitigung unerwünschter Arten).

Das Innenleben eines Bestandes ist somit von vielen, eng verzahnten Wirkungsgrößen abhängig. Umgekehrt kennzeichnet jede Artenverbindung ganz bestimmte aktuelle und historische Gegebenheiten. Annähernd gleiche Artenverbindungen, die einen Zusammenschluss in einer **Pflanzengesellschaft** erlauben, sind also bei Kenntnis der Zusammenhänge Indikatoren vielfältiger Wirkungen und Entwicklungen. Nicht nur der augenblicklich feststellbare Zustand eines Bestandes ermöglicht vielseitige Rückschlüsse. Graslandgesellschaften sind auch sehr dynamische Gebilde (s. Kap. 9). Sie erreichen zwar bei gleichbleibenden Einflüssen eine gewisse Stabilität, reagieren aber sehr fein und rasch auf Umwelt- und Nutzungsveränderungen, angefangen von Vitalitätsänderungen einzelner Pflanzen über Abweichungen in der quantitativen Zusammensetzung bis zur Vorherrschaft oder zum Verschwinden einzelner Arten. Jede an einem Ort anzutreffende **Artenverbindung** ist das Ergebnis vielschichtiger Prozesse in raum-zeitlichem Zusammenwirken auf der Grundlage von Flora und Standort. Dies gilt auch für daraus abgeleitete Vegetationstypen, insbesondere solche niedrigen Ranges (Assoziationen und Untereinheiten). Mit einiger Erfahrung lässt sich aus einer Artenliste oder Vegetationstabelle bereits vieles über Aussehen, Struktur, Standort, Entwicklungszustand, eventuell auch über die Geschichte eines Bestandes ablesen. Eine Hilfe hierzu geben biologische Kennwerte der Arten, wie sie am Ende (s. Kap. 12) zusammengestellt sind.

Farbtafeln S. 53 u. 54

Abb. 45 Phase 3: In feuchteren Wiesen bestimmen *Cardamine pratensis*, in Frischwiesen (kl. Foto) *Taraxacum officinale* das Bild (zu S. 62).

Abb. 46 Phase 4: Im ersten Aufwuchs hat *Ajuga reptans* noch genügend Licht, *Ranunculus acris* beginnt zu blühen. Fuchsschwanz-Vielschnittwiesen (kl. Foto) werden erstmals gemäht (zu S. 62).

Abb. 47 Phase 5: In Glatthaferwiesen beginnt der *Anthriscus*-Aspekt (noch mit *Taraxacum*, kl. Foto), in Bergwiesen (Harz) blühen *Meum athamanticum* und *Geranium sylv.* (zu S. 62).

Abb. 48 Phase 6: Mähreife Glatthaferwiese (a); in der Feuchtwiese (b) bestimmt *Lychnis flos-cuculi* das Bild (zu S. 63).

45

46

47
48a
48b

49a

49b

50a

50b

51a

51b

52

4.4.2 Pflanzengesellschaften des Extensivgraslandes

Das heutige Kulturgrasland ist aus extensiv genutzten Vorläufern entstanden, großenteils Gegenstand anderer Bände dieser Reihe. Es handelt sich um Magerweiden (Triftweiden) und einschürige Magerwiesen geringer Produktivität, die lange Zeit die Kulturlandschaften Mitteleuropas mitbestimmten, heute meist nur noch als Relikte früherer Zeiten zerstreut zu finden sind. Soweit sie nach ihrer Artenverbindung zur Klasse des Kulturgraslandes (Molinio-Arrhenatheretea) gehören, werden sie erst im Kapitel 7 näher besprochen.

4.4.2.1 Extensivgrasland feuchter bis nasser Standorte

In manchen Gebieten mit ackerfähigen Böden war das Grasland auf dauernd feuchte Niederungen, überschwemmte Täler und quellige Hänge konzentriert. Auf den weichen, wenig trittfesten Gley- und Niedermoorböden führte stärkere Beweidung zu Narbenschäden. Deshalb wurden solche Flächen meist gemäht, wenn auch Bodennässe oder geringer Ertrag nur eine Mahd zuließen. Die Magerwiesen enthalten viele Seggen, Simsen und Binsen (Sauergräser) und ergeben kein gutes Heu, sondern sind eher als Streulieferanten nutzbar. Alle Gesellschaften sind heute durch starken Rückgang und Degeneration bedroht und enthalten viele schutzbedürftige Pflanzen. Die meisten Wiesen wachsen (fast) nur noch in Schutzgebieten. Genauere Angaben finden sich zum Beispiel bei Oberdorfer (1977), Dierssen & Dierssen (2001).

Farbtafeln S. 55 u. 56

Abb. 49 Phase 7: In bodenfeuchten Futterwiesen (a) blüht *Cirsium palustre*, auch die Streuwiesen (b) haben auffällige Aspekte (*Galium boreale*, *Iris sibirica*) (zu S. 63).

Abb. 50 Phase 8: In einer überständigen Glatthaferwiese (a) blüht *Centaurea jacea*, in einer süddeutschen Streuwiese (b) gibt es bunte Aspekte von *Galium album*, *G. verum*, *Betonica officinalis*, *Dianthus superbus*, *Knautia arvensis* und anderen (zu S. 63).

Abb. 51 Phase 8: An Grabenrändern (a) blühen jetzt bunte Hochstaudenfluren (*Lythrum salicaria*, *Lysimachia vulgaris*), in gemähten Feuchtwiesen (b) erscheinen die Blütenstände von *Cirsium oleraceum* (zu S. 63).

Abb. 52 Phase 9: Späte Blüte von *Colchicum autumnale* in einer Glatthaferwiese (zu S. 64).

1. Kleinseggensümpfe

Auf nährstoffarmen, dauernassen, teilweise quelligen Gley- und Moorböden gibt oder gab es ertragsarme, teilweise aber sehr artenreiche Streuwiesen, in denen kleinwüchsige Sauergräser eine beherrschende Stellung einnehmen. Häufig wächst darunter eine dichte Moosschicht. Als Relikte findet man einige Arten auch noch in halbextensiven Futterwiesen. Wegen ihrer floristischen Verwandtschaft sind sie mit einigen Schlenkengesellschaften und Schwingrasen der Hochmoore in einer Klasse **(Scheuchzerio-Caricetea fuscae)** vereinigt. Als gemeinsame Arten vieler Gesellschaften lassen sich zum Beispiel *Carex nigra* (= *fusca*), *C. panicea*, *Eriophorum angustifolium*, *Juncus articulatus*, *Menyanthes trifoliata*, *Pedicularis palustris* und *Triglochin palustre* nennen.

a) Kleinseggensümpfe basenreicher Standorte (Kalkflachmoore) (Tofieldietalia, Caricion davallianae)

An Stellen mit kalkreichem Quellwasser wachsen sehr artenreiche, durch bunte Blühaspekte auffallende Bestände mit rasen- bis wiesenartiger, lockerer Struktur. Sie kommen vor allem in den Kalkgebieten des südlichen Mitteleuropa vor und strahlen nach Norden nur mit artenärmeren Gesellschaften aus. Viele ihrer Arten sind heute sehr selten, zum Beispiel *Bartsia alpina*, *Carex davalliana*, *C. flava* agg., *C. hostiana*, *Dactylorhiza incarnata*, *Epipactis palustris*, *Eriophorum latifolium*, *Parnassia palustris*, *Pinguicula vulgaris*, *Primula farinosa*, *Schoenus ferrugineus*, *S. nigricans*, *Tofieldia calyculata*.

b) Kleinseggensümpfe basenarmer Standorte (Caricetalia fuscae, Caricion fuscae)

In Gebieten mit basenarmen Gesteinen, vor allem auch in den norddeutschen Altmoränengebieten mit ihren großen Moorflächen, waren diese Rasen und Wiesen früher weit verbreitet; heute sind sie in manchen Bereichen ganz ausgestorben. Strukturell ähneln sie den Kalkflachmooren; sie sind aber deutlich artenärmer, zum Beispiel mit *Agrostis canina*, *Carex canescens*, *C. echinata*, *Comarum palustre*, *Epilobium palustre*, *Hydrocotyle vulgaris*, *Juncus filiformis*, *Viola palustris*.

2. Großseggenriede und Röhrichte

Wesentlich wuchskräftiger sind Streuwiesen, die sich aus großen Seggen wie *Carex acuta*, *C. acutiformis*, *C. cespitosa*, *C. rostrata*, *C. vesicaria* oder *C. vulpina* zusammensetzen. Die oft von einer Segge beherrschten, artenarmen Bestände sind nur als Streu nutzbar. Einzelne Exemplare findet man auch in mäßig gedüngten Sumpfdotterblumen-Futterwiesen. Floristisch stehen diese Bestände den Röhrichten nahe und werden deshalb als Verband Magnocaricion den Phragmitetalia/Phragmito-Magnocaricetea zugeordnet. Großseggenwiesen gab es früher öfters in großen Flussniederungen mit moorigen Böden. Auch die Röhrichte (Phragmition) selbst, vor allem im Verlandungsbereich von Gewässern, zum Beispiel mit *Phragmites australis* oder *Phalaris arundinacea*, wurden zur Streugewinnung gemäht.

3. Pfeifengraswiesen

Diese nach *Molinia caerulea* benannten, höherwüchsigen Wiesen auf eher wechselfeuchten, relativ basenreichen Böden enthalten viele Arten, die auch in halbextensiven Futterwiesen vorkommen. Sie werden deshalb als einzige Extensivwiesen den Molinio-Arrhenatheretea im Verband **Molinion caeruleae** angeschlossen (s. Kap. 7.5.3).

4.4.2.2 Extensivgrasland bodenfrischer Standorte

Mittel- bis tiefgründige Mineralböden mit ausgeglichenem Wasser- und Lufthaushalt waren von jeher bevorzugte Bereiche für Ackerland, ausgenommen in sehr hängigen oder in klimatisch ungünstigen Lagen. Soweit die Böden von Natur aus eine etwas höhere Nährkraft besitzen, konnten sich hier vermutlich bereits Vorläufer unserer aktuellen Futterwiesen und -weiden entwickeln. Aus heutiger Sicht vermitteln hiervon am ehesten ertragsschwächere Bergwiesen (**Polygono-Trisetion**; s. Kap. 7.3.2) und Magerweiden (**Cynosurion**; s. Kap. 7.3.3.2) eine Vorstellung. Nur auf sauren, nährstoffarmen Böden gab und gibt es echte Extensivrasen, meist beweidet, seltener gemäht. Aufgrund ihrer floristischen Eigenart werden diese **Borstgrasrasen** als Ordnung **Nardetalia** zusammengefasst, in enger Beziehung zur Klasse **Calluno-Ulicetea**, die auch die meisten Zwergstrauchheiden enthält. Im Tiefland und in Mittelgebirgen mit ärmeren Silikatgesteinen wächst das **Violion caninae** mit artenreichen Gesellschaften. Zu den zahlreichen, vorwiegend kleinwüchsigen Arten gehören *Arnica montana*, *Danthonia decumbens*, *Deschampsia flexuosa*, *Galium saxatile*, *Hypericum maculatum*, *Luzula campestris* agg., *Nardus stricta*, *Polygala vulgaris*, *Potentilla erecta*, *Viola canina* und viele andere. In höheren Lagen der Alpen wachsen noch artenreichere, bunte Matten des **Nardion strictae**. Eine großräumige Übersicht geben Peppler (1992), Peppler-Lisbach & Petersen (2001).

4.4.2.3 Extensivgrasland trockenerer Standorte

Sowohl zu nasse als auch zu trockene Böden sind keine guten Standorte für produktiveres Grasland. Während erstere durch Entwässerung gut meliorierbar sind, bilden Trockenstandorte wenig Möglichkeiten der Ertragsverbesserung. So gibt es vor allem auf flachgründigen Kalkböden, seltener auf Sanden, noch viele Reste artenreicher Weiden und (seltener) Wiesen sehr eigenartiger Prägung. Da sie oft nicht mehr genutzt werden, befinden sich heute viele im Stadium einer degenerativen Sukzession.

a) Basiphiles Xerothermgrasland

Die zugehörigen, meist sehr artenreichen Gesellschaften werden in der Klasse **Festuco-Brometea** vereinigt. Die Gliederung ist unterschiedlich. Meist werden in Mitteleuropa submediterran-subatlantisches und subkontinentales Xerothermgrasland als zwei Ordnungen (**Brometalia erecti**, **Festucetalia valesiacae**) unterschieden. In beiden gibt es je einen Verband langzeitig trockener und eher wechseltrockener Böden. In den Brometalia sind dies **Xerobromion** und **Mesobromion** (dazu noch das **Koelerio-Phleion** silikatischer Trockenrasen), in den Festucetalia das **Festucion valesiacae** und **Cirsio-Brachypodion pinnati**. Erstere werden auch Trocken- und Halbtrockenrasen, letztere Steppen und Wiesensteppen genannt (s. z. B. Oberdorfer 1978, Dierschke 1997b).

Es würde zu weit führen, hier auch nur einen Teil der typischen Arten aufzuführen. Insbesondere aus den zum Kulturgras floristisch und ökologisch vermittelnden Gesellschaften des Mesobromion und Cirsio-Brachypodion kommen etliche noch in halbextensiven Wiesen und Weiden vor, die bei mäßiger Düngung entstehen. Hierzu gehören *Brachypodium pinnatum*, *Briza media*, *Bromus erectus*, *Campanula glomerata*, *Carex flacca*, *Centaurea scabiosa*, *Cirsium acaule*, *Daucus carota*, *Filipendula vulgaris*,

Galium verum, Helictotrichon pratense, Knautia arvensis, Leontodon hispidus, Linum catharticum, Lotus corniculatus, Medicago lupulina, Orchis mascula, Pimpinella saxifraga, Plantago media, Primula veris, Ranunculus bulbosus, Salvia pratensis, Sanguisorba minor, Scabiosa columbaria und viele andere.

b) **Sandtrockenrasen**
Auf armen Sanden gibt es meist nur floristisch nichtssagende, lockere Grasbestände. Wenn aber die Auswaschung durch gelegentliche Hochwasser in Flussniederungen gebremst wird oder die Sande etwas basenreicher sind, können sich bei extensiver Beweidung artenreichere Sandtrockenrasen entwickeln, die gewisse floristische Verwandtschaft zum obigen Xerothermgrasland zeigen. Sie werden als eigener Verband **Armerion elongatae** in die Klasse **Koelerio-Corynephoretea** eingeordnet (Krausch 1961, Oberdorfer 1978). Es sind die einzigen dichteren Graslandgesellschaften Mitteleuropas, in denen sukkulente Pflanzen (*Sedum*) eine größere Rolle spielen können. Bezeichnend sind auch verschiedene Schwingelarten (*Festuca ovina* agg. und andere). Das Silbergras (*Corynephorus canescens*) kommt hingegen nur in offenen Pionierbeständen auf Sand vor **(Corynephorion canescentis)**. Der Schwerpunkt des Armerion elongatae liegt in den weiten, sandigen Flussniederungen im nördlichen Mitteleuropa, im Kontakt der eigentlichen Niederungen zu flachen Dünen. Heute sind die Rasen großenteils verschwunden.

4.4.3 Pflanzengesellschaften des Kulturgraslandes

Das eigentliche Kulturgrasland enthält vorwiegend produktivere Bestände mit anspruchsvolleren Arten. Der ökologische Wuchsbereich ist entsprechend eingeengt. Die naturgegebenen Standorte wurden durch Melioration ehemals zu nasser oder zu nährstoffarmer Böden wesentlich erweitert. Die Pflanzengesellschaften des Kulturgraslandes und einige floristisch verwandte Vegetationstypen werden in der Klasse **Molinio-Arrhenatheretea** vereinigt. Ihre genauere Besprechung erfolgt in Kapitel 7.

In ihr werden mindestens zwei Ordnungen unterschieden, deren Kenn- und Trennarten entweder nässeverträglich-feuchtigkeitsliebend oder nässeempfindlich sind (**Molinietalia**, **Arrhenatheretalia**).

4.4.4 Zusammenfassende Übersicht

In Abbildung 41 wird versucht, die Verbände des Graslandes und eng verwandter Gesellschaften in einem **Ökogramm** zusammenzufassen. Die Achsen stellen ökologische Gradienten dar, senkrecht die Bodenfeuchtigkeit, waagerecht die Nutzungsintensität (s. Kap. 4.1, Tab. 2). Auf den ersten Blick erkennt man die Abnahme der Diversität mit intensiverer Bewirtschaftung, auch die Einengung der Standortamplitude hin zu Böden mittlerer Wasserversorgung. Bei extensiver Nutzung lassen sich 15 Vegetationstypen, meist im Range von Verbänden, unterscheiden, bei mäßiger Intensivierung nur noch vier. Alle Grenzlinien im Ökogramm stellen Übergangsbereiche dar, das heißt bei Intensivierung oder auch Extensivierung kann sich ein allmählicher, zuerst oft kaum erkennbarer Wandel in die eine oder andere Richtung vollziehen. Manche Übergänge sind in dem zweidimensionalen Ökogramm nicht darstellbar. So kann man zum Beispiel Halbtrockenrasen und -wiesen durch mäßige Düngung nicht nur in Kammgrasweiden, sondern auch in Glatthaferwiesen umwandeln. Alle halbextensiven bis halbintensiven Frischwiesen sind in Weiden überführbar. Übergänge gibt es auch zwischen Goldhafer-Bergwiesen und Sumpfdotterblumen-Feuchtwiesen und so weiter. Eine ökologische Sonderstellung haben die Flutrasen als wechselnasse Bereiche. Soweit es noch Überflutungen gibt, wachsen sie auch im Intensivgrasland. Einzelne Arten werden sogar durch intensivierungsbedingte Bodenverdichtungen gefördert.

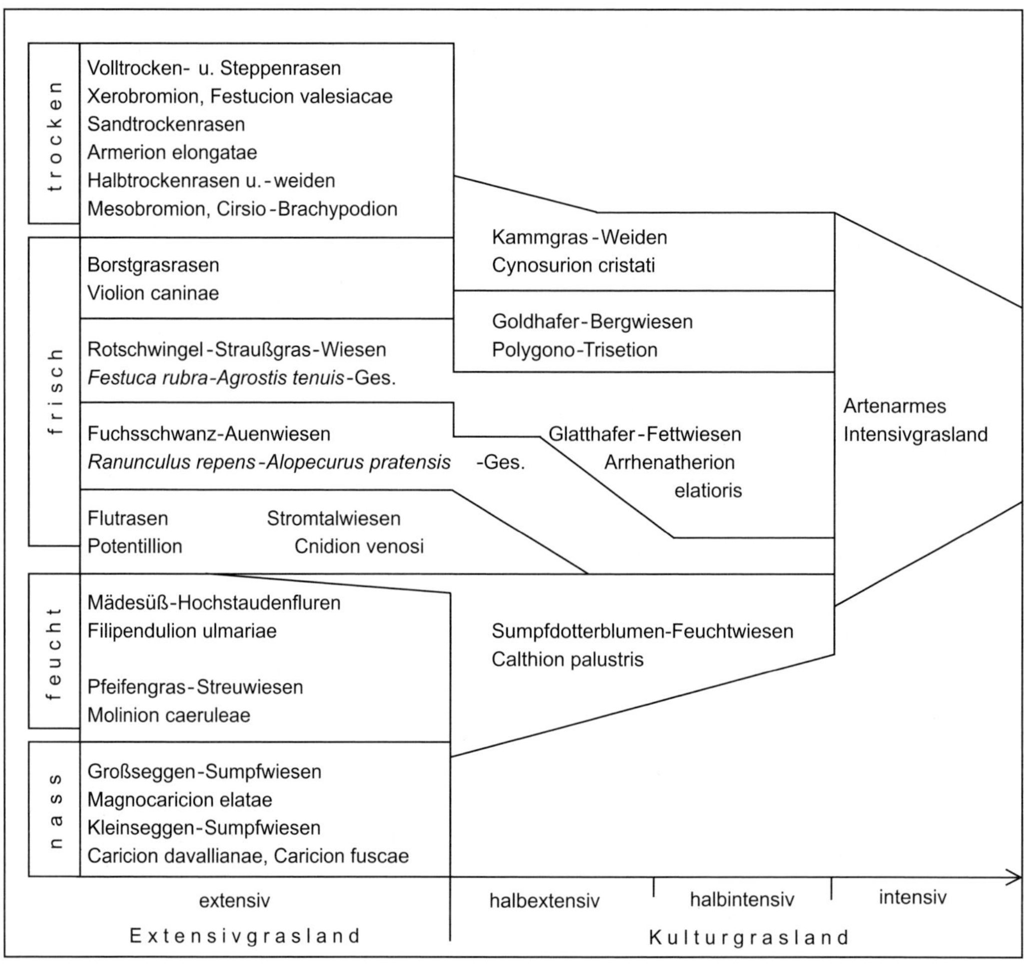

Abb. 41 Graslandtypen in einem Feuchtigkeits-Intensitäts-Ökogramm. Erläuterung im Text.

5 Vegetationsrhythmik im Kulturgrasland

Graslandgesellschaften gehören zu den Vegetationstypen mit den auffälligsten Farbaspekten. Jeder Bestand und jede Gesellschaft zeigen eine eigene Rhythmik, besonders deutlich im vegetativen Aufwuchs und einer jeweils charakteristischen Abfolge von blühenden Arten. Sie ist zwar abhängig vom jährlichen (besonders frühjährlichen) Witterungsverlauf, wird aber dadurch höchstens zeitlich von Jahr zu Jahr etwas verschoben. Bestimmte Blühaspekte wiederholen sich alljährlich in gesetzmäßiger Weise. Pflanzen, die gemeinsam einen Blühaspekt bilden, kann man als **blühphänologische Artengruppe** zusammenfassen (Dierschke 1995). Die folgende Einteilung gilt zunächst für ungestörte Entwicklung der Pflanzen. Durch unterschiedliche Störungen (Mahd, Fraß) zu verschiedenen Zeiten und in verschiedener Häufigkeit wird das Verhalten vieler Arten verändert, beziehungsweise Arten mit bestimmtem phänologischen Verhalten passen sich der Nutzungsrhythmik an.

5.1 Allgemeines

Im Verlauf der Vegetationsperiode lassen sich kettenartige, ineinander greifende Abfolgen von Blühphasen und anderen Entwicklungsmerkmalen erkennen. Der Deutsche Wetterdienst benutzt schon seit langem die Reihe Vor-, Erst-, Vollfrühling, Früh- und Hochsommer sowie Frühherbst und Herbst, definiert durch bestimmte pflanzliche Merkmale und landwirtschaftliche Tätigkeiten. Ein stärker botanisch orientiertes System, das auf phänologischen Artengruppen beruht, wurde von Dierschke (1982; s. auch 1994) zunächst für Wälder entwickelt. Später zeigte sich, dass man auch die meisten Freilandpflanzen den **neun Phänophasen** zuordnen kann, so dass bereits ein universelleres symphänologisches System existiert (Dierschke 1995). Hier werden jetzt erstmals für das Kulturgrasland entsprechende phänologische Artengruppen nach gleichzeitigem Blühbeginn definiert und die Phänophasen mit eigenen Namen belegt (s. Kap. 5.2). Jeder Art kann eine **Phänoziffer** zugesprochen werden, welche die entsprechende Phase 1 bis 9 angibt (s. Kap. 12). Danach lassen sich für jede Gesellschaft **Phänospektren** entwickeln, unter der Annahme, dass sich die Arten überall gleich verhalten. Dies trifft nicht immer zu, so dass man auf gebiets- und gesellschaftstypische Abweichungen, auch auf spezieller angepasste Ökotypen achten muss.

5.2 Phänophasen und phänologische Artengruppen

In Abbildung 42 ist ein Spektrum für alle wichtigen Arten des Kulturgraslandes als phänologische Synthese dargestellt. Es gibt das Blühpotential in zeitlicher Staffelung, hier noch differenziert nach Blütenfarben, wieder. Im Einzelfall kommt immer nur ein Teil dieser Arten vor. Außerdem sind die prägenden Aspekte oft weniger von der Zahl blühender Arten als von einer oder wenigen Dominanten abhängig. Das Spektrum beruht auf der phänologischen Zuordnung von 242 Arten nach Dierschke (1995). Jede phänologische Gruppe enthält diejenigen Arten, die sich bei ungestör-

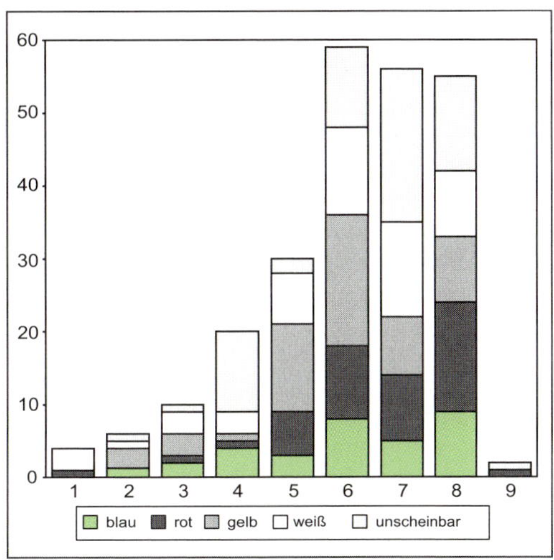

Abb. 42 Synthetisches Phänospektrum von 242 Arten des Kulturgraslandes nach Artenzahl und Blütenfarben in den Phänophasen 1 bis 9. Erläuterung im Text.

ter Entwicklung in ihrem Blühverhalten (Blühbeginn bis Vollblüte) zeitlich sehr ähnlich sind. Viele blühen auch noch in der nächstfolgenden Phase (oder noch länger), so dass die Gesamtzahl blühender Arten pro Phänophase wesentlich höher sein kann. Die Phasen 2 bis 9 werden mit Pflanzennamen des Kulturgraslandes bezeichnet.

1. Blütenarme Vorphase (Abb. 43, S. 36)
Nach Abtauen des Schnees beziehungsweise bei erst langsamer, geringer Erwärmung am Winterende ist das Grasland noch großenteils im Ruhezustand, wenn auch viele bodennahe Pflanzenteile grün überwintern können. Geringe Bodenwärme, kurzfristig auftretende Fröste, auf Feuchtstandorten auch hohe Grundwasserstände oder sogar Überflutungen bieten für die meisten Pflanzen noch keine geeigneten Startbedingungen. Je nach Art und Zeitpunkt der letzten vorjährigen Nutzung herrschen bleichgrüne bis fahlgelbe Farben, letztere besonders in Brachen mit stärkerer Streubildung. Auffällig sind die dunklen Maulwurfshaufen. Lediglich *Bellis perennis* und in intensivem Grasland gelegentlich erste Ackerwildkräuter (*Capsella bursa-pastoris, Lamium purpureum, Stellaria media*) kommen vereinzelt zur Blüte.

2. *Anemone nemorosa-Primula*-Phase (Abb. 44, S. 36)

Weiter herrschen fahle Gelb- und Grüntöne, letztere mit zunehmender Auffrischung. Primeln (*Primula elatior, P. veris*) gibt es nur im extensiveren Grasland. Das Buschwindröschen ist in tieferen Lagen im Freiland selten, kann aber in Bergwiesen einen ersten Blühaspekt bilden. In gut gedüngten Fettwiesen findet man gelegentlich *Ranunculus ficaria*.

3. *Cardamine pratensis-Taraxacum officinale*-Phase (Abb. 45, S. 53)
Erstmals treten landschaftsphänologisch prägende Aspekte im Kulturgrasland auf. Das frische Grün der Neuaustriebe setzt sich durch. Bald beginnen die namengebenden Arten zu blühen. Vor allem gut gedüngte Wiesen und Weiden frischer Böden fallen durch das intensive Gelb des Löwenzahns auf, in Feuchtwiesen ersetzt von gelben Sumpfdotterblumen und dem Weiß des Wiesenschaumkrautes. Phänophase 3 besitzt schon zehn blühende Sippen, vorwiegend niedrigwüchsige Pflanzen, die jetzt noch volles Licht erhalten. Hierzu gehören auch *Glechoma hederacea*, *Luzula campestris* und *Veronica arvensis*. Gegen Ende dieser Phase beginnt stärkeres Höhenwachstum vieler Pflanzen, die in den Folgephasen bestimmend werden.

4. *Ajuga reptans-Alopecurus pratensis*-Phase (Abb. 46, S. 53)

Die beiden Arten geben die Situation recht gut wieder. Der Günsel gehört noch zu den Arten des Tiefstandes; hierher sind auch *Cerastium holosteoides*, *Plantago lanceolata*, *Anthoxanthum odoratum* und *Veronica chamaedrys* zu rechnen. Der Wiesenfuchsschwanz ist Vorläufer einer hohen Oberschicht. Der zunächst noch gelbe Löwenzahnaspekt geht in den weißen Fruchtaspekt über, der allmählich im Aufwuchs verschwindet. Auf feuchteren Standorten gibt es eine Reihe früh blühender Seggen. Gräser und Grasartige machen über 50 % der phänologischen Gruppe aus. Gegen Ende der Phase erfolgt in Vielschnitt-Silagewiesen schon die erste Mahd. Die Landschaft ringsum ist vom vollen Ergrünen der Gehölze und vom Gelb der Rapsfelder bestimmt.

5. *Anthriscus sylvestris-Ranunculus acris*-Phase (Abb. 47, S. 54)

Jetzt setzen sich die höheren Arten endgültig durch und bilden landschaftsprägende Aspekte. Der weißblühende Wiesenkerbel tritt vor allem in Frischwiesen und manchen Weiden, auch an Straßenrändern hervor. Das Gelb des Scharfen Hahnenfußes herrscht auf feuchteren Böden. Staufeuchte, auch durch Viehtritt verdichtete Böden von Weiden und Flutrasen können vom Kriechenden Hahnenfuß bestimmt werden. Auch in den Bergwiesen kommen jetzt etwas höhere Arten zur Geltung, besonders deutlich die weißblühende Bärwurz und etwas später das leuchtende Rotblau des Storchschnabels. In feuchteren Bereichen gibt es *Chaerophyllum hirsutum* und *Trollius europaeus*. Allerdings setzt in den Bergwiesen die 5. Phase oft erst zwei bis drei Wochen später ein.

Insgesamt zeigt das Phänospektrum 30 neu erblühende Arten. Gelbe (40 %) und weiße Farben (23 %) herrschen vor. Auch Rot ist erstmals etwas stärker vertreten (zum Beispiel *Dactylorhiza majalis*, *Rumex acetosa*, *Silene dioica*). Bis zur 5. Phase kommen insgesamt 70 Arten zur Blüte, also weniger als ein Drittel. Frühe Mahd oder Beweidung verhindert deshalb für einen Großteil der Pflanzen des Kulturgraslandes eine ungestörte Entwicklung und schwächt oder verhindert die generative Fortpflanzung.

6. *Leucanthemum-Lychnis (Silene) flos-cuculi*-Phase (Abb. 48, S. 54)

Die beiden namengebenden, durch leuchtendes Weiß beziehungsweise Rosarot sehr auffälligen Arten kennzeichnen halbextensive bis halbintensive Wiesen. Phase 6 enthält mit 59 Arten das Maximum neu erblühender Pflanzen und stellt einen deutlichen Höhepunkt der Wiesenblüte dar. Dies gilt vor allem für die Frischwiesen. In feuchteren Bereichen nimmt die Zahl blühender Arten noch bis in die 8. oder 9. Phase weiter zu. Seit den ersten Frühjahrsblüten von *Bellis perennis* sind jetzt über 50 % aller Arten voll entwickelt. In diesem Zustand beginnt in den Glatthafer- und Goldhaferwiesen oft die Heumahd, die sich bis in Phase 7 bis 8 fortsetzt.

Abbildung 42 zeigt ein recht ausgeglichenes Farbspektrum. Oft bestimmen aber einige hohe Gräser und/oder Kräuter das Bild. In der Oberschicht der Wiesen blühen zum Beispiel *Arrhenatherum elatius und Dactylis glomerata*. Farbige Akzente setzt die Mittelschicht (in Magerwiesen die Oberschicht) mit *Crepis biennis*, *Leucanthemum ircutianum*, *Pimpinella major*, *Salvia pratensis*. Feuchtstandorte erkennt man gut an *Lychnis flos-cuculi* (noch zusammen mit gelben Blüten der Vorphase), auch an *Myosotis nemorosa* und, heute selten, an *Senecio aquaticus*. Etwas niedriger bleiben auf frischen bis mäßig trockenen Standorten zum Beispiel *Campanula patula*, *C. rotundifolia*, *Leontodon hispidus*, *Lotus corniculatus*, *Plantago media*, *Rhinanthus minor* und *Trifolium pratense*, unter den Gräsern *Festuca rubra* und *Poa pratensis*. In Weiden blühen *Leontodon autumnalis* und *Trifolium repens*. Manche Bergwiesen zeigen jetzt den typischen rosa Aspekt von *Bistorta officinalis*. In höheren Lagen fallen auch *Crepis mollis*, *Poa chaixii* und *Phyteuma*-Arten auf.

7. *Cirsium palustre-Galium album*-Phase (Abb. 49, S. 55)

Spätestens in dieser Phase werden fast alle Heuwiesen gemäht; viele Wiesenarten haben bereits reife Samen. Noch einmal kommen über 50 Arten neu zur Blüte, besonders viele des Feuchtgraslandes. Spät gemähte Magerwiesen, bodenfeuchte Futter- und Streuwiesen, aber auch aus diesen entstandene Brachen und Hochstaudenfluren sind Vegetationstypen dieser neuen Aspekte.

Von dieser phänologischen Artengruppe haben 38 % unscheinbare Blüten, der höchste Anteil überhaupt. Es blühen jetzt viele Untergräser aus Magerwiesen und niedrigwüchsigen Rasen wie *Agrostis stolonifera, A. capillaris*, *Briza media*, *Bromus hordeaceus*, *Cynosurus cristatus*, *Holcus lanatus*, *Lolium perenne, Phleum pratense*, *Trisetum flavescens*, auch einige Sauergräser. In manchen Futterwiesen tritt im zweiten Aufwuchs gebietsweise die hellblaue Farbe von *Geranicum pratense* stärker hervor; erst richtig blüht jetzt *Heracleum sphondylium*. Weitere hochwüchsige Stauden, vor allem Disteln, Baldriane und das Wiesenlabkraut kommen hinzu. Typische Arten der Streuwiesen sind zum Beispiel *Cirsium tuberosum*, *Dianthus superbus*, *Galium boreale*, *Gymnadenia conopsea*, *Selinum carvifolium, Silaum silaus* und *Thalictrum flavum*. Auch in den Weiden blühen etliche Arten, neben den bereits genannten Gräsern zum Beispiel *Lysimachia nummularia*, *Plantago major* und *Potentilla reptans*, die ihre Hauptverbreitung in Flutrasen haben.

8. *Centaurea jacea-Filipendula ulmaria*-Phase (Abb. 50, S. 55 und Abb. 51, S. 56)

Noch einmal gibt es einen kräftigen Schub von 55 neuen Arten, vorwiegend typische Spätentwickler in Hochstaudenfluren und Streuwiesen, die erst jetzt die höchste Zahl blühender Pflanzen erreichen. Blühende Hochstauden feuchter Bereiche sind zum Beispiel *Angelica sylvestris*, *Cirsium oleraceum*, *Filipendula ulmaria*, *Lysimachia vulgaris*, *Lythrum salicaria*, *Pseudolysimachion longifolium* und *Stachys palustris*. In Streuwiesen blühen im Hochsommer auch *Betonica officinalis*, *Gentiana asclepiadea*, *Inula salicina*, *Molinia arundinacea*, *M. caerulea*, *Sanguisorba officinalis*, *Serratula tinctoria*, *Succisa pratensis* und andere, in spät gemähten Bergwiesen *Centaurea pseudophrygia* und *Hypericum maculatum*. Auffällig hoch ist im Vergleich zu anderen Phänophasen mit 44 % der Anteil roter und blauer Blüten. Zweischnittige Wiesen nähern sich dem zweiten Hochstand, bleiben aber in ihrer Blühintensität deutlich zurück. In Frischwiesen fällt oft der Bärenklau, in Feuchtwiesen die Kohldistel besonders auf. Damit ist die große Farbvielfalt des Kulturgraslandes erschöpft, wenn auch manche Pflanzen noch bis zum Herbst hin weiter blühen können.

9. ***Colchicum autumnale*****-Phase** (Abb. 52, S. 56)

Bevor die Vegetationsperiode endgültig zu Ende ist, bietet das Grasland noch eine phänologisch sehr ungewöhnliche Pflanze: Die Herbstzeitlose setzt auf manchen abgemähten und abgefressenen Flächen letzte rosa Farbtupfer. Konkurrenzlos können sich die Blüten zum Licht strecken. Ihr Fruchtknoten bleibt jedoch im Boden; der Fruchtstand wächst erst im nächsten Jahr mit den neuen Blättern auf. Relativ spät blüht auch das Schilf, allerdings selten in genutzten Wiesen, wo es sich eher vegetativ ausbreitet. In dieser Phase findet auch meist die Mahd der Streuwiesen statt.

Kein anderes Ökosystem ist so üppig und vielfältig mit verschiedensten **Typen und Formen von Physiognomie und Rhythmik** ausgestattet wie das Kulturgrasland. Besonders halbextensive bis halbintensive Wiesen tragen wesentlich zu einem für den Menschen besonders ansprechenden Landschaftsbild bei und sind auch für viele Tiere von großer Anziehungskraft (s. Kap. 10.2). Phänophasen haben darüber hinaus große praktische Bedeutung. So orientieren sich die Landwirte seit langem am Entwicklungsrhythmus der Arten für die **Festlegung von Mahdterminen** im Bezug zur Futterqualität. Die Blüte vieler Gräser in Phase 6 bis 7 ist hier ein Zeitpunkt für die erste Heumahd, wo das Futter noch in der Viehhaltung verwertbar ist (s. auch Kap. 8.7.1). Solche von klimatisch bedingten jährlichen Verschiebungen unabhängigen Zeitgeber müssen auch bei der **Empfehlung von Pflegemaßnahmen** im Grasland berücksichtigt werden. Je nachdem, welche Arten oder Artengruppen gezielt erhalten oder gefördert werden sollen, muss man zum Beispiel den Mahd- oder Weidezeitpunkt auf früher oder später festlegen. Die Blüte der Pflanzen ist zudem ein Kriterium für den aktuellen Zustand eines Bestandes. Vergleichsweise schwache Blühaspekte zeigen möglicherweise eine **Degeneration** an (s. Kap. 9.2.2.2). Umgekehrt kann verstärkte Blüte als **Erfolg bei Regenerationsmaßnahmen** gewertet werden (Weber & Pfadenhauer 1987). Das gesamte phänologische Verhalten der Graslandpflanzen ist letztlich ein entscheidender **Schlüsselfaktor zum Verständnis von Graslandökosystemen**.

5.3 Phänospektren von Glatthaferwiesen

Synthetische Phänospektren (Abb. 42) ergeben einen vereinfachten Überblick und eignen sich auch zum Vergleich verschiedener Pflanzengesellschaften. Zur Verdeutlichung von Einzelheiten des Jahresrhythmus zeigen die folgenden Abbildungen Spektren zweier Glatthaferwiesen: eine halbextensive **Salbei- oder Trespen-Glatthaferwiese (SG)**, die noch ihre Herkunft aus einem Kalkmagerrasen erkennen lässt, und eine halbintensive **Typische Glatthaferwiese (TG)** (s. Kap. 7.3.1.1). Die erste ist eine artenreiche, zur Zeit ungedüngte einschnittige Magerwiese mit Nachweide durch Pferde, die zweite wird zweimal zur Heugewinnung gemäht.

Abbildung 53 stellt einige Strukturmerkmale im Vergleich beider Wiesen dar. Die Kurven der **Deckungsgrade** lassen deutlich die Mahdeinschnitte erkennen, auch die verzögerte Entwicklung der Magerwiese. Nach dem ersten Schnitt (6. Juni) zeigen sich in der TG zwischen den gelbgrünen Stoppeln größere offene Stellen, da es kaum Untergräser gibt. Der Boden ist locker von bereits ausgefallenen Samen (besonders Gräser) und Heuresten überstreut (Abb. 38). Die SG, wo eine sehr lockere Oberschicht bis zur Mahd (22. Juni) auch eine dichtere Unterschicht zulässt, bleibt entsprechend in Bodennähe etwas dichter, regeneriert sich aber nur langsam. Ab Anfang September macht sich die Pferdeweide bemerkbar. Die **Höhenentwicklung** ist jeweils für die Unter/Mittel- und für die Oberschicht dargestellt. Der untere Bereich entwickelt sich in beiden Wiesen ähnlich, wenn auch in der Magerwiese später. Dort sind auch wesentlich mehr niedrige Bodenpflanzen beteiligt. Die Oberschicht erreicht vor dem ersten Schnitt 100 bzw. 130 cm Höhe, in der SG vorwiegend aus lockeren Halmen von *Bromus erectus*, in der TG vor allem aus *Arrhenatherum* und *Anthriscus* bestehend. Danach ist die Wuchskraft vieler Arten deutlich geschwächt. Der zweite Aufwuchs hat nur noch eine sehr lockere Oberschicht (bis 60 bzw. 75 cm); auch der Unterwuchs bleibt in der Höhe zurück.

Der untere Teil von Abbildung 53 kennzeichnet den **Blührhythmus**. Die SG zeigt ein zeitlich breiteres und diverseres Blühverhalten gegenüber der TG. Einige Einzelheiten ergeben sich aus dem **analytischen Blühspektrum**

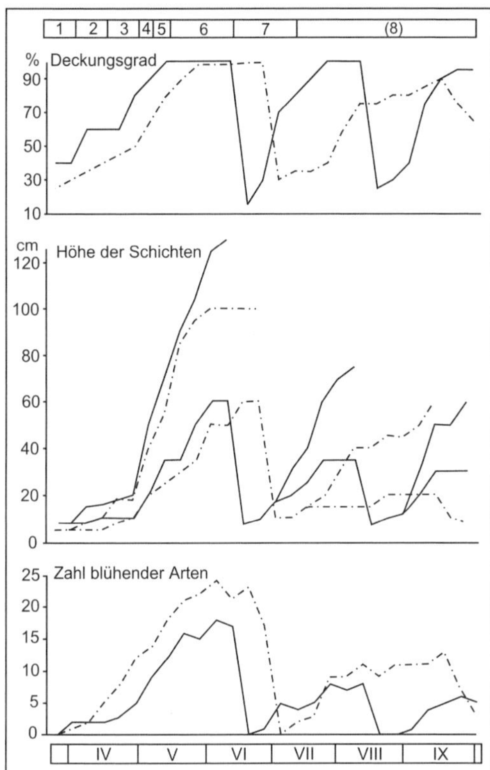

Abb. 53 Deckungsgrad- und Höhenentwicklung sowie Zahl blühender Arten einer Trespen- (gestrichelt) und einer Typischen Glatthaferwiese (durchgezogen) bei Göttingen in der Vegetationsperiode 1998. Oben sind die Phänophasen 1 bis 8, unten die Monate angegeben. Erläuterung im Text.

für die Salbei-Glatthaferwiese (Abb. 54). Es zeigt über weite Teile der Vegetationsperiode ein buntes Spektrum. Schon in Phase 2 fallen die gelben Blüten von *Primula veris* auf. Aspektbildend sind später *Taraxacum*, *Ranunculus bulbosus* und mehr versteckt *Trifolium dubium*. Von den 58 Arten kommen 52 vor der ersten Mahd zur Blüte. Einige Arten blühen erneut nach dem Schnitt, vorwiegend Leguminosen. Hinzu kommen als Spätentwickler *Campanula rotundifolia*, *Leontodon autumnalis* und *Pimpinella saxifraga*. Einen letzten, flächenhaften Aspekt bilden ab Ende August die hellroten Blüten von *Ononis repens*.

Ähnliche Blühspektren von Glatthaferwiesen finden sich bei FÜLLEKRUG (1969) mit weiteren Auswertemöglichkeiten, von Glatthafer- und Goldhaferwiesen bei KRETZSCHMAR (1992), von vielen anderen Wiesen zum Beispiel bei SCHWARTZE (1992).

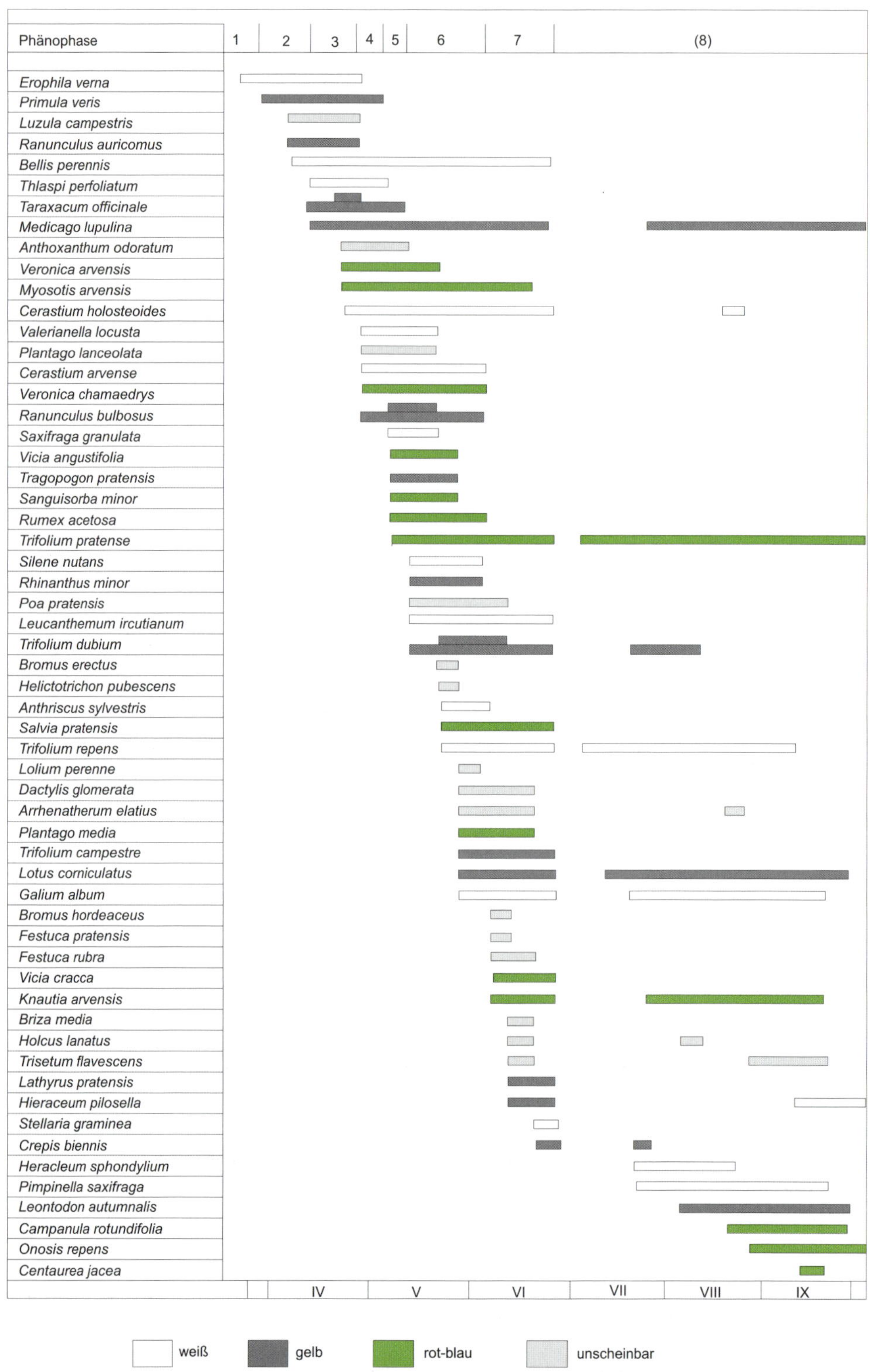

Abb. 54 Analytisches Blühspektrum einer Trespen-Glatthaferwiese bei Göttingen (1998).

6 Ökologische Bedingungen in Graslandökosystemen

Die Entstehung und Erhaltung, auch die Dynamik von Graslandökosystemen ist von einem sehr vielschichtigen, multidimensionalen Komplex natürlicher und anthropogener Wirkungen abhängig. Jede Veränderung einzelner Faktoren führt auch zu Veränderungen im Pflanzenbestand.

6.1 Grasland und Standort

Schaltet man gedanklich die biotischen Wirkungen von Mensch und Tier auf ein Graslandökosystem aus, bleibt ein Wirkungsgefüge abiotischer Einflüsse, die als **Standort** zusammengefasst werden. Schon dieser abiotische Komplex ist sehr vielfältig, zumal sich die Faktoren wechselseitig beeinflussen. **Primäre Standortfaktoren**, das heißt direkt das Pflanzenleben beeinflussende Größen, sind Licht, Sauerstoff und Kohlendioxid, Nähr- und Schadstoffe, Wasser und Wärme sowie der verfügbare Wurzelraum. Zu den Wirkungsfaktoren im engsten Sinne gehören auch mechanische Störungen, zum Beispiel durch Wind, Brand, Strömung, Bodenbewegung, im weiteren Sinne auch Wirkungen von Tier und Mensch. Alle diese Größen sind wiederum von anderen steuernden oder modifizierenden Faktoren abhängig, die oft leichter zu messen oder zu beobachten sind. Hierzu gehören vor allem Klima, Gesteine/Böden und Relief, die sich weiter in Einzelgrößen auflösen lassen (Abb. 55). Das sehr komplexe Gefüge wird noch durch pflanzliche Interaktionen überlagert.

Für die **pflanzensoziologische Gliederung** (s. Kap. 7) sind vor allem der Wasser- und Nährstoffhaushalt, bei großräumigerer Betrachtung auch klimatische Faktoren wirksam. In der Gesellschaftsgliederung der **Molinio-Arrhenatheretea** ist der Wasserhaushalt als differenzierender Hintergrund für die Unterscheidung der beiden Ordnungen (**Arrhenatheretalia**, **Molinietalia**) ausschlaggebend. Auf Verbandsebene sind dagegen verschiedene Standort- und Nutzungsfaktoren bedeutsam: Der Unterschied zwischen Tieflagen- und Bergwiesen (**Arrhenatherion**, **Polygono-Trisetion**) hat klimatische (dazu auch nutzungsbedingte) Hintergründe; die Weiden des **Cynosurion** unterliegen dem dominierenden Einfluss Tierfraß (und Tritt), bei den Feuchtwiesen gibt es Unterschiede der Bodenfeuchte, Nutzungsintensität und des Mahdzeitpunktes (**Calthion**, **Cnidion**, **Molinion**). Besonderheiten des Wasser- und Lufthaushaltes bestimmen die Flutrasen (**Potentillo-Polygonetalia**). Der ökologische Zeigerwert verfeinert sich bei der Betrachtung der Assoziationen und vor allem ihrer Untereinheiten. Zur **Bioindikation** im engeren Sinne sind deshalb vorwiegend Subassoziationen, Varianten und Subvarianten einzelner Assoziationen beziehungsweise deren Trennartengruppen geeignet.

Um gedanklich klare Wechselbeziehungen zu konstruieren, muss man sich vereinfachter Denkmodelle bedienen, die aber immer nur herausgegriffene Teile widerspiegeln. Häufig verwendet werden **Gradientenmodelle**, in denen jeweils nur ein Standortfaktor als Wirkungsgradient (von sehr schwacher bis sehr starker Wirkung) betrachtet wird. Nach Beobachtungen und Messungen kann man dann für jede Pflanzenart und jede Pflanzengesellschaft ihre Wuchsamplituden auf diesem Gradienten angeben. Nimmt man quantitative Daten wie Deckungsgrad, Biomasse oder Stetigkeit (in Vegetationstabellen) hinzu, ergeben sich bestimmte Vorkommensschwerpunkte, das heißt meist engere Gradientenbereiche, in denen die Pflanzen und Pflanzengesellschaften in der Natur besonders gut entwickelt vorkommen. Dass diese Verbreitungsoptima auch noch von anderen Faktoren abhängen, wird gedanklich zunächst ausgeblendet.

6.2 Bodenwasser und Grasland

Die Wasserversorgung der Pflanzen hängt, abgesehen vom Klima, vor allem vom Boden ab. Dabei sind mittlere Bedingungen am günstigsten, Extreme eher schädlich. Bei **Bodenvernässung** herrscht Sauerstoffarmut, und die Wurzelatmung wird eingeschränkt; **Trockenheit** ist generell ungünstig. Vielerlei Anpassungen von Graslandpflanzen an extreme Stand-

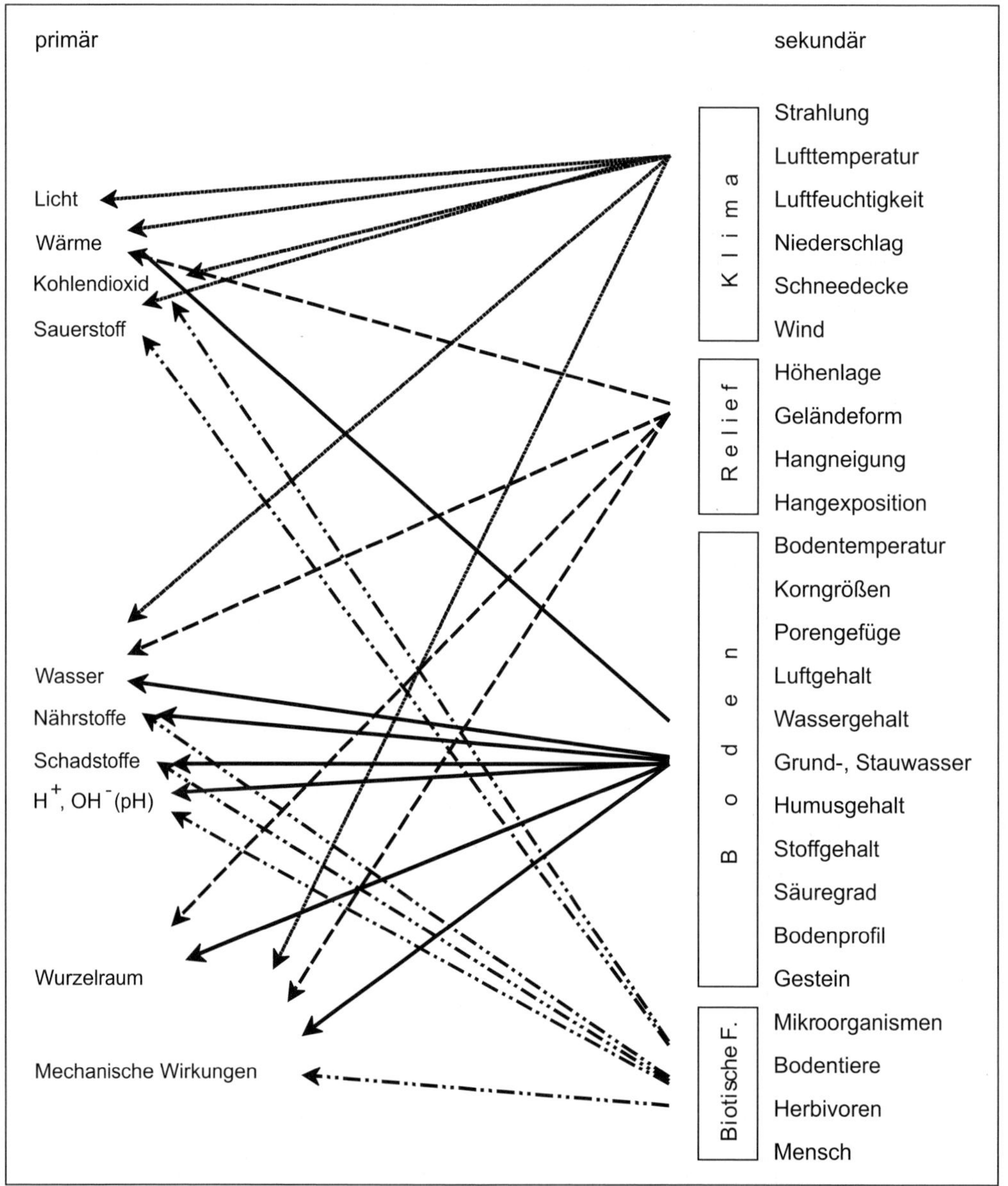

Abb. 55 Schema primärer und sekundärer Standortfaktoren für Graslandbestände. Erläuterung im Text.

orte, von dauernassen Mooren bis zu Trockenböden, führen zu einer großen Diversität von Graslandökosystemen. Dabei kommt dem Wasserhaushalt die wesentliche Rolle zu, die Artenverbindungen und die Produktivität zu steuern beziehungsweise zu differenzieren (s. Kap. 8.7.3.). Gerade die Ertragsleistung und Futterqualität der Wiesen und Weiden ist wesentlich vom Bodenwasser abhängig (s. Kap. 8.3.2). Insgesamt ergibt sich entlang eines gedachten Feuchtegradienten eine **ökologische Gesellschaftsreihe** von Röhrichten und Seggenrieden über Feucht- zu Frischwiesen und -weiden bis zu Halbtrocken- und Trockenrasen (Abb. 56, S. 73, s. auch Abb. 41). Nur der mittlere Teil gehört zum Kulturgrasland.

Die Wechselwirkungen zwischen Wasser und Vegetation sind seit langem gut bekannt und durch viele Untersuchungen belegt. Graslandgesellschaften können vor allem bei detaillierter Gliederung sehr feine Indikatoren der Bodenwasserverhältnisse sein. Die einfachste Methode zur Beurteilung des Bodenwasserhaushaltes sind **Grundwassermessungen** über längere Zeit. Im Grundwasserbereich selbst sind die Poren voll mit Wasser gefüllt. Es herrscht Sauerstoffarmut, die nicht nur die Pflanzen, sondern auch das Leben der Mikroorganismen und viele bodenchemische Vorgänge betrifft. Oberhalb des **Grundwasserspiegels** steht den Pflanzen ausreichend Wasser zur Verfügung, soweit es in den feineren Poren durch Kapillarkräfte hochgesaugt wird. Dieser günstige Bereich wird nach oben durch den **Kapillarsaum** begrenzt. MÜLLER (1956) bestimmte den Kapillaraufstieg in verschiedenen Graslandböden des Wesertales und fand für Sand weniger als 50 cm, für tonreiche Böden 50 bis100 (150) cm, für Lehme um 100 cm. In grundwasserfreien Böden hängt die Wasserversorgung der Pflanzen von den Niederschlägen und deren Speicherung ab. Hier ist die auf bestimmter Korngrößenverteilung beruhende **Bodenart** noch wichtiger; Lehme mit einem relativ ausgeglichenen Verhältnis von Sand, Schluff und Ton sind am günstigsten.

6.2.1 Wirkungen des Grundwassers

Vor allem in Zeiten halbextensiver bis halbintensiver Landwirtschaft gab es zahlreiche Grundwassermessungen, um mögliche Meliorationen und deren Auswirkungen abzuschätzen oder die Folgen wasserbaulicher Veränderungen festzustellen. So stammen viele Untersuchungen aus der Zeit nach dem Zweiten Weltkrieg, als solche Fragen besonders aktuell waren. Die umfangreichste vergleichende Darstellung verdanken wir TÜXEN (1954). Er hat erstmals klar die engen Korrelationen (**Koinzidenzen**) zwischen dem Vorkommen bestimmter Pflanzengruppen und dem Grundwassergang im Jahresverlauf aufgezeigt und damit wichtige Grundlagen vegetationskundlicher Bioindikation gelegt (s. Kap. 6.2.3).

Die **Grundwasserganglinien** verschiedener Graslandgesellschaften über drei Messjahre (Abb. 57 und Abb. 58) zeigen gute Koinzidenzen zu bestimmten Vegetationstypen norddeutscher Niederungsgebiete. Generell ist ein **gesetzmäßiger Verlauf der Ganglinien** erkennbar. Mit Wachstumsbeginn im Frühjahr setzt etwa ab April eine Grundwasserabsenkung ein und erreicht im Hoch- bis Spätsommer ihren Tiefststand. Etwa ab Oktober steigt es wieder an; nach MÜLLER (1956) werden zur Auffüllung des Wasservorrates zwei bis drei Monate benötigt.

Abbildung 57 enthält drei Gruppen von Ganglinien. Im oberen Drittel sind Gesellschaften des Kulturgraslandes vertreten, die einer auch direkt im Gelände erkennbaren ökologischen Reihe entsprechen. Deutlich unterscheiden sich die Feuchtwiesen (1 bis 5) von den Frischwiesen (6 bis 7). Letztere sind kaum noch vom Grundwasser beeinflusst, also eher von der Niederschlagsverteilung und vom Wasserspeichervermögen des Bodens abhängig. Die obere Gruppe zeigt bei näherem Zusehen noch eine Differenzierung. Die Wasserschwaden-Nasswiese (1) hat ganzjährig einen hohen Grundwasserstand. Die Wassergreiskraut-Feuchtwiese kommt in einer nasseren (2) und einer etwas weniger nassen Grundwasserform (3) vor. Obwohl die Ganglinien aus ganz verschiedenen Gebieten zwischen Rhein und Elbe stammen, ergibt sich eine interessante Übereinstimmung. Die Kohldistelwiese (4) ist auch in ihrer Artenverbindung den vorigen verwandt. Die mäßig bodenfeuchte Glatthaferwiese (5) enthält noch einige Feuchtezeiger und vermittelt zu 6 bis 7.

Der mittlere Teil von Abbildung 57 enthält Beispiele stark wechselfeuchter Böden aus dem Elbtal. Überflutungen im Frühjahr wechseln mit relativ trockenen Sommermonaten. Das Fuchsseggenried (8) und die subkontinentale Brenndoldenwiese (10) zeigen graduelle Unterschiede. Der Knickfuchsschwanz-Flutrasen (9) ist nur wenig ausgeglichener. Ähnlich wechselfeuchte Verhältnisse können auch sekundär verdichtete Böden aufweisen (SCHRAUTZER & WIEBE 1993). Arten, die hieran angepasst sind, werden **Wechselfeuchtezeiger** (s. Kap. 6.2.4) genannt. Zu den Vegetationstypen auf wechselfeuchten Böden gehören die Wiesen des **Cnidion venosi** und **Molinion caeruleae** (s. Kap. 7.5.2.1 und 7.5.3). Stark schwankende Ganglinien haben **Flutrasen** (s. Kap. 7.4).

Überflutungen gehören zum Charakteristikum von Flussniederungen. Während Winter- und Frühjahrshochwasser den Vorrat des Bodens auffüllen und teilweise auch düngenden Schlick ablagern, können Sommerhochwasser durch Sauerstoffmangel, Fäulnis und Absterben der Pflanzen zu verheerenden Schäden im Grasland führen (MEISEL 1977, ROSENTHAL

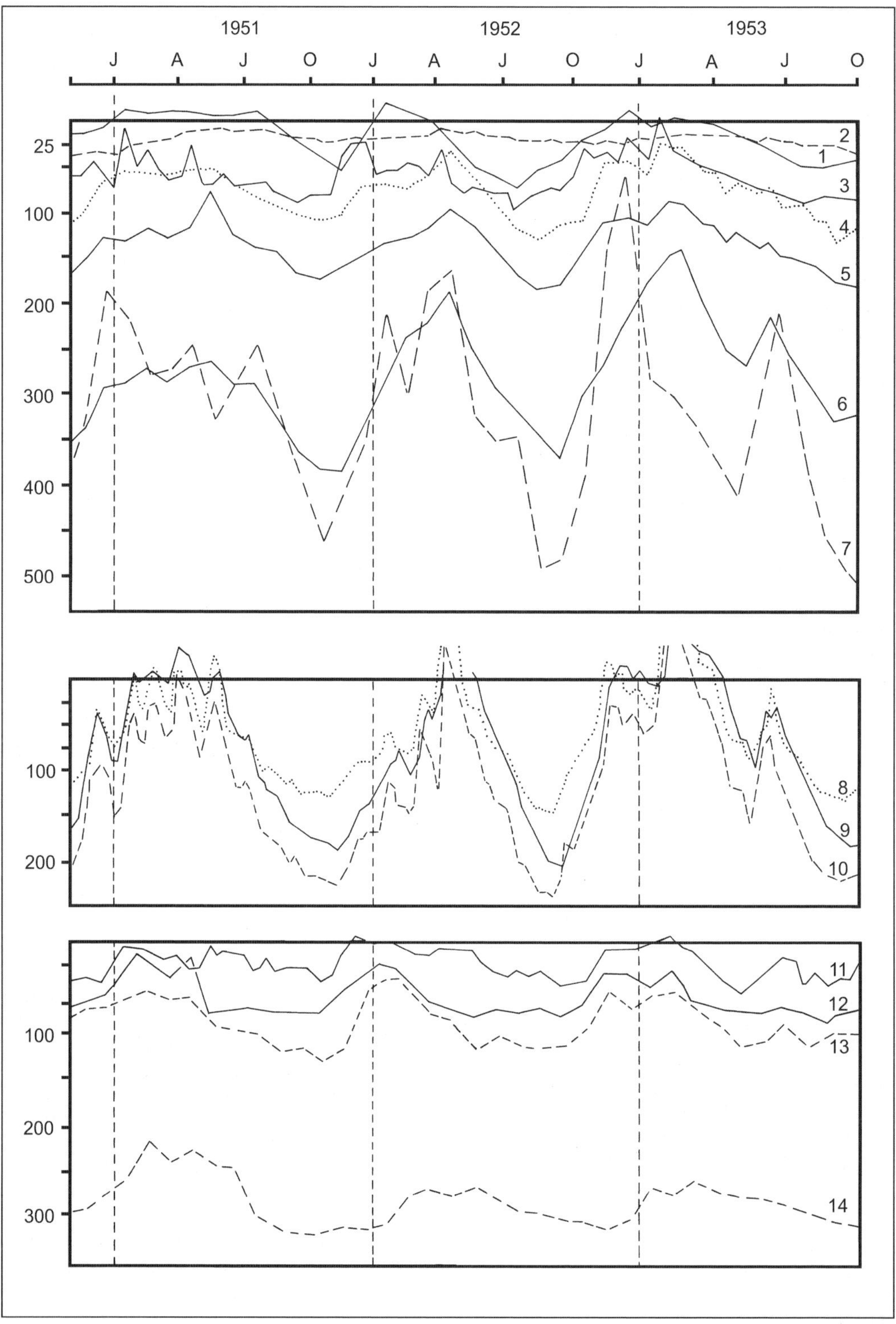
1951
1952
1953
J
A
J
O
J
A
J
O
J
A
J
O
25
100
200
300
400
500
1
2
3
4
5
6
7
100
200
8
9
10
100
200
300
11
12
13
14

2001). HELLBERG (1995) sieht einen äußerst kritischen Zeitpunkt für Hochwasser schon im Frühjahr. Er fand deutliche Schädigungen bei *Holcus lanatus* nach über 50 Tagen im Wasser, nach 80 bis 100 Tagen bei *Festuca pratensis, F. rubra, Leontodon autumnalis, Lolium perenne, Phleum pratense, Poa pratensis, P. trivialis, Taraxacum officinale, Trifolium repens* und anderen. Nach KLAPP (1965, 1971) gehören auch *Arrhenatherum elatius* und *Dactylis glomerata* dazu; *Alopecurus pratensis* erholt sich relativ rasch. Selbst Arten der Feuchtwiesen sind keineswegs an längere Überflutungen angepasst. Arten der Röhrichte und Flutrasen werden dagegen wenig gefährdet. HELLBERG nennt Toleranzen von 130 bis 180 Tagen bei *Agrostis stolonifera, Alopecurus geniculatus, Galium palustre, Glyceria fluitans, G. maxima, Iris pseudacorus, Lysimachia vulgaris, Phalaris arundinacea, Poa palustris, Potentilla anserina* und anderen (s. auch Kap. 6.2.4).

Der untere Teil von Abbildung 57 zeigt, dass auch floristisch eng verwandte Vegetationstypen unterschiedliche Ganglinien haben können. In diesem Fall ist zunächst der Weideeinfluss entscheidend für die Ausbildung der Weidelgras-Weißkleeweide. 11 bis 13 repräsentieren drei Grundwasserformen, deren Abstufungen an die Feuchtwiesen oben erinnern. 13 und 14, von ihren Ganglinien völlig verschieden, gehören dagegen zur selben Grundwasserform, das heißt, die Unterschiede der Bodenfeuchte sind floristisch weniger klar erkennbar.

Eine Zusammenfassung der vielen Grundwasserganglinien von TÜXEN (1954) gibt Abbildung 58. Hier sind die **mittleren Amplituden des Grundwasserspiegels** gesellschaftsbezogen angegeben, ergänzt durch den gemessenen Tiefstwert (einfacher Strich rechts). In den Balken werden vier Bereiche unterschieden: Überflutung, Grundwasser im Hauptwurzelraum (0 bis 30 cm), Grundwasser wohl noch über den Kapillarsaum wirkend (bis 100 cm) und der kaum noch wirksame Bereich in größerer Tiefe. Für Pflanzen und Pflanzengesellschaften ist allerdings weniger die absolute Schwankungsbreite des Grundwassers entscheidend als vielmehr die Dauer, für die das Grundwasser in einer bestimmten Bodentiefe ansteht. Diese Überlegung veranlasste NIEMANN (1963) zur Entwicklung einer neuen Darstellungsweise, nämlich der **Grundwasserüberschreitungsdauerlinien**. Sie geben an, wie lange innerhalb eines vorgegebenen Zeitraumes (Jahr, Vegetationsperiode) das Grundwasser eine bestimmte Höhe überschreitet. Für viele Graslandgesellschaften aus dem Schweizer Mittelland hat KLÖTZLI (1969) solche Dauerlinien dargestellt, für Wiesen des Inntals PFROGNER (1973).

Abb. 57 Grundwasserganglinien verschiedener Graslandgesellschaften und deren Grundwasserformen (GF) in nordwestdeutschen Niederungen (nach TÜXEN 1954; Erläuterung im Text).
1 *Glycerietum maximae* (Gebiet Dortmund; 13–73 cm)
2 *Bromo-Senecionetum aquaticae, Carex nigra*-GF (Weser; 13–31 cm)
3 *Bromo-Senecionetum aquaticae, Leucanthemum*-GF (Steinhuder Meer; 20–91 cm)
4 *Angelico-Cirsietum oleracei* (Oker; 25–135 cm)
5 *Arrhenatheretum, Deschampsia cespitosa*-GF (Oker; 89–184 cm)
6 *Arrhenatheretum*, Reine GF (Oker; 131–347 cm)
7 *Arrhenatheretum, Ranunculus bulbosus*-GF (Rhein; 55–505 cm)
8 *Caricetum vulpinae* (Elbe; 131–134 cm)
9 *Ranunculo-Alopecuretum geniculati* (Elbe; > 0–235 cm)
10 *Cnidio-Violetum persicifoliae* (Elbe; > 0–225 cm)
11 *Lolio-Cynosuretum, Glyceria fluitans*-GF (Senne; 10–86 cm)
12 *Lolio-Cynosuretum, Lotus pedunculatus*-GF (Ems; 25–88 cm)
13 *Lolio-Cynosuretum*, Reine GF (Ems; 61–125 cm)
14 *Lolio-Cynosuretum*, Reine GF (Niederrhein; 224–326 cm)

6.2.2 Jahresgang der Bodenfeuchtigkeit

Grundwasserbeeinflusste Ökosysteme machen nur einen Teil des Kulturgraslandes aus. Gerade die produktivsten und futterbaulich wertvollsten Bestände (Frischwiesen und -weiden) sind hiervon großenteils ausgenommen, zeigen aber auch deutliche floristische Abstufungen hinsichtlich der Bodenfeuchtigkeit. Untersuchungen zu deren Jahresverlauf erfordern in kürzeren Abständen Messungen des Wassergehaltes im durchwurzelten Boden. Ökologisch wichtig ist der jeweilige **Gehalt an pflanzenverfügbarem Wasser**. Andere Verfahren messen direkt die **Saugspannung** (Wasserpotential), welche die Pflanzenwurzeln zur Wasseraufnahme überwinden müssen. MÜLLER (1956) erstellte für verschiedene Graslandgesellschaften des Wesertales sehr anschauliche **Isoplethendiagramme** für die jahreszeitlichen Veränderungen des pflanzenverfügbaren

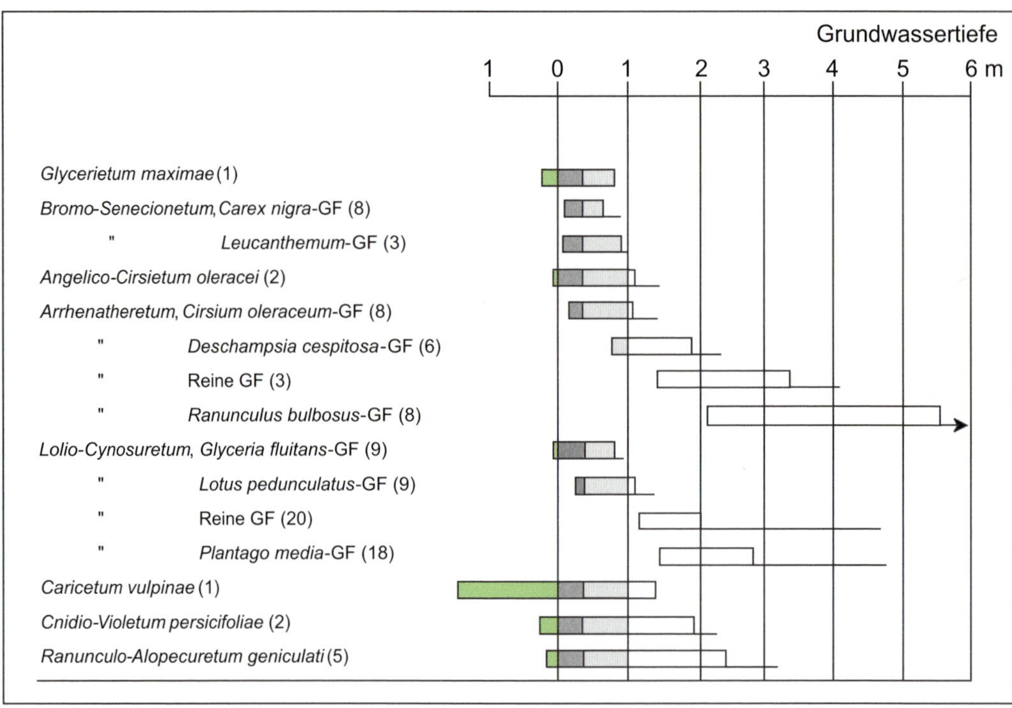

Abb. 58 Mittlere Amplitude von Grundwasserschwankung und Gundwasserminimum (Strich) der Graslandgesellschaften aus Abb. 57 (in Klammern Zahl der Messstellen). Mittelwerte der Maxima und Minima aus Tüxen (1954). >0 = Überflutung (blau), 0–30 cm = vernässter Hauptwurzelraum (dunkelgrau), 30–100 cm = Kapillarwasserbereich (hellgrau). Erläuterung im Text.

Bodenwassers, die gute Übereinstimmung mit den Grundwasserganglinien zeigen. Ähnliche Darstellungen finden sich unter anderem bei Eskuche (1962), Wieners (1958) und Hundt (z. B. 1969, 1970, 2001). Einfache Diagramme zeigt Abbildung 59. Im Schlankseggenried (oben links) ist eine durchgehende Vernässung des Bodens erkennbar. Die Kohldistelwiese daneben wächst zwar in Nachbarschaft, erscheint aber zumindest im Hochsommer weniger nass. Noch etwas höher im Kleinrelief wächst die frische Glatthaferwiese (unten links), wo der Boden im Sommer deutlich trockener ist. Im untersten Bereich macht sich der Kapillarsaum des tiefer stehenden Grundwassers bemerkbar. Der Flutrasen daneben ist dagegen ein Beispiel für stärkere Wechselfeuchtigkeit, von Überflutung im Frühjahr und Herbst bis zum Verlust des Grundwasseranschlusses im Sommer.

Farbtafeln S. 73 u. 74

Abb. 56 Ökologische Gesellschaftsreihe auf einem Feuchtegradienten: Frischwiese mit Löwenzahn-Fruchtaspekt (vorne), Sumpfdotterblumen-Feuchtwiese (*Lychnis flos-cuculi*-Aspekt), schilfreiche Nasswiese (hinten Brache mit Weidengebüsch) (zu S. 68).

Abb. 62 Submontane Glatthaferwiesenlandschaft im Meißner-Vorland (zu S. 91).

Abb. 63 Glatthafer-Magerwiese mit Wiesen-Glockenblumen, Margerite und Taubenkropf-Leimkraut (zu S. 92).

Abb. 64 Salbei-Glatthaferwiese am Rand des Saaletales (zu S. 97).

Abb. 65 Subkontinentale Glatthaferwiese mit *Geranium pratense* (zu S. 99).

Abb. 67 Auenwiesen an der Unteren Havel mit Kleinmosaik von Fuchsschwanzwiesen und Flutrasen (zu S. 100).

56

62

63

64
65
67

68

69

70

71

73
74
76
75

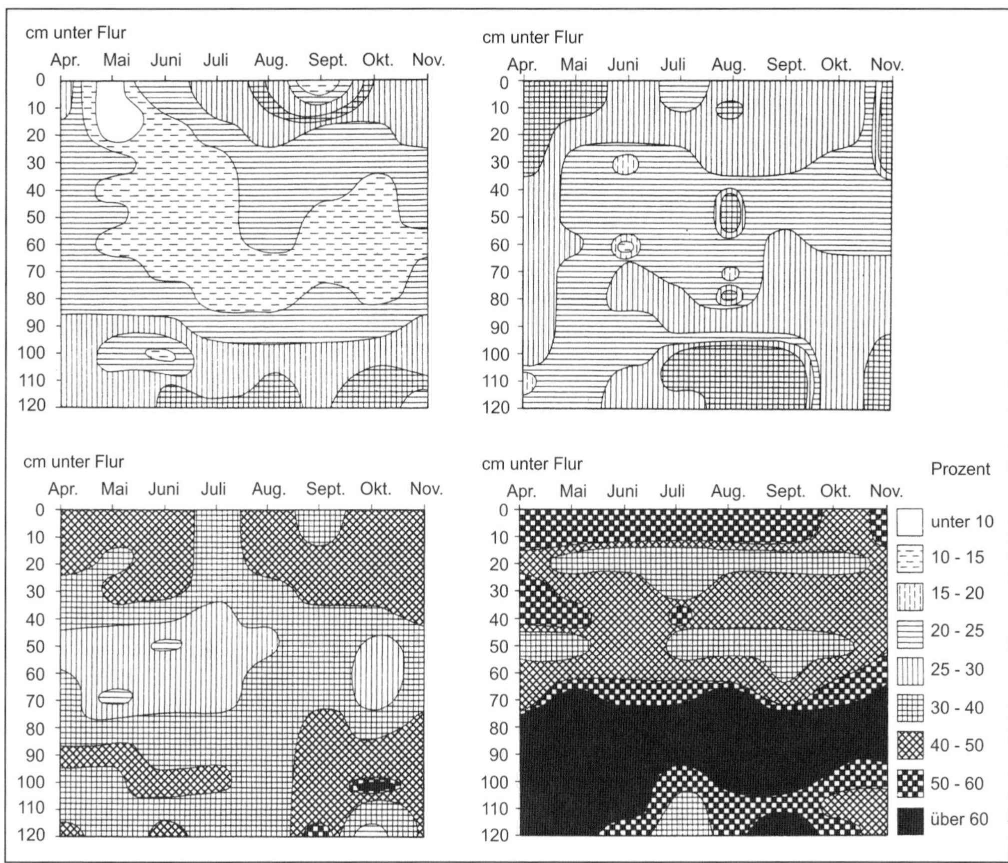

Abb. 59 Isoplethendiagramme der Bodenfeuchtigkeit (Wassergehalt in Gewichtsprozenten) für vier Pflanzengesellschaften des Helmetales (aus HUNDT 1969). Oben links: *Caricetum gracilis* (Seggenried), rechts: *Angelico-Cirsietum oleracei* (Feuchtwiese). Unten links: *Arrhenatheretum* (Frischwiese), rechts: *Ranunculo-Alopecuretum geniculati* (Flutrasen). Erläuterung im Text.

Farbtafeln S. 75 u. 76

Abb. 68 Bunte Bergwiese mit *Geranium sylvaticum* auf dem Meißner (zu S. 102).

Abb. 69 Frühlingsaspekt mit *Narcissus pseudonarcissus* im Oleftal (Eifel) (zu S. 102).

Abb. 70 Artenarme Bergwiese mit *Bistorta officinalis*-Aspekt im Harz (zu S. 104).

Abb. 71 Wuchsschwache Bärwurz-Magerwiese im Thüringer Wald (zu S. 104).

Abb. 73 Frühlingsaspekt mit *Veronica filiformis*, *Bellis perennis* und *Taraxacum officinale* im Rasen neben einem Sportplatz (zu S. 107).

Abb. 74 Ökotonsituation an einem Altwasser. Die obere Hochwasserzone ist durch Getreibselreste und den Aspekt mit Kriechendem Hahnenfuß deutlich erkennbar. Nach oben schließt das *Lolio-Cynosuretum*, nach unten eine *Glyceria fluitans*-Fazies des *Ranunculo-Alopecuretum geniculati* an (zu S. 109).

Abb. 75 Bunte montane Kohldistelwiese mit Trollblumenaspekt. In der Mulde blütenarmer Bestand von *Scirpus sylvaticus* (zu S. 118).

Abb. 76 Trollblume, Bach-Nelkenwurz und Wiesenknöterich sind bezeichnende Arten montaner Kohldistelwiesen (zu S. 118).

6.2.3 Graslandökosysteme als Zeiger des Bodenwasserhaushaltes

In den vorhergehenden Kapiteln wurden enge Beziehungen zwischen dem Bodenfeuchteregime und jeweils bestimmten Pflanzengesellschaften vorgestellt. Es handelt sich dabei um **Koinzidenzen**, also das zeitgleiche Zusammentreffen verschiedener Erscheinungen, ohne dass kausale Bezüge nachgewiesen sind. Dies ist ein allgemeiner Grundsatz vieler pflanzlicher **Bioindikationsverfahren**. Das Zusammengehen bestimmter Pflanzen, Pflanzengruppen und Pflanzengesellschaften mit bestimmten Standortgegebenheiten oder anderen Faktoren ist relativ leicht feststellbar. Ursächliche Wirkungen kann man zwar annehmen, aber oft nur schwer oder gar nicht nachweisen.

Die von TÜXEN (1954 u. a.) vorgestellte **Koinzidenzmethode** beruht auf Vegetationsaufnahmen und parallelen Messungen oder ökologischen Abschätzungen. Ordnet man die Aufnahmen gradientenartig in Bezug zu einem vermutlich wirksamen Faktor, ergeben sich Gruppen von Pflanzenarten mit annähernd gleichem Verhalten (unter anderem Vorkommen oder Fehlen, verschiedener Deckungsgrad), die eine bestimmte Wirkungsstärke des Faktors (einen bestimmten Gradientenbereich) anzeigen. Untereinheiten einer Pflanzengesellschaft, die durch so eine Artengruppe oder eine Kombination mehrerer Artengruppen abtrennbar sind, nennt TÜXEN „Stufen“, in unserem Falle also **Wasserstufen** (oder Feuchtestufen). Eine Wasserstufe umfasst alle Feinausbildungen von Pflanzengesellschaften mit etwa gleicher Bodenfeuchtigkeit, also zum Beispiel mit annähernd gleichem Grundwassergang. Nutzungsbedingte Unterschiede (Wiese, Weide, Acker, Wald) werden vernach-

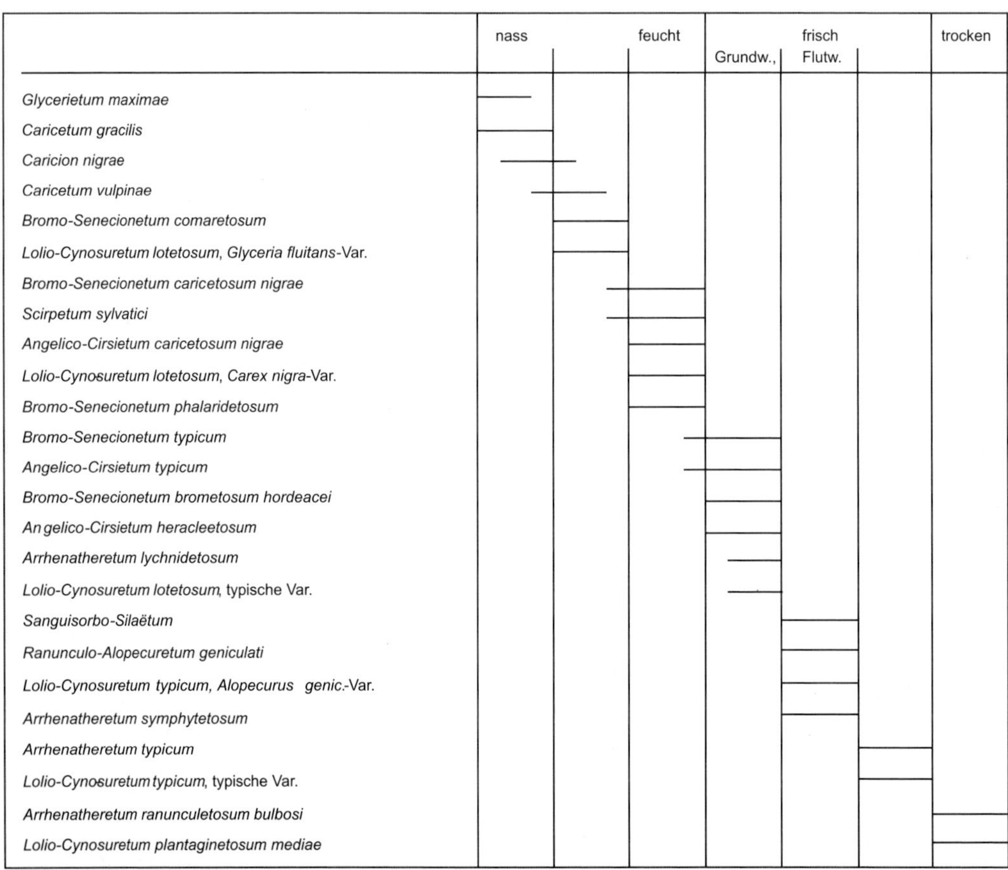

Abb. 60 Zuordnung verschiedener Graslandgesellschaften norddeutscher Flusstäler zu Wasserstufen (nach Angaben von MEISEL 1977). Erläuterung im Text.

lässigt. Sind diese Beziehungen einmal geklärt, lassen sich punktuell ermittelte Koinzidenzen über die Verbreitung bestimmter Gesellschaften auf die Fläche umsetzen. Man erhält eine auch für Nichtbotaniker leicht lesbare und auswertbare **Wasserstufenkarte** (z. B. SEIBERT 1963). SCHOLLE & SCHRAUTZER (1993) definieren für Schleswig-Holstein sechs Wasserstufen, verbunden mit speziellen Schutz- und Pflegemaßnahmen. Eine Zuordnung vieler Graslandgesellschaften zu acht Wasserstufen nach neueren Arbeiten findet sich bei ROSENTHAL et al. (1998). Abbildung 60 zeigt zusammenfassend Wasserstufen und zugehörige Pflanzengesellschaften für norddeutsche Gebiete. Zwischen nass und feucht ist ein Übergangsbereich angegeben, die Stufe frisch enthält eine Unterteilung nach zeitweisem Einfluss von Grund- oder Überflutungswasser. In einer mäßig reliefierten Niederung kann man sich diese ökologische Reihe teilweise auch als räumliche Abfolge vorstellen.

Der **Anwendungsbereich** solcher Wasserstufen ist sehr breit, zum Beispiel für landeskulturelle, wasserwirtschaftliche, landwirtschaftliche Maßnahmen. Mehrfache Kartierungen im zeitlichen Abstand ermöglichen Aussagen über Veränderungen des Wasserhaushaltes und deren Folgen. Ein klassisches Beispiel pflanzensoziologischer **Bioindikation** ist die Arbeit von ELLENBERG (1952a) über Auswirkungen von Grundwassersenkungen in einer Wiesenniederung bei Braunschweig.

6.2.4 Ökologische Artengruppen und Feuchtezahlen

Die relativ leicht ermittelbaren, oft schon unmittelbar im Gelände erkennbaren Zusammenhänge zwischen dem Auftreten bestimmter Pflanzen und der Bodenfeuchtigkeit sind seit langem bekannt. ELLENBERG (1952) weist auf den universellen **Zeigerwert von Pflanzenbeständen** hin. Sie gelten nur unter natürlichen Konkurrenzbedingungen und geben fast ganzjährig Auskunft über den aktuellen Zustand, manchmal auch über abgelaufene Entwicklungen. In der ökologischen Gesellschaftsreihe an einem Feuchtegradienten (Abb. 60) hat jede zugehörige Pflanzenart ihren bestimmten Wuchsbereich (ihre ökologische Amplitude) und meist auch ein **ökologisches Optimum**, erkennbar an besonders häufigem und vitalem Vorkommen. Arten, deren Amplituden und Optimalbereiche in etwa übereinstimmen, können zu einer **ökologischen Artengruppe** vereinigt werden. ELLENBERG (1952) definierte zunächst fünf solcher Gruppen für verschiedene ökologische Gradienten, entwickelte später eine neunstufige Skala von **Zeigerwerten** (ELLENBERG 1974, ELLENBERG et al. 1992). Nach ihrem Vorkommen in verschiedenen Feuchtebereichen in der Natur hat ELLENBERG die Gefäßpflanzen Mitteleuropas sogar in zwölf Gruppen eingeteilt beziehungsweise jeder Art eine Feuchtezahl 1 bis 12 zugeordnet. Der Gradient reicht von flachgründig-trockenen Felsstandorten (1) bis zum tiefen Wasser (12). Für das Grasland kommen allerdings nur neun Stufen in Frage (2, 4, 6, 8 jeweils intermediär):

F 1 **Starktrockniszeiger:** auf oftmals austrocknende Böden beschränkt
F 3 **Trockniszeiger:** vorwiegend auf trockenen Böden vorkommend, auf feuchten Böden fehlend
F 5 **Frischezeiger:** vorwiegend auf Böden mittlerer Feuchtigkeit vorkommend, sowohl auf sehr trockenen als auch nassen Böden fehlend
F 7 **Feuchtezeiger:** vorwiegend auf gut durchfeuchteten, aber nicht nassen Böden vorkommend
F 9 **Nässezeiger:** vorwiegend auf oft durchnässten (luftarmen) Böden vorkommend

Zusätzlich werden Angaben für solche Pflanzen gemacht, die stärkeren **Wechsel der Bodenfeuchtigkeit** (w) oder **Überflutungen** (ü) ertragen. Die folgende Auswahl gibt Beispiele der wichtigen ökologischen Artengruppen. Weitere Angaben finden sich in der Biologischen Tafel (s. Kap. 12).

a) Arten zeitweise etwas trockenerer Standorte (F 3 bis 4)

Achillea millefolium, Bromus erectus, Campanula glomerata, Centaurea scabiosa, Daucus carota, Knautia arvensis, Helictotrichon pubescens, Leucanthemum ircutianum, Lotus corniculatus, Luzula campestris, Medicago lupulina, Orchis mascula, Pastinaca sativa, Picris hieracioides, Pimpinella saxifraga, Plantago media, Primula veris, Ranunculus bulbosus, Rhinanthus minor, Salvia pratensis, Senecio jacobaea (w), *Tragopogon pratensis, Trifolium dubium.*

Verbreitungsschwerpunkte liegen im **Arrhenatherion (Cynosurion)**; ein gutes Beispiel sind die artenreichen Salbei-Glatthaferwiesen (s. Kap. 7.3.1.1 und Kap. 8.7.1).

b) Arten frischer, also langzeitig gut wasserversorgter Standorte (F 5 bis 6)

Ajuga reptans, *Alchemilla vulgaris* agg., *Alopecurus pratensis*, *Anthriscus sylvestris*, *Arrhenatherum elatius*, *Bellis perennis*, *Campanula patula*, *Cardamine pratensis* (w), *Carex hirta* (w), *Carum carvi*, *Centaurea nigra*, *C. pseudophrygia*, *Cerastium holosteoides*, *Colchicum autumnale* (w), *Crepis biennis*, *C. capillaris*, *C. mollis*, *Cynosurus cristatus*, *Dactylis glomerata*, *Festuca pratensis*, *F. rubra*, *Galium album*, *G. boreale* (w), *Geranium pratense*, *G. sylvaticum*, *Glechoma hederacea*, *Heracleum sphondylium*, *Holcus lanatus*, *Hypochaeris radicata*, *Inula salicina* (w), *Lathyrus pratensis*, *Leontodon autumnalis*, *L. hispidus*, *Lolium perenne*, *Lysimachia nummularia* (w), *Meum athamanticum*, *Phleum pratense*, *Phyteuma nigrum*, *Pimpinella major*, *Poa chaixii*, *P. pratensis*, *Potentilla anserina* (ü), *P. reptans*, *Primula elatior*, *Prunella vulgaris*, *Ranunculus acris*, *Rumex obtusifolius*, *Sanguisorba officinalis* (w), *Stellaria graminea*, *Taraxacum officinale*, *Trifolium pratense*, *T. repens*, *Veronica chamaedrys*, *V. filiformis*, *Vicia cracca*, *V. sepium*.

Diese Gruppe enthält viele im Kulturgrasland weit verbreitete Arten **(Molinio-Arrhenatheretea)** oder solche mit Schwerpunkt auf nicht stärker grund- oder stauwasserbeeinflussten Böden (**Arrhenatheretalia**; s. Kap. 7.3).

c) Arten feuchter Standorte (F 7 bis 8), oft mit stärker schwankendem Grund- oder Stauwasser (w)

Achillea ptarmica, *Agrostis stolonifera* (w, ü), *Alopecurus geniculatus* (w, ü), *Angelica sylvestris*, *Bistorta officinalis*, *Bromus racemosus* (w), *Carex leporina* (w), *C. nigra* (w), *C. panicea* (w), *C. tomentosa* (w), *Chaerophyllum hirsutum*, *Cirsium oleraceum*, *C. palustre*, *Cnidium dubium* (w), *Crepis paludosa*, *Dactylorhiza majalis* (w), *Deschampsia cespitosa* (w), *Equisetum palustre* (ü), *Festuca arundinacea* (w), *Filipendula ulmaria*, *Galium uliginosum*, *Geranium palustre* (w), *Geum rivale* (w), *Juncus acutiflorus*, *J. conglomeratus* (w), *J. effusus* (w), *Lathyrus palustris* (w), *Lotus uliginosus*, *Lychnis flos-cuculi*, *Lysimachia vulgaris* (w, ü), *Lythrum salicaria* (w), *Mentha arvensis* (w), *Molinia caerulea*, *Myosotis palustris*, *Phalaris arundinacea* (w, ü), *Poa trivialis*, *Pseudolysimachion longifolium* (w), *Ranunculus aconitifolius*, *R. repens* (w), *Rumex crispus* (w), *Scirpus sylvaticus*, *Senecio aquaticus*, *Silaum silaus* (w), *Stachys palustris* (w), *Succisa pratensis*, *Symphytum officinale*, *Thalictrum flavum* (w, ü), *Trollius europaeus*, *Valeriana dioica*, *V. officinalis* (w), *V. procurrens* (ü), *Viola persicifolia* (w).

Viele Arten sind charakteristisch für bodenfeuchte Streu- und Futterwiesen **(Molinion, Cnidion, Calthion)** und/oder für verwandte Hochstaudenfluren **(Filipendulion)**.

d) Arten dauernd nasser Standorte (F 9), oft auch zeitweise überflutet (ü)

Agrostis canina (ü), *Caltha palustris* (ü), *Carex acuta* (ü), *C. acutiformis*, *C. disticha* (ü), *C. vesicaria* (ü), *C. vulpina* (ü), *Galium palustre* (ü), *Glyceria fluitans* (w, ü), *G. maxima* (ü), *Iris pseudacorus* (ü), *Juncus filiformis*, *J. articulatus* (w), *Poa palustris* (ü), *Ranunculus flammula* (w, ü).

Diese Artengruppe ist schwerpunktmäßig in anderen Gesellschaftsklassen zu Hause, meist zu den Röhrichten und Großseggenrieden **(Phragmito-Magnocaricetea)** gehörend.

Viele der aufgeführten Arten gehen in Einzelfällen weit aus ihrem ökologischen Schwerpunktbereich hinaus. Erst wenn mehrere bis viele Arten einer Gruppe zusammen vorkommen, kann man mit größerer Sicherheit entsprechende Feuchtebedingungen annehmen. Zusätzlich gibt es Pflanzen mit sehr breiter Amplitude, die sich gegenüber dem Feuchtegradienten mehr oder weniger indifferent verhalten.

6.3 Chemische Bodeneigenschaften von Graslandökosystemen

Der für das Pflanzenleben mit entscheidende Komplex bodenchemischer Faktoren und Vorgänge ist sehr vielschichtig und schwer in Einzelbereiche aufteilbar. Im übrigen bestehen enge Beziehungen zwischen Bodenfeuchtigkeit und Bodenchemie. Von Bedeutung sind auch allgemeinere Merkmale wie Humusqualität, Bodenart, Bodentyp, Austauscher- und Puffersysteme, nicht zu vergessen die vielen Wechselwirkungen zwischen dem Boden und seinen Lebewesen. Hierüber unterrichten bodenkundliche und ökologische Lehrbücher ausführlicher.

In der früheren extensiv genutzten Kulturlandschaft waren viele **Nährstoffe**, vor allem Stickstoff, mit Ausnahme von An- und Niedermooren, im Mangel (s. Kap. 3). Der ständige Entzug von Biomasse im Grasland ohne Ersatz durch Düngung verschlechterte diese Lage weiter. Mit der Einführung von Mineraldüngern seit dem 19. Jahrhundert änderte sich die Situation jedoch grundlegend. Bessere Nährstoffversorgung führte nicht nur zu Ertragssteigerungen, sondern auch zu ganz neuen Pflanzengesellschaften des halbextensiven bis halbintensiven Kulturgraslandes. Dennoch finden sich floristische Unterschiede, hervorgerufen durch natürliche Gegebenheiten und ungleichen Düngereinsatz, pflanzensoziologisch vor allem auf den Gliederungsebenen von Subassoziationen und Varianten. Ökologische Gruppen mit Nährstoffbezug kommen deshalb oft als Differentialarten in verschiedenen Assoziationen, zum Beispiel für magere oder gut gedüngte Ausprägungen zur Geltung. Erst unter heutigen Intensivnutzungen mit einem Übermaß an Dünger sind diese Unterschiede zunehmend verwischt (s. Kap. 3.8).

Entsprechend den im Kapitel 6.2.4 besprochenen Grundlagen gibt es auch Zeigerartengruppen und **Zeigerwerte für bodenchemische Eigenschaften**. Häufig benutzt und auch für das Kulturgrasland relevant sind vor allem die Zeigereigenschaften der Pflanzen für die Bodenreaktion (Reaktionszahl R) und die Stickstoff- bzw. Nährstoffversorgung (Stickstoff- oder besser: Nährstoffzahl N). Auf sie wird in den folgenden Abschnitten bevorzugt eingegangen. Fragen der Düngung und Produktivität werden erst im Kapitel 8 behandelt (s. auch landwirtschaftliche Bücher, z. B. Klapp 1965, Opitz von Boberfeld 1994).

6.3.1 Bodenreaktion

Die Bodenreaktion steht aus verschiedenen Gründen häufig im Mittelpunkt bodenökologischer Betrachtungen.

6.3.1.1 Bodenreaktion als zentraler Faktor

Die Reaktion des Bodens hat einen zentralen Stellenwert für sehr viele physikalische, chemische und biologische Vorgänge im Boden, zum Beispiel für die Freisetzung, den Auf- und Abbau, die Akkumulation, die Speicherung und die Auswaschung von Stoffen, und ist damit für die allgemeine Pflanzenverfügbarkeit von Nährstoffen oder die Freisetzung toxischer Stoffe von großer Bedeutung. Viele Lebewesen, neben Pflanzen auch das Edaphon, bevorzugen bestimmte pH-Bereiche im Boden, meist ein schwach saures bis schwach basisches Milieu. Auch Bildung und Abbau von Humus sind pH-abhängig. Der Optimalbereich für gutes, ertragreiches Kulturgrasland liegt nach Klapp (1965, 1971) in Mineralböden bei pH ± 6,0. Rosenthal et al. (1998) geben für Kulturgrasland einen Bereich von 5,1 bis 6,8 (7,5) an. Bei Werten unter 5 nimmt die Ertragsfähigkeit deutlich ab, noch stärker die Qualität des Aufwuchses.

6.3.1.2 Ökologische Artengruppen und Reaktionszahlen

Säure- oder Basenzeiger sind meist konkurrenzschwache Arten mit breiterer physiologischer Amplitude, die diese Verhältnisse gerade noch ertragen, bei Ausschluss von Konkurrenten aber unter mittleren Bedingungen besser gedeihen. Oft sind sie gleichzeitig Magerkeitszeiger, also relativ nährstoffgenügsame Arten. So spiegelt der R-Wert nicht nur bestimmte pH-Bereiche wider, sondern er kann ganz allgemein als Hinweis auf das ökologische Optimum hinsichtlich eines vielseitigen bodenchemischen Gradienten angesehen werden.

Ellenberg (1952) teilte die Graslandpflanzen zunächst in fünf Zeigergruppen 1 bis 5 (dazu die Indifferenten) ein. Später (zuletzt bei Ellenberg et al. 1992) wurde diese Skala durch die Zwischenstufen 2, 4, 6, 8 auf neun Stufen erweitert:

R 1 Starksäurezeiger: vorwiegend auf sauren Böden vorkommend, auf schwachsauren bis basischen Böden fehlend
R 3 Säurezeiger: Schwergewicht auf sauren Böden, gelegentlich bis in neutrale Bereiche auftretend
R 5 Mäßigsäurezeiger: vorwiegend auf Böden mittlerer Säuregrade vorkommend, selten auf sauren und neutralen bis alkalischen Böden
R 7 Schwachsäure- bis Schwachbasenzeiger: nicht auf stark sauren Böden vorkommend
R 9 Basen- und Kalkzeiger: nur auf kalkreichen Böden vorkommend

Die folgenden Gruppen sind, basierend auf diesen Werten, etwas vereinfacht zusammengefasst (s. auch die Gesamtübersicht in Kap. 12).

a) Arten saurer Standorte (R 3)

Agrostis canina, Carex nigra, C. ovalis, Centaurea nigra, Danthonia decumbens, Deschampsia flexuosa, Hypericum maculatum, Lathyrus linifolius, Luzula campestris, Meum athamanticum, Poa chaixii, Ranunculus flammula.

Echte Säurezeiger sind im Kulturgrasland selten. Sie kennzeichnen meist nur randliche Ausbildungen im Übergang zu bodensaurem Extensivgrasland, vor allem in Bergwiesen und Sümpfen.

b) Arten mäßig saurer Standorte (R 4 bis R 5)

Agrostis capillaris, Anthoxanthum odoratum, Bistorta officinalis, Bromus racemosus, Centaurea pseudophrygia, Cirsium palustre, Crepis mollis, Hypochaeris radicata, Juncus acutiflorus, J. conglomeratus, J. effusus, J. filiformis, Leontodon autumnalis, Phyteuma nigrum, Ranunculus aconitifolius, Scirpus sylvaticus, Senecio aquaticus, Stellaria graminea, Valeriana dioica, Veronica filiformis.

In dieser Gruppe sind Pflanzen ganz unterschiedlicher Gesellschaften des Kulturgraslandes vereinigt. Es handelt sich vorwiegend um Arten von Magerwiesen, also um Zeiger wuchsschwächerer Ausprägungen einzelner Gesellschaften.

c) Arten mittlerer (schwach saurer bis neutraler) Standorte (R 6 bis R 7)

Ajuga reptans, Alopecurus geniculatus, A. pratensis, Arrhenatherum elatius, Campanula patula, Cirsium oleraceum, Cnidium dubium, Colchicum autumnale, Crepis biennis, Dactylorhiza majalis, Festuca arundinacea, Galium album, Geranium sylvaticum, Lathyrus pratensis, Leontodon hispidus, Lolium perenne, Lotus corniculatus, L. uliginosus, Lythrum salicaria, Phalaris arundinacea, Pimpinella major, Plantago media, Potentilla reptans, Primula elatior, Prunella vulgaris, Pseudolysimachion longifolium, Ranunculus auricomus, R. bulbosus, Senecio jacobaea, Serratula tinctoria, Silaum silaus, Silene vulgaris, Stachys palustris, Tragopogon pratensis, Trifolium dubium, T. repens, Trollius europaeus, Valeriana officinalis, V. procurrens, Vicia sepium, Viola persicifolia.

Diese artenreiche Gruppe enthält allgemein anspruchsvollere Pflanzen des Kulturgraslandes. Viele haben einen Schwerpunkt in bodenfrischen bis -feuchten Graslandtypen oder Hochstaudenfluren, also in sehr wuchskräftigen Pflanzengesellschaften.

d) Arten basenreicher Standorte (R 8)

Bromus erectus, Carex flacca, Centaurea scabiosa, Crepis paludosa, Geranium palustre, G. pratense, Inula salicina, Lathyrus palustris, Medicago lupulina, Orchis mascula, Pastinaca sativa, Picris hieracioides, Poa palustris, Primula veris, Salvia pratensis.

Ähnlich wie in Gruppe a) sind auch hier Arten versammelt, die nur randliche Ausprägungen des Kulturgraslandes kennzeichnen. Vorwiegend handelt es sich um Pflanzen im Übergangsbereich **Arrhenatherion/ Mesobromion** oder um Pflanzen basenreicher Auenböden.
Insgesamt zeigt sich im Kulturgrasland erneut die Bevorzugung mittlerer Standorte. Viele Arten der Gruppe c) sind gleichzeitig Frischezeiger. Man erkennt aber auch, dass die gedachten Faktorengradienten Säuregrad und Bodenfeuchte zu ganz unterschiedlicher Einstufung vieler Arten führen (vgl. Kap. 6.2.4). Auffällig ist das Fehlen vieler weitverbreiteter Graslandarten, wie sie

für die Klasse der **Molinio-Arrhenatheretea** oder ihre Ordnungen charakteristisch sind. Sie haben gegenüber der Bodenreaktion eine sehr breite Amplitude, können also recht plastisch auf unterschiedliche Bedingungen reagieren. Als Beispiele seien genannt:

Angelica sylvestris, Anthriscus sylvestris, Bellis perennis, Caltha palustris, Cardamine pratensis, Centaurea jacea, Cynosurus cristatus, Dactylis glomerata, Deschampsia cespitosa, Festuca pratensis, F. rubra, Filipendula ulmaria, Helictotrichon pubescens, Heracleum sphondylium, Holcus lanatus, Leucanthemum ircutianum, Lysimachia vulgaris, Molinia caerulea, Phleum pratense, Plantago lanceolata, Poa pratensis, P. trivialis, Taraxacum officinale, Trifolium pratense, Trisetum flavescens, Vicia cracca und andere.

Viele von ihnen bevorzugen allerdings auch mittlere Bedingungen und tendieren zur Gruppe c).

Arten mit Reaktionszahlen 1 bis 2 und 9 kommen im Kulturgrasland nicht vor. Sehr saure Standorte werden von den meisten Graslandarten gemieden. Basenreiche Kalkstandorte wären prinzipiell eher geeignet. Allerdings ist hiermit in der Regel Flachgründigkeit und damit schlechte Wasserversorgung verbunden, was ebenfalls Pflanzen des Kulturgraslandes ausschließt.

6.3.2 Stickstoff

Wenn in früheren Jahrhunderten von Nährstoffmangel die Rede war und man andererseits heutzutage von Nährstoffüberfluss spricht, war und ist damit vor allem der Stickstoff gemeint. Er steht im Stoffhaushalt der Pflanzen an vorderster Stelle, beeinflusst maßgeblich ihre Vitalität und Produktivität und damit letztendlich auch die Artenzusammensetzung. Ellenberg (1977) bezeichnet den Stickstoff mit Recht als einen **„Schlüsselfaktor für den Energie- und Stoffhaushalt der Ökosysteme"**. Die jeweilige floristische Ausprägung des Graslandes ist vor allem vom Wasser- und Stickstoffhaushalt bestimmt, wobei ersterer auch den letzteren beeinflusst.

6.3.2.1 Stickstoff als wichtigster Pflanzennährstoff

Bei allen Nährstoffen ist zwischen dem natürlichen Angebot und der Düngung zu unterscheiden. Über letztere wird erst in Kap. 8 gesprochen. Das Standortpotential wird vor allem vom **Stoffkreislauf** zwischen Boden und Lebewesen geprägt, beim Stickstoff mit der groben Abfolge Bodenlösung – lebende Pflanze – Streu/Humus – Zersetzer/Mineralisierer. Was letztere beim Abbau organischer Substanz für die Pflanzen übriglassen, wird als **Stickstoff-Nettomineralisation** bezeichnet. Diese ist fast allein für das aktuelle Angebot an die Pflanzen verantwortlich. Einige Arten, vor allem Leguminosen, können außerdem durch Symbiose mit Luftstickstoff-bindenden Mikroorganismen ihren Stickstoffhaushalt aufbessern. Der Direkteintrag aus der Luft war früher gering und spielt zumindest für das Kulturgrasland auch heute nur eine untergeordnete Rolle. Neben dem **ökosystemaren N-Kreislauf** gibt es auch pflanzeninterne Stickstoffverlagerungen, die als **interner N-Kreislauf** bezeichnet werden (siehe unten).

In Abbildung 61 sind jährliche Summen der Stickstoff-Nettomineralisation zusammengestellt, die einen groben Überblick vermitteln. Nasse und extrem trockene Böden produzieren sehr wenig Stickstoff. Nur relativ genügsame oder speziell angepasste Pflanzen können dort gedeihen, sind aber hier auch vor anspruchsvolleren, wuchskräftigen Arten geschützt. Schwartze (1992) fand in einem artenarmen Großseggenbestand des Münsterlandes nur 12 bis 35 kg N/ha. Die schlechte Durchlüftung nasser Böden hemmt außerdem die **Nitrifikation** (Umwandlung von Ammonium in Nitrat). Wie Janiesch (z. B. 1980, 1986) für einige Sumpfpflanzen gezeigt hat, sind sie vorrangig an eine Aufnahme von Ammonium angepasst, wegen geringer Induzierbarkeit der Nitratreduktase sogar auf Ammonium angewiesen. Janiesch (1980) untersuchte auch die mit Bodenvernässung verbundene hohe, teilweise toxische **Eisen**konzentration. Manche Nässezeiger können ihr mit Hilfe eines gut funktionierenden Aerenchyms entgehen, indem sie durch Sauerstoffausscheidung im Wurzelraum die Bildung schwerlöslicher Oxihydrate bewirken. Ähnliche Feststellungen traf bereits Ernst (1979) für Pflanzen wechselnasser Flutrasen. Janiesch et al. (1991) wiesen für nasse Erlenbruchböden die hemmende Wirkung der Bodennässe für die N-Mineralisation nach, aber auch die Erhö-

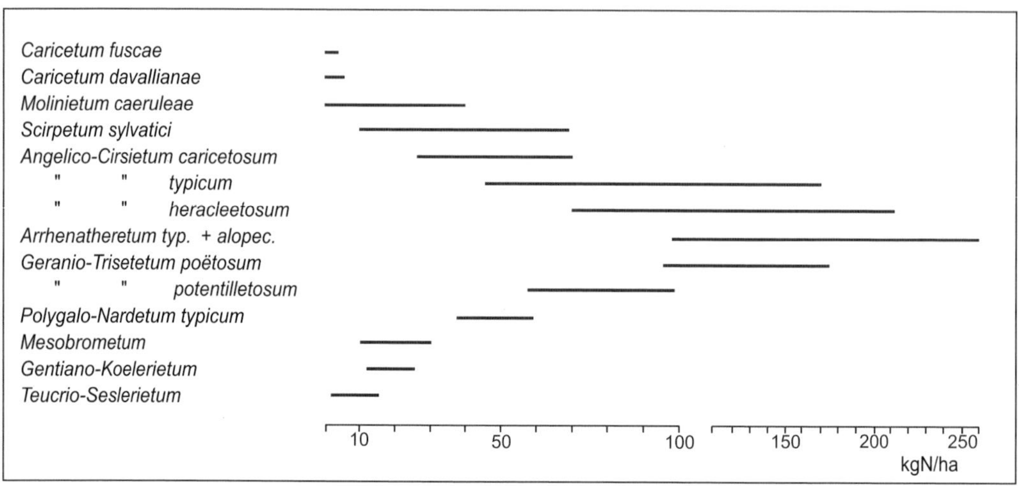

Abb. 61 Jährliche Höhe der Stickstoff-Nettomineralisation in Böden verschiedener Graslandgesellschaften (nach Angaben von Ellenberg 1977, ergänzt nach Dierschke 1974, Vogel 1981).

hung auf ein Vielfaches bei Grundwasserabsenkung. Ähnliche Effekte sind für Niedermoorgrasland belegt (Rosenthal 2001). Selbst bei Stickstoffdüngung bleibt die N-Verfügbarkeit in Nasswiesen gering; hier ist mit verstärkter Denitrifikation zu rechnen (Duren et al. 1997). *Molinietum* und *Scirpetum sylvatici* in unserer Abbildung sind **Streuwiesen** aus dem Alpenraum mit geringer bis mäßiger N-Mineralisation (bis 40 bzw. 70 kg N/ha). Stärkere Schwankungen des Grundwassers ermöglichen zumindest zeitweise eine höhere Stickstoffnachlieferung. So kann die Mineralisationsleistung gerade hier von Jahr zu Jahr stärker schwanken, wie Untersuchungen von Briemle & Frei (1986) zeigen.

Streuwiesen (*Molinietum*) gelten als gutes Beispiel für **interne Stoffkreisläufe** in Pflanzen. Während des Vergilbens der Blätter und Stängel werden viele Reservestoffe in basale Teile (Stoppeln) und unterirdische Organe (Rhizome, Knollen, Zwiebeln, Wurzeln) verlagert. Erfolgt die Mahd erst im Herbst, werden nur wenige Nährstoffe entzogen, und die Bestände bleiben über lange Zeit relativ produktiv. Nach Werner (1983) kann zum Beispiel das Pfeifengras bei guter externer Stickstoffversorgung etwa 20 %, bei ungünstigen Bedingungen bis 45 % seines Stickstoffbedarfs durch interne Umlagerungen decken (s. auch Briemle 1987). Interne Stoffkreisläufe sind allerdings keine Spezialität von Streuwiesenpflanzen, sondern eine allgemeine Eigenschaft langlebiger Arten und können teilweise zu einer Anreicherung (**Auteutrophierung**, s. Kap. 9.2.2.5) im Ökosystem führen. Bei Futterpflanzen wird der interne Kreislauf ständig unterbrochen und bedingt einen hohen Stoffexport mit der Biomasse, was auch bei **Ausmagerungsversuchen** im Naturschutz von großer Bedeutung ist (s. Kap. 8.7 und Kap. 11.3).

Wirkungen unterschiedlicher Bodenfeuchtigkeit zeigen in Abbildung 61 die verschiedenen Untereinheiten von **Kohldistel-Futterwiesen**. Dem *Angelico-Cirsietum caricetosum*, der bodenfeuchtesten Ausbildung, stehen jährlich nur 25 bis 70 kg N/ha zur Verfügung, das *A.-C. typicum* mäßig feuchter Böden hat mit 45 bis 170 kg N/ha dagegen eine weite Spanne. Das *A.-C. heracleetosum* bildet den Übergang zu den **Glatthaferwiesen**, für die in bodenfrischer Ausprägung sogar bis zu 260 kg errechnet wurden. Meist liegen die Stickstoffsummen hier aber zwischen 150 und 200 kg/ha. In verwandten **Wassergreiskrautwiesen** fand Schwartze (1992) 45 bis 137 kg N/ha, in wechselnassen **Flutrasen** gab es nur 32 bis 76 kg. Die gedüngte Form der **Bergwiesen** (*Geranio-Trisetetum poëtosum trivialis*) liegt mit 95 bis 170 kg recht gut, wenn auch unter den Höchstwerten des *Arrhenatheretum*, die Magerwiese des *G.-T. potentilletosum erecti*, die kaum oder gar nicht gedüngt wird, hat nur etwa 60 bis 100 kg zur Verfügung. Eine verwandte Bergwiese im Solling ergab ungedüngt gut 60 kg, bei Düngung über 150 kg (Runge 1978). Die temperaturabhängige Nettomineralisation steigt in Bergwiesen deutlich später an als in den Glatthaferwiesen wärmerer Tieflagen und nimmt im Herbst auch wieder früher ab (Vogel 1981). Artenreiche Glatthaferwiesen halbtrockener Standorte liegen mit 50 kg N/ha eher in Größenordnungen der Magerrasen. Von diesen enthält Abbildung 61 drei Beispiele. Der montane **Borstgrasrasen** aus dem Harz (*Polygalo-Nardetum*) bekommt knapp 40 bis 60 kg Stickstoff, die **Halbtrockenrasen** flachgründiger Kalkböden (*Mesobrometum, Gentiano-Koelerietum*) erreichen nur bis zu 30 kg, der **Trockenrasen** des *Teucrio-Seslerietum* nur knapp 15 kg. In den meisten Messserien liegt der **Nitrifikationsgrad** sehr hoch, das heißt es wird vorwiegend Nitrat nachgeliefert. Ausnahmen sind zum einen stark vernässte Moorböden (Janiesch 1986) und zum anderen bodensaure Borstgrasrasen. Hier gibt es so genannte **Ammoniumpflanzen** wie *Deschampsia flexuosa* und einige Ericaceen (vgl. Ellenberg 1996, S. 219).

Vergleicht man die Stickstoff-Nettomineralisation anthropogener Graslandökosysteme mit naturnahen **Wäldern**, werden verwandte Größenordnungen erkennbar. So produzieren die Böden der Braunerde-Buchenwälder jährlich etwa 100 bis 150 kg N (Ellenberg 1977), Hangseggen-Buchenwälder nur etwa die Hälfte. In zeitweise überfluteten Böden von Auenwäldern fand Gönnert (1989) 175 bis 250 kg, ohne Überflutung sogar 265 kg N/ha, also Werte, die sehr gutwüchsigen Glatthaferwiesen entsprechen. In den Flussauen liegt ja, wie wir bereits gesehen haben (s. Kap. 3.2), auch die Heimat vieler anspruchsvollerer Arten des Kulturgraslandes.

Zwischen **Bodenfeuchtigkeit und Stickstoffmineralisation** ergeben sich in der Regel enge Wechselbeziehungen, wie sowohl die Jahressummen als auch der Nitrifikationsgrad zeigen. Die Erfahrung, dass nach Stickstoffdüngung sowohl auf feuchteren als auch relativ trockenen Böden anspruchsvolle Arten der Fettwiesen gefördert werden, fasst Ellenberg (1996, S. 816 ff.) unter den Schlagworten **„Stickstoff ersetzt Sauerstoff“** beziehungsweise **„Stickstoff ersetzt Wasser“** zusammen. „Je nach der Stärke der Stickstoffdüngung weitet sich mithin die Feuchtigkeitsamplitude der Arrhenatheretalia-Arten sowohl auf Kosten der Brometalia als auch der Molinietalia aus“ (S. 817). Dies betrifft auch die Höhenverbreitung anspruchsvoller Wiesenpflanzen: Stärkere Düngung verändert manche genügsame Goldhafer- in Richtung auf Glatthaferwiesen.

6.3.2.2 Ökologische Artengruppen und Stickstoffzahlen

Auch für den Stickstoffbedarf hat Ellenberg eine neunstufige Skala vorgeschlagen, mit 2, 4, 6 als Zwischenstufen (Ellenberg et al. 1992; Kap. 12):

N 1 bevorzugt auf sehr stickstoffarmen Böden
N 3 häufig auf stickstoffarmen, seltener auf mittelmäßigen und nur ausnahmsweise auf reicheren Böden
N 5 vorwiegend auf mäßig stickstoffreichen, seltener auf armen und reichen Böden
N 7 häufiger auf stickstoffreichen als mittelmäßigen, nur ausnahmsweise auf armen Böden
N 8 ausgesprochene Stickstoffzeiger
N 9 konzentriert auf übermäßig stickstoffreichen Böden

Da die N-Zahl nicht nur die Stickstoffversorgung, sondern die allgemeine Nährstoffverfügbarkeit in etwa wiedergibt, wird sie zum Teil als **Nährstoffzahl** bezeichnet. Sie zeigt im Grasland auch gute Korrelationen zum Ertrag. Ellenberg et al. (1992) weisen darauf hin, dass sich die vorgenommene Einstufung auf extensives bis halbintensives Grasland bezieht. Bei übermäßiger Düngung geht nämlich der Zeigerwert vieler Arten verloren.

a) Echte Magerkeitszeiger stickstoffarmer Böden (N 2 bis N 3)

Agrostis canina, Allium angulosum, Betonica officinalis, Briza media, Bromus erectus, B. hordeaceus, Campanula glomerata, C. rotundifolia, Carex nigra, C. ovalis, Cirsium palustre, Dactylorhiza majalis, Danthonia decumbens, Deschampsia cespitosa, D. flexuosa, Equisetum palustre, Galium boreale, G. uliginosum, Hypericum maculatum, Hypochaeris radicata, Inula salicina, Juncus acutiflorus, J. conglomeratus, J. filiformis, Lathyrus linifolius, L. palustris, Leucanthemum ircutianum, Lotus corniculatus, Luzula campestris, Meum athamanticum, Molinia caerulea, Ophioglossum vulgatum, Pimpinella saxifraga, Plantago media, Potentilla erecta, Primula veris, Ranunculus bulbosus, R. flammula, Rhinathus minor, Serratula tinctoria, Silaum silaus, Stellaria graminea, Succisa pratensis, Valeriana dioica, Viola persicifolia.

Diese artenreiche Gruppe enthält durchweg Pflanzen von Streu- und mageren Futterwiesen sowie von Magerweiden, also Zeiger für nur extensive Nutzung. Einige sind gleichfalls Säurezeiger, wenige Kalkzeiger, viele kommen sowohl auf sauren als auch basischen, stickstoffarmen Böden vor. Innerhalb des Kulturgraslandes sind viele aufgrund ihres niedrigen Wuchses oder später Entwicklung konkurrenzschwach.

b) Arten mäßig stickstoffversorgter Standorte (N 4 bis N 5)

Achillea millefolium, Agrostis capillaris, A. stolonifera, Alchemilla monticola, Angelica sylvestris, Bistorta officinalis, Bromus racemosus, Caltha palustris, Campanula patula, Carex acuta, C. acutiformis, C. disticha, C. panicea, C. vesicaria, C. vulpina, Centaurea nigra, C. pseudophrygia, C. scabiosa, Cerastium holosteoides, Cirsium oleraceum, Cnidium dubium, Crepis biennis, C. capillaris, C. mollis, Cynosurus cristatus, Daucus carota, Festuca arundinacea, Filipendula ulmaria, Galium album, Geum rivale, Helictotrichon pubescens, Holcus lanatus, Juncus effusus, Knautia arvensis, Leontodon autumnalis, Lotus uliginosus, Myosotis palustris, Pastinaca sativa, Phyteuma nigrum, Picris hieracioides, Poa chaixii, Potentilla reptans, Salvia pratensis, Sanguisorba officinalis, Scirpus sylvaticus, Senecio aquaticus, S. jacobaea, Silene vulgaris, Trifolium dubium, Trisetum flavescens, Trollius europaeus, Valeriana officinalis, Vicia sepium.

In dieser Gruppe ist eine bunte Palette von Pflanzen verschiedener Gesellschaften versammelt. Die Arten kennzeichnen halbextensive bis halbintensive Ausprägungen, also wesentliche Bestandteile traditioneller Graslandtypen. Bei stärkerer Stickstoffdüngung werden sie von wuchskräftigeren Arten der folgenden Gruppen zurückgedrängt.

c) Arten gut stickstoffversorgter Standorte (N 6 bis N 7)

Ajuga reptans, Alopecurus geniculatus, A. pratensis, Arrhenatherum elatius, Bellis perennis, Carum carvi, Chaerophyllum hirsutum, Cirsium arvense, Crepis paludosa, Dactylis glomerata, Elymus repens, Festuca pratensis, Geranium palustre, G. pratense, G. sylvaticum, Glechoma hederacea, Glyceria fluitans, Lathyrus pratensis, Leontodon hispidus, Lolium perenne, Phalaris arundinacea, Pimpinella major, Poa palustris, P. pratensis, P. trivialis, Primula elatior, Pseudolysimachion longifolium, Ranunculus aconitifolius, R. repens, Rumex acetosa, R. crispus, Stachys palustris, Tragopogon pratensis, Trifolium repens, Valeriana procurrens, Veronica filiformis.

Diese Arten bilden mit denen der vorhergehenden Gruppe den Grundstock des Kulturgraslandes, zeigen aber tendenziell eine bessere Nährstoffversorgung an, sei es aus natürlichen Gegebenheiten oder durch etwas stärkere Düngung. Es handelt sich fast durchweg um wuchskräftigere, großblättrige Pflanzen.

d) Stickstoffzeiger (N 8)

Anthriscus sylvestris, Heracleum sphondylium, Lolium multiflorum, Poa annua, Stellaria media, Symphytum officinale, Taraxacum officinale.

Diese Artengruppe hat eigentlich eine sehr weite Amplitude. Die hochwüchsigen Stauden werden aber durch starke Gülledüngung bis zur Dominanz gefördert, ebenfalls der Löwenzahn („Gülleflora"). Rispengras und Vogelmiere kommen besonders auf offenen Stellen vor. Alle Arten sind typisch für das Intensivgrasland.

e) Überdüngungszeiger (N 9)

Rumex obtusifolius, Urtica dioica.

Übermäßige Düngung fördert diese Nitrophyten, die oft nur noch durch Herbizide eingedämmt werden können. Die Brennnessel ist eigentlich keine Graslandpflanze, da sie nicht schnittverträglich ist. Ihr Vorkommen deutet auf Brache oder Weideselektion hin.

6.3.3 Andere chemische Faktoren

Neben Stickstoff sind Phosphor und Kalium die wichtigsten Nährstoffe im Grasland. In Moorböden sind sie nur in sehr geringen Mengen vorhanden (s. auch Kap. 8.7.3). Sie fördern dikotyle Arten, insbesondere Leguminosen, und damit auch bunte Blühaspekte. Starke Stickstoffdüngung ergibt umgekehrt blütenarme Grasaspekte (s. Kap. 8.7). KLAPP (1965) weist darauf hin, dass die **Phosphorversorgung** des Graslandes früher ein entscheidender Minimumfaktor war und erst unterschiedliche Düngung eine floristische Differenzierung ergeben hat.

Kaliummangel entstand in früheren Zeiten vor allem durch permanente Stoffentnahme ohne Ersatz, also durch Beweidung und Mahd ohne Düngung. Nach KLAPP (1965, S. 68) können in Böden ertragsschwachen Graslandes sogar höhere Gehalte vorkommen als in produktiveren Beständen, wo entsprechend größere Anteile mit der Ernte entzogen werden. Auch für weitere, meist nur in geringen Mengen notwendige Nährstoffe (**Magnesium**, **Calcium**, **Natrium**, **Spurenelemente**) trifft dies zu. Dabei kommt es nicht nur auf die absoluten Nährstoffgehalte, sondern auch auf das Mischungsverhältnis an, das die Aufnahme unterschiedlich beeinflussen kann (Ionenantagonismus). Daraus resultierende Ungleichgewichte in der Pflanze (z. B. hohe Kaliumgehalte) können zu Stoffwechselstörungen beim Weidevieh (**Weidetetanie**) führen (OPITZ VON BOBERFELD 1994). Kaliumüberschüsse, wie sie bei Düngung mit Gülle vorkommen, fördern vor allem die „**Gülleflora**" (z. B. Löwenzahn, Bärenklau, Wiesenkerbel und Stumpfblättriger Ampfer; s. Kap. 8.7.5).

6.4 Klimafaktoren

Gegenüber dem Wasserhaushalt und der Nährstoffversorgung treten klimatische Faktoren im Grasland eher in den Hintergrund. Grundsätzlich handelt es sich um Vegetationstypen mit freier, ungehinderter Sonneneinstrahlung. Alle Pflanzen haben einen hohen **Lichtbedarf**, wenn auch manche noch in lichteren Wäldern vorkommen können. Arten der Unterschicht von Wiesen werden in dichten und hohen Beständen, zum Beispiel in Brachen, zurückgedrängt (s. Kap. 8.3.1 und Kap. 9.2.2). Die scharfe Lichtkonkurrenz lässt sich unter anderem an dem oft sehr hohen **Blattflächenindex** ablesen (s. Kap. 4.3.2.2 und Kap. 4.3.3). Vor allem kleinwüchsige Pflanzen sind auf gelegentliche Lichtstellung durch Mahd oder Fraß angewiesen (s. Kap. 8.3.1). Diese bewirkt aber auch sehr extreme Schwankungen des gesamten Mikroklimas.

Niederschlag und **Luftfeuchtigkeit** sind an den Wasserhaushalt gekoppelt, **Wind** spielt keine differenzierende Rolle. Dagegen wirkt sich die **Wärme** im Jahresverlauf auf Vorkommen und Wachstum von Graslandpflanzen aus, wobei jeder Bestand entsprechend seiner Struktur ein eigenständiges Mikroklima ausbildet (s. Abb. 39). Auffällig ist das unterschiedliche Vorkommen von Graslandpflanzen in verschiedenen **Höhenlagen**. Pflanzensoziologisch wird daher bei den Frischwiesen zwischen Tieflagen-Glatthaferwiesen (**Arrhenatherion**) und Goldhafer-Bergwiesen (**Polygono-Trisetion**) unterschieden (s. Kap. 7.3). Der Glatthafer selbst gilt als wärmeliebende Art tieferer Lagen. Auf der anderen Seite gibt es im Grasland eine Reihe ausgesprochener Höhenzeiger. Die hierfür denkbare Wärmewirkung, sei es in absoluten Temperaturen oder auch über die Länge der Vegetationsperiode, ist jedoch fraglich, wenn man beobachtet, wie unter stärkerer Düngung die so genannten „**Montanzeiger**" verschwinden und sich Arten stärker ausbreiten, die ihren Schwerpunkt bei extensiverer Nutzung in tieferen Lagen haben. Andererseits fand VOGEL (1981) in submontanen Bereichen des Harzes in wärmebegünstigter Südostexposition eine Glatthaferwiese, am deutlich kühleren Nordhang eine Goldhaferwiese. Zwischen beiden Wiesentypen bestand im Sommer ein Unterschied der Temperaturmaxima bis zu 5 °C. KLAPP (1971, S. 62) spricht deshalb von einem „**Höhenkomplex**" von Wirkungen, die zusammen die spezifische Artenverbindung des montanen Graslandes bedingen (s. Kap 7.3.2). Offenbar gibt es aber auch ökophysiologische Anpassungen an das rauhe Gebirgsklima. Nach Verpflanzung eines großen Rasenblockes aus dem Harz ins warme Tiefland gingen Arten wie *Arnica*, *Galium saxatile* und *Meum* innerhalb von zwei Jahren stark zurück. Neben Konkurrenzverschiebungen ist eine gestörte Kohlenstoffbilanz durch stärkere Atmung denkbar (BRUELHEIDE 1999).

Trotz geringer Korrelation zwischen Wärmegenuss und Vorkommen von Graslandpflanzen hat ELLENBERG (in ELLENBERG et al. 1992) auch eine neunstufige Zeigerwertskala für Wärme (**Temperaturzahl**) entwickelt. Er betont aber selbst, dass es sich mehr um eine Auswertung von Arealbildern als um Bezüge zu Messwerten handelt. Folgende Stufen werden unterschieden (2, 4, 6, 8 als Zwischenstufen):

T 1 Kältezeiger: nur in hohen (alpinen bis nivalen) Gebirgslagen
T 3 Kühlezeiger: vorwiegend in subalpinen Lagen
T 5 Mäßigwärmezeiger: von tiefen bis in neutrale Lagen, Schwergewicht submontan-temperat
T 7 Wärmezeiger: im nördlichen Mitteleuropa nur in relativ warmen Tieflagen
T 9 Extreme Wärmezeiger: vom Mediterrangebiet nur auf wärmste Plätze übergreifend

Für unsere Betrachtung des Kulturgraslandes außerhalb der Alpen kommen nur die Stufen 3 bis 7 in Frage. Viele Arten gehören in die Gruppe mit Temperaturzahl 5 bis 6 oder sind indifferent. Wir beschränken uns hier auf zwei Artengruppen mit einer Auswahl von Wiesenpflanzen.

a) Arten kühlerer, vorwiegend höherer Bereiche (T 3 bis T 4)

Alchemilla hybrida und andere, *Arnica montana, Astrantia major, Bistorta officinalis, Cardaminopsis halleri, Carex pallescens, Carum carvi, Centaurea montana, C. nigra, C. pseudophrygia, Chaerophyllum hirsutum, Cirsium heterophyllum, Crepis mollis, Geranium sylvaticum, Hieracium aurantiacum, Juncus filiformis, Meum athamanticum, Narcissus pseudonarcissus, Phyteuma nigrum, P. orbiculare, Polygala serpyllifolia, Ranuculus aconitifolius, Trollius europaeus.*

Die Gruppe enthält durchweg Montanzeiger und ist mehr oder weniger eng mit den Goldhafer-Bergwiesen verbunden.

b) Arten sommerwarmer Tieflagen (T 7 bis T 8)

Allium angulosum, Cirsium canum, Cnidium dubium, Gratiola officinalis, Helictotrichon pratense, Lolium multiflorum, Oenanthe lachenalii, O. peucedanifolia, Peucedanum carvifolia, Rumex thyrsiflorus, Scutellaria hastifolia, Viola elatior, V. persicifolia, V. pumila.

Alle diese Arten kommen in sommerwarmen Stromtälern vor. Viele haben ihren Schwerpunkt im subkontinentalen **Cnidion venosi**. Arten des Kulturgraslandes mit **T9** gibt es nicht.

7 Pflanzengesellschaften von Kulturgraslandökosystemen

In Kapitel 4 haben wir unterschiedliche Möglichkeiten zur Typisierung und Gliederung des Graslandes kennengelernt. Im Abschnitt 4.4 wurde schon kurz die **Artenzusammensetzung als grundlegendes, universelles Kriterium** angesprochen. Sie ist die Basis des pflanzensoziologischen Systems von BRAUN-BLANQUET und seiner Schule und hat sich, mit gewissen Abwandlungen, weltweit bewährt (DIERSCHKE 1994). Das System ist induktiv aufgebaut, das heißt vom Kleinen zum Großen fortschreitend; in **Systemebenen** umgesetzt, bedeutet dies von der Assoziation über Verband und Ordnung bis zur Klasse.

7.1 Einführung

Erste Assoziationen des Kulturgraslandes wurden schon in den Anfängen der Pflanzensoziologie beschrieben, zum Beispiel das *Arrhenatheretum elatioris*, die in Mitteleuropa ehemals weit verbreitete Glatthaferwiese, vom Südrand seines Areals in den Cevennen (BRAUN 1915).

Neuere gesellschaftsorientierte Beschreibungen des Kulturgraslandes fußen durchweg auf dem **Braun-Blanquet-System** (in Deutschland z.B. OBERDORFER (1983), ELLENBERG (1996), POTT (1995a), DIERSCHKE (1995a, 1997a) und andere mehr landwirtschaftsbezogene Bücher (KLAPP 1965, 1971)). Allerdings sind die Vorstellungen, was man als eigene Assoziation aufzufassen hat, nicht überall gleich. Ein System, das sich relativ streng an Charakterarten orientiert, muss lokale bis regionale floristische Unterschiede hintan stellen. So ist zum Beispiel die Übersicht für Deutschland bei DIERSCHKE (1997a) weniger stark differenziert als die Regionalübersicht von OBERDORFER (1983) für Süddeutschland.

Über die höherrangigen Einheiten des Kulturgraslandes herrscht dagegen wesentlich bessere Übereinstimmung. Gewisse Unklarheiten gibt es noch in der Umgrenzung der **Klasse Molinio-Arrhenatheretea**, insbesondere über den Einbezug der Flutrasen und Hochstaudenfluren, die bei manchen Autoren anderen Klassen zugeordnet werden. Aus zentraler Sicht des Kulturgraslandes kann man jedoch sowohl die im Grasland integrierten Flutrasen (also ohne die Ufergesellschaften) als auch die räumlich und dynamisch mit den Feuchtwiesen verbundenen Hochstaudenfluren zu den Molinio-Arrhenatheretea rechnen.

Die folgende Darstellung orientiert sich zwar am Braun-Blanquet-System und wichtigen Werken zur Vegetation Mitteleuropas, geht aber nicht streng syntaxonomisch vor. So sprechen wir anstelle von Kenn- und Trennarten oft nur zusammenfassend von **„Diagnostischen Arten“** oder geben größere Gruppen von oft zusammen vorkommenden Arten wieder.

7.2 Eurosibirisches Kulturgrasland

(**Molinio-Arrhenatheretea** Tx. 1937 em. Tx. et Prsg. 1951)

Wie der Name bereits sagt, sind in dieser Klasse **anthropogene Graslandgesellschaften** feuchter (*Molinia caerulea*) und frischer Bereiche (*Arrhenatherum elatius*) vereinigt. Eine erste Fassung erfolgte durch TÜXEN (1937), eine revidierte und erweiterte Gliederung bei TÜXEN & PREISING (1951). „Eurosibirisch“ zeigt die weite Verbreitung des Kulturgraslandes mit entsprechend **großräumigen Arealen der Pflanzenarten** an. Sein Kern liegt zwar im weiteren Mitteleuropa, hat aber Ausläufer in großen Teilen Eurasiens von Nordspanien und Südfrankreich (mit Exklaven im Mediterrangebiet) bis nach Sibirien. Die **Molinio-Arrhenatheretea** sind somit eine charakteristische Klasse des eurosibirischen Teils der kühlgemäßigten (temperaten = nemoralen) Zone mit einem weiten Ozeanitätsgradienten von atlantischen bis zu kontinentalen Gebieten und einem Höhengradienten von der planaren bis zur alpinen Stufe. Viele Arten haben ihre natürliche Heimat in oder am Rande von zonalen sommergrünen Laubwäldern dieses Gebietes (s. Kap. 3.2), aus denen das Grasland entstanden ist. Im Gegensatz zum Extensivgrasland der Trocken-, Halbtrocken- und Steppenrasen (Festuco-Brometea), das sich in mehrere Ordnungen entlang eines floristisch sehr ausgeprägten West-Ost-Gradienten gliedern lässt (Dierschke 1997b), erscheinen die Molinio-Arrhenatheretea geographisch viel weniger differenziert. Hier übertönen sehr ähnliche landwirtschaftliche Praktiken und auch relativ nährstoffreiche Standorte die klimatischen Wirkungen. Die Klasse hat eine große Zahl Diagnostischer Arten:

Ajuga reptans, *Alopecurus pratensis*, *Anthoxanthum odoratum*, *Briza media*, *Cardamine pratensis*, *Centaurea jacea* ssp. *jacea*, *Cerastium holosteoides*, *Colchicum autumnale*, *Festuca pratensis*, *F. rubra* agg., *Holcus lanatus*, *Lathyrus pratensis*, *Plantago lanceolata*, *Poa pratensis* agg., *P. trivialis*, *Prunella vulgaris*, *Ranunculus acris*, *R. repens*, *Rumex acetosa*, *Stellaria graminea*, *Taraxacum officinale* agg., *Trifolium pratense*, *T. repens*, *Trollius europaeus*, *Vicia cracca* und andere.

Fast alle Vegetationstypen der Klasse sind mehr oder weniger stabile **Dauergesellschaften**, die ihre Entstehung und Erhaltung bestimmten landwirtschaftlichen (Kultur-)Einflüssen verdanken, wobei sich Mahd/Beweidung und Meliorationen sowie natürliche Standorteigenheiten (s. Kap. 4.3 und Kap. 6) überlappen. Bei Aufhören der Nutzung (Brache) gibt es eine sekundär progressive Sukzession über oft sehr langlebige Zwischenstadien zum Laubwald als Schlussgesellschaft (s. Kap. 9).

7.3 Wiesen, Weiden und Vielschnittrasen mittlerer Standorte

(**Arrhenatheretalia** Tx. 1931)

Die meisten Pflanzengesellschaften dieser Ordnung haben ältere Vorläufer, sind aber in aktueller Ausprägung noch recht jung (s. Kap. 3.5). Heute spielen sie im Kulturgrasland Mitteleuropas die dominierende Rolle mit Schwerpunkten in atlantischen bis subkontinentalen Klimabereichen. Es gibt alle Formen und Übergänge von halbextensiv bis zu hochintensiv genutzten Beständen. Vorläufer sind oft extensive Magerrasen und -wiesen (s. Kap. 4.4.2), aber auch Nasswiesen vor der Entwässerung.

Arrhenatheretalia-Gesellschaften wachsen vor allem auf tiefgründig-lehmigen Braun- und Parabraunerden und entsprechenden Auenböden und kommen weithin im Areal der Klasse vor. Art und Intensität der Bewirtschaftung sind maßgeblicher Hintergrund für die floristische Differenzierung in mehrere Verbände, von denen zwei **(Arrhenatherion elatioris, Polygono-Trisetion)** zu den Wiesen, zwei weitere **(Cynosurion cristati, Poion alpinae)** zu den Weiden gehören. Als Diagnostische Arten können gelten:

Achillea millefolium, *Agrostis capillaris*, *Alchemilla vulgaris* agg., *Anthriscus sylvestris*, *Bellis perennis*, *Bromus hordeaceus*, *Campanula patula*, *Carum carvi*, *Cynosurus cristatus*, *Dactylis glomerata*, *Glechoma hederacea*, *Helictotrichon pubescens*, *Heracleum sphondylium*, *Knautia arvensis*, *Leontodon hispidus*, *Leucanthemum ircutianum*, *Lotus corniculatus*, *Phleum pratense*, *Plantago media*, *Rhinanthus alectorolophus*, *R. minor*, *Tragopogon pratensis*, *Trifolium dubium*, *Trisetum flavescens*, *Veronica chamaedrys*, *Vicia sepium*.

In **Wiesen** älterer Prägung gibt es eine Reihe von trittempfindlichen Kräutern und Gräsern, die bei Beweidung ausfallen (siehe auch Schnittverträglichkeit, Kap. 4.3.2.1):

Anthriscus sylvestris, *Centaurea jacea*, *Colchicum autumnale*, *Helictotrichon pubescens*, *Heracleum sphondylium*, *Knautia arvensis*, *Lathyrus pratensis*, *Leucanthemum ircutianum*, *Pimpinella major*, *Trisetum flavescens*, *Veronica chamaedrys*, *Vicia cracca*, *V. sepium* und andere.

Für **Weiden** gibt es dagegen kaum zusammenfassende Arten. Nur wenige haben hier innerhalb der Arrhenatheretalia einen leichten Schwerpunkt, teilweise gemeinsam mit Tritt- und Flutrasen:

Agrostis stolonifera, *Bellis perennis*, *Lolium perenne*, *Plantago major* agg., *Poa annua*, *Ranunculus repens*, *Rumex crispus*, *R. obtusifolius*.

7.3.1 Tieflagenfrischwiesen (**Arrhenatherion elatioris** Koch 1926)

Artenreiche Wiesen mittlerer Standorte in tieferen (planaren bis submontanen), relativ warmen Lagen haben über längere Zeit eine bedeutende Rolle in der Landwirtschaft gespielt. Als ertragreiche Heuproduzenten mit zwei bis drei Schnitten bei mäßiger bis stärkerer Düngung waren sie ein wichtiger Grundbaustein, wenn auch oft in Konkurrenz zum Ackerbau. Es handelt sich vor allem um Glatthaferwiesen, die im Süden vom Kantabrischen Gebirge Nordspaniens über den Apennin, Teile der Balkanhalbinsel und Nordrumänien bis ins nördliche Mitteleuropa reichen. Ellenberg (1996) weist auf enge Bindungen an das Areal der Rotbuchenwälder hin. Diagnostische Arten sind

Arrhenatherum elatius, Campanula patula, Crepis biennis, Daucus carota, Galium album, Geranium pratense, Pastinaca sativa, Pimpinella major ssp. *major, Veronica arvensis.*

Moose spielen höchstens eine sehr untergeordnete Rolle oder fehlen ganz.

7.3.1.1 Glatthaferwiesen (***Arrhenatheretum elatioris*** Braun 1915)

Die erste pflanzensoziologische Beschreibung des *Arrhenatheretum* stammt schon von Braun (später Braun-Blanquet, 1915) aus den Cevennen. Neuere Untersuchungen zeigen, dass die floristischen Unterschiede zu Mitteleuropa gering sind (Klesczewski 2000), so dass nichts gegen **eine einheitliche, weithin gültige Assoziation** spricht, die in ihrer Artenkombination den Kern des Verbandes darstellt (Zentralassoziation). Kennarten weiter Verbreitung sind *Arrhenatherum elatius* und *Crepis biennis*, in manchen Gebieten auch *Geranium pratense* und schwächer *Galium album*.

Solange Ackerbau in den großen Flussauen wegen häufiger Überflutungen nicht möglich war, gehörten die Glatthaferwiesen auf weniger vernässten Auenböden zusammen mit den Fuchsschwanzwiesen (s. Kap. 7.3.1.3) zu den auffälligsten Vegetationstypen. Hier dürften sie beziehungsweise ihre Vorläufer auf von Natur aus sehr fruchtbaren Standorten schon ohne Düngung entstanden sein. Auch anderenorts, meist mit Stallmist gedüngt, wurden sie in den letzten 200 Jahren zu den wichtigsten Wirtschaftswiesen (s. Kap. 8.7.1). Mit der Eindeichung der Flüsse gingen sie weithin zugunsten von Äckern zurück, ohne aber ganz zu verschwinden. Heute findet man sie in nennenswerter Flächenausdehnung eher in submontanen oder anderen für Ackerbau weniger geeigneten Lagen (Abb. 62, S. 73). Da ihre Bestände durch Düngung und Erhöhung der Schnittzahl leicht zu optimieren sind, vollzieht sich allerdings oft ein abrupter oder schleichender Wandel zu artenarmem Intensivgrasland (s. Kap. 7.3.1.3 und Kap. 8.7.1).

Glatthaferwiesen sind Ersatzgesellschaften verschiedener Laubwälder, vor allem von Buchen-, Eichen-Hainbuchen- und Auenwäldern. Nach Entwässerung wachsen sie sogar auf Moorböden ehemaliger Erlenbruchstandorte. Es handelt sich um halbextensive bis halbintensive, ein- bis dreischnittige Wiesen. Nach Natürlichkeitsgrad bzw. Hemerobie können sie als naturfern bzw. ß-euhemerob eingestuft werden (vgl. Kap. 4.2).

Glatthaferwiesen bilden mehrschichtige Bestände, mit hohen Anteilen der Biomasse in der Unter- und Mittelschicht (s. Kap. 4.3.2.2, Abb. 36). Die Ausbildung der Oberschicht, die bis über 1,5 m hoch werden kann, ist vor allem von der Nährstoffversorgung abhängig. Die Wiesen zeichnen sich durch eine große Fülle verschiedenfarbiger Blüten aus, vor allem vor dem ersten Schnitt (s. Kap. 5.3). Viele der weiter verbreiteten Arten von Ordnung und Klasse sind gut vertreten und führen teilweise zu sehr artenreichen Beständen.

Zur **Anzeige standortökologischer Verhältnisse und Veränderungen** eignen sich Subassoziationen und Varianten, deren Trennarten meist mit bestimmten ökologischen Gruppen übereinstimmen (s. Kap. 6). Denkbar sind vor allem drei zugrundeliegende ökologisch-floristische Gradienten.

- **Bodenfeuchtigkeit.** Hier stehen die Glatthaferwiesen in der Mitte zwischen Feucht- und Trockenwiesen, zeigen aber im Übergang zu beiden bestimmte Artengruppen und Untereinheiten (s. auch Kap. 6.2.1 und Kap. 6.2.2).
- **Nährstoffhaushalt.** Hier kommen natürliche Bodeneigenschaften und anthropogene Wirkungen zusammen. Der Nährstoffgradient ist auch ein Gradient der Nutzungsintensität (Düngung, Zahl der Schnitte u. a.; s. Kap. 4.1). Die Glatthaferwiesen nehmen

hier wiederum eine Mittelstellung zwischen Magerwiesen und Intensivgrasland ein.

- **Mesoklima.** Glatthaferwiesen kommen am besten und vielseitigsten ausgeprägt in sommerwarmen Tieflagen vor. Zu kühleren Bereichen hin (z. B. nach Norden oder in der Höhe) werden sie artenärmer und gehen in andere Gesellschaften über.

Kerngebiete floristischer Ausbildung und Differenzierung sind die sommerwarmen Gebiete des südlichen Mitteleuropa. Die oft gepriesenen artenreich-blütenbunten Wiesen, wurden zum Beispiel anschaulich bei OBERDORFER (1952) vom Oberrhein beschrieben. Sie werden **Salbei- oder Trespen-Glatthaferwiesen** genannt und bilden den halbextensiven Flügel der Assoziation. Häufiger sind und waren die besser gedüngten **halbintensiven Fettwiesen** mit hohen Erträgen und gutem Futterwert. Außerdem gibt es floristische Abwandlungen zu wechselfeuchten bis mäßig dauerfeuchten Böden hin, mit Übergängen zu Feuchtwiesen.

Subassoziationsgruppen und Subassoziationen

Für die Gliederung des *Arrhenatheretum* in Subassoziationen eignen sich am besten ökologische Trennartengruppen hinsichtlich des Wasser- und Nährstoffhaushaltes. Je nachdem, welchem Gradienten man den Vorzug gibt, kann man zu unterschiedlichen Einheiten und Hierarchien kommen. Fast alle Darstellungen fußen aber auf einer ersten Zweiteilung in eine mager-artenreiche und eine besser nährstoffversorgt-artenärmere Ausprägung, die jeweils mit unterschiedlichen Namen belegt sind. Eine Synthese von LISBACH & PEPPLER-LISBACH (1996), an die wir uns hier weitgehend halten, ergab zwei Gruppen:

1. Zittergras-Glatthafermagerwiesen
(*Arrhenatheretum*, Subassoziationsgruppe von *Briza media*)

Hier sind die artenreichen, halbextensiven Wiesen zusammengefasst, die heute oft nur noch in kleineren Relikten an frühere Zeiten erinnern. Sie stellen einen relativ ursprünglichen Wiesentyp dar, wie er zum Beispiel schon durch leichte Düngung aus Magerrasen entstehen kann (Abb. 63, S. 73). Das Fehlen einer dichten Oberschicht und überhaupt von besonders wuchskräftigen Arten erlaubt vor allem die Ausbildung einer dichten Mittelschicht aus vielen etwas anspruchsloseren Pflanzen. Wenig Stickstoff geht oft einher mit mäßiger Sommertrockenheit. Dies erkennt man auch aus folgender gemeinsamer Artengruppe:

Briza media, Campanula rotundifolia, Daucus carota, Festuca ovina agg., *Helictotrichon pubescens, Hypericum perforatum, Knautia arvensis, Leontodon hispidus, Lotus corniculatus, Luzula campestris, Picris hieracioides, Pimpinella saxifraga, Plantago media, Ranunculus bulbosus, Rhinanthus minor, Senecio jacobaea, Thymus serpyllum, T. pulegioides, Tragopogon pratensis* agg., *Trifolium campestre, Vicia angustifolia* und andere.

Nach Zeigerarten für unterschiedlichen Basengehalt der Böden kann man weiter zwei Untereinheiten (oder Gruppen) erkennen:

Farbtafeln S. 93 u. 94

Abb. 77 Bach-Kratzdistelwiese im Allgäu (zu S. 118).

Abb. 78 Blühaspekte von *Ranunculus aconitifolius* und *Geranium sylvaticum* auf einem quelligen Wiesenhang im Schwarzwald (zu S. 119).

Abb. 81 Knäuelbinse und Teufelsabbiss sind typische Pflanzen bodensaurer Streuwiesen (zu S. 122).

Abb. 82 Halbextensive Wiese in der Luppeaue bei Leipzig. Auffällig blühen *Peucedanum officinale, Betonica officinalis* und *Inula salicina* (zu S. 122).

Abb. 83 Hochsommeraspekt einer Brenndoldenwiese in der Havelaue mit *Cnidium dubium, Achillea ptarmica* und *Sanguisorba officinalis* (zu S. 123).

Abb. 85 Bunte Pfeifengraswiese im Hochsommeraspekt mit *Betonica officinalis, Dianthus superbus* und anderen (Allgäu) (zu S. 124).

77

78

82
83
81
85

84

87

91

92

1a Salbei- oder Trespen-Glatthaferwiesen
(*Arrhenatheretum salvietosum, A. brometosum erecti*)

Anthyllis vulneraria, Brachypodium pinnatum, Bromus erectus, Campanula glomerata, Centaurea scabiosa, Cirsium acaule, Galium verum, Knautia arvensis, Linum catharticum, Medicago lupulina, Onobrychis viciaefolia, Primula veris, Salvia pratensis, Sanguisorba minor, Scabiosa columbaria, Viola hirta.

Viele Trennarten sind nur beigemengt und treten nie alle zusammen auf, tragen aber wesentlich zur Buntheit der Wiesen bei (Abb. 64, S. 74, auch Abb. 54). Diese haben ihren Schwerpunkt in Kalkgebieten des südlichen Mitteleuropa, auch noch in sommerwarmen Gebieten Mitteldeutschlands, und werden nach Norden deutlich artenärmer. Ellenberg (1996, S. 793) bezeichnet die Salbei-Glatthaferwiesen als „eine der schönsten Pflanzengesellschaften Mitteleuropas".

1b Ferkelkraut-Glatthaferwiesen
(*Arrhenatheretum hypochaeretosum radicatae*)

Agrostis capillaris, Danthonia decumbens, Festuca filiformis, Hieracium pilosella, H. umbellatum, Hypericum maculatum, Hypochaeris radicata, Polygala vulgaris, Potentilla erecta, Rumex acetosella, Saxifraga granulata, Stellaria graminea.

Diese Magerwiesen kalkarmer, oft sandiger Böden wurden lange Zeit wenig beachtet und jetzt erstmals von Lisbach & Peppler-Lisbach (1996) klar abgegrenzt. Sie bilden das Verbindungsglied zu Sandtrockenrasen und Borstgrasrasen. In Nordwestdeutschland wurden sie früher als ***A. cerastietosum arvensis*** oder ***A. armerietosum elongatae*** beschrieben.

2. Glatthafer-Fettwiesen
(*Arrhenatheretum,* Typische Subassoziationsgruppe)
Unter Fettwiesen im engeren Sinn versteht man sehr produktive und wertvolle Futterwiesen mittlerer Standorte. Eine dichtere Oberschicht aus einigen Gräsern und Stauden und eine üppige Mittelschicht (s. Abb. 36) gewährleisten hohe Erträge. Böden mit ausgeglichenem Wasserhaushalt garantieren Ertragssicherheit, und der Nährstoffhaushalt kann durch Düngung geregelt werden. Die Böden sind mittel- bis tiefgründig, oft lehmig-tonig vom Typ Braunerde oder Brauner Auenboden. Die Bestände haben einige Arten gemeinsam, die allerdings zum Teil weit in die Magerwiesen ausstrahlen:

Agrostis gigantea, Alopecurus pratensis, Cardamine pratensis, Glechoma hederacea, Lysimachia nummularia, Poa trivialis, Ranunculus ficaria, R. repens, Rumex obtusifolius und andere.

Alle Arten deuten eine gute Wasserversorgung an und benötigen teilweise auch eine gute Stickstoffdüngung.

2a Typische (Reine) Glatthaferwiese
(*Arrhenatheretum typicum*)
Dieses ist der Haupttyp der gut gedüngten, hochwüchsig-dreischichtigen Fettwiesen mit hohem Futterwert. Die Erträge lassen sich durch Düngung von ca. 55 auf etwa 90 dt/ha steigern (Klapp 1965). Die Wiese ist reich an Obergräsern, von denen einige zu Dominanzbildungen neigen (z. B. *Arrhenatherum, Alopecurus pratensis, Dactylis glomerata, Festuca pratensis*). Nach mehrjähriger, stickstoff- und kaliumreicher Jauche- oder Gülledüngung können weiße Doldenblütler (**„Gülleflora"**, s. Kap. 6.3.3) auffällige Aspekte bilden, vor allem *Anthriscus sylvestris* vor dem ersten Schnitt und *Heracleum sphondylium* danach. Im Frühjahr kann der Lö-

---

Farbtafeln S. 95 u. 96

Abb. 84 *Viola persicifolia*, eine charakteristische Pflanze im Unterwuchs der Brenndoldenwiese (Elbaue) (zu S. 123).

Abb. 87 Sumpf-Storchschnabel und Engelwurz in einer feuchten Wiesenbrache (zu S. 127).

Abb. 89 Der Blauweiderich ist eine Charakterpflanze subkontinentaler Hochstaudenfluren (zu S. 128).

Abb. 90 Die Sumpf-Wolfsmilch wächst oft in röhrichtartigen Beständen (zu S. 129).

Abb. 91 Kirschbaum-Streuobstwiese im Werrabergland im Frühlingsaspekt (zu S. 129).

Abb. 92 Obstwiese im Aufwuchs (zu S. 129).

wenzahn einen gelben Aspekt bilden, jedoch nie so intensiv, wie bei den hochintensiven Vielschnittwiesen (s. Kap. 7.3.1.3, Abb. 14, S. 33, und Abb. 110, S. 114). Die Hauptverbreitung liegt auf frischen bis leicht wechselfeuchten Auenlehmen und ähnlichen mittel- bis tiefgründigen Böden vom Braunerdetyp.

2b Beinwell-Glatthaferwiese
(*Arrhenatheretum symphytetosum*)
Bei häufigeren beziehungsweise etwas längeren Überflutungen mit düngender Schlickzufuhr, zum Beispiel in Mulden von Flussauen, findet sich ein nahe verwandter Wiesentyp, auch Überflutungsglatthaferwiese genannt (MEISEL 1969). Er hat nur wenige Trennarten und leitet zu Feuchtwiesen und Flutrasen über:

Persicaria amphibia var. *terrestre*, *Phalaris arundinacea*, *Phragmites australis*, *Rumex crispus*, *R. obtusifolius*, *Symphytum officinale.*

Nahe benachbart ist auch das *Arrhenatheretum silaëtosum* (z. B. VOLLRATH 1965).

2c Mädesüß- oder Kohldistel-Glatthaferwiese
(*Arrhenatheretum filipenduletosum*, *A. cirsietosum oleracei*)
Wo die Böden dauerhafter, wenn auch nur schwach bis mäßig von Grund- oder Stauwasser beeinflusst sind, treten häufiger Feuchtezeiger in den Glatthaferwiesen auf (s. Kap. 6.2.1). Oft schließen im Kleinrelief tiefer echte Feuchtwiesen (Calthion; s. Kap. 7.5.1) an. Die Bestände ähneln aber in Struktur, grundlegender Artenkombination und Heuertrag dem *Arrhenatheretum typicum*. Sie sind wegen besserer Wasserversorgung sogar noch ertragssicherer und vertragen zwei bis drei Schnitte. Anstelle des Glatthafers kann hier der Wiesenfuchsschwanz stärker hervortreten. Beschrieben werden zahlreiche Subassoziationen (z. B. neben den obigen **A. deschampsietosum**, **A. geetosum rivalis**, **A. lychnidetosum**, **A. polygonetosum bistortae**, **A. sanguisorbetosum**, **A. silaëtosum**). Als häufigere Trennarten werden genannt:

Angelica sylvestris, *Achillea ptarmica*, *Bistorta officinalis*, *Carex acuta*, *C. acutiformis*, *C. disticha*, *Cirsium oleraceum*, *C. palustre*, *Deschampsia cespitosa*, *Equisetum palustre*, *Filipendula ulmaria*, *Galium uliginosum*, *Geum rivale*, *Juncus effusus*, *Lotus uliginosus*, *Lychnis flos-cuculi*, *Lythrum salicaria*, *Myosotis palustris* agg., *Sanguisorba officinalis*, *Silaum silaus*, *Succisa pratensis.*

Zusammenfassend lässt sich feststellen, dass Glatthaferwiesen in ihren Untereinheiten das natürliche oder auch anthropogen überformte Standortgefüge sehr fein nachzeichnen, sich also gut als **Bioindikatoren** für ökologische Bedingungen und Veränderungen eignen. Viele gute Zeigerarten reagieren allerdings empfindlich auf intensivierende Maßnahmen und werden dann von wenigen konkurrenzstarken Arten verdrängt. In vielen Gebieten sind Glatthaferwiesen deshalb stark zurückgegangen oder ganz verschwunden. So muss man heute alle Typen der Glatthaferwiesen als **schutzbedürftig** einstufen (s. Kap. 11.2), ein Ergebnis der Intensivierung der Landwirtschaft in den letzten fünfzig Jahren.

Höhenformen (Tal- und Berg-Glatthaferwiesen)
Schon frühzeitig wurde auch der floristische Wandel der Wiesen mit zunehmender Höhenlage beachtet.

Die Obergrenze des Arrhenatherion liegt, von Nord nach Süd ansteigend, häufig bei 400 bis 800 m NN. Im Verzahnungsbereich sind teilweise unterschiedliche Hangexpositionen oder Kaltluftansammlungen für das Hinaufsteigen der Talwiesen beziehungsweise Herabreichen der Bergwiesen entscheidend. Auch die in höheren Lagen geringere Nutzungsintensität spielt eine Rolle.

Zeitweise hat man für diese Übergangsbereiche eigene Assoziationen beschrieben. So wird zum Beispiel ein ***Dauco-Arrhenatheretum*** der Tieflagen von einem ***Alchemillo-Arrhenatheretum*** höherer Bereiche unterschieden.Wo in submontaner Lage der Glatthafer aufhört, ohne dass schon die volle Artenverbindung der Bergwiesen erreicht ist, wird von einigen Autoren ein kennartenloses ***„Poo-Trisetetum“*** beschrieben. Die submontan-montanen Frischwiesen können aber meist als Höhenformen zum *Arrhenatheretum* oder *Geranio-Trisetetum* gerechnet werden (DIERSCHKE 1997a).

Als Trennarten der submontan-montanen ***Alchemilla*-Höhenform** (**Berg-Glatthaferwiese**) werden unter anderen genannt:

Alchemilla monticola, A. xanthochlora, Betonica officinalis, Bistorta officinalis, Carum carvi, Centaurea nigra, C. pseudophrygia, Crepis mollis, Galium pumilum, Genista tinctoria, Geranium sylvaticum, Hypericum maculatum, Phyteuma nigrum, P. orbiculare, P. spicatum, Poa chaixii, Silene dioica, Stellaria graminea, Trifolium medium.

Hinzu kommt ein höherer Anteil von Magerkeitszeigern wie *Agrostis capillaris, Campanula rotundifolia, Festuca nigrescens, Luzula campestris* und andere; auch *Trisetum flavescens* nimmt zu. Trennarten der ***Daucus*-Höhenform** tieferer Lagen (**Tal-Glatthaferwiese**) gibt es dagegen wenig:

Bromus hordeaceus, Daucus carota, Geranium pratense, Glechoma hederacea, Pastinaca sativa und manche Arten der Magerwiesen wie *Bromus erectus, Salvia pratensis* und andere.

Insgesamt zählen auch die Berg-Glatthaferwiesen zu den besonders artenreichen und bunten Vegetationstypen Mitteleuropas von hohem Schutzwert. Die Heuerträge liegen zwischen 50 und 70 dt/ha. Da hier die Intensivierung weniger lohnend ist, sind sie in manchen Gebieten noch etwas großräumiger vorhanden, zumal Ackerbau eine geringere Rolle spielt (Abb. 62, S. 73).

Geographische Rassen und Gebietsausbildungen

Glatthaferwiesen zeigen nicht nur kleinräumig sondern auch über größere Bereiche eine gewisse Variabilität. So beschrieb Schreiber (1962) für Südwestdeutschland einen gebietsweisen Wandel im Anteil der Untereinheiten (Subassoziationen, Höhenformen) und unterschied danach verschiedene Wuchsbereiche (s. auch Ellenberg 1996, S. 794), die bestimmte klimatische und geologisch-bodenkundliche Eigenheiten widerspiegeln. Schon frühzeitig erkannte man auch Unterschiede zwischen den artenreich-bunten Wiesen im Süden und den monotoneren Beständen im Norden und unterschied zum Beispiel das *Arrhenatheretum medioeuropaeum* vom *A. subatlanticum* (z. B. Oberdorfer 1952, 1957, Tüxen 1955). Eine synoptische Tabelle für Deutschland (Dierschke 1997a) ergab für Süddeutschland einige gemeinsame Arten höherer Stetigkeit, die nach Norden ausklingen:

Bromus erectus, Campanula patula, Colchicum autumnale, Helictotrichon pubescens, Knautia arvensis, Leontodon hispidus, Pastinaca sativa, Plantago media, Sanguisorba officinalis.

Gebietsweise oder bei Betrachtung einzelner Subassoziationen kommen noch weitere Arten hinzu. Im Südosten lässt sich eine *Geranium pratense*-Rasse abgrenzen (Abb. 65, S. 74).

7.3.1.2 Ruderale Glatthaferwiesen (*Artemisia vulgaris-Arrhenatherum*-Gesellschaft)

Viele Weg- und Straßenränder und ähnlich ungenutzte, aber gelegentlich gemähte (oder gemulchte) Bereiche frischer Böden (auch in Siedlungen, Industrieanlagen u. a.) zeigen wiesenartige Bestände, die in Struktur, Artenzusammensetzung und phänologischen Aspekten den Glatthaferwiesen ähnlich sind (Abb. 66). Gemeinsam ist ihnen die (zum Teil nur gelegentliche oder späte) Mahd. Es gibt ruderalisierende Wirkungen durch direkte Störungen, liegenbleibendes Mulchgut, Staubimmissionen, Bodenauftrag und ähnliches.

Erst intensiveres Befassen mit dem Grün von Siedlungen und der Bedarf an Pflegeplänen für das **„Straßenbegleitgrün“** haben die Aufmerksamkeit auf diese Bestände gelenkt (z. B. Bornkamm 1974, Stottele 1995, Ullmann et al. 1988). Ruderale Glatthaferwiesen stellen eine recht häufige, wenn auch in ihrer Zusammensetzung stärker variierende Gesellschaft dar. Eine zusammenfassende Tabelle bei Dierschke (1997a) aus 120 Aufnahmen lässt dementsprechend nur eine kleine Gruppe steter Arten erkennen, in der sich Grasland- und Ruderalpflanzen mischen:

Arten in über 40 % der Aufnahmen: *Achillea millefolium, Arrhenatherum elatius, Artemisia vulgaris, Cirsium arvense, Dactylis glomerata, Daucus carota, Elymus repens, Festuca rubra* agg., *Plantago lanceolata, Poa pratensis, Taraxacum officinale* agg., *Urtica dioica.*
Arten in 20 bis 40 % der Aufnahmen: *Anthriscus sylvestris, Cerastium holosteoides, Convolvulus arvensis, Galium album, G. aparine, Heracleum sphondylium, Lolium perenne, Medicago lupulina, Pastinaca sativa, Plantago major* ssp. *major, Poa trivialis, Ranunculus repens, Tanacetum vulgare, Trifolium pratense, T. repens, Tripleurospermum perforatum, Vicia sepium.*

Abb. 66 Straßenrand-Glatthaferwiese mit *Anthriscus*-Aspekt.

Ruderale Glatthaferwiesen enthalten etliche Arten des Kulturgraslandes. In landwirtschaftlich stark übernutzten Landschaften können sie deren Rückzugsgebiete sein. Am Nordrand des Arrhenatherion-Areals kommt der Glatthafer zum Beispiel in Schleswig-Holstein fast nur in diesem Graslandtyp vor.

7.3.1.3 Fuchsschwanz-Frischwiesen (*Ranunculus repens-Alopecurus pratensis*-Gesellschaft)

Der Wiesenfuchsschwanz *(Alopecurus pratensis)* ist eine weit verbreitete Pflanze des Kulturgraslandes und gilt als Klassenkennart der Molinio-Arrhenatheretea. Bei ähnlich guter Wuchskraft wie der Glatthafer bevorzugt er etwas feuchtere, ebenfalls nährstoffreiche Standorte, verträgt auch zeitweise Vernässung und reicht bis in die Nasswiesen und Flutrasen. Außerdem verträgt er kühlere und spätfrostreiche Klimabedingungen, wie sie im östlichen Mitteleuropa vorkommen.

In periodisch überfluteten Auenwiesen hat der Wiesenfuchsschwanz ein Optimum (Abb. 67, S. 74), insbesondere im östlichen Mitteleuropa und weiter nach Osten. Im Kleinrelief wachsen sie zwischen den etwas höher liegenden Glatthaferwiesen und den tiefer anschließenden Feuchtwiesen oder Flutrasen, wo sie nicht zu lange, aber regelmäßig überschwemmt und mit Schlick gedüngt werden. In Mitteleuropa hat Hundt solche Wiesen schon 1958 von der Elbe als ***Alopecurus pratensis-Galium mollugo*-Gesellschaft** beschrieben. Insgesamt lässt sich ein Kern hochsteter Arten feststellen (s. auch Dierschke 1997a+c):

Agrostis stolonifera, Alopecurus pratensis, Cardamine pratensis, Cerastium holosteoides, Deschampsia cespitosa, Elymus repens, Festuca pratensis, Holcus lanatus, Lathyrus pratensis, Lychnis flos-cuculi, Poa pratensis, P. trivialis, Ranunculus acris, R. repens, Rumex acetosa, R. crispus, Taraxacum officinale, Trifolium pratense, T. repens, Vicia cracca.

Hinzu kommen von Fall zu Fall weitere Pflanzen. Die mittlere Artenzahl pro Vegetationsaufnahme liegt aber oft nur bei Mitte 20 oder weniger, ist also nur etwa halb so hoch wie bei artenreicheren Glatthaferwiesen.

Die Artengruppe der Fuchsschwanzwiesen setzt sich vorwiegend aus Pflanzen weiter Verbreitung zusammen, die keine eigene syntaxonomische Wertung als Assoziation rechtfertigen. Die Fassung als zwar eigenständige aber doch „charakterlose" Gesellschaft gewinnt aus heutiger Sicht noch an Zugkraft. Es gibt nämlich einen floristisch nahe verwandten, noch artenärmeren Wiesentyp der aktuellen Intensivlandwirtschaft, der bei früher und häufiger Mahd und starker (Gülle-)Düngung (Silagewiese; Abb. 46, S. 53 und Abb. 108, S. 114) aus artenreicheren Wiesen entsteht und auf geeigneten Standorten heute große Flächen einnimmt (s. Kap. 8.7.4). Auch einige Arten mit Schwerpunkt in Flutrasen kommen hier vor, zum Beispiel *Agrostis stolonifera* und *Ranunculus repens*. Luftarmut durch Überflutung wird durch allgemeine Bodenverdichtung (häufiges Befahren mit schweren Maschinen) ersetzt. Es bleibt nur ein kleiner Artenkern aus obiger Gruppe, ergänzt durch einige Stickstoff- und Intensivierungszeiger:

Capsella bursa-pastoris, Rumex obtusifolius, Stellaria media, Urtica dioica.

Danach kann man innerhalb der *Ranunculus repens-Alopecurus pratensis*-Gesellschaft eine artenreichere, alte **„Agroform"** von *Trifolium pratense* der Auenwiesen und eine artenarme, neue von *Stellaria media* unterscheiden (Dierschke 1997c). Die ***Ranunculus repens-Alopecurus pratensis*-Gesellschaft** ist insgesamt ein „Sammeltyp" relativ artenarmer, schwer einzuordnender Intensiv-Vielschnittwiesen von floristisch fragmentarischem Charakter (s. Kap. 8.7.4 und Kap. 8.7.5).

7.3.1.4 Weitere verwandte Wiesentypen

Zumindest strukturell und ökologisch gesehen, gibt es mancherlei verwandte Frischwiesen unterschiedlicher Zusammensetzung. Hierzu gehören vor allem Neubildungen durch Ansaat, die zum Beispiel bei Anbau von *Lolium multiflorum* eher einen Feldgrasbau darstellen. Solche und weitere Vielschnittwiesen sollen hier nicht näher behandelt werden, auch wenn sie heute zusammen mit Intensivweiden mehr als die Hälfte unseres genutzten Graslandes ausmachen (s. hierzu auch Kap. 8.7.5; Briemle et al. 1999).

7.3.2 Gebirgs-Frischwiesen (**Polygono-Trisetion** Br.-Bl. et Tx. ex Marschall 1947 nom. inv.)

In vielen Gebirgen ist der physiognomisch-floristische Wechsel der Wiesen mit der Höhe sehr auffällig. So kann man von den **Glatthaferwiesen** tieferer Lagen die **Goldhaferwiesen** montaner bis subalpiner Höhenstufen unterscheiden. Die Grenze liegt oft, von Norden nach Süden ansteigend, bei 400 bis 800 m NN. *Trisetum flavescens* ist zwar ein Gras weiter Verbreitung, in Bergwiesen aber besonders stet vorhanden. *Bistorta officinalis* (= *Polygonum bistorta*) hat ihren Verbreitungsschwerpunkt im montanen Bereich.

Bergwiesen des Polygono-Trisetion sind halbextensiv bis halbintensiv genutzte, mittelwüchsige Bestände, oft mit großer, zeitlich gestaffelter Blütenfülle (Abb. 12, S. 33, Abb. 13 und Abb. 47, S. 54), die sie zu einem besonders belebenden Element der Mittelgebirge macht und viele Erholungssuchende im Sommer anzieht. Sie sind Ersatzgesellschaften von Buchen-, Buchen-Tannen- oder Fichtenwäldern. Das rauhe Bergklima machte von jeher eine längere Stallhaltung des Viehs mit hohem Heubedarf notwendig. Da Ackerbau dort wenig verbreitet war, stand der Stallmist voll zur Düngung der Wiesen zur Verfügung. So gehören manche Bergwiesen zu den klassischen Düngewiesen (s. Kap. 3.5.2 und Kap. 8.7.2).

Wesentliche ökologische Unterschiede zum Arrhenatherion kann man als **„Höhenkomplex"** zusammenfassen. Hierzu gehören im Allgemeinen niedrige Temperaturen, eine lange anhaltende Schneedecke, eine relativ kurze Vegetationsperiode, hohe Niederschläge, entsprechend stärkere Auswaschung und Versauerung, Bodenerosion und eine verringerte biologische Aktivität der Böden mit Neigung zur Streubildung und Humusakkumulation. Hinzu kommt in höheren Lagen die meist weniger intensive landwirtschaftliche Nutzung. Nach Ellenberg (1996, S. 801) nimmt die Ertragsleistung von Wiesen selbst bei intensiver Nutzung pro 100 m Höhe um etwa 6 % ab. Auch wenn die Wuchsbedingungen im Sommer gut sind, wirkt sich die verkürzte Vegetationszeit ertragsmindernd aus. So sind viele Bergwiesen nur ein- (bis zwei-) schnittig, meist mit Nachweide. Das rohfaserreiche Heu war für die früher üblichen, an Hochlagen angepassten Rinder gut verwertbar, ist aber für heutiges Hochleistungsmilchvieh eher ungeeignet.

Bergwiesen sind in Mitteleuropa weit verbreitet und durch submontane Übergänge mit Tieflagenwiesen verbunden (s. Kap. 7.3.1.1). Das floristische Zentrum mit stärkster Gesellschaftsdifferenzierung liegt in den höheren Gebirgen (Alpen, Tatra), wo seit langem mehrere Assoziationen beschrieben worden sind (z. B. MARSCHALL 1947). In den Mittelgebirgen ist der Anteil charakteristischer Arten geringer; am Nordwestrand gibt es oft nur noch Fragmente. Ein größerer Grundstock von Arten der Molinio-Arrhenatheretea und Arrhenatheretalia geht zusammen mit etlichen Magerkeitszeigern und einigen echten Montanzeigern (s. Kap. 6.4). Als häufige, von Gebiet zu Gebiet wechselnde Arten mit diagnostischem Wert, insbesondere gegenüber dem Arrhenatherion, lassen sich anführen (siehe auch DIERSCHKE 1997a):

Agrostis capillaris, *Alchemilla vulgaris* agg. (meist *A.monticola*), *Anemone nemorosa*, *Bistorta officinalis*, *Briza media*, *Campanula rotundifolia*, *Cardaminopsis halleri*, *Carum carvi*, *Centaurea nigra*, *C. pseudophrygia*, *Cirsium heterophyllum*, *Crepis mollis*, *Galium pumilum*, *Geranium sylvaticum*, *Hieracium pilosella*, *Hypericum maculatum*, *Lathyrus linifolius*, *Luzula campestris*, *L. luzuloides*, *Meum athamanticum*, *Phyteuma nigrum*, *P. orbiculare*, *P. spicatum*, *Pimpinella major* ssp. *rubra*, *P. saxifraga*, *Poa chaixii*, *Polygala vulgaris*, *Potentilla erecta*, *Primula elatior*, *Ranunculus nemorosus*, *Sanguisorba officinalis*, *Silene dioica*, *Stellaria graminea*, *Trollius europaeus*, *Viola tricolor* ssp. *tricolor*.

Auffällig sind einige in Tieflagen eher als Waldpflanzen geltende Sippen, zum Beispiel *Anemone nemorosa* und *Luzula luzuloides*. *Phyteuma spicatum* kann außerhalb der Wälder sogar als gute Verbandskennart eingestuft werden. Das Waldrispengras (*Poa chaixii*) kommt in vielen Bergwiesen bestandsprägend vor. Dagegen fehlen manche Arten, die in den Alpen charakteristisch sind, zum Beispiel *Bistorta vivipera*, *Crocus vernus*, *Campanula scheuchzeri*, *Rumex arifolius*, *Viola tricolor* ssp. *saxatilis*.

Für die Mittelgebirge werden eine Reihe von Assoziationen beschrieben, die auf regionale Eigenheiten Bezug nehmen (z. B. HUNDT 1964). Wie bei den Glatthaferwiesen kann man aber auch hier mit einer Assoziation auskommen, die sich feiner untergliedern lässt (s. OBERDORFER 1983, POTT 1995a, DIERSCHKE 1997a u. a.).

7.3.2.1 Storchschnabel-Goldhaferwiesen (*Geranio (sylvatici)-Trisetetum* Knapp ex Oberd. 1957)

Im *Geranio-Trisetetum* lassen sich die meisten Bergwiesen heutiger Prägung vereinigen. Mittelwüchsige Gräser, namentlich der Goldhafer, und auffällig blühende, teilweise würzig duftende Stauden sind besonders bezeichnend. Hierzu gehört auch der Waldstorchschnabel, der vor allem in etwas besser gedüngten Ausprägungen (und in jüngeren Brachen) sehr üppig gedeiht, in Magerwiesen eher zurücktritt und in echten Magerrasen ganz fehlt oder kümmert. Während er in den Alpen auch in Hochstaudenfluren häufig vorkommt, ist er in vielen Mittelgebirgen eine gute Charakterart der Bergwiesen (Abb. 68, S. 75).

Bergwiesen haben häufig nur zwei **Schichten**, von denen die dichte, 40 bis 60 cm hohe, blatt- und blütenreiche Mittelschicht besonders auffällt. Darüber ragen meist nur wenige Pflanzen auf. Dadurch gelangt mehr Licht in Bodennähe, was kleinwüchsigeren Pflanzen bessere Möglichkeiten gibt. Am Boden ist vor allem in den mageren Ausbildungen auch eine Moosschicht zu finden.

In vielen Beschreibungen über Bergwiesen wird ihre **Blütenpracht** erwähnt (Abb. 12, S. 33 und Abb. 13), die derjenigen von Salbei-Glatthaferwiesen kaum nachsteht. Im Frühjahr verzögert sich zunächst die Entwicklung um einen Monat oder länger gegenüber warmen Tieflagen (VOGEL 1981), bedingt durch lange Schneedecke und/oder Spätfröste. Einen ersten Aspekt ergibt *Anemone nemorosa* (Abb. 44, S. 36), während die Löwenzahnblüte weniger auffällt oder ganz fehlt. Besonders reizvoll ist der Narzissenaspekt in Bergwiesen der Eifel (Abb. 69, S. 75). In der 4. Phase (vgl. Kap. 5.2) beginnt ein rascherer Aufwuchs. Auffällige Aspekte gibt es aber erst gegen Frühlingsende in Phase 5 mit *Geranium sylvaticum*, *Meum athamanticum* und anderen (Abb. 47, S. 54, und Abb. 68, S. 75), im Frühsommer (Phase 6), überprägt durch *Leucanthemum*, *Phyteuma*-Arten und vor allem *Bistorta officinalis*. Auch die

Gräser treiben jetzt Blütenstände. Im Hochsommer (Phase 7 bis 8) ebbt die Blütenfülle allmählich ab. Neu hinzu kommen noch Habichtskräuter, Flockenblumen, Disteln und eine frühblühende Unterart von *Solidago virgaurea*. Erst im Hochsommer werden die Wiesen gemäht. Der Nachwuchs ist schwach und blütenarm.

Wie bei den Glatthaferwiesen lassen sich auch im *Geranio-Trisetetum* verschiedene Untereinheiten erkennen, sind aber bisher noch nicht zusammenfassend bearbeitet. Häufig wird eine floristisch-ökologische Differenzierung nach dem Nährstoff- und Feuchtegradienten vorgenommen.

a) Bodensaure Berg-Magerwiesen

Das sind wenig produktive, aber artenreich-bunte (halbextensive) Wiesen mit lockerer Mittel- und dichter (teilweise teppichartiger) Unterschicht aus wuchsschwachen Arten beziehungsweise kleinwüchsigen Formen anspruchsvollerer Sippen. Sie finden sich vor allem auf steileren Hängen und in anderen schwerer zugänglichen, oft ortsfernen Lagen auf Rankern bis Braunerden. Die Trennarten haben ihren Schwerpunkt großenteils in Borstgrasrasen.

Arnica montana, Carex pallescens, C. pilulifera, Danthonia decumbens, Deschampsia flexuosa, Galium saxatile, Holcus mollis, Hypochaeris maculata, H. radicata, Lathyrus linifolius, Luzula luzuloides, Nardus stricta, Polygala vulgaris, Potentilla erecta, Veronica officinalis, Viola canina.

Von diesen Trennarten sind stets nur einige zugegen, es überwiegen die Arten der Molinio-Arrhenatheretea. Als Subassoziationen werden unter anderem *G.-T. hypericetosum, meetosum, nardetosum, potentilletosum erectae* genannt.

b) Berg-Magerwiesen mäßig basenreicher Böden

Dabei handelt es sich um wenig produktive, aber artenreich-bunte (halbextensive) Wiesen mit ähnlicher Struktur wie a), aber vor allem mit Trennarten aus den Kalkmagerrasen. Sie finden sich besonders an sonnexponierten, steilen, leicht sommertrockenen Hängen mittlerer Höhenlagen auf Rendzinen bis Braunerden:

Briza media, Cerastium arvense, Cirsium acaule, Galium verum, Helictotrichon pratense, Pimpinella saxifraga, Plantago media, Primula veris, Ranunculus bulbosus, Sanguisorba minor, Thymus pulegioides, T. serpyllum.

Als Subassoziationen werden *G.-T. pimpinelletosum saxifragae, plantaginetosum mediae, primuletosum veris, thymetosum serpylli* genannt.

c) Berg-Fettwiesen

Das sind produktivere, etwas artenärmere, aber auch bunte (halbintensive) Wiesen mit dichter Mittel- und lockerer Oberschicht aus anspruchsvolleren Arten, welche die kleinwüchsigen Magerzeiger unterdrücken. Sie sind vor allem in ortnäheren Lagen auf Plateaus, Unterhängen und in Mulden mit mittel- bis tiefgründigen Braunerden zu finden und bilden, landwirtschaftlich gesehen, die wertvollsten Bergwiesen mit recht hochwertigem Futter. Trennarten sind:

Alopecurus pratensis, Anthriscus sylvestris, Cardamine pratensis, Carum carvi, Festuca pratensis, Heracleum sphondylium, Pimpinella major, Poa pratensis, P. trivialis, Vicia sepium.

Seinen Schwerpunkt hat hier auch *Taraxacum officinale*. Subassoziationen sind unter anderem *G.-T. alopecuretosum, anthriscetosum, poëtosum trivialis* und *typicum*. Struktur und ökologische Bedingungen ähneln teilweise den Glatthaferwiesen. Fettwiesen ergeben pro Jahr 50 bis 60 dt Heu pro Hektar, Magerwiesen nur 20 bis 40 dt (Hundt 1964, Speidel 1972).

d) Bodenfeuchte Bergwiesen

Das sind wuchskräftige Wiesen mit Mittel- und Oberschicht ähnlich c); sie finden sich auf zeitweise feuchteren, vergleyten oder pseudovergleyten Böden an Talrändern, Hangfüßen und in Mulden und Quellbereichen. Meistens sind sie mit Arten von a/b oder c verbunden (daher teilweise nur als Variante eingestuft). Bezeichnende Arten sind:

Angelica sylvestris, Betonica officinalis, Chaerophyllum hirsutum, Cirsium palustre, Crepis paludosa, Deschampsia cespitosa, Filipendula ulmaria, Galium uliginosum, Geum rivale, Lychnis flos-cuculi, Myosotis palustris agg., *Sanguisorba officinalis, Succisa pratensis, Trollius europaeus.*

Subassoziationen sind unter anderem *G.-T. filipenduletosum, geetosum rivalis, polygonetosum bistortae, sanguisorbetosum officinalis, trollietosum. Bistorta officinalis* hat hier sein Optimum. Auf basen- und nährstoffarmen Böden gibt es zum Teil eine relativ artenarme *Bistorta officinalis*-Gesellschaft mit dominierendem Knöterich (Abb. 70, S. 75), die zu den Feuchtwiesen gehört (s. Kap. 7.5.1.1).

Neben dieser bodenökologisch begründeten Gliederung lassen sich auch **großräumige Unterschiede** (Vikarianten), vor allem in einem Ozeanitätsgradienten erkennen, die aber floristisch weniger klar ausgeprägt sind (z. B. Hundt 1964, Oberdorfer 1983, Dierschke 1981, 1997a). Unterscheiden kann man eine **westliche Phyteuma nigrum-Rasse** mit weiteren Arten ozeanischer Verbreitungstendenz (z. B. *Centaurea nigra, Luzula multiflora, Phyteuma orbiculare*), die sich in vielen westlichen Mittelgebirgen (Hohes Venn, Eifel, Sauerland, Westerwald, Rothaargebirge, Vogelsberg, Schwarzwald, Bayerischer Wald) findet, und eine **östliche Centaurea pseudophrygia-Rasse** mit der namengebenden Art, die im Harz, Frankenwald, Thüringer Wald und Vogtland/Erzgebirge auftritt.

7.3.2.2 Artenärmere Bärwurz- und andere Magerwiesen

Eine frühe Darstellung der Bergwiesen des Schwarzwaldes verdanken wir J. & M. Bartsch (1940). Sie beschrieben die *Festuca rubra-Meum athamanticum*-Assoziation, später als ***Meo-Festucetum*** häufig zitiert. Die zugehörigen produktionsschwachen, oft grasreichen Magerwiesen waren wohl ein Urtyp extensiver Bergwiesen (Abb. 71, S. 75), die später durch Düngung in das *Geranio-Trisetetum* überführt wurden. Heute gibt es diese Magerwiesen nur noch vereinzelt, zum Beispiel auch als Relikt an Rändern der üppigeren Storchschnabelwiesen (s. Hauser 1988). Hier spielen Magerkeitszeiger der Borstgrasrasen eine größere Rolle, anspruchsvollere Arten fehlen fast ganz. Betrachtet man das *Geranio-Trisetetum* als eigenständige Assoziation, bleibt für den mageren Vortyp nur der Name ***Festuca rubra-Meum*-Gesellschaft** (Dierschke 1997a).

Nicht zu diesem Verband gehören weitere artenarm-produktionsschwache Magerwiesen, die in der Literatur als ***Festuca rubra-Agrostis capillaris*-Gesellschaft** benannt werden. Es sind meist grasreich-niederwüchsige Wiesen (teilweise auch Weiden) auf basenarmen Sand- und Gesteinsböden unterschiedlicher Höhenlage, die man bestenfalls den Arrhenatheretalia zuordnen kann; deutliche Beziehungen gibt es oft zu Borstgrasrasen. Als floristischer Grundstock können nach einer Zusammenfassung bei Dierschke (1997a) genannt werden:

Achillea millefolium, Agrostis capillaris, Anthoxanthum odoratum, Campanula rotundifolia, Cerastium holosteoides, Dactylis glomerata, Festuca rubra agg., *Holcus lanatus, H. mollis, Hypericum maculatum, H. perforatum, Luzula campestris, Plantago lanceolata, Poa pratensis* agg., *Rumex acetosa, Stellaria graminea, Veronica chamaedrys.*

Die Rotschwingel-Straußgraswiese ist eine „Sammeleinheit" für artenarme, bodensaure Magerwiesen mit von Ort zu Ort etwas abweichender Zusammensetzung. Teilweise handelt es sich um ältere Grasbrachen von Sandäckern (Bergmeier 1987), vielleicht auch um Reste ehemals weiter verbreiteter Magerwiesen auf mittleren, ungedüngten Standorten, die heute meist anders (Acker, Wald) genutzt werden (Glavac & Raus 1982). Manz (1997) beschreibt ähnliche Bestände auch von Flugplätzen und militärischen Übungsplätzen.

7.3.3 Weiden und Vielschnittrasen (**Cynosurion cristati** Tx. 1947)

Zum Kulturgrasland der Molinio-Arrhenatheretea gehören nur die gedüngten Weiden. Es handelt sich vor allem um halbintensive **Standweiden** über **Mähweiden** bis zu hochintensiven **Umtriebs- und Portionsweiden** (vgl. Kap. 4.3.1). Da es nur wenige weidespezifische Pflanzen gibt (s. Kap. 7.3), sind Viehweiden gegenüber standörtlich verwandten Wiesen durchweg artenärmer. Die mittlere Artenzahl liegt im Cynosurion meist unter 30, bei Intensivweiden sogar unter 20. Vorherrschend sind niedrigwüchsige horst- und ausläuferbildende Gräser und Kräuter mit Rosetten oder Kriechtrieben (Abb. 40); auffällige Blühaspekte sind selten.

Das **Areal** des Cynosurion ist, noch gefördert durch weithin ähnliche Saatmischungen, recht groß und dem der Klasse ähnlich. Schwerpunkte liegen allerdings in atlantisch-subatlantischen Bereichen West- und Mitteleuropas, von den Tieflagen bis in höhere Gebirge. Die folgende Artengruppe zeigt den floristischen Grundstock:

Achillea millefolium, *Agrostis stolonifera*, *Alopecurus pratensis*, *Anthoxanthum odoratum*, *Bellis perennis*, *Bromus hordeaceus*, *Capsella bursa-pastoris*, *Cirsium arvense*, *C. vulgare*, *Crepis capillaris*, *Cynosurus cristatus*, *Dactylis glomerata*, *Deschampsia cespitosa*, *Elymus repens*, *Festuca pratensis*, *F. rubra* agg., *Holcus lanatus*, *Leontodon autumnalis*, *Lolium perenne*, *Matricaria discoidea*, *Phleum pratense*, *Plantago lanceolata*, *P. major* agg., *Poa annua*, *P. pratensis*, *P. trivialis*, *Prunella vulgaris*, *Ranunculus acris*, *R. repens*, *Rumex acetosa*, *R. crispus*, *Taraxacum officinale* agg., *Trifolium pratense*, *T. repens*, *Veronica serpyllifolia*.

Die meisten Pflanzen werden vom Vieh gefressen. Als „Weideunkräuter" fungieren vor allem Disteln, Hahnenfuß, Rasenschmiele und Ampfer. Die kurzlebigen Arten besetzen offene Tritt- und andere Störstellen. Anspruchslosere Arten kommen in mageren Ausbildungen hinzu (s. Kap. 7.3.3.2). Auch echte Feuchtezeiger gibt es nur in bestimmten Untereinheiten (s. Kap. 7.3.3.3).

7.3.3.1 Fettweiden

Fettweiden sind eine wichtige Produktionsgrundlage zahlreicher landwirtschaftlicher Betriebe. So gibt es viele ökologische und praxisbezogene Arbeiten, die sich zum Beispiel mit Standort, Produktivität, Futterwert, Düngung, Zuchtsorten oder Konkurrenzverhalten beschäftigen. Einige Ergebnisse sind in Kapitel 8 (bes. Kap. 8.7.6) aufgenommen. Für weitere Informationen sei vor allem auf Klapp (1965, 1971) und Ellenberg (1996) hingewiesen.

Unter **Fettweiden** versteht man produktive, leistungsfähige Weidebestände hoher Futterqualität bei guter Wasser- und Nährstoffversorgung unter halbintensiver bis sehr intensiver Nutzung. Der (frühere) Grundtyp ist das ***Lolio-Cynosuretum typicum***, die **Weidelgras-Weißkleeweide** mittlerer Standorte. In den norddeutschen Fluss- und Seemarschen mit sehr ausgeglichenem Klima und guten Böden gehört diese Gesellschaft seit langem zu den landschaftsbestimmenden Elementen (Abb. 7). Mit zunehmendem Düngereinsatz konnten im 20. Jahrhundert auch magere Bereiche in Fettweiden umgewandelt werden. Ein Beispiel hierfür sind die großen Weideflächen in den Jungmoränengebieten des Alpenvorlandes (Abb. 72).

Auf geeigneten Standorten ist das *Lolio-Cynosuretum* eine recht stabile, grasreiche Ersatzgesellschaft von Auen-, Eichen-Hainbuchen- und Buchenwäldern, kann aber selbst auf entwässerten und kultivierten Hochmooren Norddeutschlands größere Flächen einnehmen (Abb. 11). Bei langzeitiger Beweidung größerer Flächen **(Standweide)** ist der Weidedruck unterschiedlich und zeitlich gestaffelt. Besonders an **Geilstellen** kommen Pflanzen zur Blüte und Samenbildung, was das allgemein eher eintönige, ganzjährige Grün etwas auflockert. So gehört zur insgesamt rasenartigen Struktur auch eine größere Zahl inselartiger „Bulten" mit etwas höherem Wuchs (Abb. 31). Deutliche Blühaspekte gibt es selten, außer dem Gelb des Löwenzahns im Frühjahr. Sehr blühfreudig ist später noch der Weißklee, gefolgt vom Herbstlöwenzahn im Hochsommer.

Intensivierung, insbesondere eine starke Gülledüngung auf Umtriebs- und Portionsweiden, führt zur Einengung des Artenpotentials auf wenige düngerfreudige, regenerationskräftige und trittresistente Pflanzen. Auch Arten der Flutrasen gewinnen an Gewicht. Bei schlechter Pflege können nitrophile Weideunkräuter wie *Rumex obtusifolius* und *Urtica dioica* sich breit machen und den Futterwert mindern. Da viele Fettweidestandorte auch ertragreiche **Äcker** abgeben, hat seit langem eine entsprechende Umwandlung stattgefunden. Floristisch gut ausgeprägte Fettweiden sind deshalb heute vielfach im Rückgang begriffen.

7.3.3.2 Magerweiden

Magerweiden gibt beziehungsweise gab es in einem breiten Spektrum (s. Kap. 3.4, Kap. 3.5.3, Kap. 4.4.2 und Kap. 8.7.7). Die meisten gehören allerdings nicht zum Cynosurion. Hierzu rechnen nur die mageren Ausprägungen des *Lolio-Cynosuretum* und verwandter Gesellschaften. Sie bilden mit einer größeren Trennartengruppe den Übergang zu Borstgras- und Kalkmagerrasen. Magerweiden sind

Abb. 72 Fettweide im Allgäu.

halbextensive bis halbintensive, relativ produktionsschwache Bestände auf ärmeren Böden mit einem Schwerpunkt in den Mittelgebirgen, seltener auf sandigen Böden des Tieflandes. Dort waren sie früher zum Beispiel auf großen Gemeindeweiden auch in größerer Ausdehnung vorhanden (Pott & Hüppe 1991; Abb. 6). Typische Standorte sind Ranker bis Braunerden, auch andere Böden mit zeitweise eingeschränkter Wasserversorgung und im Bergland schlecht erreichbare Lagen.

Großräumigere Standweiden können von Sträuchern und Feldgehölzen durchsetzt sein und zeigen ein ausgeprägtes Mosaik sehr unterschiedlich stark (selektiv) befressener bis gestörter Bereiche mit entsprechend variablen Lebensmöglichkeiten für viele Pflanzen und Tiere. Vor allem kleinwüchsige, genügsame Arten kommen zu den üblichen Weidepflanzen hinzu. Das anspruchsvolle Weidelgras tritt ganz zurück, das Kammgras ist besser vertreten. Die folgende Gruppe enthält sowohl Säure- als Basenzeiger, die weitere Untergliederungsmöglichkeiten andeuten:

Achillea millefolium, Briza media, Campanula rotundifolia, Carum carvi, Centaurea jacea, Cirsium acaule, Euphrasia officinalis ssp. *rostkoviana, Festuca nigrescens, F. ovina* agg., *Galium verum, Hieracium pilosella, Hypochaeris radicata, Leontodon hispidus, L. saxatilis, Leucanthemum ircutianum, Lotus corniculatus, Luzula campestris, Medicago lupulina, Nardus stricta, Ononis repens, Pimpinella saxifraga, Plantago media, Potentilla erecta, Ranunculus nemorosus, Rumex acetosella, Sanguisorba minor, Stellaria graminea, Thymus pulegioides, T. serpyllum, Trifolium dubium, Veronica serpyllifolia, Viola canina.*

Im Bergland werden die Rotschwingel-Straußgrasweiden teilweise als eigene Assoziation *Festuco commutatae-Cynosuretum* (*Festuca commutata = F. nigrescens*), oder auch als *Luzulo-* oder *Alchemillo-Cynosuretum* abgetrennt (z. B. Meisel 1970, Oberdorfer 1983). Es gibt allerdings keine eigene Kennart, was eher für eine Abgrenzung auf Subassoziationsniveau spricht: *Lolio-Cynosuretum luzuletosum*. Auch gibt es Namen wie *nardetosum, plantaginetosum mediae, galietosum veri, ranunculetosum bulbosi* oder *armerietosum elongatae*. So wäre, ähnlich wie bei den Glatthaferwiesen, eine Subassoziationsgruppe von *Hypochaeris radicata* denkbar (s. Dierschke 1997a). Da Magerweiden durch Düngung relativ leicht in Fettweiden überführbar sind, trifft man erstere im Tiefland nur noch selten an, höher etwas mehr, aber auch mit abnehmender Tendenz (weitere Angaben bei BRIEMLE et al. 1999). Am Rande von Fettweiden, zum Beispiel unter und an Zäunen, gibt es öfters noch Reste solcher mageren, artenreicheren Bestände. VOLLRATH (1970) beschrieb sie als **„Weidezaungesellschaften"**; genauere Untersuchungen machten HUSICKA & VOGEL (1999).

7.3.3.3 Feuchtweiden

Vergleyte bis vermoorte Böden sind für Beweidung wenig geeignet. Der weiche Untergrund führt rasch zu Trittschäden und Verdichtungen, wodurch Arten der Flutrasen und Binsen gefördert und aufwendige Nachsaaten erforderlich werden. So sind Feuchtweiden nur Notlösungen bei Fehlen anderer Flächen. Eine stärkere Pflege lohnt nicht, so dass sie häufig ein struppiges Aussehen zeigen, indem Weideunkräuter (neben den Binsen auch Disteln oder Rasenschmiele) höher aufragen. Als Störungszeiger zertretener Stellen können sich *Juncus effusus* oder auch *J. inflexus* stärker ausbreiten (s. Kap. 7.4 und Kap. 7.5.1.3; Abb. 34). Im späten Frühjahr ist teilweise ein gelber Blühaspekt von *Ranunculus repens* als Verdichtungszeiger auffällig.

Häufig wird als besondere Subassoziation das ***Lolio-Cynosuretum lotetosum pedunculati*** (= *uliginosi*) beschrieben. Mögliche Trennarten sind zum Beispiel

Agrostis canina, Carex nigra, C. ovalis, Cirsium palustre, Deschampsia cespitosa, Juncus articulatus, J. conglomeratus, J. effusus, Lotus pedunculatus, Lychnis flos-cuculi, Ranunculus flammula.

Bei zeitweiliger Bodenvernässung spielen auch *Agrostis stolonifera, Alopecurus geniculatus* und *Glyceria fluitans* eine größere Rolle.

Feuchtweiden sind vor allem in größeren, grundwasserbestimmten Niederungen zu finden, oft im Kontakt zu entsprechenden Feuchtwiesen. Ihnen entsprechen die *Glyceria fluitans-* und *Lotus uliginosus*-Grundwasserform in Abb. 57 (s. Kap. 6.2.1). Heute sind Feuchtweiden vor allem durch Nutzungsaufgabe bedroht. Eine Intensivierung bedingt stärkere Entwässerung und führt zu Humusschwund und/oder zu Bodenverdichtung (s. auch Kap. 7.4).

7.3.3.4 Vielschnittrasen

Die oft wöchentlich (10- bis 30-mal jährlich) gemähten Scherrasen von Parks, Gärten, Sport- und Badeanlagen, oft aus genormten Ansaatmischungen mit niedrigwüchsig-regenerationskräftigen Zuchtformen einiger Gräser entstanden, gehören mit ihren wenigen Arten zu den monotonsten Vegetationstypen überhaupt. Zuwandernde Pflanzen werden eher ausgemerzt als geduldet, so dass sehr artenarme Einheitsbestände vorherrschen. Da natürliche Bodenunterschiede durch Umbruch, Planierungen, Aufschüttungen weitgehend ausgeglichen sind und der Nährstoffhaushalt durch Düngung vereinheitlicht ist, gibt es kaum klein- und großräumige floristische Unterschiede.

In einer detaillierten Studie zur Stadtvegetation von Kassel hat KIENAST (1978) auch die städtischen Rasen erfasst und als eigenständige Assoziation beschrieben: ***Crepido capillaris-Festucetum rubrae***. Später hat N. MÜLLER (1988, 1989a) eine umfassende Übersicht zur Vegetation der Vielschnittrasen im südlichen Bayern erarbeitet. Nach einer Übersichtstabelle bei DIERSCHKE (1997a) haben vor allem folgende Arten in diesen Rasen allgemeinere Bedeutung:

Achillea millefolium, Agrostis stolonifera, Bellis perennis, Cardamine pratensis, Cerastium holosteoides, Crepis capillaris, Dactylis glomerata, Festuca rubra agg., *Glechoma hederacea, Lolium perenne, Plantago lanceolata, P. major* ssp. *major, Poa annua, P. pratensis* agg., *P. trivialis, Prunella vulgaris, Taraxacum officinale* agg., *Trifolium dubium, T. repens, Veronica filiformis.*

Die mittlere Artenzahl der Vegetationsaufnahmen ist 18; diese Zahl gilt aber nur für reichhaltigere Bestände und kann oft auch unter 10 liegen. Struktur und Aussehen sind uniform. Nur im Frühjahr gibt es vor der ersten Mahd Aspekte von Gänseblümchen, Löwenzahn, Prunelle und teilweise Fadenehrenpreis (Abb. 73, S. 76). Dieser wurde 1780 aus Vorderasien nach England gebracht und breitet sich seit den 1950er Jahren bei uns aus (MÜLLER & SUKOPP 1993). Die vegetative Vermehrung wird durch häufigen Schnitt und Verschleppung der sich neu bewurzelnden Sprossteile gefördert. Es handelt sich um den einzigen **Neophyten**, der sich im Kulturgrasland weithin etablieren konnte.

7.3.3.5 Trittrasen

Wo Tritt, Befahren und ähnliche mechanische Faktoren dauerhaft wirken, lösen sich die Rasen in lückige Bestände auf; es können sich überhaupt nur sehr lockere, artenarme Bestände entwickeln. Echte Trittrasen gehören eher zur Ruderalvegetation und sind nicht Gegenstand dieses Bandes. Es gibt aber gleitende Übergänge zwischen Weide- und Trittrasen, die man auch direkt im Gelände erkennen kann. Oberdorfer (1971) hat dies sehr klar dargestellt und beschreibt neben den Trittgesellschaften einen dichteren, weideähnlichen Typ, den er ***Plantago major-Trifolium repens*-Gesellschaft** nennt (s. auch Oberdorfer 1983).

Teilweise als feinere Zonierungen erkennbare Übergänge zwischen Weiden und Trittrasen sind auf Rinder- und Pferdeweiden nicht selten, zum Beispiel an viel betretenen Weideeingängen (Vollrath 1970), um Tränken (Abb. 33) und Melkstellen oder auf und neben Trampelpfaden. Solche Standorte gehören für alle Pflanzen zu den Extrembereichen; nur wenige langlebige Arten können hier existieren, eher schon Kurzlebige, die schnell offene Stellen zu besiedeln vermögen. Die folgende kleine Artengruppe (mittlere Artenzahl 16; s. Dierschke 1997a) zeigt die eng begrenzten floristischen Möglichkeiten:

Achillea millefolium, *Agrostis stolonifera*, *Alopecurus geniculatus*, *Bellis perennis*, *Capsella bursa-pastoris*, *Cerastium holosteoides*, *Cirsium arvense*, *Dactylis glomerata*, *Elymus repens*, *Festuca pratensis*, *Lolium perenne*, *Phleum pratense*, *Plantago major* ssp. *major*, *Poa annua*, *P. pratensis* agg., *P. trivialis*, *Polygonum aviculare* agg., *Stellaria media*, *Taraxacum officinale* agg., *Trifolium repens*.

Ähnliche Bestände wie auf Weiden gibt es auch auf Sportplätzen, zum Beispiel in Nähe der Tore und auf wenig befahrenen Wegen.

7.4 Flut- und andere Kriechrasen

(**Potentillo-Polygonetalia** Tx. 1947, **Potentillion anserinae** Tx. 1947)

Die weiten Stromtalniederungen, die vorwiegend im nördlichen Mitteleuropa zwischen Ems und Oder vorkommen, sind selten ganz eben, sondern besitzen vielmehr ein Kleinrelief aus Dellen, Rinnen und flachen Erhebungen und sind durchsetzt mit kleineren Wasserläufen, Altwässern und Tümpeln. Nach Ablauf von Hochwassern bleibt das Wasser stellenweise noch längere Zeit stehen, oder es sammelt sich nach stärkeren Regenfällen und nach Abtauen des Schnees (Abb. 67, S. 74). Längere Überstauungen führen zu sauerstoffarmen Bedingungen im Boden, aber auch zur Ablagerung von feinem Schlick bis zu gröberem Getreibsel. Eine rasche Mineralisation in Trockenzeiten ergibt eine gute Stickstoffnachlieferung. Sykora (1983) weist auch auf eine gute Phosphorversorgung hin.

Regelmäßige **Hochwasser** waren früher und sind es teilweise auch heute noch im Winter und Frühjahr für viele Flussauen bezeichnend, führen aber kaum zu Schäden im Kulturgrasland. Schädlichere Sommerhochwasser sind weniger regelmäßig, mit abnehmender Tendenz von Ost (an der Oder alle drei bis vier Jahre) nach West. Im Süden können vor allem die aus dem Schnee der Hochgebirge gespeisten Flüsse sommerliche Überflutungen bewirken. Insgesamt gibt es aber in den Flussauen keine festen Regeln, vielmehr eine große Variabilität von Zeit, Häufigkeit und Andauer der Hochwasser, was die Lebensbedingungen entsprechend fluktuierend und schwer vorhersagbar macht.

Flutmulden und Gewässerränder mit stärker schwankendem Wasserspiegel sind **semiterrestrische Lebensräume** starker Dynamik. Wo die Trockenphase zeitlich überwiegt, wenn auch teilweise durch kürzere Überflutungen unterbrochen, können sich niedrig-wüchsige Kriechpflanzen halten, die mit langen Ausläufern überflutungsbedingte Offenstellen rasch erobern und durch Einwurzeln der Triebe festigen. Ihre teppichartigen Rasen werden auch als **„Heilgesellschaft“** bezeichnet. Neben den Kriechpflanzen gibt es eingestreut höherwüchsige Hemikryptophyten, wie einige Gräser, Binsen und Ampfer (s. Kap. 4.3.3, Abb. 40).

Da diese Kriechrasen mit zeitweiliger Überflutung oder anders bedingten sauerstoffarmen Zuständen in Verbindung stehen, werden sie allgemein **Flutrasen** genannt. Ihre Arten sind an den von häufigen Störungen beeinflussten Lebensraum gut angepasst. Neben sehr guter vegetativer Ausbreitungsfähigkeit besitzen viele auch ein **Durchlüftungsgewebe** (Aerenchym), durch das der lebensnotwendige Sauerstoff in die unteren Sprossteile und

Wurzeln diffundiert. Nach ELLENBERG (1996, S. 851 ff.) haben zum Beispiel *Rumex crispus* und *R. obtusifolius* ein Aerenchym, nicht dagegen der weit verbreitete *Rumex acetosa*. Weiteres zur Überflutungstoleranz findet sich bei HELLBERG (1995) ROSENTHAL (2001), SYKORA (1983) und anderen.

Im Kulturgrasland nehmen Flutrasen eine intermediäre Stellung zwischen Frisch- und Feuchtwiesen und -weiden ein. Auch in der Uferzonierung haben sie teilweise (einen naturnahen) Platz (s. ELLENBERG 1996, S. 381). Für die labil-fluktuierenden Standortbedingungen sind stark schwankendes Grundwasser (Abb. 57) und eine gute Nährstoffversorgung charakteristisch. Solche Situationen gibt es nicht nur in Flussauen, sondern generell in fluktuierenden Grenzbereichen nass-trocken, also an Gewässerufern, in staunassen Mulden, auch auf verdichteten Stellen von Äckern und Wegen. Die gradientenartige Anordnung der Pflanzen entlang solcher **Ökotone** (Abb. 74, S. 76) zeigen zahlreiche Transekte bei SYKORA (1983) sehr gut. In solchen floristisch-ökologischen Übergangsbereichen kommt es von Jahr zu Jahr, entsprechend der jeweiligen Überflutungshöhe und -dauer, zu Verschiebungen zwischen Arten der Flutrasen und der angrenzenden Wiesen oder Weiden, die TÜXEN (1979) sehr anschaulich als **„Harmonika-Sukzession"** (genauer wäre **Fluktuation**) beschrieben hat.

Physiognomisch fallen Flutrasen innerhalb von Wiesen durch ihren teilweise weniger dichten und hohen Wuchs und nach der Mahd als sich rasch regenerierende, tiefgrüne Flecken auf. In Weiden sind sie weniger gut zu erkennen. Im späteren Frühjahr (Phase 5) ist oft der gelbe Aspekt des Kriechhahnenfußes sehr auffällig (Abb. 74, S. 76), allerdings nicht auf diese Rasen beschränkt (phänologische Diagramme bei SCHWARTZE 1992). Auch Gänsefingerkraut und Knickfuchsschwanz blühen zu dieser Zeit. Zum Sommer hin kommen höherwüchsige Arten (z. B. Ampfer) stärker zur Geltung.

Flutrasen sind durch ihre räumliche und ökologische Nachbarschaft mehr oder weniger mit Arten der Wiesen und Weiden, auch der nitrophilen Uferfluren und Trittrasen durchsetzt. Die erste Artengruppe enthält nur Flutrasenpflanzen im engeren Sinn:

Agrostis stolonifera, Alopecurus geniculatus, Barbarea vulgaris, Carex hirta, C. otrubae, Cerastium dubium, Elymus repens, Festuca arundinacea, Glyceria fluitans f. *terrestris, Inula britannica, Juncus inflexus, Lotus tenuis, Lysimachia nummularia, Mentha longifolia, M. pulegium, M. suaveolens, Odontites vulgaris, Persicaria amphibia* f. *terrestre, Plantago major* ssp. *intermedia, Potentilla anserina, P. reptans, Pulicaria dysenterica, Ranunculus repens, Rorippa austriaca, R. sylvestris, Rumex crispus, R. obtusifolius, Trifolium fragiferum, T. hybridum, Verbena officinalis.*

Hinzu kommen häufig aus Wiesen, Weiden und Trittrasen übergreifende Arten wie

Alopecurus pratensis, Festuca pratensis, Leontodon autumnalis, Lolium perenne, Phalaris arundinacea, Plantago lanceolata, P. major ssp. *major, Poa annua, P. pratensis, P. trivialis, Polygonum aviculare* agg., *Prunella vulgaris, Taraxacum officinale* agg., *Trifolium repens* und andere.

Dagegen fehlen weitgehend echte Feuchtezeiger, die nur in einigen Untereinheiten hinzukommen. Der starke Wechsel von Vernässung und Austrocknung ist vielen Arten der Molinietalia abträglich.

OBERDORFER (1983) schlägt für die Flutrasen eine eigene Klasse **Agrostietea stoloniferae** vor. Die hohe Zahl eigener Arten und die Tatsache, dass viele Graslandpflanzen in naturnahen Ufergesellschaften wenig vertreten sind, können als Argumente gelten. Auch die ökologische Sonderstellung und ihr pionierartiger Charakter unterstützen diese Richtung.

7.4.1 Knickfuchsschwanz-Flutrasen (*Ranunculo-Alopecuretum geniculati* Tx. 1937)

Knickfuchsschwanzrasen sind oder waren vor allem in Norddeutschland ein sehr verbreiteter, innerhalb des Verbandes am stärksten graslandartiger, teilweise auch flächenmäßig ausgebreiteter Vegetationstyp, der schon von TÜXEN (1937) erkannt und mit mehreren Subassoziationen beschrieben wurde (Abb. 67, S. 74, Abb. 74, S. 76). In Süddeutschland klingt diese Assoziation aus oder fehlt ganz. In Mulden mit langer Nassphase kann vor allem in Weiden der Flutende Schwaden vorherrschen, so dass von einer eigenen ***Glyceria fluitans*-Gesellschaft** gesprochen wird.

Als Substrat kommt ein breites Bodenspektrum sandig-lehmig-toniger Gleyböden in Frage, alle in dichter Lagerung, oft von Schlick durchsetzt. Längere Überflutungen im Winter bis Frühjahr wechseln mit sommerlicher Austrocknung (Abb. 57 und 58). Basen- und nährstoffreiche Bedingungen sind für die meisten Ausbildungen bezeichnend. Gemähte Bestände ergeben nach Klapp (1965) Heuerträge von 15 bis 45 dt/ha sehr unterschiedlicher Qualität, liegen also teilweise auf dem Niveau von Magerrasen. Die zeitweise überstauten Bereiche bilden eine Brutstätte des Leberegels und der Schlammschnecke als Zwischenwirt und sind somit für das Vieh gefährlich.

Von den für den Verband genannten Arten ist hier nur eine Auswahl meist weiter verbreiteter Sippen vorhanden. Folgende Artengruppe bildet den Grundstock der Assoziation:

Agrostis stolonifera, *Alopecurus geniculatus*, *A. pratensis*, *Cardamine pratensis*, *Carex acuta*, *C. hirta*, *C. nigra*, *Cirsium arvense*, *Eleocharis palustris*, *Elymus repens*, *Festuca pratensis*, *Galium palustre*, *Leontodon autumnalis*, *Lolium perenne*, *Lysimachia nummularia*, *Persicaria amphibia* f. *terrestre*, *Phalaris arundinacea*, *Plantago major* ssp. *intermedia*, *P. m.* ssp. *major*, *Poa annua*, *P. pratensis*, *P. trivialis*, *Potentilla anserina*, *P. reptans*, *Ranunculus flammula*, *R. repens*, *Rorippa sylvestris*, *Rumex crispus*, *Taraxacum officinale* agg., *Trifolium repens*.

7.4.2 Weitere Kriechrasen

Zahlreiche weitere Kriechrasen auf zeitweise überfluteten oder stark trittverdichteten Böden sind bekannt. Am weitesten verbreitet sind in Mitteleuropa bultige Horstgrasbestände mit *Festuca arundinacea*, die ursprünglich an höheren Flussufern, zum Teil auf Spülsäumen zu Hause waren, und die heute in recht unterschiedlicher Zusammensetzung in benachbartes Grasland eingreifen und sich sekundär an Gräben, Wegen, Rainen auf verdichteten Böden ansiedeln können. Tüxen (1950) nannte diese Assoziation ***Dactylo-Festucetum arundinaceae*** und trennte sie von dem schon früher beschriebenen ***Potentillo anserinae-Festucetum arundinaceae*** älterer Küstenstrandwälle. Teilweise werden beide heute in einer Assoziation mit letzterem Namen zusammengefasst (Pott 1995a, Preising et al. 1997).

In engerem Kontakt zum Kulturgrasland steht auch das ***Mentho longifoliae-Juncetum inflexi***. Die Rossminzen-Blaubinsen-Gesellschaft wächst auf zeitweilig staunassen, basenreichen Lehm-, Ton- und Mergelböden im Hügel- und Bergland, die oft durch Tritt des Weideviehs stärker gestört und dann von der Binse beherrscht sind (Abb. 34). Viehtränken, Grabenufer, Wegränder sind typische Bereiche. Wo die Rossminze dominiert, haben die Bestände mehr das Aussehen einer Hochstaudenflur. Stärkerer Tritt ist teilweise entscheidend für das artenarme ***Juncetum compressi***. Auch die ***Poa trivialis-Rumex obtusifolius*-Gesellschaft** ist eng mit dem Kulturgrasland verbunden. Ursprünglich auf Erosions- und Akkumulationsflächen an rasch fließenden Bächen und Flüssen zu Hause, hat sie sich heute auch auf ungepflegte, stark eutrophierte Weiden ausgedehnt. *Rumex obtusifolius* geht als Stickstoffzeiger noch weiter ins Intensivgrasland. In subkontinentalen Bereichen, also vorwiegend von der Elbe nach Osten, mit Ausliegern am Oberrhein, findet man das seltene ***Poo-Cerastietum dubii***. Die Klebhornkraut-Gesellschaft wächst im Überschwemmungsbereich der Flussauen und ist mit anliegenden Wiesen verzahnt.

Außerdem gibt es artenärmere, nicht so klar einzuordnende Bestände. Neben eindeutigen Fragmenten und einigen Dominanztypen (z. B. „*Ranunculetum repentis*“) werden öfters von sandigen Uferrähnen und ähnlichen Orten Bestände mit viel *Elymus repens* erwähnt. Diese Queckenrasen wurden von Tüxen (1977) als eigene Assoziation *Ranunculo repentis-Agropyretum repentis* beschrieben, sind aber wohl nur als ***Elymus repens*-Gesellschaft** locker anschließbar. Schließlich seien noch artenärmere Dominanzbestände mit *Potentilla anserina* genannt, die auf stark von Geflügel befressenen und gedüngten Dorfängern und Hofweiden beschrieben werden, wie auch der Name Gänsefingerkraut aussagt. Heute trifft man die Art hauptsächlich an Straßenrändern an. Oberdorfer (1983) führt sie als ***Agrostis stolonifera-Potentilla anserina*-Gesellschaft**.

7.5 Feuchtwiesen und Hochstaudenfluren

(Molinietalia caeruleae Koch 1926)

Feuchte bis nasse Böden sind für eine Beweidung und erst recht für den Ackerbau ungeeignet. Auf wechsel-, dauerfeuchten und nassen Standorten mit starkem Stau- oder Grundwassereinfluss (Pseudogley, Gley, Anmoor, Niedermoor) gab es deshalb von jeher bevorzugt Wiesen, sowohl zur Heu- als auch Streugewinnung. Im Kapitel 6.2 wurde bereits der starke Einfluss des Wasserhaushaltes auf die floristische Gliederung des Kulturgraslandes betont und nachgewiesen. Zahlreiche Arten bevorzugen feucht-nasse Böden (s. Kap. 6.2.4), sei es, dass sie eine sehr gute Wasserversorgung brauchen oder dass sie aus Konkurrenzgründen auf nasse, luftarme Standorte ausweichen (oder beides). Die meisten gehören zu den Sumpfpflanzen (**Helophyten**) im weiteren Sinn und sind an zeitweilige Sauerstoffarmut im Boden angepasst, meist durch ein Aerenchym. Die Nährstoffansprüche sind dagegen sehr unterschiedlich, was zu einem recht breiten Spektrum von Pflanzengesellschaften entlang eines Basen-/ Nährstoffgradienten führt.

Viele schnittempfindliche Pflanzen werden durch regelmäßige Mahd (ein bis zwei mal pro Jahr) in ihrer Wuchskraft gehemmt. Erst bei Brachfallen oder an Wiesenrändern, die höchstens gelegentlich geschnitten werden, können sie sich voll entwickeln. Dort wachsen sie oft als Hochstaudenfluren, die entsprechend eng floristisch und ökologisch mit den Wiesen verbunden sind. Sie werden als eigener Verband **Filipendulion** den Molinietalia angeschlossen (s. Kap. 7.5.4 und Kap. 9.2.4). Die Wiesen selbst gliedern sich in die eigentlichen Futterwiesen **(Calthion)**, die Streuwiesen **(Molinion)** und die floristisch intermediären Stromtalwiesen **(Cnidion venosi** u. a.).

Die meisten Wiesen, durchweg Ersatzgesellschaften von Wäldern (vor allem Auen- und Bruchwäldern des Alno-Ulmion und Alnion glutinosae), sind durch extensive bis mäßig intensive Nutzung (ein bis zwei Schnitte, fehlende bis geringe Düngung) entstanden. Urtümliche Typen gab es sicher schon frühzeitig durch Mahd in Auen und Mooren, wo zahlreiche Arten ihre natürliche Heimat haben. Viele Wiesengesellschaften sind aber erst in der Neuzeit entstanden (s. Kap. 3.5.2). Ihre größte Vielfalt haben sie in der halbintensiven (traditionellen) Kulturlandschaft erreicht, also bis in die erste Hälfte des 20. Jahrhunderts. Im Gegensatz zu den Fettwiesen (Arrhenatheretalia; s. Kap. 7.3) lohnt auf den feucht-nassen Standorten eine weitere Intensivierung nicht, es sei denn, stärkere Entwässerung oder sogar ein Tiefumbruch des Bodens gehen voraus. Dann bleiben ohnehin höchstens Relikte übrig (Abb. 25); es entstehen Fuchsschwanzwiesen (s. Kap. 7.3.1.3), Feuchtweiden (s. Kap. 7.3.3.3) mit teilweise höherem Anteil von Arten der Flutrasen (s. Kap. 7.4) oder sogar Äcker. Oft sind die Feuchtwiesen heute auch durch Nutzungsaufgabe bedroht, wonach eine sekundär progressive Sukzession einsetzt (s. Kap. 9.2.2). In jedem Falle haben Feuchtwiesen in den letzten fünfzig Jahren stark abgenommen und sind in manchen Gebieten vom Aussterben bedroht (s. Kap. 11.2).

In den **Molinietalia**-Gesellschaften gibt es eine größere Zahl mittel- bis hochwüchsiger Stauden mit auffälligen Blühaspekten. Süßgräser sind nicht so stark repräsentiert wie in Fettwiesen. Hinzu kommen aber in unterschiedlicher Menge (beigesellt bis dominierend) Seggen und Binsen. Generell gilt ein geographischer Diversitätsgradient mit stärkerer floristischer Differenzierung im Süden und abnehmender Arten- und Gesellschaftszahl nach Norden. Als verbindende diagnostische Arten können gelten:

Achillea ptarmica, Angelica sylvestris, Carex acutiformis, C. panicea, Chaerophyllum hirsutum, Cirsium oleraceum, C. palustre, Deschampsia cespitosa, Equisetum palustre, Filipendula ulmaria, Galium palustre, G. uliginosum, Geum rivale, Lysimachia vulgaris, Lythrum salicaria, Phalaris arundinacea, Sanguisorba officinalis, Silaum silaus, Succisa pratensis, Thalictrum flavum, Valeriana dioica.

Zu dieser Gruppe kommen zahlreiche Arten mit weiterer Verbreitung. Insgesamt reagieren die Artenverbindungen sehr fein auf Standortunterschiede und -veränderungen und ergeben somit eine gute Möglichkeit der **Bioindikation**. Dies betrifft sowohl Höhe, Schwankung als auch chemische Eigenschaften des Grundwassers und Bodens.

7.5.1 Sumpfdotterblumen-Futterwiesen (**Calthion palustris** Tx. 1937)

Auf nicht zu basenarmen Feucht- und Nassstandorten mit humusreichen, zum Teil anmoorig-moorigen Böden (Gleye, Pseudogleye bis Niedermoor) hat es schon ohne Düngung seit langem mäßig ertragreiche Wiesen gegeben, die floristisch oft eng verwandt mit Kleinseggenrasen und Großseggenrieden und teilweise aus diesen hervorgegangen sind. BAUMANN (1996, 2000) beschreibt recht urtümliche Quellsümpfe im Harz, wo sie eine Abfolge *Caricetum fuscae*/Calthion-Basalgesellschaft bei zunehmendem pH-Wert und besserer Basen- und Nährstoffversorgung feststellte. Hier kann man auch kleinräumig natürliche Initialen heutiger Feuchtwiesen vermuten: je basen- und nährstoffreicher das Grundwasser, desto weiter gehen die Arten der Sumpfdotterblumenwiesen in nasse Bereiche hinein. Anspruchsvolle, großblättrig-hochwüchsige Wiesenpflanzen haben aber erst in mäßig gedüngten, oft leicht entwässerten Bereichen gute Lebensbedingungen. Solche mit Hofdünger versorgten Feuchtwiesen spielen erst im 20. Jahrhundert eine größere Rolle (KLAPP 1965).

Die vorwiegend der Heugewinnung dienenden, ein- bis zweischnittigen Wiesen des Calthion sind floristisch sehr variabel und entsprechend feine **Standortzeiger**. Neben der Artenkombination hat teilweise auch die Dominanz einzelner Arten diagnostischen Wert (s. Kap. 7.5.1.3). Sowohl Unterschiede in Stärke und Dauer der Bodenvernässung, der Bewegtheit des Grundwassers und dessen Basen- und Nährstoffgehalt und auch der Nutzungsweise führen zu einer Vielzahl von Ausprägungen von der Rangebene der Assoziation bis zu Varianten und Subvarianten. Düngung kann manche Unterschiede verstärken, wirkt im Übermaß und im Zusammenhang mit leichter Grundwasserabsenkung aber eher nivellierend. Stallmist- und Jauchedüngung waren früher vorherrschend.

Es gibt einige Arten, die, zumindest innerhalb des Kulturgraslandes, im **Calthion** einen Schwerpunkt zeigen:

Agrostis canina, Bistorta officinalis, Bromus racemosus, Caltha palustris, Carex acuta, C. disticha, C. nigra, Cirsium canum, C. rivulare, Crepis paludosa, Dactylorhiza majalis, Geum rivale, Juncus acutiflorus, J. conglomeratus, J. effusus, J. filiformis, Lotus uliginosus, Lychnis flos-cuculi, Myosotis palustris agg., *Ranunculus flammula, Scirpus sylvaticus, Senecio aquaticus, Trollius europaeus, Viola palustris.*

Bezeichnend ist ferner das Vorkommen weiterer Nässezeiger und das weitgehende Fehlen von Arten der Fett- und Streuwiesen (Arrhenatherion, Molinion).

7.5.1.1 Kohldistelwiesen

(***Angelico-Cirsietum oleracei*** Tx. 1937 nom. inv.) Kohldistelfeuchtwiesen sind sowohl in ihrer floristisch-ökologischen Variabilität als auch in ihrer landwirtschaftlichen Stellung das Gegenstück zu den Glatthafer- und Fuchsschwanzwiesen. Sie stellen die wertvollsten Feuchtwiesen dar und bringen bei zwei Schnitten recht hohe Erträge. Nach KLAPP (1965) ergeben sich je nach Ausbildung Heumengen von 10 bis 90 dt/ha. Wie schon im Kap. 7.3.1.1 besprochen, gibt es mit der Kohldistel-Glatthaferwiese einen Übergang, der sich zum Feuchteren hin in der Bärenklau-Kohldistelwiese (s. u.) fortsetzt. Die Stickstoff-Nettomineralisation der Böden ist ähnlich gut wie im *Arrhenatheretum* (s. Kap. 6.3.2). Bei Vernässung ist sie allerdings eingeschränkt, und ein Teil des Stickstoffs kann durch Denitrifikation verloren gehen.

Kohldistelwiesen gehören zu den durch viele **Blühaspekte** landschaftsbelebenden Elemen-

Farbtafeln S. 113 u. 114

Abb. 93 Historisches Bild mühsamer Heugewinnung im Mittelgebirge (zu S. 130).

Abb. 99 Durch Gülledüngung werden Löwenzahn und Wiesenkerbel gefördert (zu S. 140).

Abb. 103 Graslandpflege mit Schlegelmulchgerät (zu S. 149).

Abb. 101 Typische Glatthaferwiese mit Bocksbart, Margerite, Rotklee und anderen (zu S. 146).

Abb. 102 Salbei-Glatthaferwiese mit Bocksbart, Klappertopf und anderen (zu S. 147).

Abb. 108 Dreischnittige, artenarme Fuchsschwanzwiese mit Kriechendem Hahnenfuß (zu S. 155).

Abb. 110 Vier- bis sechsmal gemähte Silagewiese im Löwenzahnaspekt (zu S. 157).

99

102

101

114

115

122
119
121
123

ten. Charakteristisch sind unter anderem mittel- bis hochwüchsige Stauden mit großen Blättern und auffälligen Blüten (Abb. 75, S. 76). Nach relativ spätem Entwicklungsbeginn auf den sich im Frühjahr nur langsam erwärmenden Nassböden wird ein erster Blühaspekt in Phänophase 3 durch Sumpfdotterblume und Wiesenschaumkraut (Abb. 45, S. 53) gebildet (s. Kap. 5.2). Dagegen ist der Löwenzahnaspekt der Fettwiesen und -weiden hier eher unauffällig und fehlt in bodennassen Ausbildungen ganz. In Phase 4 im Mai blühen einige Seggen und der Wiesenfuchsschwanz. Phase 5 wird durch den gelben Hahnenfußaspekt bestimmt, in höheren Lagen, auch im nordöstlichen Tiefland, teilweise mit Trollblume und Bachnelkenwurz. In Phase 6 im Juni blühen die Binsen, auch Süßgräser treten mehr hervor, oft übertönt vom Rosarot der Kuckuckslichtnelke (Abb. 48, S. 54, und Abb. 56, S. 73) und dem Blau des Sumpfvergissmeinnichts. In den Bergen und im Nordosten übernimmt teilweise der Wiesenknöterich diesen Part (Abb. 70, S. 75). Wenn dann verschiedene Disteln zu blühen beginnen, ist der Zeitpunkt der Mahd gekommen. Die namengebende Kohlkratzdistel entwickelt erst danach im zweiten Aufwuchs ihre gelbgrünen Blütenköpfe. Auch die schnittempfindliche Engelwurz blüht spät, im Unterwuchs der Sumpfhornklee. Andere Arten der Hochsommerphase (8) blühen oft nur an ungemähten Rändern oder in benachbarten Hochstaudenfluren (Abb. 51, S. 56; Kap 7.5.4).

Kohldistelwiesen zeigen meist eine deutliche **Schichtung**. Die Hauptbiomasse ist in der blattreichen Unter- und Mittelschicht entwickelt, später überragt von einer mehr oder weniger lockeren Oberschicht aus Gräsern und hohen Blütenständen einiger Stauden. Teilweise gibt es auch eine gut entwickelte Moosschicht.

Kohldistelwiesen wachsen vor allem im Hügelland und im Mittelgebirgsraum auf dauerfeuchten bis zeitweilig nassen, im Sommer meist besser durchlüfteten Mineralböden (Gleye, Pseudogleye), nach mäßiger Entwässerung auch auf Niedermoor. Überflutungen dürfen öfters, aber nur kurzzeitig vorkommen. In den Altmoränengebieten treten diese Wiesen zurück und sind (oder waren) wieder häufiger in den Jungmoränenlandschaften vom östlichen Schleswig-Holstein bis Mecklenburg.

Das *Angelico-Cirsietum oleracei* enthält eine Vielzahl von Arten der Klasse, Ordnung und des Verbandes, besitzt aber keine eigenen Charakterarten. Die namengebenden Pflanzen sind sogar innerhalb der Molinietalia weiter verbreitet, haben hier allerdings einen ihrer Schwerpunkte, innerhalb des Calthion auch *Carex acutiformis*. So kann man diesen Wiesentyp am besten als **Zentralassoziation des Calthion** einstufen, der die Artenkombination des Verbandes gut repräsentiert und im Verbandsareal eine weite Verbreitung hat. Auch die ökologische Spanne des Verbandes hinsichtlich Feuchtigkeit (bei allgemein guter Basenversorgung) wird von der Assoziation gut nachgezeichnet. So werden häufiger folgende Untereinheiten genannt:

a) Seggen-Kohldistelwiese

Der Name zeigt schon die Verwandtschaft zu Seggenrieden, aus denen diese Wiesen bei Düngung entstehen können. Wichtige Differentialarten sind:

Agrostis canina, Carex acuta, C. acutiformis, C. nigra, C. panicea, Eleocharis palustris, Eriophorum angustifolium, Galium palustre, G. uliginosum, Glyceria fluitans, Juncus articulatus, Ranunculus flammula, Valeriana dioica und andere.

Je nach Basenreichtum kommen verschiedene dieser Arten vor. In der Moosschicht wachsen *Calliergonella cuspidata* und *Clima-*

Farbtafeln S. 115 u. 116

Abb. 114 Produktive, hofnahe Fettweide mit drei- bis viermaliger Rinderweide (zu S. 159).

Abb. 115 Montane Magerweide mit extensiver Beweidung durch Galloways (zu S. 164).

Abb. 119 Stark verbrachte Feuchtwiesen im Vessertal (Thüringer Wald) (zu S. 169).

Abb. 121 Musterbildung in einer Nassbrache von Sumpfdotterblume und Mädesüß (zu S. 169).

Abb. 122 Beginnende Entmischung in einer artenreichen Bergwiesenbrache. Lockere Herden von *Galium album*, *Hypericum maculatum* und anderen (zu S. 169).

Abb. 123 Große Feuchtbrache mit Dominanz von *Filipendula ulmaria* (zu S. 169).

cium dendroides. Es handelt sich um artenreiche, relativ produktive Nasswiesen mit dauerhaft oberflächennahem Grundwasserstand (ca. 20 bis 40 cm unter Flur) und entsprechend schlechter Durchlüftung. Aus aktueller Sicht sind sie wegen geringem Futterwert und schlechter Befahrbarkeit ihrer weichen Böden eher wertlos und liegen oft brach, oder sie wurden nach Entwässerung in besser nutzbare Wiesentypen umgewandelt.

Für die Seggen-Kohldistelwiesen gibt es verschiedene Namen verwandter Subassoziationen: ***Angelico-Cirsietum caricetosum nigrae, caricetosum acutae, caricetosum distichae*** und andere. Verwandt ist auch das ***A.-C. glycerietosum maximae*** norddeutscher Überschwemmungswiesen mit *Glyceria maxima* und *Phalaris arundinacea*. In vernachlässigten Wiesen kann *Carex disticha* zur Vorherrschaft gelangen. Solche Bestände werden teilweise als eigene Gesellschaft (oder sogar Assoziation) abgetrennt.

b) Typische (Reine) Kohldistelwiese

Dieser zentrale Typ ist etwas artenärmer, da er weder die Trennarten der nasseren noch der nur mäßig feuchten Ausprägungen enthält. Die Reine Kohldistelwiese wächst bei gleichmäßiger, aber etwas geminderter Bodenfeuchtigkeit (ca. 30 bis 60 cm Grundwassertiefe), das heißt auch bei besserer Durchlüftung des Oberbodens, auf basenreichen, mäßig gedüngten Feuchtstandorten und ergibt bessere Erträge mit höherem Futterwert.

c) Bärenklau-Kohldistelwiese

Im Übergang zu Glatthaferwiesen wachsen die ertragsreichsten und hochwertigsten Feuchtwiesen bei zeitweise geringer Bodenvernässung, aber doch ganzjährig guter Wasserversorgung (ca. 60 bis 90 cm Grundwassertiefe). Wie schon die Trennarten zeigen, ist auch die Nährstoffversorgung sehr gut:

Achillea millefolium, Anthriscus sylvestris, Arrhenatherum elatius, Bromus hordeaceus, Dactylis glomerata, Galium album, Heracleum sphondylium, Leucanthemum ircutianum, Pastinaca sativa, Trifolium dubium, Trisetum flavescens, Veronica chamaedrys.

Als Namen von Subassoziationen werden meist ***A.-C. heracleetosum*** oder ***brometosum hordeacei*** genannt.

Kohldistelwiesen haben ihren Schwerpunkt zwar im planaren bis submontanen Bereich, wachsen aber auch in der Montanstufe inmitten von Goldhafer-Bergwiesen und Magerrasen. Viele bezeichnende Arten kommen auch dort vor, angereichert mit Zeigern höherer Lagen (Abb. 75, S. 76, und Abb. 76, S. 76) und extensiverer Nutzung:

Bistorta officinalis, Chaerophyllum hirsutum, Cirsium rivulare, Crepis paludosa, Dactylorhiza majalis, Geum rivale, Trollius europaeus, Valeriana dioica.

Hinzu kommen übergreifende Arten des Polygono-Trisetion (s. Kap. 7.3.2).

Für montane Feuchtwiesen gibt es unterschiedliche Einstufungen und Namen. Da nur einige Differentialarten vorhanden sind, kann man es meist bei einer Höhenform belassen. Am ehesten eigenständig sind die Bachkratzdistelwiesen vom Schweizer Jura bis nach Polen, die auch als ***Cirsietum rivularis* Nowinski 1928** bezeichnet werden (Abb. 77, S. 93). In Deutschland liegt ihr Schwerpunkt im Alpenvorland (z. B. Grüttner & Warnke-Grüttner 1996). Eine artenarme Feuchtwiese ist die ***Bistorta officinalis*-Gesellschaft** (Abb. 70, S. 75).

Geographisch-horizontal zeigt das weit verbreitete *Angelico-Cirsietum oleracei* ebenfalls gewisse floristische Unterschiede. Im subatlantischen Nordwesten fehlen zum Beispiel Wechselfeuchtezeiger wie *Colchicum*, *Sanguisorba officinalis* und *Silaum silaus*, ebenfalls *Centaurea jacea*. Im Nordosten sind (bzw. waren) auch im Tiefland *Bistorta*, *Geum rivale* und *Trollius* vorhanden. Die Graue Kratzdistel (*Cirsium canum*) erreicht in Bayern ihre Westgrenze und bildet weiter südöstlich eine eigene Assoziation (Welss 1983).

7.5.1.2 Andere krautreiche Feuchtwiesen

Neben den Kohldistelwiesen gibt es einige verwandte Wiesen mit höherem Kräuteranteil, entweder auf ärmeren Böden oder mit anderen arealgeographischen Zügen. Über die montanen Bachkratzdistelwiesen und die subkontinentalen Graudistelwiesen wurde bereits im vorigen Kapitel kurz gesprochen.

a) Wassergreiskrautwiesen (*Bromo-Senecionetum aquaticae* Lenski 1953)

Wassergreiskrautwiesen sind das Gegenstück zu den relativ anspruchsvollen Kohldistelwiesen. Sie waren früher vor allem in Nordwestdeutschland in großen und kleinen Niederungen weit verbreitet, vom Münsterland bis ins westliche Schleswig-Holstein. Eine erste genauere Beschreibung des *Bromo-Senecionetum* erfolgte aus dem Ostetal (Lenski 1953). Die noch von Meisel (1969) als weit verbreiteter Wiesentyp beschriebene Assoziation mit zahlreichen Untereinheiten ist heute in vielen Gebieten fast ganz verschwunden. Allerdings rechnete Meisel auch viele Bestände ohne *Senecio aquaticus* dazu, die eher eine **Calthion-Basalgesellschaft** bilden.

Heute findet man das *Bromo-Senecionetum* am ehesten noch in Schutzgebieten (s. auch Preising et al. 1997). Erneut sei auf das Beispiel Holtumer Moor (Abb. 25) verwiesen, wo dieser bunte Wiesentyp noch bis Mitte der 1960er Jahre in feiner floristischer Gliederung vorkam (Dierschke 1979). Schrautzer & Wiebe (1993) beschreiben ähnliche Tendenzen aus Schleswig-Holstein. Aus dem Ostetal gibt es zwei Vegetationskarten von 1952 und 1991 (J. Müller et al. 1992; Abb. 139 in Kap. 9.2.5.1). 1952 war dort die Assoziation weiträumig in fünf Subassoziationen entwickelt; es gab sogar noch Rieselwiesen (Rosenthal & Müller 1988). Bei intensivierter Nutzung haben sich heute artenarme Wiesen entwickelt, die man nur noch der Ordnung der Feuchtwiesen (Molinietalia) oder sogar eher den Flutrasen zuordnen kann (Rosenthal et al. 1998). Viele Wiesen liegen schon länger brach.

Wo Wassergreiskrautwiesen noch erhalten sind, zeigen sie ähnliche Strukturen und phänologische Aspekte wie die Kohldistelwiesen (siehe Kap. 7.5.1.1). Im zweiten Aufwuchs ist die gelbe Blüte des Wassergreiskrautes besonders auffällig (Abb. 10, S. 33). Die Traubentrespe (*Bromus racemosus*), früher weiter verbreitet, ist heute recht selten geworden. Phänologische Diagramme finden sich bei Schwartze (1992).

Außerhalb der großen, subatlantisch geprägten Tieflandsbereiche hat die Wassergreiskrautwiese wohl immer nur eine eher beigeordnete Rolle gespielt. Aus Silikatgebieten Nordbayerns gibt es zwar über 50 Vegetationsaufnahmen von Hauser (1988), die aber wiederum vorwiegend ein artenärmeres Calthion repräsentieren. Bergmeier et al. (1984) beschreiben das *Bromo-Senecionetum* aus hessischen Flussauen zwischen dem höher anschließenden *Sanguisorbo-Silaëtum* (s. Kap. 7.5.2.2) und tiefer gelegenen Seggenrieden und Flutrasen. Schwabe (1987) schildert die Assoziation aus den Buntsandsteinflusstälern des Schwarzwaldes in einer *Juncus acutiflorus*-Rasse. Ansonsten kommt das Wassergreiskraut vereinzelt in anderen Gesellschaften vor, zum Beispiel im *Cirsietum rivularis* am Federsee (Grüttner & Warnke-Grüttner 1996).

b) Eisenhutblatthahnenfuß-Kälberkropfwiese (*Chaerophyllo-Ranunculetum aconitifolii* Oberdorfer 1952)

Diese montan bis hochmontan verbreitete Gesellschaft ähnelt durch hohen und dichten Wuchs mehr einer Hochstaudenflur (Abb. 78, S. 93), enthält aber viele Wiesenpflanzen. Sie ist von den Alpen über den Schwarzwald weiter nach Osten in den Mittelgebirgen verbreitet, kommt mit artenarmen Ausläufern noch bis zum Rothaar- und Ebbegebirge vor (Pott 1995a). In sickernassen Hangmulden und -rinnen mit regelmäßiger Frühjahrsüberschwemmung, oft entlang kleiner Rinnsale, fällt die Gesellschaft durch den weißen Blühaspekt des Eisenhutblättrigen Hahnenfußes und/oder des Rauhaarigen Kälberkropfes besonders auf.

7.5.1.3 Sauergras-Nasswiesen

Der Begriff „sauer“ kommt aus dem Althochdeutschen und bedeutet „nass“. Sauergräser sind also durchaus nicht auf saure Böden beschränkt. Auf quellig-wasserzügigen, zeitweise auch leicht überstauten, mit sauerstoffreichem Wasser durchrieselten Nassböden wachsen einige Binsen und die Waldsimse, die nur minderwertiges Futter liefern und sich eher als Streulieferanten eignen. Durch ein gut ausgebildetes Durchlüftungsgewebe sind sie an dauernasse Bodenbedingungen angepasst. Während ursprünglichere Typen eher mit Seggenrieden oder Pfeifengraswiesen verwandt sind, rechnet man etwas gepflegtere Wiesen zum Calthion. Hört die Nutzung auf, entwickeln sich Dominanzbestände einzelner Arten, die nicht zuletzt Anlass zur Beschreibung eigener Vegetationstypen waren. Sie werden hier nicht als Assoziationen sondern als etwa gleichrangige Gesellschaften mit eigenständiger Struktur, aber ohne eigene Kennarten aufgefasst.

Die in Frage kommenden Sauergräser folgen in ihren ökologischen Schwerpunkten deutlich einem **Basengradienten** in der Reihenfolge *Juncus subnodulosus - Scirpus sylvaticus - Juncus acutiflorus*. Weitere große Binsen sind *Juncus conglomeratus*, *J. effusus* und *J. in-*

Abb. 79 Dichter Waldsimsen-Bestand einer Nasswiesenbrache.

flexus. Erstere ist in nährstoffarmen Feuchtwiesen weiter verbreitet. Die beiden anderen kommen eher an gestörten Standorten, zum Beispiel bei Tritt von Weidetieren stärker zur Geltung. *Juncus inflexus* zeigt Affinitäten zu Flutrasen (s. Kap. 7.4.2), *Juncus effusus* kann als schwache Calthion-Art eingestuft werden.

a) Knotenbinsen-Sumpfwiese (*Juncus subnodulosus*-Gesellschaft)

In quelligen, oft hängigen Kalksümpfen über stauenden Mergeln wächst eine schwer einzuordnende Binsenmagerwiese. Naturnähere Bestände tendieren zu Kleinseggenrasen des Caricion davallianae, naturfernere zum Molinion oder Calthion. Die submediterran-atlantisch verbreitete, hochwüchsig-dunkelgrüne Knotenbinse beherrscht das Bild. Sie ist auf tiefere Lagen und kalkreiche Mittelgebirge sowie die Jungmoränengebiete konzentriert. In nordwestlichen Mittelgebirgen ist sie selten bis fehlend und heute auch sonst eher selten. Eine neuere Beschreibung, Abgrenzung und Gliederung der Gesellschaft gibt Grüttner (1990) aus dem westlichen Bodenseegebiet.

b) Waldsimsen-Sumpfwiese (*Scirpus sylvaticus*-Gesellschaft)

In vielen Arbeiten über Feuchtwiesen, vor allem aus bergigen Gebieten, wird das *Scirpetum sylvatici* Ralski 1931 beschrieben. Dieser Wiesentyp ist relativ ertragreich (bis zu 70 dt Heu/ha), liefert aber ein sehr minderwertiges Futter, ist heute ohne wirtschaftliche Bedeutung und eher hinderlich für eine großflächige Wiesennutzung (s. auch Kap. 8.7.3). Die Waldsimse bildet bei Ausbleiben der Mahd auf dauernassen, lehmig-tonigen Böden (Nassgleye und -pseudogleye bis Anmoor) mit kalkarmem, aber mäßig basenreichem, zügigem Wasser dichte Bestände (Abb. 79), die durch deren hellgrüne Blätter und bräunlichgrüne Blütenstände auffallen (Abb. 79). Die Gesellschaft ist in Silikatgebieten Mitteleuropas und darüber hinaus weit verbreitet, oft aber nur kleinflächig in quelligen, durchrieselten Mulden und Rinnen vorhanden. Wo Hangdruckwasser in Talungen austritt, gibt es großflächigere Bestände (Abb. 75, S. 76). In der Montanstufe kennzeichnen Arten wie *Bistorta officinalis*, *Chaerophyllum hirsutum*, *Equisetum sylvaticum*, *Trollius europaeus* und andere eine eigene Höhenform.

c) Waldbinsen-Sumpfwiese (*Crepido-Juncetum acutiflori* Oberd. 1957)

Diese, bei Dominanz der Waldbinse dunkelgrüne, nur teilweise auch blütenreichere, extensive bis halbextensive, einschnittige Wiese mit sehr geringem Futterwert und Ertrag (nach Hundt 1964 20 dt/ha Heu) ähnelt in vielen Punkten der Waldsimsen-Sumpfwiese. Von natürlichen Quellstellen mit basenarmem Wasser ausgehend, hat sich *Juncus acutiflorus* in Wiesen mit wasserzügig-dauernassen Böden (Nassgleye und -pseudogleye bis Anmoor) ausgebreitet, die sich nach Aufhören der Mahd oft in Dominanzbestände der Binse umwandeln (Abb. 80). Wiegleb (1977) beschreibt zum Beispiel aus dem Harz sehr artenreiche Wiesen mit eher niedrigem Deckungsgrad der Binse (bis zu 56 Arten pro Aufnahme), aber auch brachliegende *Juncus*-Dominanzen mit nur noch 21 Arten (oft liegt die Zahl noch niedriger). Aus Hessen werden ähnlich artenreiche Wiesen beschrieben (Peukert 1990). Zwar hat die Gesellschaft ihren Schwerpunkt in den Mittelgebirgen, kommt aber auch in nordwestdeutschen quellig-nassen Bachtälern vor. Amani (1980) fand dort ebenfalls Arten-

Abb. 80 Besonders im Sommer fallen die dunkelgrünen Bestände der Waldbinse in quellig-wasserzügigen Tälchen auf, hier im Kontrast zur Bärwurzwiese in der Eifel.

zahlen bis über 40, in Brachen mit Binsendominanz oft nur um 20 Arten. KRAUSCH (1963) beschreibt die Gesellschaft auch aus den Altmoränengebieten Brandenburgs, wo sie sich ihrer östlichen Arealgrenze nähert. Die Waldbinse selbst hat ihr Optimum in atlantischen Bereichen Nordwest- bis Südwesteuropas, wo sie in zahlreichen Gesellschaften auftritt (WATTEZ 1978). Dort wird ein eigener Verband **Juncion acutiflori** beschrieben, der mit Ausläufern gerade noch den Rhein erreicht (OBERDORFER 1983). Da die Waldbinsenwiesen in Mitteleuropa floristisch etwas eigenständiger sind, werden sie als eigene Assoziation innerhalb des **Calthion** aufgefasst.

Sowohl räumlich wie ökologisch steht der Waldbinsensumpf oft in enger Beziehung zum Waldsimsensumpf. Bei ähnlichem Wasserhaushalt besiedelt *Juncus acutiflorus* eher die basenärmeren Quellaustritte in Silikatgebieten, weiter unterhalb gefolgt und ersetzt von *Scirpus sylvaticus*. Vergleichende Untersuchungen von AMANI (1980) zeigen für *Juncus acutiflorus*-Bestände eine etwas stärkere und langandauerndere Bodenvernässung, für *Scirpus sylvaticus*-Bestände etwas günstigere bodenchemische Werte (s. auch RUTHSATZ 2000) bei allgemein sehr niedrigem Niveau. Die Waldsimse hat räumliche, ökologische und dynamische Verbindung zum *Angelico-Cirsietum oleracei* (s. Kap. 7.5.1.1), die Waldbinse eher zum *Bromo-Senecionetum* (s. Kap. 7.5.1.2).

d) Binsen-Pfeifengraswiese (*Juncus conglomeratus-Succisa pratensis*-Gesellschaft)

Die vorhergehend beschriebenen Sumpfwiesen sind aus heutiger Sicht eher Streuwiesen, mögen aber früher auch genügsamem Vieh als Futter gedient haben. Gleiches gilt für die **„acidoklinen Pfeifengraswiesen“**, die TÜXEN & PREISING (1951) erstmals als eigene Assoziation *Junco-Molinietum* beschrieben haben. Allerdings spielt *Molinia caerulea* oft eher eine untergeordnete Rolle, während verschiedene Binsen und andere nährstoffgenügsame Arten hervortreten. Diese Extensivwiesen sind Ersatzgesellschaften bodensaurer Birken-Eichenwälder sowie ärmerer Erlen- und Birkenbruchwälder. Im Gegensatz zu anderen Feuchtwiesen haben sie teilweise unauffälligere Blühaspekte und eine graugrüne Farbe. Ihr Verbreitungsschwerpunkt lag auf Nassböden der nordwestdeutschen Altmoränen- und Sandgebiete. In der Tat muss man hier in der Vergangenheit sprechen. Die ehemals recht weit verbreiteten Magerwiesen sind heute fast oder ganz ausgestorben.

Neben weiter verbreiteten Klassenkennarten und Begleitern kommen in älteren Tabellen folgende Arten mit höherer Stetigkeit vor:

Achillea ptarmica, Agrostis canina, Carex nigra, C. ovalis, C. panicea, Cirsium palustre, Danthonia decumbens, Deschampsia cespitosa, Festuca tenuifolia, Filipendula ulmaria, Galium uliginosum, Hydrocotyle vulgaris, Hypochaeris radicata, Juncus acutiflorus, J. conglomeratus, J. effusus, Lotus uliginosus, Luzula campestris, L. multiflora, Lychnis flos-cuculi, Molinia caerulea, Nardus stricta, Potentilla erecta, Ranunculus flammula, Succisa pratensis, Viola palustris.

Erkennbar ist der feucht-nährstoffarme Charakter der Standorte durch Arten der Borstgrasrasen und Kleinseggenriede. Beziehungen zum Molinion im engeren Sinn (s. Kap. 7.5.2) sind kaum vorhanden, eher zum Calthion. Einer Kennart kommt am ehesten *Succisa pratensis* nahe (Abb. 81, S. 94).

Abschließend sei noch auf eine ***Juncus effusus*-Gesellschaft** hingewiesen, die von Oberdorfer (1957) erstmals als *Epilobio-Juncetum effusi* beschrieben wurde. Es handelt sich um vernachlässigte, durch Viehtritt und Eutrophierung gestörte Feuchtweiden und schlecht drainierte Wiesenmulden, wo sich die Flatterbinse als Störungszeiger breit macht („Verbinsung"). Ihre dunkelgrünen Flecken waren früher in Feuchtgebieten nicht selten. Auch eutrophierte Ufer oligo-dystropher Seen können ähnliche Bestände aufweisen. Eine lose Angliederung an das Calthion ist möglich.

7.5.2 Halbextensive Stromtalwiesen

In großen Flussauen mit lehmig-tonigen Böden und natürlicher Schlickdüngung nach Hochwassern sind viele unserer anspruchsvolleren Graslandpflanzen zu Hause (s. Kap. 3.2), ebenfalls zahlreiche Spätblüher unter halbextensiver Nutzung (Abb. 82, S. 94). Hier konnten sich auch schon frühzeitig wiesenartige Bestände nach Auflichtung der Auenwälder entwickeln, aus denen später unter Einfluss ein- bis zweimaliger Mahd bei nur geringen Meliorationen mäßig ertragreiche Futterwiesen wurden. Im Gegensatz zu den ziemlich gleichmäßig feuchten Böden des Calthion herrschen hier wechselfeuchte (bis wechseltrockene) Bedingungen (s. Kap. 6.2.1). Stromtalwiesen unterliegen, wie schon bei den Flutrasen (s. Kap. 7.4) erläutert, einer Dynamik durch von Jahr zu Jahr wechselnde Zeitpunkte und Dauer von Hochwassern. Außerdem ändert sich mit der Überflutungsdauer auch die Nutzungsmöglichkeit von Jahr zu Jahr.

7.5.2.1 Brenndoldenwiesen (**Cnidion venosi** Bal.-Tul. 1966)

Die halbextensiven Überschwemmungswiesen im südöstlichen Mitteleuropa weisen eine Vielzahl subkontinental verbreiteter Arten auf, die das Cnidion venosi kennzeichnen. Der Verbandsname hat dazu geführt, dass schon bei Auftreten der Brenndolde oder weniger anderer Arten dieses Verbandes eigenständige Assoziationen beschrieben wurden. In einer umfassenden Synthese hat Burkart (1998) ein neues Konzept mit einem enger gefassten Cnidion erarbeitet, dem wir hier weitgehend folgen. Als Diagnostische Arten können gelten:

Allium angulosum, Carex praecox, C. vulpina, Cerastium dubium, Cnidium dubium, Eleocharis palustris, Gratiola officinalis, Inula britannica, Iris pseudacorus, Juncus atratus, Lathyrus palustris, Lotus tenuis, Oenanthe fistulosa, Phalaris arundinacea, Poa palustris, Potentilla reptans, Ranunculus auricomus agg., *R. repens, Rorippa sylvestris, Scutellaria hastifolia, Senecio erraticus, Serratula tinctoria, Symphytum officinale, Teucrium scordium, Thalictrum flavum, Trifolium hybridum, Viola elatior, V. persicifolia, V. pumila.*

Manche dieser Arten kommen in Deutschland kaum oder gar nicht vor. Seinen floristischen Schwerpunkt hat das Cnidion venosi nach bisheriger Kenntnis im südöstlichen Mitteleuropa (Tschechien, Slowakei, östliches Österreich) mit weitem Areal bis nach Russland und in die Ukraine (Ellmauer & Mucina 1993). Auf dem Balkan wird es vom **Deschampsion cespitosae Horvatic 1930** abgelöst.

Burkart (1998) fasst die Brenndoldenwiesen Ostdeutschlands und Polens als ***Cnidio-Deschampsietum*** **Hundt ex Passarge 1960** zusammen (Abb. 83, S. 94). Es hat seine nordwestlichsten Ausläufer an der mittleren Elbe und unteren Havel, erreicht im Westen auch noch die Rheinaue. Im Gegensatz zu den floristisch verwandten Pfeifengraswiesen (s. Kap. 7.5.3) können Brenndoldenwiesen schon ab Mitte Juni gemäht werden. Manche Arten erreichen ihre volle Entwicklung erst danach (Burkart schriftl.). Auch mäßige Beweidung ist möglich. Bei intensiverer Nutzung erfolgt Übergang zu Flutrasen oder Fuchsschwanzwiesen. Die Artenzahl pro Aufnahme, also auf wenigen Quadratmetern, kann über 40 liegen. Für die ökologische Situation bezeichnend ist die Lage im Feuchtegradienten des welligen Auenprofils: höher, also mehr oder weniger außerhalb des Hochwasserbereiches, schließen Glatthaferwiesen, auf sandigen Kuppen sogar Trockenrasen an. Nach unten grenzt die Brenndoldenwiese an Flutrasen, Rohrglanzgraswiesen und Seggenriede.

In mehreren Arbeiten hat bereits Walther (z. B. 1977, auch schon in Tüxen 1954) ein ***Cnidio-Violetum persicifoliae*** aus dem Wendland beschrieben (Abb. 84, S. 95). Auch Oberdorfer (1983) führt diese Assoziation für Flutrinnen am Oberrhein auf, zusammen mit weiteren Gesellschaften. Beides sind stark bedrohte Randausbildungen des östlichen Verbandes.

7.5.2.2 Wiesenknopf-Silgenwiesen (*Sanguisorba officinalis-Silaum silaus*-Gesellschaft)

Ein in seiner syntaxonomischen Stellung unklarer Wiesentyp ist die Wiesenknopf-Silgenwiese, oft als Sanguisorbo-Silaëtum Klapp ex Vollrath 1965, auch als Silaëtum pratensis Knapp 1954 bezeichnet. Die als Kennart angegebene Silge hat eine recht weite Verbreitung in Feucht- bis Frischwiesen vorwiegend halbextensiver Nutzung. So wird die Wiesenknopf-Silgenwiese, je nach örtlicher Ausprägung und Bewirtschaftung, zum Calthion, Molinion oder auch zum Cnidion gestellt. Floristische Beziehungen gibt es auch zum Arrhenatherion (z. B. *Arrhenatheretum silaëtosum*), Potentillion und sogar zum Mesobromion.

Diese Wiesen sommerwarmer Stromtäler mit basenreichen, mehr oder weniger vergleyten Tonböden mäßiger Nährstoffversorgung, meist Ersatzgesellschaften entsprechender Hartholzauenwälder, haben ihren Verbreitungsschwerpunkt in Süd- bis Mitteldeutschland. Sie reichen aber über Mittelhessen mit Ausläufern bis nach Nordwestdeutschland und haben im Vergleich zum Cnidion ein etwas mehr subatlantisches Areal. Im östlichen Grenzbereich kommt es zu floristischen Überlagerungen. Auch kleinräumig bedingt die ökologische Nische der Wiesenknopf-Silgenwiesen zwischen Seggenrieden und Flutrasen tieferer Mulden und höher anschließenden Glatthaferwiesen floristische Übergänge, die teilweise als Untereinheiten beschrieben sind (z. B. Vollrath 1965). Andererseits fehlen viele Arrhenatheretalia wegen Überflutung, etliche Feuchtezeiger wegen sommerlicher Austrocknung.

Nach einer Übersichtstabelle bei Thomas (1990) und weiteren Angaben lässt sich ein konstanterer Artenkern erkennen, der den Charakter eines Wiesentyps „zwischen allen Stühlen“ verdeutlicht:

Achillea millefolium, Agrostis stolonifera, Alopecurus pratensis, Cardamine pratensis, Carex acuta, C. disticha, Centaurea jacea, Colchicum autumnale, Deschampsia cespitosa, Festuca pratensis, F. rubra agg., *Filipendula ulmaria, Galium verum, Holcus lanatus, Lathyrus pratensis, Lychnis flos-cuculi, Lysimachia nummularia, Plantago lanceolata, Poa pratensis, P. trivialis, Potentilla reptans, Ranunculus acris, R. auricomus* agg., *R. repens, Rumex acetosa, Sanguisorba officinalis, Silaum silaus, Succisa pratensis, Symphytum officinale, Taraxacum officinale, Trifolium pratense, T. repens, Vicia cracca.*

Die ein- bis zweischnittigen, relativ spät gemähten Wiesen sind nur mittelwüchsig und reich an Kräutern, die vor allem im Hochsommer sehr bunte Blühaspekte ausbilden. Die Futterqualität ist eher gering und entspricht heutigen Anforderungen nicht. So ist von den früher großflächigen Wiesen, wie sie zum Beispiel Vollrath (1965) in seiner Vegetationskarte der Itzaue darstellt, heute meist nur noch wenig übriggeblieben. Vor allem durch intensivere Nutzung verschwinden bald etliche Arten. Auch Eindeichungen oder Entwässerungen haben zum starken Rückgang beigetragen.

7.5.3 Pfeifengraswiesen (**Molinion caeruleae** Koch 1926)

Pfeifengraswiesen mit *Molinia caerulea* oder auch *M. arundinacea* als auffälligen Grasarten gehören zu den ursprünglichen Wiesentypen Mitteleuropas. Einige sind durch extensive Nutzung (Mahd im Herbst alle ein bis zwei Jahre, ohne Düngung) auf feuchten bis wechselfeuchten, meist basenreichen, aber nährstoffärmeren Böden (Gleye, Pseudogleye bis Anmoor, Niedermoor) wohl schon frühzeitig entstanden. Wie Ellenberg (1996, S. 809) betont, haben sich aber große Teile erst im 19. Jahrhundert gebildet, als sich in Süddeutschland die ganzjährige Stallhaltung von Rindern durchsetzte. Die Wiesen dienten vorwiegend der Streugewinnung und werden deshalb auch als Haupttyp solcher Streuwiesen angesehen (s. auch Kap. 4.3.2.4). Schon aus Gründen möglichst rohfaserreicher Streu werden sie erst gegen Ende der Vegetationsperiode gemäht, wenn viele Pflanzen vergilbt sind, also große Teile ihrer Nährstoffe wieder nach unten verlagert haben. Über das Pfeifengras als Vertreter gut angepasster Streuwiesenpflanzen mit später Entwicklung und internem Nährstoffkreislauf wurde bereits gesprochen (s. Kap. 6.3.2.1), ebenfalls über allgemeinen Nährstoffmangel und oft unausgeglichenen Wasserhaushalt der Standorte (s. Kap. 6.2.1).

Streuwiesen gab es lange Zeit in den Alpentälern bis ins nördliche Alpenvorland, aber auch weit gestreut in anderen Gebieten mit nicht zu basenarmen Böden, bis in die Jungmoränengebiete im Nordosten. Erst mit der Umstellung von festem auf flüssigen Hofdünger verloren sie ihre früher große Bedeutung und konnten relativ leicht zu Futterwiesen umgewandelt werden. Im Bodenseegebiet, das früher als ein Zentrum genannt wurde, liegen dagegen die meisten Pfeifengraswiesen brach (Grüttner 1990), ebenfalls am Oberrhein (Thomas 1990), wo Philippi (1960) noch ein sehr differenziertes Gesellschaftsspektrum fand. Restbestände aus Nordwestdeutschland haben Zacharias et al. (1988) beschrieben. Viele Pflanzen der Streuwiesen stehen auf der Roten Liste, fast überall gehören Molinion-Bestände zu den stark vom Aussterben bedrohten Graslandtypen (s. Kap. 11.2). Als Diagnostische Arten (manche vor allem auch in das Cnidion übergreifend) lassen sich nennen:

Allium angulosum, A. suaveolens, Betonica officinalis, Briza media, Carex flacca, C. panicea, C. tomentosa, Cirsium tuberosum, Dianthus superbus, Epipactis palustris, Festuca arundinacea, Filipendula vulgaris, Galium boreale, G. verum, Genista tinctoria, Gentiana asclepiadea, G. pneumonanthe, Gladiolus palustris, Gymnadenia conopsea, Inula salicina, Iris sibirica, Laserpitium prutenicum, Linum catharticum, Lotus corniculatus, Molinia arundinacea, M. caerulea, Oenanthe lachenalii, Ophioglossum vulgatum, Phragmites australis, Polygala amarella, Ranunculus polyanthemos agg., *Scorzonera humilis, Selinum carvifolium, Serratula tinctoria, Succisa pratensis, Tetragonolobus maritimus, Thalictrum simplex, Valeriana pratensis.*

In diesen artenreichen Wiesen ist eine Oberschicht oft nur sehr locker ausgebildet. In der Mittelschicht gibt es viele bunt blühende Arten, die auch noch genug Licht für niedrigwüchsige Pflanzen durchlassen. Eine Moosschicht ist häufig vorhanden, wird aber in vielen Arbeiten nicht erwähnt (s. aber Buchwald 1996). Die Produktivität ist sehr variabel; liegt etwa bei 25 bis 60 dt TM/ha.

In vielen Arbeiten wird die **Blütenpracht** der Pfeifengraswiesen hervorgehoben (Abb. 85, S. 94). Genauere Blühspektren finden sich für feuchtere Ausprägungen bei Weber & Pfadenhauer (1987), für eine trockenere Variante bei Schwabe & Kratochwil (1986). Im Frühjahr heben sich die Wiesen durch ihre bräunlichen Stoppeln deutlich vom Grün der Düngewiesen ab; die Entwicklung ist auf den nährstoffarmen Böden stark verzögert. Im Mai kann das Gelb der Hahnenfüße aufleuchten, aber erst ab Juni oder Juli beginnt die bunte Blütenpracht. Diese hält bis in den Herbst hinein an, obwohl ab Mitte Juli bereits viele Pflanzen wieder vergilben. Auffällig sind die Phänophasen 7 bis 8 (s. Kap. 5.2), vor allem mit weißen, gelben und roten Farben (Abb. 50, S. 55). Besonders prachtvoll sind die leuchtend blauen Blüten der nur vereinzelt in Gruppen wachsenden Sibirischen Schwertlilie (Abb. 49, S. 55). Das Pfeifengras gibt mit seinen mattgrünen Blättern und schwärzlichen Blütenständen den Wiesen eine eigentümliche Färbung, im Herbst durch leuchtendes Braungelb der als Streu beliebten Reste.

Molinietum caeruleae Koch 1926
(Reine Pfeifengraswiese)
Das *Molinietum caeruleae* ist die „Zentralassoziation“ des Verbandes, das heißt sie besitzt keine eigenen Kennarten, aber die Verbandsarten in guter Ausprägung. Es ist vor allem auf basenreichem Niedermoor in der submontanen und montanen Stufe verbreitet und zeigt eine deutliche geographische Gliederung in Rassen und Höhenformen sowie in bodenökologisch begründete Subassoziationen (s. u.).

Cirsio tuberosi-Molinietum arundinaceae
Oberd. et Philippi ex Görs 1974
(Knollendistel-Pfeifengraswiese)
Im Gegensatz zur vorigen wächst diese Streuwiese in warmen Tieflagen auf tonigen, wechselfeuchten, nur mäßig humosen Böden und hat ein südwest-mitteleuropäisches Areal. Restbestände finden sich vor allem auf weniger nassen Standorten, oft mit Übergängen zu Kalkmagerrasen des Mesobromion.

Allio suaveolentis-Molinietum
Görs in Oberd. ex Oberd. 1983
(Duftlauch-Pfeifengraswiese)
Diese ebenfalls wärmeliebende Streuwiese bildet eine Vikariante zur vorherigen Assoziation mit präalpin-ostsubmediterraner Verbreitung, vom Oberelsass östlich um die Alpen herum bis nach Ungarn und Kroatien. Hier kommen beide *Molinia*-Arten gemischt vor.

Für alle drei Assoziationen gibt es ähnliche standörtlich- und geographisch-floristische Untereinheiten, wie sie zum Beispiel bei Oberdorfer (1983), Pott (1995a) oder Ellmauer & Mucina (1993) zusammenfassend beschrieben werden. Mehr oder weniger gut ausgeprägt sind floristische Übergänge zu Kleinseggenrieden und zu Magerrasen, jeweils auf basenreichen und -ärmeren Substraten, meist im Rahmen von Subassoziationen abtrennbar. Neuerdings unterscheidet Buchwald (1996) das *Molinietum schoenetosum ferrugineae*, das *M. caricetosum davallianae*, das *M. typicum* und das *M. brachypodietosum pinnati*, jeweils mit weiterer Differenzierung in Varianten. Auch für die in verschiedenen Arbeiten angesprochene Höhengliederung liefert er ein differenziertes Konzept.

7.5.4 Mädesüß-Hochstaudenfluren (**Filipendulion** Lohmeyer in Oberdorfer et al. 1967)

Zum Kulturgrasland gehören durch extensive bis intensive landwirtschaftliche Nutzung oder verwandte Eingriffe entstandene Wiesen, Weiden und Rasen in einem sehr breiten, vieldimensionalen Spektrum. Die zuletzt besprochenen, erst spät gemähten Pfeifengraswiesen haben besonders wenig schnittverträgliche Arten. Wo überhaupt keine oder eine nur gelegentliche Mahd stattfindet und keine Gehölze stärker beschattend wirken, wachsen auf feuchten, mäßig bis gut nährstoffhaltigen Böden (Gleye, Pseudogleye bis Niedermoor) hochwüchsige Bestände. Diese Bestände kamen wohl auch schon in der Naturlandschaft in etwas artenärmerer Form in Verlichtungen und als Randsäume von Feuchtwäldern vor. Ihre Verbreitung entspricht großräumig in etwa dem Areal der Molinietalia-Feuchtwiesen, mit Schwerpunkt in Tälern und anderen Niederungen. Im Gegensatz zu den naturfernen Wiesen können sie als halbnatürlich (mesohemerob) eingestuft werden (s. Kap. 4.2). Da vor allem Klassenkennarten der Molinio-Arrhenatheretea oft nur spärlich beigemischt sind, wird neuerdings auch eine eigene Vegetationsklasse diskutiert (z. B. Preising et al. 1997).

7.5.4.1 Allgemeiner Überblick

Hochstauden, meist Schaft- und Halbrosetten-Hemikryptophyten, spielen weltweit auf Standorten guter Wasser- und Nährstoffversorgung, vor allem in der temperaten Zone eine große Rolle. Sie kommen in ganz verschiedenen Pflanzengesellschaften vor (Dierschke 1996). Oft bilden sie Säume im Kontaktbereich Wald – Freiland oder in anderen Grenzräumen von genutzten zu kaum oder gar nicht menschlich beeinflussten Bereichen. Die hier zu besprechenden Mädesüß-Hochstaudenfluren nehmen hierunter die feuchtesten Standorte ein. Kleinräumiger gesehen wachsen sie zwischen Röhrichten tieferer und nitrophilen Brennnesselfluren etwas höherer Bereiche. Gleichzeitig bestehen enge räumliche und zeitliche Beziehungen zu Artenverbindungen der Feuchtwiesen. Neben wenigen eigenen Arten ist deshalb eine Mischung aus Pflanzen aller dieser Gesellschaften sehr bezeichnend, wobei die Artenzahl insgesamt meist niedrig ist (oft unter 20 pro Aufnahme).

Abb. 86 Besonders in Dominanzbeständen fällt der Hochsommeraspekt des Mädesüß auf.

Die Standortbedingungen dieser Hochstaudenfluren lassen sich als feucht bis mäßig nass angeben. Überflutungen können kurzfristig auftreten, längere Vernässungen sind eher schädlich. Da viele Pflanzen einen internen Nährstoffkreislauf haben (vgl. Kap. 6.3.2 und 9.2.2.5), genügt ein mäßiger Nährstoffgehalt der Böden.

Heute findet man Mädesüß-Hochstaudenfluren vor allem in noch stärker gegliederten Feuchtlandschaften saumartig-streifenförmig an selten gemähten Rändern von Wiesen, entlang von Flüssen, Bächen, Gräben, Seen und Teichen oberhalb der Mittelwasserlinie, auch an Weg- und Straßenrändern in recht unterschiedlicher Ausprägung. Die Hochstaudenfluren an den früher im Grasland häufigen Entwässerungsgräben mit ihrer kleinräumigen Vielfalt hat RUTHSATZ (1983) sehr anschaulich dargestellt. Großflächiger wachsen Hochstaudenfluren auch auf Feuchtwiesenbrachen als erstes Stadium der Sekundärsukzession (s. Kap. 9.2.2.1).

Eine sehr charakteristische Art, auf die auch schon bei den Feuchtwiesen hingewiesen wurde, ist das **Mädesüß** (*Filipendula ulmaria*). Diese spät aufwachsende, hohe Staude mit internem Nährstoffkreislauf, hoher Biomasseproduktion und vegetativer Ausbreitung durch Rhizome (MÜLLER et al. 1992) ist sehr gut an die herrschenden Bedingungen angepasst. In früh gemähten Feuchtwiesen ist sie häufig vorhanden, meist aber nur vegetativ mit Grundblättern und beginnendem Blütentrieb. Dagegen ist sie in bodenfeuchten Hochstaudenfluren optimal entwickelt und trägt oft wesentlich zur Struktur der Bestände bei (Abb. 86). So kann man sie nach Vitalität und Fertilität als schwache Charakterart des Verbandes ansehen. Der Name **Filipendulion** ist gut gewählt. Die folgende Gruppe Diagnostischer Arten hat großenteils eine ähnliche Lebensweise:

Calystegia sepium, Chaerophyllum hirsutum, Cirsium palustre, Epilobium hirsutum, E. parviflorum, Euphorbia palustris, Filipendula ulmaria, Galium aparine, Geranium palustre, Hypericum tetrapterum, Lysimachia vulgaris, Lythrum salicaria, Phalaris arundinacea, Polemonium caeruleum, Pseudolysimachion longifolium, Senecio paludosus, Stachys palustris, Thalictrum flavum, Urtica dioica, Valeriana officinalis, V. procurrens.

Die **Struktur** der Bestände ist durch eine dichte Ober- und /oder Mittelschicht (s. Kap. 4.3.3) aus Kräutern gekennzeichnet. Hohe Gräser und Seggen können zugegen sein, haben aber keine größere Bedeutung. Auch kletternde und rankende Pflanzen wie *Calystegia sepium*, *Galium aparine*, *Lathyrus pratensis* oder *Vicia cracca* wachsen mit empor. Darunter gibt es im Sommer sehr wenig Licht, so dass eine Unterschicht kleinwüchsiger Pflanzen fehlt. Auch Moose spielen keine Rolle. Hochstaudenfluren sind strukturell und floristisch recht stabil, können aber dennoch je nach Zeitpunkt und Abstand erfolgender Störungen stärker fluktuieren beziehungsweise sich bei fehlender Störung allmählich weiterentwickeln (s. auch Kap. 9).

Das **Blühmaximum** ist von allen Gesellschaften der Molinio-Arrhenatheretea am stärksten zum Hoch- bis Spätsommer ausgerichtet. Im Frühjahr herrscht noch lange die fahlgelbliche Streu des Vorjahres. Vereinzelt bilden in Phase 3 Sumpfdotterblume und/oder Wiesenschaumkraut einen Frühlingsaspekt (Abb. 121, S. 116). Später bestimmt meist das dunkle Grün der aufwachsenden Hochstauden das Bild, während benachbarte Wiesen ihr Farbspektrum voll entfalten. Erst in der *Centaurea-Filipendula*-Phase (8) im Hochsommer entwickeln die Hochstaudenfluren ihre bunten Aspekte (Abb. 51, S. 56, und Abb. 87, S. 95), die dann lange anhalten können. In artenärmeren Brachen ist allerdings oft nur das Mädesüß selbst als Farbgeber vorhanden (Abb. 86).

Engelwurz-Mädesüß-Hochstaudenfluren (Angelico-Filipendulion Passarge 1977)

Zu diesem Unterverband gehören die vielfach aus Mitteleuropa beschriebenen Gesellschaften mit Verbreitungsschwerpunkt im westlichen bis mittleren Bereich. Das Klima bedingt einen ausgeglicheneren Wasserhaushalt, der sich, zusammen mit häufiger Nachbarschaft entsprechender Feuchtwiesen, in engen floristischen Beziehungen zum Calthion ausdrückt. Häufigere Differentialarten sind

Angelica sylvestris, *Bistorta officinalis*, *Caltha palustris*, *Cirsium oleraceum*, *Crepis paludosa*, *Geum rivale*, *Lathyrus pratensis*, *Mentha longifolia*, *Myosotis palustris* agg., *Scirpus sylvaticus*.

a) Sumpfstorchschnabel-Mädesüßflur (*Filipendulo-Geranietum palustris* Koch 1926)

Die dichten und hohen Bestände mit dem subkontinental verbreiteten Sumpfstorchschnabel wachsen saumartig entlang kleiner Fließgewässer und Gräben oder in jungen Brachen auf mehr oder weniger basenreichen Feuchtstandorten und besitzen viele auffällig blühende Pflanzen (Abb. 87, S. 95). Es lassen sich eine wenig eigenständige *Epilobium hirsutum*-Tieflagenform und eine submontan-montane *Chaerophyllum hirsutum*-Form unterscheiden (Dierschke 1996). Für letztere gibt es zahlreiche, mehr oder weniger stete Differentialarten:

Aconitum napellus, *Alchemilla vulgaris* agg., *Bistorta officinalis*, *Cardamine amara*, *Chaerophyllum hirsutum*, *Chrysosplenium oppositifolium*, *Geranium sylvaticum*, *Impatiens noli-tangere*, *Senecio ovatus*, *Stachys sylvatica*, *Stellaria nemorum*.

Manche dieser Arten weisen auf den etwas naturnäheren Charakter der Kälberkropf-Mädesüßfluren hin. Wo sie saumartig entlang von mit Gehölzen bestandenen Ufern wachsen (Abb. 88), fehlen viele Arten der Molinio-Arrhenatheretea.

Zum *Filipendulo-Geranietum palustris* kann man als besondere Gebietsausbildung auch das ***Valeriano-Polemonietum caerulei*** rechnen. Die Himmelsleiterflur wird bei Oberdorfer (1983) aus den Tälern der Schwarzen und Weißen Laber (Oberpfalz) als eigene Gebietsassoziation dargestellt. Die häufig als Zierpflanze verwendete, ursprünglich mehr boreal verbreitete Art ist in ihrem Einbürgerungsstatus unklar.

b) Baldrian-Mädesüßflur (*Valeriano-Filipenduletum* Sissingh in Westhoff et al. ex van Donselaar 1961)

Vom *Filipendulo-Geranietum* unterscheidet sich diese Assoziation einmal durch das Fehlen des Sumpfstorchschnabels, aber auch durch stellenweise stärkeres Hervortreten des subatlantischen Kriechenden Arzneibaldrians (*Valeriana procurrens*). Ansonsten sind Artenkombination, Standorte und Höhengliederung in beiden Assoziationen sehr ähnlich (Dierschke 1996), wobei das *Valeriano-Filipenduletum* auch in basenärmeren Bereichen zu finden ist.

Abb. 88 Naturnahe montane Uferflur mit *Chaerophyllum hirsutum*.

c) Artenarme Mädesüß-Dominanzbestände (*Filipendula ulmaria*-Gesellschaft)

In Brachen von Feuchtwiesen gewinnen oft rasch einzelne Arten die Vorherrschaft und bilden relativ stabile, hoch- und dichtwüchsige Dominanzbestände (s. Kap. 9.2.2). Wo das Mädesüß bestimmend ist, ähneln die Bestände physiognomisch stark obigen Assoziationen. Sie sind aber meist deutlich artenärmer, von Ort zu Ort mit stärker wechselnder Artenverbindung. Mit Ausnahme des auffälligen weißen *Filipendula*-Blühaspektes im Hochsommer (Abb. 86) gibt es wenig farbige Abwechslung. Dichtgrüne, zum Herbst sich braun verfärbende Bestände sind vorherrschend (Abb. 123, S. 116, Abb. 127, S. 133, Abb. 135, S. 133 und Abb. 144, S. 135).

Blauweiderich-Hochstaudenfluren
(Veronico longifoliae-Lysimachienion vulgaris Passarge 1977)

Eine Parallele zu den subkontinentalen Brenndoldenwiesen sommerwarmer Stromtäler (s. Kap. 7.5.2.1) und mit diesen oft räumlich-dynamisch verknüpft, bilden Hochstaudenfluren mit einigen eigenen Arten. Sie haben ihren Schwerpunkt von der Elbe ostwärts, erreichen aber auch noch den Oberrhein und haben im Nordwesten einzelne Vorposten. Eine bezeichnende Art ist der Blauweiderich beziehungsweise Langblättrige Ehrenpreis (*Pseudolysimachion longifolium* = *Veronica longifolia*), dessen blaue Blütenstände die weißen, gelben und roten Farben anderer Hochstauden wirkungsvoll ergänzen (Abb. 89, S. 95). Diagnostische Arten sind einige Pflanzen subkontinentaler Verbreitung und/oder Wechselfeuchte ertragende, auch einige Pflanzen der Röhrichte, mit denen sie im Kontakt stehen können:

Achillea ptarmica, Calamagrostis epigeios, Cirsium arvense, Euphorbia lucida, E.palustris, Glyceria maxima, Iris pseudacorus, Phragmites australis, Poa palustris, Pseudolysimachion longifolium, Rubus caesius, Scutellaria hastifolia, Stachys palustris, Symphytum officinale, Thalictrum flavum.

d) Sumpfwolfsmilch-Hochstaudenflur (*Veronico longifoliae-Euphorbietum palustris* Korneck 1963)

Von Rhein, Main, Donau, im Norden von der Elbe mit Vorposten an der Weser und von dort ostwärts wird über diese subkontinental-wärmeliebende Gesellschaft berichtet. Sie wächst saumartig an Rändern kleiner Gewässer auf wechselfeuchten Auelehmen, oft im Kontakt zu Cnidion- oder Molinion-Wiesen, auch in Flutrinnen oder am Rande von Weidengehölzen. Schon im Mai/Juni leuchten die großen gelben Blütenstände der auch sonst sehr auffälligen Sumpfwolfsmilch (Abb. 90, S. 95). Im südöstlichen Mitteleuropa kommt auch *Euphorbia lucida* vor. Später gibt es bunte Aspekte anderer Hochstauden. Teilweise bestimmen auch Röhrichtarten wie *Phragmites australis* stärker das Bild. Zumindest manche der beschriebenen Bestände könnte man deshalb den Röhrichten zurechnen.

e) Blauweiderich-Mädesüßflur
(***Veronico longifoliae-Filipenduletum*** Tx. et Hülbusch ex Dierschke 1968)

Stärker den Charakter einer Mädesüßflur hat diese Randausbildung des Unterverbandes. Kennzeichnend sind *Pseudolysimachion longifolium* und *Thalictrum flavum*, die am weitesten nach Westen reichenden subkontinentalen Arten. Angeregt durch unpublizierte Aufnahmen von Tüxen und Hülbusch wurde sie erstmals von Dierschke (1968) aus dem Wümmetal von ungemähten Rändern der Altwässer und Gräben beschrieben. Meisel (1977) macht Angaben über Vorkommen in Tälern von Oste und Ems, Preising et al. (1997) zusätzlich von der Aller, Verbücheln (1988) aus der Westfälischen Bucht. Auch das von Walther (1955) von der Elbe beschriebene ***Veronico longifoliae-Scutellarietum hastifoliae*** kann hier eingeschlossen werden. Noch weniger gut charakterisiert ist das *Filipendulo-Thalictretum* von Weber (1978).

7.6 Obstwiesen und -weiden

Besonders in sommerwarmen Gebieten (Tieflagen, Sonnhänge) gibt es seit langem größere Obstbaumbestände, oft in engerem Kontakt zu den Dörfern. Vor allem zur Blütezeit im Frühjahr stellen sie ein sehr belebendes Landschaftselement dar (Abb. 91, S. 96 und Abb. 92, S. 96). Im Gegensatz zu den modernen, dicht gepflanzten Niederstamm-Obstplantagen stehen die alten, breitkronig-knorrigen Hochstammobstbäume eher locker verstreut, wovon sich der Name **Streuobst** ableitet. Solche Bereiche unterlagen seit jeher einer Doppelnutzung als Obstlieferanten und Produzenten von Viehfutter. So findet man den Namen „Streuobstwiese“, seltener auch „Streuobstweide“. Bis in die 1950er Jahre spielten solche Bestände in vielen Gebieten eine landschaftsprägende Rolle. Im Zuge der umstrukturierten modernen Agrarnutzung haben sie an Bedeutung verloren. Viele Streuobstbestände fielen der Siedlungstätigkeit zum Opfer, wurden aufgegeben, abgeholzt oder aufgeforstet. Erst in jüngerer Zeit sind sie wieder stärker ins Gespräch gekommen, einmal als Genreservoir alter Obstsorten und aus Sicht des Naturschutzes auch als Refugium vieler Tier- und Pflanzenarten, die in der Intensiv-Agrarlandschaft ihren Lebensraum verloren haben. Genauere Darstellungen zur historischen Entwicklung, heutigen Situation und Bedeutung geben zum Beispiel Bünger (1996), Haas & Treter (1990), Weller (1994).

Arbeiten aus biologischer Sicht befassen sich vor allem mit Tieren, die in den strukturreichen Biotopen einen vielseitigen Lebensraum finden (z. B. Mader 1982). Über Flora und Vegetation gibt es noch wenig genauere Untersuchungen. Uns soll hier nur das Grasland interessieren.

Die Standortamplitude vieler Obstbäume entspricht etwa derjenigen der **Arrhenatheretalia**, also von Frischwiesen und -weiden. Im mageren und etwas trockeneren Bereich kommen auch Kalkmagerrasen, vereinzelt sogar Borstgrasrasen in Betracht. In vegetationskundlichen Untersuchungen (Bünger 1996, Huck & Fischer 1988, Wiesinger & Otte 1991, Wolf & Hemm 1994) werden vor allem Glatthaferwiesen und Weidelgras-Weißkleeweiden als Vegetationstypen mit mancherlei Untereinheiten genannt. Untersuchungen von Langensiepen & Otte (1994) zeigen zudem, dass Obstwiesen und -weiden durch eine Vielzahl von Kleinstrukturen besonders diverse Biotope darstellen.

8 Landwirtschaftliche Aspekte des Kulturgraslandes

Die historische Entwicklung der Landwirtschaft, vorwiegend im Bezug auf das Grasland, wurde bereits in Kapitel 3 ausführlicher dargestellt. Auch einige der neuesten Veränderungen wurden kurz angesprochen; diese sollen hier etwas genauer dargestellt werden.

8.1 Entwicklung der Landwirtschaft in den letzten Jahrzehnten

Das stürmisch verlaufende Wirtschaftswachstum führte insbesondere in Deutschland etwa ab 1960 zu einem **rasanten Strukturwandel in der Landwirtschaft**. Kleinbetriebe wurden zunehmend unrentabel. Landwirtschaft unter erschwerten Bedingungen, wie zum Beispiel im Gebirge oder auf sonstigen Grenzertragsflächen, lohnte nicht mehr (Abb. 93, S. 113). Große Flächen wurden nicht mehr bewirtschaftet und fielen brach. Letzteres dauert in verstärktem Maße bis heute an (s. Kap. 9). Das **Brachfallen** landwirtschaftlicher Fläche ist in der Agrargeschichte ein wiederholt auftauchendes Phänomen, das mit sozioökonomischen oder kriegerischen Ereignissen zusammenfällt, zum Beispiel während der Wüstungsperioden im 14./15. Jahrhundert oder im Dreißigjährigen Krieg (1618–1648). Besonders in jüngerer Zeit wurden in den Ballungsräumen beste Böden aufgegeben und dem Bauboom geopfert. Parallel dazu wurde die Bewirtschaftung der verbliebenen landwirtschaftlichen Nutzfläche immer intensiver und naturferner (Abb. 94). Die Menge der produzierten Nahrungsmittel stieg trotz Flächenrückgang auf ein Vielfaches der vormaligen Nahrungsmittelerzeugung an.

Grasland war bis in das 18. Jahrhundert hinein gewissermaßen die Puffer- und Reservezone zwischen dem Wald auf der einen Seite und den Ackerschlägen der Dreifelderwirtschaft auf der anderen Seite (Kühbauch 1996). Als gemeinschaftliches Weideland trat es in seiner Bedeutung aber stets hinter den Ackerschlägen zurück. Die effektivste Maßnahme

Abb. 94 Mit hohem Maschineneinsatz können heute große Flächen an einem Tag zur Silagegewinnung abgearbeitet werden.

zur besseren Nutzung des Graslandes war nicht etwa die Düngung und die häufigere Nutzung, sondern die Standortverbesserung **(Melioration)**. In erster Linie war es die Beherrschung der Wasserversorgung und damit einhergehend die Möglichkeit von Neuansaaten (Voigtländer & Jacob 1987). Erst in den 1950er Jahren trat dann die Kombination von **Nutzung und Düngung** stärker in den Vordergrund. Stickstoffdüngung und Mähweidenutzung (s. Kap. 4.3.1.4) wurden zunehmend die Eckpfeiler einer neuen Graslandwirtschaft. Man erkannte, dass sich mit Düngung und Nutzung der Standorteinfluss überspielen ließ und so wertvollste Futtergräser dauerhaft etabliert werden konnten. Während 1960 der Düngeraufwand in einem Graslandbetrieb lediglich bei 10 Euro/ha lag, belief sich dieser in den Ackerbaugebieten bereits auf 85 Euro/ha. Danach jedoch veränderten sich die ökonomischen Rahmenbedingungen mit rasanter Geschwindigkeit. So stiegen die Lohnkosten in der Landwirtschaft von 1950 bis 1970 auf fast das Dreifache. Auch die Betriebsmittel wurden erheblich teurer (um 45 %), während die Erzeugerpreise nur geringfügig anstiegen.

Dieser Entwicklung versuchte man in der Graslandwirtschaft mit **Rationalisierung** zur Einsparung von Arbeitskräften, **Spezialisierung** zur Einsparung von Investitionen und **Intensivierung** zur Ertragssteigerung und Ertragssicherung zu begegnen. Im Ackerbau wurden vor allem die Fruchtfolgen verkürzt und die Viehwirtschaft zum Teil ganz aufgegeben. In den Graslandgebieten erfolgte eine Spezialisierung auf Grasland mit entsprechender Ertragsleistung (Abb. 95). Dort, wo noch Ackerbau beibehalten wurde, beschränkte sich dieser auf Silomais. Mit Beginn der 1980er Jahre musste das Familieneinkommen im Graslandbetrieb durch größere Herden und größere Milchleistung des Viehs erhöht werden; der Massenertrag des Graslandes wurde bei kaum veränderter Flächenausstattung durch **stärkere Düngung** angehoben, ebenfalls die Energiedichte des Futters durch **häufigere Nutzung** und den Zukauf energiereichen Futters (Kühbauch 1996). Darüber hinaus wurden mit den **Portionsweiden** effiziente Weidesysteme eingeführt, die eine bessere ernährungsphysiologische Ausnutzung des Weidefutters erlaubten (s. auch Kap. 4.3.1.3). Gleichzeitig aber wurden mit Tierzahlen von über 100 Großvieheinheiten (GV) pro ha die Graslandflächen einer sehr hohen **Trittbelastung** ausgesetzt.

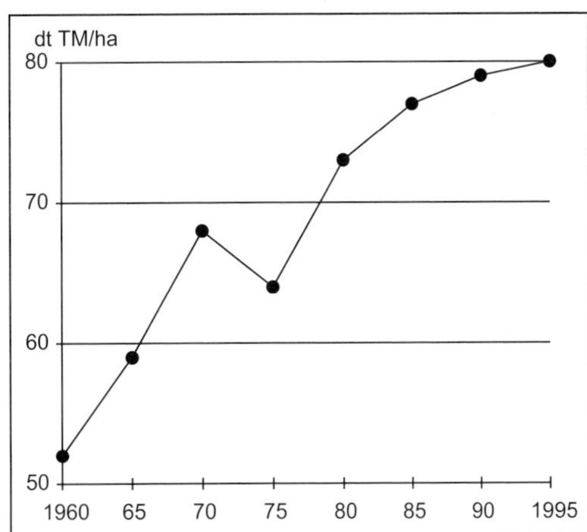

Abb. 95 Entwicklung der durchschnittlichen Wiesenerträge in Deutschland (Kühbauch 1996)

8.2 Wandel der Graslandtypen bedingt durch den landwirtschaftlichen Strukturwandel

Nach 1950 ist die Anzahl der landwirtschaftlichen Betriebe in Deutschland ständig gesunken. Gleichzeitig nahm die Zahl der Höfe, die größere Flächen bewirtschaften, stetig zu. Diese **„landwirtschaftliche Strukturreform"** ist bis heute noch nicht zum Stillstand gekommen und wird sich weiter fortsetzen. Wie Abbildung 96 verdeutlicht, ging der Anteil kleiner Bauernhöfe unter 20 ha Flächengröße von ehemals 65 % auf 20 % zurück. Zugenommen haben dagegen die über 30 ha großen Betriebe, vor allem jene zwischen 50 und 100 ha.

Im Vergleich zu den Wirtschaftformen von vor 30 bis 50 Jahren ist die heutige Graslandwirtschaft durch folgende Merkmale geprägt:

- Übergang von einer Festmist- zu einer Flüssigmistwirtschaft mit Gülle;
- Übergang von Dürrfutterbereitung (Heu) auf Silage;
- früherer Nutzungszeitpunkt des ersten Aufwuchses; dadurch insgesamt mehr Nutzungen pro Jahr;
- im Zusammenhang mit hohen Viehzahlen pro Betrieb und hoher Besatzstärke: Gefahr der Überdüngung hofnaher Flächen mit Gülle.

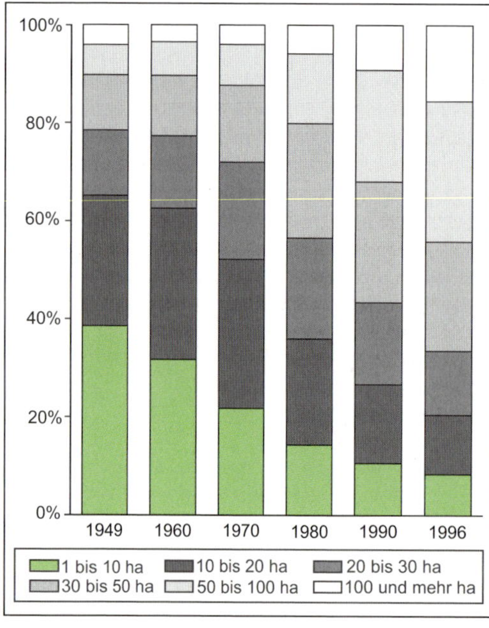

Abb. 96 Betriebsgrößenentwicklung von 1949 bis 1996 (alte Bundesländer).

Hand in Hand mit der Verdrängung kleinerer, gemischt strukturierter Familienbetriebe mit fünf bis zehn Milchkühen veränderten sich auch die Anteile der verschiedenen Graslandtypen. Die mosaikartige Kleinparzellierung der landwirtschaftlichen Flur wich größeren Schlägen und damit auch einer **Uniformierung der überkommenen Kulturlandschaft**. Die so genannte „abgestufte Nutzungsintensität“ mit zeitlich und räumlich verschobener Flächenbewirtschaftung, wie man sie heute in Landschaftspflegeprogrammen zum Ideal erhebt, vollzog sich früher durch die Vielzahl der Einzelbetriebe automatisch. Dies ergab die Heterogenität an Biotopen und Biotopstrukturen unplanmäßig und so ganz nebenbei. Während nach dem Zweiten Weltkrieg die Glatthafer- und Feuchtwiesen noch den Hauptanteil der Futterwiesen einnahmen, sind es heute die Vielschnittwiesen und Mähweiden. Konsequente Standortmelioration (vor allem Entwässerung) zusammen mit dem technologischen Fortschritt und der Rationalisierung in Futterwerbung und -konservierung ermöglichten dies. Ende des 20. Jahrhunderts nahm intensiv bewirtschaftetes, drei bis sechs mal genutztes Grasland auf standardisierten Standorten (frische bis mäßig feuchte Böden) einen Anteil von etwa 75 % ein (Tab. 3).

Farbtafeln S. 133 u. 134

Abb. 124 Vergraste Bergwiesenbrache mit Dominanz von *Agrostis capillaris*, *Deschampsia flexuosa* und *Festuca rubra*. Die Struktur einer Magerwiese bleibt längerfristig erhalten (zu S. 170).

Abb. 126 Von nitrophilen Saumpflanzen (*Urtica dioica*, *Anthriscus sylvestris*) beherrschte Brache einer Glatthaferwiese (zu S. 170).

Abb. 127 Nebeneinander von artenreicher Feuchtwiese und artenarmer Brache (zu S. 171).

Abb. 128 Nach Mahd einer Mädesüßbrache können im Boden erhaltene Samen von *Lychnis flos-cuculi* rasch auskeimen (zu S. 171).

Abb. 131 Beginnende Verbuschung einer Bergwiesenbrache durch vordringende Himbeere vom Waldrand (zu S. 172).

Abb. 133 Polycormonausbreitung der Schlehe von der Hangkante unterhalb in eine brache Glatthaferwiese (zu S. 173).

Abb. 135 Eine dichte Mädesüß-Hochstaudenflur lässt kaum Strahlung in bodennahe Bereiche vordringen (zu S. 174).

Abb. 140 In mageren Bergwiesenbrachen des Harzes breitet sich die Bärwurz stark aus (zu S. 180).

126

124

127

135

128

131
133
140

146
144
145
147a
147b

148

149

150

152

153

155

Tab. 3 Wichtige Graslandtypen Deutschlands und ihre anteilige Veränderung in der zweiten Hälfte des 20. Jahrhunderts (aus Briemle et al. 1999)

Graslandtyp	Anzahl Nutzungen	1950 (%)	2000 (%)
Glatthafer-Talwiesen	2–3	35	5
Goldhafer-Bergwiesen	1–2	10	5
Bergweiden, Magerweiden	1–2	10	5
Summe mäßig frische bis mäßig feuchte Standorte		55	15
Salbei-Glatthaferwiesen, Magerwiesen	1–2	10	5
Feuchtwiesen, artenreiche Fuchschwanzwiesen	2–3	20	4
Nasswiesen, Kleinseggenwiesen	1	5	1
Summe extremere Standorte		35	10
Vielschnittwiesen und Mähweiden	3–6	3	55
artenarme Fuchsschwanzwiesen	3–4	2	10
Intensivweiden, Fettweiden	4–6	5	10
*Summe frische bis mäßig feuchte Standorte**		10	75

* Zunahme auch auf Kosten der ehemals feuchten Standorte

8.3 Wichtige Bewirtschaftungs- und Pflegeparameter

Befasst man sich mit dem Nutzungs-, Erhaltungs- und Pflegebedürfnis von Graslandökosystemen, stößt man relativ schnell auf zwei unverzichtbare Parameter, ohne die eine sachgerechte Graslandpflege nicht denkbar ist: die regelmäßige Lichtstellung und den Standortbezug.

8.3.1 Periodische Lichtstellung

Unter den für die Graslandflora essentiellen Standortfaktoren nimmt die Lichtstellung eine ganz wesentliche Rolle ein, was leider bei vielen Diskussionen über Pflegeprogramme übersehen wird. Unter **Lichtstellung** verstehen wir einen pflegenden oder nutzenden Eingriff des Menschen in die Vegetation, durch den das Sonnenlicht bis auf den Boden gelangt. Ausreichende Belichtung ist für die Vegetation relativ niedrigwüchsiger Pflanzenformationen, wie Wiesen und Weiden, von ausschlaggebender Bedeutung (s. Kap. 6.4). Besonders in produktiven Wiesen herrscht ein unerbittlicher Konkurrenzkampf um das Sonnenlicht. Dies ist da-

Farbtafeln S. 135 u. 136

Abb. 144 Pflegeversuch einer Feuchtbrache in Baden-Württemberg. Links Mulchfläche, rechts *Filipendula*-Brache (zu S. 184).

Abb. 145 Durch zweimalige Mahd lässt sich aus einer Seggenbrache eine Feuchtwiese regenerieren (zu S. 184).

Abb. 146 Pflegeversuch einer Bergwiesenbrache im Harz (April). Von den 10 m breiten Parzellen fallen die Brache (hinten) und die vorjährig nicht gemähte Fläche durch ihre Streufärbung auf (zu S. 184).

Abb. 147 Pflegeversuch im Harz. Unterschied zwischen der grob strukturierten Brache (b: *Meum*, *Bistorta*, *Galeopsis tetrahit* und andere) und der jährlich gemähten Parzelle (a) mit fein verteiltem Artenmuster (zu S. 184).

Abb. 148 Schmalbiene (*Lasioglossum leucozonium*) als Blütenbesucher von *Knautia arvensis* (zu S. 187).

Abb. 149 Dickkopffalter *Thymelicus sylvestris* bei der Nektaraufnahme (*Centaurea jacea*) (zu S. 188).

Abb. 150 Sumpfschrecke (*Stethophyma grossum*) (zu S. 190).

Abb. 152 Waldhummel (*Bombus sylvarum*) an *Stachys officinalis*, einer charakteristischen Pflanzenart wechseltrockenen Graslandes (z. B. Molinion) (zu S. 191).

Abb. 153 Schachbrett (*Melanargia galathea*) auf *Cirsium tuberosum* im Molinion (zu S. 193).

Abb. 155 Uferschnepfe (*Limosa limosa*) (zu S. 194).

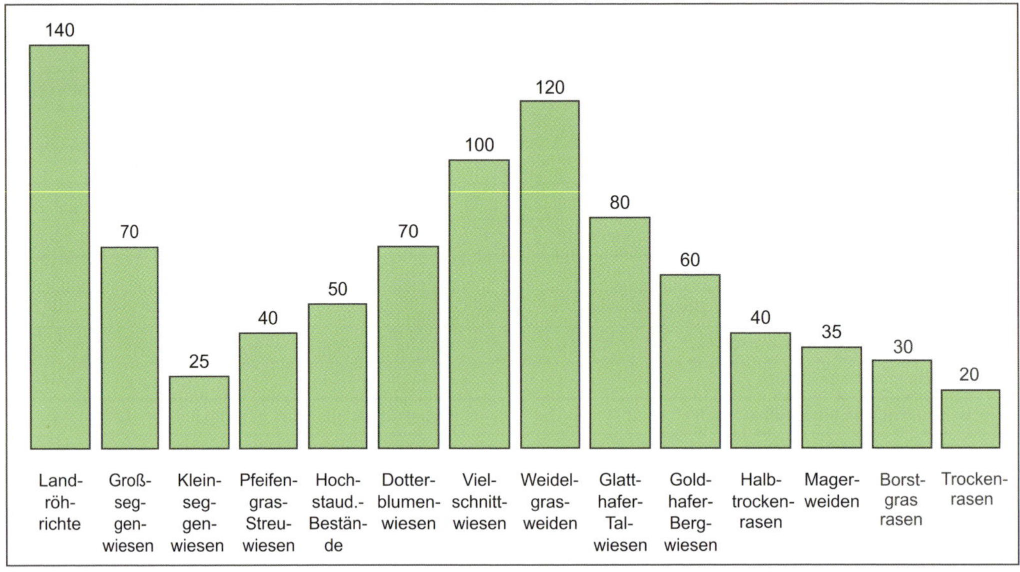

Abb. 97 Trockenmasseerträge der wichtigsten Graslandtypen (in dt/ha).

ran erkennbar, dass Heuwiesen, die über einem Ertragsniveau von 60 dt Trockenmasse pro ha (TM oder TS/ha) liegen, kaum niedrigwüchsige Kräuter oder Untergräser aufweisen: es kommt dort zu wenig Licht auf den Boden (s. Abb. 39). Wird eine solche Wiese jedoch unter Düngeverzicht häufiger genutzt und die Bestandesdichte nimmt ab, erscheinen plötzlich kleinwüchsige Arten in größerer Menge, die vorher nur in Spuren vorhanden waren. In dieser Lichtstellung liegt im Übrigen das Geheimnis der floristischen Artenvielfalt kurzrasiger Graslandtypen, wie es etwa bei den Halbtrockenrasen der Fall ist. Von 500 Graslandpflanzen besitzen nicht weniger als 420 Arten eine Lichtzahl von sieben und höher in der neunteiligen Skala nach ELLENBERG et al. (1992) (s. auch Kap. 12).

8.3.2 Steuerung der Wasser- und Nährstoffversorgung

Grasland ist eine landwirtschaftliche Dauerkultur, die ganzjährig mit Vegetation bedeckt ist. Dies bringt es mit sich, dass der **produktive Wasserverbrauch** im Vergleich zu Ackerkulturen relativ hoch ist: Zur Erzeugung von 1 kg Trockenmasse verdunstet eine Wiese 800 Liter Wasser, wogegen beispielsweise bei Zuckerrüben dazu nur 400 Liter nötig sind. Um eine Biomasse von 60 dt TM/ha zu erzeugen, verdunstet eine zweischnittige Wiese von April bis August nicht weniger als 4800 m^3 Wasser oder 32 m^3 pro ha und Tag. Dies entspricht einem täglichen Niederschlag von rund 3 mm.

Als optimale Grundwasserstände unter Grasland (in cm unter Flur) gelten:

Bodenform	**Wiesen**	**Weiden**
leichte Mineralböden	40 – 60	60 – 70
bindige Mineralböden	60 – 80	90 – 100
Moorböden	30 – 60	60 – 80

Der optimale Grundwasserstand muss relativ hoch liegen, weil erstens etwa 90 % der Wurzelmasse sich in den obersten 10 cm des Bodens befinden (einzelne Wurzeln reichen bis über 1 m tief) und zweitens die durch die Pflanzenwurzeln förderbare Wassermenge nur bis etwa 50 cm über dem Grundwasserniveau einen nennenswerten Umfang erreicht (KLAPP 1971).

Weitere Angaben zum Wasserhaushalt finden sich in Kapitel 6.2.

Das breite Spektrum der Graslandtypen spiegelt die geologischen und pedologischen, vor allem aber die hydrologischen Verhältnisse in der Landschaft wider. Messbarer Ausdruck dieser Standortbedingungen in der Bandbreite zwischen trocken bis nass ist die natürliche Produktion an pflanzlicher Biomasse oder die **Ertragserwartung**. Als vergleichbare Größe wird letztere in der landwirtschaftlichen Fachsprache in Dezitonnen Trockenmasse pro Hektar und Jahr (dt TM/ha und Jahr) ausgedrückt. Gemäß Abbildung 97 reicht das Ertragsspektrum von 20 bis etwa 140 dt TM/ha. Dazu ist jedoch zu sagen, dass Erträge über 60 dt nur durch die **nährstoffmäßige Kreislaufwirtschaft** viehhaltender Betriebe möglich sind. Dabei handelt es sich um ein Gleichgewicht zwischen Nährstoffentzug und Standortnachlieferung bei in der Regel einmaliger Nutzung.

8.3.3 Standortbezogene Nutzung und Pflege

Bei allen Nutzungsformen beziehungsweise Pflegeverfahren des Graslandes sind zunächst die **Standortverhältnisse** von großer Bedeutung. Damit sind sowohl Höhenlage, Kleinklima, Exposition, Bodentyp, Bodenart und die Wasserversorgung angesprochen. Diese wichtigen landschaftsökologischen Faktoren entscheiden über die **Biomasseentwicklung**, was sich in den Begriffen „Natürliche Nährkraft des Bodens", „Nährstoffverfügbarkeit", „Wüchsigkeit" oder „Produktivität" ausdrückt. Im Wesentlichen lässt sich diese Wüchsigkeit, nach der sich der Pflegeaufwand zu richten hat, stark vereinfacht in günstige und ungünstige Ertragslagen aufteilen (Tab. 4).

Es liegt auf der Hand, dass in günstigen Ertragslagen auf den dortigen biologisch tätigen, wüchsigen Böden ein größerer erhaltender Pflegeaufwand getrieben werden muss, als etwa auf Grenzertragsstandorten der Mittelgebirge. Im erstgenannten Fall liegt meist eine so hohe natürliche Produktivität vor, dass sich nur eine **futterbauliche Nutzung** des Graslandes anbietet. Die **reine Pflege** wird sich hier auf Naturschutzgebiete oder spezielle Biotope beschränken. Anders dagegen in den ungünstigen Lagen: Hier finden wir die klassischen Magerrasen und -wiesen, und hier liegen auch die meisten Natur- und Landschaftsschutzgebiete. Der landschaftspflegerische Erfolg, etwa über eine zeitlich begrenzte Ausmagerungsphase ökologisch wertvolle Graslandbiotope zu erzeugen, stellt sich hier viel rascher ein, als in den günstigen Lagen.

Aufgrund starker geologischer und standörtlicher Unterschiede existiert unter den Graslandökosystemen eine große Vielfalt an Biotoptypen. Programme zur **Stabilisierung oder Wiederherstellung** bestimmter Graslandtypen und -biotope sollten daher stets regionale und naturräumliche Besonderheiten berücksichtigen. Nur auf diese Weise ist es möglich, das enorme Potential gefährdeter Pflanzensippen längerfristig als typische Elemente

Tab. 4 Standortmerkmale günstiger und ungünstiger Ertragslagen für die Futtererzeugung*

Günstige Lagen zur Futtererzeugung sind:

- Höhenlagen bis 700 m ü.NN
- gute Wasserversorgung durch jährliche Niederschlagssumme von über 700 mm oder aber Grundwasseranschluss
- tiefgründige, frische bis mäßig feuchte Böden

Zu den **ungünstige Lagen** gehören folgende Standorte:

- Höhenlagen über 700 m ü.NN.
- Boden flachgründig (< 30 cm durchwurzelbar)
- Relief stark hängig (> 45 % oder > 18° Hangneigung)
- ausgeprägte Trockenperioden
- jährliche Niederschlagssumme < 700 mm und kein Grundwasseranschluss
- Sand oder anlehmiger Sand als anstehende Bodenart

* Es genügt, wenn *einer* der genannten Parameter zutrifft

der überkommenen Kulturlandschaft zu erhalten. Als **Kriterien der Förderung** können hier gelten:

- der Seltenheitswert (Raritätsprinzip),
- die Wiederherstellbarkeit (Restituierbarkeit) und
- die Möglichkeit der weiteren Verwertung der Biomasse durch die landwirtschaftliche Viehhaltung.

Die letztgenannte Möglichkeit tritt immer dann in den Vordergrund, wenn es sich um großflächiges Grasland handelt, das kostengünstig offengehalten werden soll. Dazu könnte die angemessene **Honorierung der ökologischen Leistungen** (Pflegeleistungen) eine Anerkennung der Arbeit des Landwirts darstellen, die er im Interesse der übrigen Gesellschaft leistet. So sollte sich nach BORSTEL et al. (1994) das Einkommen der Bauern künftig sowohl aus dem Verkauf marktfähiger Agrarprodukte, wie Nahrungsgüter, Industrierohstoffe oder Bioenergie ergeben, als auch aus Dienstleistungen für die Bereitstellung öffentlicher Güter, nämlich **Biotop- und Artenvielfalt**, **reich strukturierte Kulturlandschaft** und **sauberes Trinkwasser**.

Als grundsätzliches Problem bleibt jedoch bestehen, dass die Rentabilität extensiver Wirtschaftsweisen in ungünstigen Ertragslagen trotz finanzieller Vergütung für die nachhaltige Pflege des ökologischen Gutes „Grasland", niedrig ist (s. auch Kap. 11.4).

8.4 Aspekte der Wirtschaftlichkeit und Grundsätze einer nachhaltigen Graslandnutzung

Der hohe Stellenwert der Graslandwirtschaft innerhalb der Landwirtschaft ist das Ergebnis einer sehr engen Verknüpfung mit Tierhaltung, Milchwirtschaft, Ackerbau und Hofdüngerwirtschaft (BRIEMLE et al. 1996). Ohne Landwirtschaft und Viehhaltung würde eine sinnvolle Verwertung der Aufwüchse ein großes Problem darstellen. Dies zeigt sich beispielsweise immer dann, wenn es sich um reine Landschaftspflege handelt. Nur wenn der landschaftsökologisch verträglich wirtschaftende Landwirt ein sicheres Einkommen erzielt, sind in der Kulturlandschaft dauerhaft diejenigen Graslandtypen zu erhalten, an denen auch die breite, nicht in der Landwirtschaft beschäftigte Öffentlichkeit ein besonderes Interesse hat. Dies sind heute etwa 96 % der Bevölkerung Deutschlands.

Eine flächendeckende Graslandbewirtschaftung ist nach SCHMIDT (1995) an die Existenz erfolgreich wirtschaftender landwirtschaftlicher Betriebe gebunden. In graslandgeprägten Gegenden bedeutet diese Vorgabe eine Verwertung der Aufwüchse über den Wiederkäuer im weiteren Sinne und über die Milchviehhaltung im engeren Sinne. Eine wirtschaftliche Milcherzeugung ist heutzutage aber eng an die Leistung des Einzeltieres gekoppelt; die Möglichkeit, Futter-, Arbeits- und Stallplatzkosten einzusparen, wird daher in der **Züchtung auf höhere Milchleistung** gesehen (HAIGER 1993). Mit jedem züchterischen Fortschritt wachsen aber die Anforderungen an den **Futterwert**, also an Parameter wie Verdaulichkeit, Rohfasergehalt und Energiedichte des Grundfutters (JILG & BRIEMLE 1993). Was den Energiegehalt im Futter anlangt, so hängt dieser maßgeblich vom Zeitpunkt des ersten Schnittes, weniger von der Intensität der Düngung ab (THUMM 1995, RIEDER 1996). Futter mit einer **Energiekonzentration** von unter 5,0 Megajoule (MJ) **N**etto-**E**nergie-**L**aktation (NEL) pro kg Trockensubstanz ist nur begrenzt in der Milchviehhaltung verwertbar. Dies liegt daran, dass auch den dann notwendigen erhöhten Kraftfuttergaben verdauungsphysiologische Grenzen beim Rind entgegenstehen (STEINWENDER & GRUBER 1995). Einige Rahmendaten zur Verwertbarkeit von Graslandaufwüchsen gibt Tabelle 5; über Qualitätsveränderungen im Futter zu bestimmten Nutzungsterminen informiert Abbildung 98.

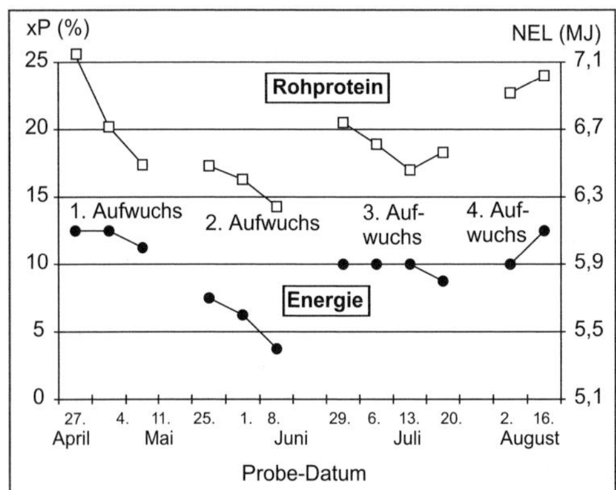

Abb. 98 Qualitätsveränderungen des Futters einer intensiv bewirtschafteten Wiese (nach Angaben bei KÜHBAUCH et al. 1997). xP = Rohproteingehalt, NEL = Energiedichte in Megajoule pro kg TS.

Obwohl das Dauergrasland mit seiner ganzjährigen Vegetationsdecke neben dem Wald die umweltverträglichste Landnutzungsform darstellt, sind dennoch einige **Bewirtschaftungsgrundsätze** zu beachten. Maxime einer umweltverträglichen Graslandbewirtschaftung ist zum einen ein **Kreislauf der Nährstoffe**, bei dem die organischen Dungstoffe wieder auf die Flächen zurückgeführt werden, zum anderen der **Standortbezug**. Ein an Standort und Boden angepasster Futterbau gehört zu den schwierigsten Aufgaben, die der Landwirt zu bewältigen hat: Stets befindet er sich auf einer Gratwanderung zwischen dem ökonomischen Zwang, Grundfutter von hoher Qualität und ausreichender Menge zu erzeugen, und dem ökologischen Ziel, stabile Pflanzenbestände zu bewahren. Dies verlangt ein hohes Maß an Fingerspitzengefühl und Fachkenntnis in der Bestandesführung. Einige markante Regeln, die diesem Ziel dienen, enthält Tabelle 6.

Tab. 5 Einfluss der Nutzungshäufigkeit auf Futterqualität und tierische Leistung bei Dauergrasland Süddeutschlands, orientiert an den acht wichtigsten Graslandtypen (aus Briemle et al. 1995)

	Wiesen					*Weiden*		
Graslandtyp	① **Magerwiese**	② **Fettwiese (Heuwiese)**	③ **Fuchsschwanzwiese**	④ **Doldenblütlerwiese (Vielschnittwiese)**	⑤ **Weidelgraswiese (Vielschnittwiese)**	⑥ **Umtriebs- u. Portionsweide**	⑦ **Intensive Standweide**	⑧ **Magerweide**
Nutzungszeitpunkt des ersten Aufwuchses	Anfang bis Mitte Juli	Mitte Juni	Ende Mai bis Anfang Juni	Ende Mai bis Anfang Juni	Mitte bis Ende Mai	Ende April bis Mitte Mai	Ende Mai bis Mitte Juni	Mitte Juni bis Mitte Juli
Anzahl der Schnitte bzw. Weidegänge	1–2	2–3	3	3–4	3–5	3–6	2–3	1–2
TM-Ertrag (dt/ha)	20–50	50–80	60–90	70–100	90 -120	100–130	60–90	20–50
Eiweißgehalt des Futters (% TS)	8–11	11–13	10–12	14–17	16–20	18–25	14–18	9–11
Verdaulichkeit der organischen Substanz	55–65	60–70	60–70	65–75	70–80	75–85	65–75	55–65
TM-Aufnahme (kg/GV und Tag)	10–12	12–14	12–14	12–14	14–17	15–17	13–15	10–12
Energiegehalt des Futters (MJ NEL/kg TS)	als Heu: 4,0–4,8	als Heu: 4,7–5,1	als Heu: 4,9–5,2 als Silage: 5,2–5,7	als Heu: 5,1–5,6 als Silage: 5,6–6,0 als Grünfutter: 6,2–6,6	als Heu: 5,5–6,0 als Silage: 6,0–6,4 als Grünfutter: 6,6–7,0	als Grünfutter: 6,6–7,0	als Grünfutter: 4,5–5,5	als Grünfutter: 4,0–5,0
Milchleistung (kg Milch/Kuh u. Tag)	–	–	5–12	10–18	16–20	18–22	–	–
Gewichtszunahme bei weiblichen Rindern älter als ein Jahr (g/Tag)	340–450	500–600	550–650	600–750	750–850	bis 950	550–750	400–500

Tab. 6 Regeln für eine ordnungsgemäße Graslandbewirtschaftung

Grundsatz	**Begründung**
1. Berücksichtigung der Standorteigenschaften bei Nutzung, Düngung und Pflege	beugt Bodenverdichtungen, Nährstoffverlusten, und Artenschwund vor
2. Mindestkenntnis der Graslandpflanzen	wer weiß, was auf seiner Wiese wächst, macht weniger Bewirtschaftungsfehler bzw. kann Narbenschäden schneller regulieren
3. Düngung und Nutzungsintensität aufeinander abstimmen	beugt einer Überdüngung vor, wenn lediglich der Nährstoffentzug ersetzt wird (aus Hofdung dürfen maximal 210 kg Stickstoff kommen)
4. Kein Graslandumbruch bei Verunkrautung	Umbruch verursacht massiven und raschen Humusabbau und damit N-Emissionen an die Umwelt
5. Kein Befahren und Beweiden bei Nässe	beugt Bodenverdichtung, Narbenzerstörung und Verunkrautung vor
6. Grabenräumung sehr behutsam vornehmen	vermeidet unerwünschte Nährstofffreisetzung, gewährleistet hohe Erträge auch in Trockenjahren, schont die Amphibienfauna

8.5 Sortenwesen bei Futterpflanzen in Deutschland

Für die Bundesrepublik Deutschland führt das Bundesamt für Sortenwesen in Hannover die so genannte „Beschreibende Sortenliste". Darin sind alle geprüften und zugelassenen Sorten der Futtergräser und -leguminosen eingetragen. Die Liste wird alljährlich nach dem Stand vom 1. April im Amtsblatt des Bundessortenamtes, dem Blatt für Sortenwesen, veröffentlicht. Die Zulassung setzt bei den Sorten der hier aufgeführten Arten einen positiven Abschluss der Prüfung auf **Unterscheidbarkeit, Homogenität, Beständigkeit** sowie den **landeskulturellen Wert** voraus. Die in der Liste aufgeführten Sorten sind in Deutschland geprüft worden. Die Ergebnisse dieser Prüfungen, die in den meisten Bundesländern vorgenommen und teilweise durch Praxiserfahrungen ergänzt werden, bilden die Grundlage der Beschreibungen. Zweck der Liste ist es, der Praxis einen schnellen Überblick über das derzeitige Sortiment der zugelassenen Sorten zu ermöglichen und damit die Auswahl zu erleichtern.

Prüfkriterien nach der beschreibenden Sortenliste sind laut BUNDESSORTENAMT (1997) zum Beispiel bei Gräsern:

- Ährenschieben, Blühbeginn,
- Wuchshöhe bei Anfangs- und Vollentwicklung,
- Wuchsform bei Anfangs- und Vollentwicklung,
- Halm- bzw. Stängellänge bei Schossende,
- Massenbildung am Anfang und im Nachwuchs,
- Neigung zu Auswinterung (z. B. Schneeschimmel) und Lager,
- Anfälligkeit für Rostpilze und Krebs,
- Ausdauer,
- Narbendichte,
- Rohproteingehalte.

Die Ausprägung der Eigenschaften wird mit den Noten 1 bis 9 ausgedrückt. Die richtige Wahl der je nach Standort, Nutzungsintensität und Verwendungszweck richtigen Futterpflanzensorte ist Voraussetzung für eine wirtschaftlich lohnende Erzeugung. Dies gilt insbesondere für jene Futterpflanzen, die überwiegend als wirtschaftseigenes Futter innerbetriebliche Verwendung finden. Besonders bei den ausdauernden Gräser- und Kleearten kann eine falsche Sortenwahl über Jahre hinaus durch Futterausfall oder mangelnde Qualität die Rentabilität der Futterflächen verringern. Außerdem trägt die Auswahl der für den jeweiligen Standort und die entsprechende Nutzung geeigneten Sorten dazu bei, Lückigkeit im Pflanzenbestand und in der Folge davon eine Einwanderung unerwünschter Arten zu vermeiden.

Vom wichtigsten Futtergras, dem **Deutschen Weidelgras** *(Lolium perenne)* gibt es derzeit 94 Sorten als früh, mittelfrüh und spät blühende Formen. Beim **Rotklee** *(Trifolium pratense)*, der vor allem im kurzlebigen Ackerfutterbau mit Gräsern als Partner zur Ansaat kommt, sind es 24 und beim **Weißklee** *(Trifolium repens)* 13 Sorten.

8.6 Extensivierung

Geht man von den allgemein anerkannten Zielen der Graslandpflege, nämlich erstens der Erhaltung des landwirtschaftlichen Kulturerbes, zweitens der Konservierung standorttypischer Pflanzen- und Tiergemeinschaften und drittens der Erhaltung der ökologischen Funktionen des Graslandes aus (s. weiter Kap. 11.1), so drängt sich angesichts der vollzogenen Verarmung der Graslandökosysteme eine extensive Bewirtschaftung geradezu auf. **Extensivierung** bei Wiesen und Weiden bedeutet jedoch stets:

- verspäteter Schnittzeitpunkt des ersten Aufwuchses beziehungsweise Verringerung der Nutzungshäufigkeit überhaupt und
- reduzierte oder ganz ausgesetzte Düngung, insbesondere mit Stickstoff, oder aber
- Nutzungsaufgabe (Brachlegung, natürliche Sukzession).

8.6.1 Möglichkeiten der Extensivierung

Langjährige Freilandversuche haben gezeigt, dass eine Extensivierung der Graslandbewirtschaftung nur dann sinnvoll ist, wenn es sich um aktuell oder potentiell artenreiche Graslandtypen handelt. Von Natur aus produktivere, das heißt wüchsigere Standorte, auf denen sich zum Beispiel Vielschnittwiesen, Mähweiden und Weidelgrasweiden befinden, sind für bio-ökologisch orientierte Extensivierungsprogramme meist ungeeignet. Hier geht es eher um die Weiterführung einer ordnungsgemäßen und nachhaltigen Bewirtschaftung unter Vermeidung von Stoffausträgen an die Umwelt.

Die politisch formulierten **Gründe der Graslandextensivierung** sind im Einzelnen:

- Marktentlastung durch Reduzierung der Produktion,
- Umweltentlastung von Schadstoffen,
- Arten- und Biotopschutz,
- Strukturierung der Kulturlandschaft.

Eine Extensivierung von bisher intensiv bewirtschaftetem Grasland hat vor allem die Marktentlastung und erst in zweiter Linie mögliche ökologische Auswirkungen zum Ziel (NITSCHE & NITSCHE 1994). Eine wesentliche Maßnahme der Graslandextensivierung besteht in der Reduzierung des Nährstoffreichtums der Böden (**Ausmagerung**) durch Nutzung ohne Düngung. Schnellste Ausmagerung ist dann möglich, wenn der Mähtermin relativ früh liegt, da zu diesem Zeitpunkt die Eiweißgehalte in der Pflanze am höchsten sind, zum andern ihnen die Möglichkeit genommen wird, ihre Mineralstoffe und Assimilate in Wurzeln, Rhizome und Stoppeln zu verlagern (s. Kap. 6.3.2 und Kap. 9.2.2.5). Durch eine Verzögerung der ersten Nutzung ohne vorherige Ausmagerung profitieren in Fettwiesen vor allem die Obergräser, weniger jedoch die erwünschten buntblühenden Kräuter und Leguminosen (BRIEMLE 1994). Demnach ist es sinnvoll, erst nach dem Zurückgehen der Erträge die Schnittfrequenz zu verringern. Auf diese Weise wird ein Einwandern der erwünschten Arten ermöglicht. Nach SPATZ (1994) muss diese Ausmagerung über den Entzug der Grundnährstoffe gehen, da gut mit Phosphat und Kalium versorgte Graslandbestände bis zu einem relativ hohen Ertragsniveau stickstoffautark sind. Deshalb dauert der Vorgang der Ausmagerung auf den verschiedenen Graslandstandorten unterschiedlich lange (SCHIEFER 1984).

8.6.2 Zur Ansprache von Extensivgrasland

Sowohl aus naturschützenden als auch aus ökonomischen Gründen, nämlich zur Minderung der Milchproduktion und stärkeren Flächenbindung, werden seit Beginn der 1990er Jahre von den Bundesländern eigene **Förderprogramme für Extensivierungsmaßnahmen** angeboten. Diese sollen die Bauern auf freiwilliger Basis und durch monetäre Anreize dazu anregen, umweltschonender bzw. extensiver als bisher zu wirtschaften. So entstand beispielsweise in Bayern das **Ku**ltur**la**ndschafts**p**rogramm (KULAP) und in Baden-Württemberg der **M**ark**t**entlastungs- und **K**ulturlandschafts**aus**gleich (MEKA). Die bundesweite Akzeptanz solcher Programme ist regional unterschiedlich. In manchen Fällen jedoch beziehen Betriebe aus solchen Programmen inzwischen schon 50 % ihrer Einnahmen (RIEDER 1996).

Für die Durchführung und Erfolgskontrolle solcher Programme ist eine einfache, nachvollziehbare und verwaltungstechnisch gut handhabbare Ansprache des Extensivgraslandes notwendig. Hierfür sind die **Pflanzen als integrierendes Indikatormedium** selbst am besten geeignet. Für Baden-Württemberg machten BRONNER et al. (1997) einen ersten Vorschlag. Dieser war jedoch im Hinblick auf solches Extensivgrasland zu verfeinern, das futterbaulich noch nutzbar ist (BRIEMLE 2000). So stellt der hier vorgestellte Katalog (Tab. 7) eine Erweiterung dar mit dem Anspruch, alle entsprechenden Graslandtypen dieses Bundeslandes artenmäßig abzudecken. Ob ein konkret zu beurteilender Graslandschlag eine Zusatzvergütung für ökologisches Wirtschaften erhält, ist nach diesem Konzept nur noch von der Anwesenheit dreier Kräuter aus der achtunzwanzigzähligen Artenliste abhängig. Über welche Bewirtschaftung der Landwirt dieses ökologische Ziel erreicht, wird damit zweitrangig. Lediglich der Erfolg zählt! Damit wird auch der leidigen Diskussion ausgewichen, welche Düngungsbeschränkungen beispielsweise vonnöten sind, wann der erste Schnitt zu erfolgen hat oder ob eine Herbstweide noch als Nutzung anzusehen ist oder nicht.

8.6.3 Richtlinien ökologisch optimaler Graslandnutzung

Der Erhalt beziehungsweise die ökologische Optimierung der Graslandtypen ist gewährleistet, wenn die folgenden Eckwerte in etwa eingehalten werden (bezüglich der Düngung ist die Festmistwirtschaft einer Güllewirtschaft vorzuziehen):

a) Tal-Glatthaferwiesen

- 2 bis 3 Nutzungen, Ertrag 50 bis 80 dt TM/ha, Nährstoffentzug etwa 120/40/180 kg NPK/ha
- erster Schnitt zur Heugewinnung nicht vor Anfang Juni

Tab. 7 Katalog der Indikatorpflanzen für extensiv genutztes Grasland Südwestdeutschlands (nach Briemle 2000, verändert)

Deutscher Name	*Wissenschaftlicher Name*	Blüten-farbe	Blüh-zeit	Typ	W	M	F	R	N
1 Glockenblumen	*Campanula* spec.	blau	5–9	1,2,3	3	5	5	x	5
2 Storchschnabel	*Geranium* spec.	blau/lila	5–8	1,2,3	2	5	5	x	7
3 Wiesen-Bocksbart	*Tragopogon pratensis*	gelb	5–7	1,2,3	4	6	4	7	6
4 Margerite	*Leucanthemum* vulg.	weiß	5–10	1,2,3	2	6	4	x	3
5 Pippau	*Crepis biennis*	gelb	5–8	1,3	4	6	6	6	5
6 Rotklee	*Trifolium pratense*	rot	6–9	1,3	7	7	4	x	5
7 Taglichtnelke	*Silene dioica*	rot	4–9	1,6	3	5	6	7	8
8 Wiesensalbei	*Salvia pratensis*	blau	4–8	2	2	5	3	8	4
9 Klappertopf	*Rhinanthus* spec.	gelb	5–9	2,3	-1	4	4	x	3
10 Flockenblume	*Centaurea* spec.	blau/lila	6–9	2,3,4	3	4	5	x	4
11 Teufelskralle	*Phyteuma* spec.	blau/weiß	5–7	3,4	5	4	5	x	5
12 Arnika	*Arnica montana*	gelb	6–8	3,4	1	4	5	3	2
13 Bärwurz	*Meum athamanticum*	weiß	5–6	4	3	5	5	3	3
14 Ferkelkraut	*Hypochaeris radicata*	gelb	6–10	4,7	1	5	5	4	3
15 Kleines Habichtskraut	*Hieracium pilosella*	gelb	5–10	4,7	2	4	4	x	2
16 Harzer Labkraut	*Galium saxatile*	weiß	6–8	4,7	3	5	5	2	3
17 Kreuzblümchen	*Polygala* spec.	blau/lila	5–8	4,7	1	4	4	x	2
18 Sumpfdotterblume	*Caltha palustris*	gelb	4–6	5	-1	4	9	x	5
19 Trollblume	*Trollius europaeus*	gelb	5–6	5	-1	5	7	6	5
20 Sumpf-Vergissmein-nicht	*Myosotis palustris*	blau	4–10	5,6	2	5	8	x	5
21 Großer Wiesenknopf	*Sanguisorba offic.*	rot	6–9	5,6	5	5	6	x	5
22 Kuckucks-Lichtnelke	*Lynchis flos-cuculi*	rot	5–7	5,6	1	4	7	x	x
23 Bach-Nelkenwurz	*Geum rivale*	rot/braun	4–7	5,6	2	4	8	x	4
24 Wiesenknöterich	*Bistorta officinalis*	rot/rosa	5–7	5,6	4	6	7	5	5
25 Kohl-Kratzdistel	*Cirsium oleraceum*	weiß/grün	6–9	5,6	4	5	7	7	5
26 Flügelginster	*Chamaespart. sagitt*	gelb	5–6	7	0	4	4	5	2
27 Augentrost	*Euphrasia* spec.	weiß	5–10	7	-1	5	x	x	4
28 Aufrechtes Fingerkraut	*Potentilla erecta*	gelb	6–8	7	2	3	x	x	2

Erläuterungen: Typ = Zugehörigkeit zu einem der 7 Grünlandtypen; W = Futterwertzahl (nach Klapp et al. 1953); M = Mahdverträglichkeitszahl (nach Briemle & Ellenberg 1994), F = Feuchtezahl, R = Reaktionszahl, N = Nährstoffzahl (nach Ellenberg et al. 1992); x = indifferentes ökologisches Verhalten der Art

- Rückführung der Nährstoffe über etwa 25 m³/ha Gülle oder 180 dt/ha Stallmist
- dritter Aufwuchs wird in Hofnähe meist beweidet

b) Salbei-Glatthaferwiesen und Goldhafer-Bergwiesen

- 1 bis 2 Nutzungen, Ertrag 30 bis 60 dt TM/ha, Nährstoffentzug etwa 70/30/100 kg NPK/ha
- erster beziehungsweise einziger Schnitt Anfang bis Mitte Juni
- Rückführung der Nährstoffe über etwa 90 dt/ha Stallmist oder 15 m³ Gülle
- je artenreicher die Wiesen desto nutzungselastischer

c) Dotterblumenwiesen

- 1 bis 2 Nutzungen, Ertrag 40 bis 70 dt TM/ha, Nährstoffentzug etwa 100/40/140 kg NPK/ha
- erster Schnitt Mitte bis Ende Juni
- Rückführung der Nährstoffe über etwa 130 dt/ha Stallmist oder 20 m³ Gülle
- bei Überhandnahme von Kohldistel gelegentliches Walzen im Frühjahr
- Nasswiesencharakter

d) Produktive Kohldistel- und artenreiche Fuchsschwanzwiesen

- 3 Nutzungen, Ertrag 60 bis 90 dt TM/ha, Nährstoffentzug etwa 130/50/190 kg NPK/ha
- erster Schnitt Ende Mai bis Mitte Juni

- Rückführung der Nährstoffe über etwa 200 dt/ha Stallmist oder 30 m³ Gülle
- Feuchtwiesencharakter

e) Silikatmagerweiden, Bergweiden (Standweiden)

- 1 bis 2 Weidegänge, Ertrag 20 bis 50 dt TM/ha, Nährstoffentzug etwa 50/20/90 kg NPK/ha
- erster Auftrieb Mitte bis Ende Juni
- Rückführung der Nährstoffe über etwa 10 m³ Gülle oder 90 dt/ha Festmist
- Hauptziel ist die kostengünstige Offenhaltung der Kulturlandschaft, meist durch Mutterkuh- oder Schafhaltung
- Nachmahd im zwei bis dreijährigen Turnus notwendig
- gelegentliche Gehölzentfernung ist erforderlich, da Extensivweiden stets verbuschungsgefährdet sind!

Gemäß dem Sprichwort „Das Grünland ist die Mutter des Ackerlandes“ kamen die tierischen Exkremente der früher noch häufigen Gemischtbetriebe vorwiegend auf das Ackerland. Alle zwei bis vier Jahre jedoch erhielt auch das Grasland entsprechende Festmist- und Jauchegaben. Aus grünland-ökologischer und Naturschutzsicht genügt somit das genannte Düngeintervall (Briemle 2000a).

8.7 Wichtige Graslandtypen und ihre Bewirtschaftung

Der bio-ökologische wie der landschaftsästhetische und damit erholungswirksame Wert des Graslandes geht in erster Linie auf die Buntheit und Artenmannigfaltigkeit unserer Wiesen zurück.

8.7.1 Glatthaferwiesen (Arrhenatherion elatioris W. Koch 1926)

Heuwiesen vom Typ mesotraphenter Glatthaferwiesen (s. Kap. 7.3.1) sind in Deutschland selten geworden. Da sie auf ackerfähigen Böden gedeihen, wurden viele von ihnen im Zuge der allgemeinen landwirtschaftlichen **Intensivierung** beziehungsweise des **Rückgangs viehhaltender Betriebe** entweder unter den Pflug genommen oder in Intensivgrasland verwandelt. Ein Großteil dieser Heuwiesen stellt heute drei- und mehrmähdige Vielschnittwiesen oder Mähweiden dar (siehe dort), die deutlich höhere Erträge, vor allem aber wesentlich besseres Futter für den Wiederkäuer liefern. Die verbliebenen Vorkommen der Glatthaferwiesen sind häufig auf Grenzertragslagen oder aber auf hofferne Standorte verdrängt worden. Hand in Hand mit der Erhöhung der Schnittzahl vollzog sich auch eine technische **Weiterentwicklung der Mähgeräte** zu leistungsfähigeren Kreiselmähwerken. Der Einsatz dieser Geräte brachte jedoch negative Auswirkungen auf die Bodenfauna der Wiesen mit sich.

Besonders vielfältig sind die auf mäßig trockenen Standorten wachsenden **Salbei-Glatthaferwiesen**. Sie entstanden unter zweimaliger Nutzung mit gelegentlicher verhaltener Düngung schwerpunktmäßig in den Kalkmittelgebirgen und in Flussauen mit basenreichen Böden und deren Randbereichen. Grundlage hierzu bildete entweder die Intensivierung von Halbtrockenrasen oder die Umwandlung von Ackerland zu Grasland im 19. Jahrhundert. Aufgrund der geringen Erträge wurden die Salbei-Glatthaferwiesen seit etwa Mitte des 20. Jahrhunderts häufig intensiviert (verstärkte Düngung und Nutzung) oder aber zu Äckern umgebrochen. Die noch erhaltenen Reste wird man unter Schutz stellen und traditionell bewirtschaften müssen, wenn man sie der Nachwelt erhalten will. Dies gilt auch für viele weitere Untertypen der sehr variablen Glatthaferwiesen, die im Kapitel 7.3.1.1 dargestellt sind.

Wo heute noch Salbei-Glatthaferwiesen in typischer Ausprägung vorhanden sind, entspricht ihre Bewirtschaftung der traditionellen. Meist hat jedoch ein schleichender, nicht sofort auffallender Übergang zu intensiverer Bewirtschaftung eingesetzt. Beginnend mit einer aus futterwirtschaftlicher Sicht wünschenswerten Vorverlegung des ersten Schnittes und etwas stärkerer (Gülle-)Düngung tritt die Entwicklung über das Stadium der typischen Glatthaferwiese zu Vielschnittwiesen ein (Abb. 99, S. 113). Mit zunehmender Düngung/Nutzung verschwindet die Mehrzahl der bunt blühenden Arten aus den Beständen. So fand Dietl (1995) im Schweizer Mittelland im Vergleich zu früheren Kartierungen (1925, 1954) Glatthaferwiesen nur noch auf etwa 2 bis 5 % der futterbaulich genutzten Fläche, gegenüber 89 % der Futterflächen 1939!

8.7.1.1 Verwertbarkeit der Aufwüchse in der Landwirtschaft

Die strukturreichen Aufwüchse der Anfang bis Mitte Juni geschnittenen **produktiven Glatthaferwiesen** können nicht siliert werden, sondern müssen – wie früher – als Bodenheu geworben und getrocknet werden. Wird der erste Aufwuchs rechtzeitig geheut, lässt sich dieses Futter nicht nur an Pferde und Jungrinder, sondern auch an Milchkühe mit geringerer Milchleistung verfüttern. Allerdings sollte sich dann der Schnitttermin an folgenden Blühphasen orientieren:

- Ende der Blüte von Hahnenfuß und Storchschnabel,
- volle Blüte von Wiesen-Witwenblume, Pippau, Skabiosen-Flockenblume, Wiesen-Glockenblume, Klappertopf, Wiesen-Bocksbart, Margerite, Glatthafer beziehungsweise Goldhafer.

Zu Hochdruckballen gepresst, ist das Heu transportfähig und findet so einen guten Absatz. Der Aufwuchs des zweiten Schnittes (Öhmd, Grummet) kann auch in der Wildfütterung eingesetzt werden.

Die Einsatzmöglichkeiten des Futters von **Salbei-Glatthaferwiesen** hängen stark von der Qualität des Erntegutes ab. Für sauber geworbenes Bodenheu besteht generell die Möglichkeit der Verwertung als Futter für

- Milchkühe im letzten Drittel der Laktation sowie während der Trockenperiode,
- Rinder im zweiten Aufzuchtjahr,
- Mutterkühe ohne Kalb, nicht laktierende und nicht tragende Schafe und Ziegen,
- Pferde ohne Leistung oder mit Ergänzungsfutter und Zuchtstuten ohne Fohlen.

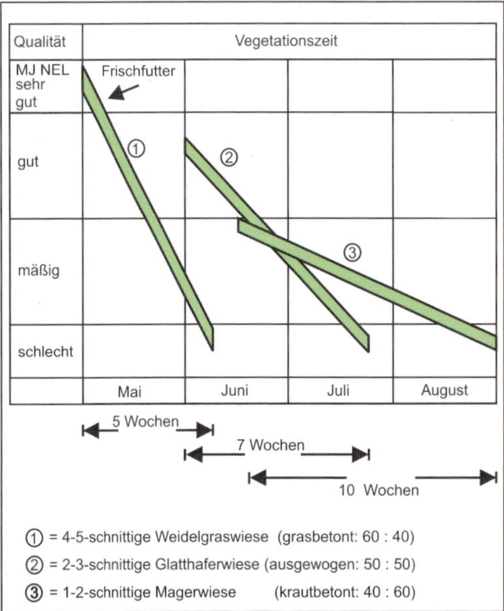

Abb. 100 Die Nutzungselastizität von Wiesen in Abhängigkeit von Schnittzeitpunkt und Krautanteil.

Mit Energiegehalten zwischen 4,5 und 4,8 MJ NEL/kg TS (**M**ega **J**oule **N**etto **E**nergie **L**aktation/ kg **T**rocken**S**ubstanz) ist ein Verfüttern an Milchkühe jedoch nur in Form von Beifutter zu Mais- oder Grassilagen möglich (DACCORD & ARRIGO 1995, JILG & BRIEMLE 1993). Ist die Möglichkeit einer getrennten Lagerung solcher Heupartien vorhanden, lässt sich immerhin eine Größenordnung von 20 bis 25 % extensiv genutzter Wiesen in der Viehhaltung verwerten (DIETL 1995). Aus arbeitstechnischer Sicht haben kräuterreiche Salbei-Glatthaferwiesen aber den großen Vorteil der Nutzungselastizität: Wie Abbildung 100 zeigt, sind ein- bis zweischnittige Magerwiesen über einen Zeitraum von etwa zweieinhalb Monaten nutzbar, ohne dass sich ihr Futterwert drastisch verschlechtert.

8.7.1.2 Überkommene Bewirtschaftung und Pflegehinweise

Die **klassische Glatthaferwiese** ist eine Zweischnittwiese, die höchstens im Herbst noch eine Nachweide erfährt (Abb. 101, S. 114). Letztere wirkt sich aber nicht mehr bestandesverändernd aus. Die Rücklieferung der Nährstoffe erfolgte früher überwiegend über Hofdünger, also Stallmistgaben und Jauche. Diese Nutzungsform zusammen mit der Bodenheubereitung als Konservierungsart ist es, welche die charakteristische Zusammensetzung (hochwüchsige Gräser und Kräuter) bewirkt.

Sollen Arrhenatherion-Wiesen ohne Futterverwertung als reine Pflegebiotope erhalten werden, bietet sich ein jährlich zwei- bis dreimaliges **Mulchen** an (s. auch Kap. 9.3.2). Im Gegensatz zur ausmagernden düngelosen Mahd mit Abräumen hält sich auf diese Weise ein mesotraphenter Nährstoffspiegel im Boden über längere Zeiträume, wodurch manche typischen Wiesenkräuter erhalten bleiben. Zur Wahrung höherer Anteile krautiger Pflanzen auf produktiven Standorten kann es notwenig werden, eine dreimalige pflegende Mahd ohne Düngung solange durchzuführen, bis die Bio-

Tab. 8 Mechanische Offenhaltungsmaßnahmen und ihre grundsätzlichen Effekte auf den Pflanzenbestand des Graslandes

Effekte		Offenhaltungsmaßnahme		Effekte
Zunahme	↓	Mahd und Liegenlassen des Mähgutes in Schwaden		Zunahme
von	↓	zeitweiliges Brachlegen oder natürliche Sukzession	↑	von
krautigen	↓	Mulchen i.S. von Mahd *und* Zerhäckseln des Aufwuchses	↑	Obergräsern
Pflanzen	↓	Mahd mit Abräumen des Mähgutes ohne Düngung	↑	(z. B. Knaulgras und
allgemein		Mahd mit Abräumen *und* Düngung von Kalium + Phosphat	↑	Wiesen-Fuchsschwanz)

masseproduktion auf etwa 50 dt TM/ha abgesunken ist. Dann erst sollte auf eine **zweischnittige Mulchfrequenz** übergegangen werden. Nach Schiefer (1981) eignet sich diese Offenhaltungsmaßnahme dann zur floristischen Konservierung von Glatthaferwiesen, wenn sie zweimal im Jahr erfolgt und das Mulchgut noch vor Wintereinbruch verrotten kann. Ein erster Mulchgang etwa Mitte Juni kann als kostengünstige Möglichkeit zur Erhaltung von Glatthaferwiesen empfohlen werden. Der zweite Mulchgang sollte aber nicht später als im September erfolgen, sonst kommt es zu einer Verschleppung von „Streumatratzen“ bis ins Frühjahr hinein. Einmaliges, zu spätes Mulchen ist nicht geeignet, die Artenkombination von Glatthaferwiesen zu erhalten (Spatz 1994). Wird das Mulchintervall noch weiter (etwa alle zwei Jahre), führt dies zu einer noch schnelleren Verschiebung der Artenkombination als spätes Mulchen. **Kontrolliertes Brennen**, das nur während der vegetationsfreien Zeit durchgeführt werden kann, ist – unabhängig davon, welche Brennmethode angewendet wird – ungeeignet zur Pflege von Glatthaferwiesen. Die bloße Beseitigung der herbstlichen Altgrasbestände entspricht nicht den Mahdeffekten während der Vegetationsperiode, sondern kann allenfalls eine drohende Verbuschung auf älteren Sukzessionsflächen verhindern (s. Kap. 9.3.2.).

Unterschiedliche (mechanische) Offenhaltungsmaßnahmen zeitigen unterschiedliche Auswirkungen auf die Vegetation des Graslandes. Wie Tabelle 8 verdeutlicht, vertreibt insbesondere die „Mahd mit Liegenlassen des Mähgutes in Schwaden“ die Graslandkräuter aus dem Pflanzenbestand. Dies liegt daran, dass sie im Gegensatz zu den Obergräsern nicht in der Lage sind, die Streumatratze zu durchstoßen, um so ans Licht zu gelangen. Am günstigsten wirkt sich dagegen „**Mahd mit Abräumen und Kalidüngung**“ auf die Kräuterflora aus. Diese Pflegevariante ist am nächsten verwandt zur althergebrachten Wiesennutzung mit Festmistwirtschaft. Sollen Glatthaferwiesen aus stark gedüngtem Intensivgrasland regeneriert werden, so sind nach Spatz (1994) zwei Maßnahmen notwendig: Die Rückkehr zum regelmäßigen **Zweischnittregime und die Abfuhr des Mähgutes**. Durch den Schnitt wird die Konkurrenzkraft sich vegetativ vermehrender Arten früher Brachestadien vermindert. Durch das Abräumen des Mähgutes erfolgt ein Nährstoffentzug, und die Keimungsbedingungen vieler Arten der Glatthaferwiesen verbessern sich (Bakker & de Vries 1985; s. Kap. 9.3.3.2).

Die traditionelle Bewirtschaftung der **Salbei-Glatthaferwiesen** (Abb. 102, S. 114) bestand in der Regel in der Werbung von Heu (erster Aufwuchs) und Öhmd oder Grummet (zweiter Aufwuchs) und verhaltenen Hofdunggaben in Form von Festmist. Durch die früher übliche lange Lagerung dieses wirtschaftseigenen Düngers und der dadurch bedingten hohen Stickstoffverluste lag das Schwergewicht der ohnehin geringen Nährstoffzufuhr bei Phosphor und Kalium, was die berühmten, an Kräutern und Leguminosen reichen Bestände entstehen ließ. Die Bodentrocknung von Heu und Öhmd brachte es schließlich mit sich, dass zahlreiche Samen und Früchte beim häufigen Wenden des Mähgutes von den trocknenden Pflanzen abfielen, so auf der Fläche verblieben und den Artenbestand sicherten.

Soll dieser Wiesentyp aus landschaftsästhetischen Gründen oder wegen sozio-ökologischer Aspekte (Naherholung, Blumenpflücken) ohne örtliche landwirtschaftliche Futterverwertung erhalten werden, bietet sich zunächst **Mahd mit Abräumen** an. Dies bringt jedoch stets das Problem der „Entsorgung“ des organischen Materials mit sich. Unter günstigen Um-

Tab. 9 Faustzahlen für Nährstoffentzug und -zufuhr über Hofdünger sowie Ertrags- und Qualitätsgrößen unter der Maxime, dass keiner der Hauptnährstoffe überdüngt wird (Briemle 1998) – Extensivgrasland ungünstiger Ertragslagen –

Nutzungen, Ertragshöhe und Dungmenge		Entzogene und rückgeführte Nährstoffmengen in kg/ha			Ertrags- und Qualitätsgrößen pro Ertragsklasse		
		N* (%)	P_2O_5 (%)	K_2O (%)	FM (dt/ha)	Heu (dt/ha)	NEL (MJ)
Entzug bei drei Nutzungen:	70 dt TM →	155 (2,2)	65 (0,95)	200 (2,9)	350	80	36 400
und Rückfuhr über Festmist	210 dt	113	65	197			bis 39 200
Rückfuhr über Rindergülle	33 m³	129	50	200	$\frac{\text{TM x 100}}{20}$	TM +14 %	= 5,2 bis 5,6 MJ NEL
Rückfuhr über Rinderjauche	25 m³	100	5	200			pro kg TS
Entzug bei zwei Nutzungen:	55 dt TM →	100 (1,8)	40 (0,7)	140 (2,5)			26 400
und Rückfuhr über Festmist	130 dt	70	40	122	275	63	bis 29 700
Rückfuhr über Rindergülle	23 m³	90	35	140			= 4,8 bis 5,4 MJ NEL
Rückfuhr über Rinderjauche	18 m³	70	4	140			pro kg TS
Entzug bei einer Nutzung:	40 dt TM →	50 (1,3)	25 (0,6)	60 (1,5)			17 200
und Rückfuhr über Festmist	65 dt	35	20	60	200	45	bis 20 000
Rückfuhr über Rindergülle	10 m³	39	15	60			= 4,3 bis 5,0 MJ NEL
Rückfuhr über Rinderjauche	8 m³	30	2	60			pro kg TS

Datenbasis: Elsässer (1998): Düngung von Wiesen und Weiden. Broschüre des Ministeriums Ländlicher Raum, Baden-Württemberg. Rechtsgrundlagen: Bundes-Düngeverordnung vom 20. 1. 1996 und Verwaltungsvorschrift des Ministeriums Ländlicher Raum, Baden-Württemberg vom 16. 2. 1996.

* Beim Stickstoff sind Lagerungsverluste von 25 % für Festmist und 10 % für Gülle schon berücksichtigt. Ausbringungsverluste können mit jeweils maximal 20 % angesetzt werden. Durchschnittliches Nährstoffverhältnis beim Entzug: N : P : K = 1 : 0,4 : 1,3.

ständen kann eine überregionale **Vermarktung von kräuterreichem Heu** durchaus gelingen, wie Filoda et al. (1996) für Feuchtwiesen in Niedersachsen zeigen konnten. Dort wurden bei der Vermarktung als „eiweißarmes Spezialheu für Pferde" bis zu 20 Euro/dt Heu erlöst. In diesem Projekt wurden im Jahre 1994 ohne jegliche Subvention 240 t Heu von einer Fläche von 122 ha vermarktet. Der Nischencharakter solcher Initiativen wird jedoch deutlich, wenn zur gleichen Zeit im Landkreis Konstanz etwa 200 ha Heu an örtliche Pferdehalter vermarktet und Heu von weiteren 500 ha (etwa 3000 t) weit über die Grenzen des Landkreises hinaus exportiert wurden (vom Tessin bis in die Niederlande, bei einem Heupreis von 2 bis 4 Euro/dt je nach Qualität (Luick 1996)). Da Heuverkauf mit Nährstoffverlusten im Boden verbunden ist, müssen diese (vor allem Kalium und Phosphor) langfristig gesehen wieder ersetzt werden (Tab. 9). Das bedeutet Düngungsbedarf in Höhe des Nährstoffentzuges: 20 kg P/ha und Jahr und 60 kg K/ha und Jahr; das entspricht einer Festmistgabe von etwa 65 dt /ha oder als Gülle von etwa 10 m^3 (vgl. auch Spatz 1994).

Regelmäßiges **Mulchen** (Abb. 103, S. 113) kann, falls sich die Mulchtermine an den früheren Nutzungsterminen orientieren, die ursprüngliche Zusammensetzung der Vegetation einigermaßen zufriedenstellend konservieren. Nach Schreiber (1995a) hagert Mulchen mittelfristig den Boden an Nährstoffen aus: In zwanzig Jahren nahmen in den gemulchten Varianten der Baden-Württembergischen Bracheversuche (s. Kap. 9.2.1) Magerkeitszeiger zu, was dann auch zur „Verbesserung" der Bestände aus pflanzensoziologischer Sicht führte. **Extensive Beweidung** zur Offenhaltung ist auf den Magerstandorten der Salbei-Glatthaferwiesen zwar prinzipiell möglich, mittelfristig aber nur bei sehr extensiver Handhabe in der Lage, ehemalige Wiesenbestände in ihrer typischen Artenzusammensetzung zu erhalten.

8.7.2 Goldhaferwiesen (Polygono-Trisetion Braun-Blanquet et R. Tüxen 1947)

Goldhafer-Bergwiesen sind halbextensive bis halbintensive Schnittwiesen der feucht-kühlen montanen bis hochmontanen Höhenstufen Mitteleuropas (s. Kap. 7.3.2). Wegen ihres Arten- und Blütenreichtums konnte dieser Wiesentyp zusammen mit der Salbei-Glatthaferwiese bisher zu den schönsten Pflanzengesellschaften gezählt werden. Der zunehmende Übergang landwirtschaftlicher Betriebe zu einstreulosen Aufstallungsformen hat jedoch auch Konsequenzen für diesen Wiesentyp. Da mit richtig ausgebrachter Gülle mehr Stickstoff in den Boden gelangt, als es zu Zeiten der Festmistwirtschaft der Fall war, gewinnen die Gräser an Konkurrenzkraft, was sich vor allem in höheren Ertragsanteilen des Goldhafers als Leitpflanze niederschlägt. Wegen der schneller absinkenden Futterqualität bei Gräsern bedingen deren höhere Anteile frühere Schnitttermine. Dies hat für manche Wiesenkräuter, wie etwa *Crepis mollis*, *Geranium sylvaticum*, *Phyteuma spicatum* und *P. nigrum* eine nachteilige Verkürzung der Entwicklungszeiten zur Folge.

8.7.2.1 Verwertbarkeit der Aufwüchse in der Landwirtschaft

Die Einsatzmöglichkeiten des Futters aus Goldhaferwiesen hängen heute mehr als früher stark von der Qualität des Erntegutes ab. Für sauber geworbenes Bodenheu besteht generell die Möglichkeit der Verwertung als Futter. Mit steigendem Kräuteranteil steigt zwar nicht immer der Futterwert, meist aber die Nutzungselastizität an; das heißt der Futterwert geht auch bei verspäteter Nutzung im Vergleich zu gräserreichen Beständen nicht so schnell zurück.

Goldhaferreiche Bestände können auf basenreichen Standorten **Calcinose** (eine Verkalkungskrankheit) bewirken. Extrem hohe Anteile an Goldhafer können selbst in konserviertem Zustand (Heu/Silage) die Krankheit auslösen, die durch die Freisetzung eines Vitamin D3-Derivates im Pansen (das die Calciumresorption reguliert) längerfristig zu verstärkten Kalkablagerungen in Gefäßen und Gelenken führt (Opitz v. Boberfeld 1994). Vor allem bei jünger genutztem Goldhafer, das heißt beim Übergang von einer zwei- zu dreischnittiger Nutzung, nimmt die Gefahr einer Calcinose-Erkrankung zu (Kutschera 1978).

Da aus Goldhafer-Bergwiesen (bei ordnungsgemäßer Futterwerbung) je nach Gräser/Kräuteranteilen Energiegehalte zwischen 4,8 und 5,2 MJ NEL/kg TS erreicht werden können, ist der Einsatz in der Milchviehfütterung eingeschränkt (Daccord & Arrigo 1995, Jilg & Briemle 1993). Sinnvoll möglich ist die Verwertung durch Pflanzenfresser mit geringen Nährstoffansprüchen wie zum Beispiel

- Milchkühe im letzten Drittel der Laktation sowie während der Trockenperiode,
- Rinder im zweiten Lebensjahr,
- Mutterkühe ohne Kalb, nicht laktierende und nicht tragende Schafe und Ziegen,
- Pferde ohne Leistungszwang und Zuchtstuten ohne Fohlen.

Ist die Möglichkeit einer getrennten Lagerung von Heu aus solchen Wiesen im Bauernhof gegeben, kann Futter aus maximal 20 bis 25 % der Gesamtfutterfläche durchaus sinnvoll im Betrieb verwertet werden (Dietl 1995). Es bedarf dazu aber zweier Heustöcke beziehungsweise Ballenlager. Weiterhin müssen die Tiere in so genannte Anspruchsgruppen getrennt und entsprechend getrennt gefüttert werden, was im Vergleich zur modernen Mischrationsfütterung höheren Arbeitsaufwand erfordert. Außer einer Nachweide des dritten Aufwuchses im Herbst vertragen Goldhafer-Bergwiesen keine Beweidung, da diese zu einer Verringerung krautiger Pflanzen führen würde. Abbildung 104 zeigt am Beispiel von Jungrindern, welche täglichen Gewichtszunahmen bei der Verfütterung von derartigem **„Öko-Heu"** zu erwarten sind.

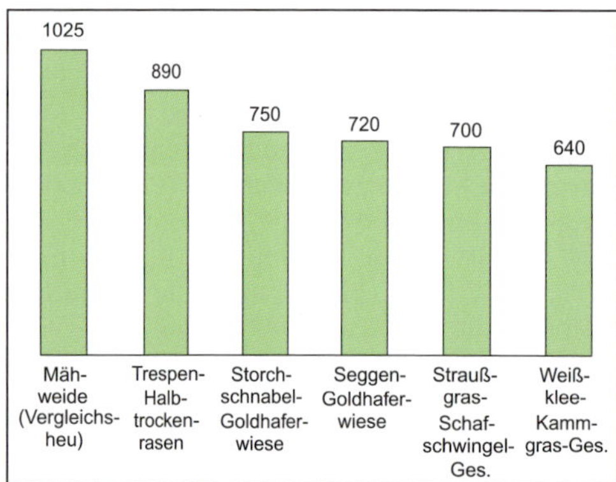

Abb. 104 Gewichtszunahmen in g/Tag von wachsenden Rindern bei Verfütterung von Heu aus Magerwiesen (Jilg & Briemle 1993).

8.7.2.2 Überkommene Bewirtschaftung und Pflegehinweise

Die historisch überkommene Bewirtschaftung der Goldhafer-Bergwiesen bestand – je nach Wüchsigkeit des Standortes – in der ein- bis zweimaligen Nutzung als Heu/Öhmdwiese und einer verhaltenen Düngung ausschließlich mit wirtschaftseigenem Dung. Sie erfolgte beispielsweise mit 100 bis 150 dt Stallmist pro ha. Diese Nutzung mit Schnittterminen um Mitte/Ende Juni und Ende August ermöglichte in den Beständen das Auftreten und Überleben zahlreicher Arten, deren eigentlicher Schwerpunkt im Bereich der Magerrasen liegt. Wie schon bei den Salbei-Glatthaferwiesen erläutert, führte auch hier die Stallmistdüngung zu blütenbunten Beständen, da Phosphor und Kalium im Gegensatz zu Ammonium und Nitrat in erster Linie den dikotylen Arten zu Konkurrenzvorteilen verhelfen (Briemle et al. 1999). Die Futtererträge lagen zwischen 50 und 70 dt/ha TM und wurden vorwiegend zur Winterfütterung der Nutztiere verwandt. Die Trocknung von Heu und Öhmd auf den Flächen vor Ort (sog. **„Bodentrocknung"**) brachte zwar stets ein Wetterrisiko mit, hatte aber für die Wiesenflora den Vorteil, dass Samen und Früchte beim Wenden des Erntegutes auf der Fläche verblieben und den Samenvorrat an der Bodenoberfläche aufstockten.

Im Alpenraum und in dessen Vorland bildete sich über die Jahrhunderte eine spezielle Bewirtschaftungsweise heraus: Auf den Wiesen wurden Holzhütten (sog. **„Stadel"** oder „Schöpfe") gebaut, in denen das Heu nach der Ernte gelagert und im Winter teils in angebauten Ställen verfüttert oder zur Hofstelle gebracht wurde (Abb. 105). Soweit es in angebauten Stallungen verfüttert wurde, kam der anfallende Mist den Flächen direkt wieder zugute, die auch häufig als Wässerwiesen (s. Kap. 3.5.2) bewirtschaftet wurden. Bis zum Aufkommen mineralischer (Kunst-) Dünger war der Nährstofffluss in der Regel vom Grasland auf die Ackerflächen gerichtet, denen ein Großteil des anfallenden Mistes zugute kam, da die Ackerkulturen unmittelbar der menschlichen Ernährung dienten. Ausmagerung der Wiesenflächen oder nur annähernder Nährstoffersatz auf Wiesen waren die Folge.

Soll die floristische Artengarnitur der Goldhaferwiesen der Nachwelt erhalten werden, ist zwingend eine **ein- bis zweimalige Mahd mit Abräumen des Mähgutes** erforderlich, da eine solche Bewirtschaftung seit der mittelalterlichen Waldweide originär diesen Wiesentyp hervorgebracht hat. Wie auch bei den Glatthaferwiesen ist das zentrale Problem dieser außerlandwirtschaftlichen Pflege aber die **„Entsorgung"** des organischen Materials. Andererseits ist Mähen mit Abräumen diejenige Pflegevariante, die in aufgedüngten, grasbetonten Beständen die stärksten Ausmagerungseffekte erzielt. Es führt relativ schnell, nämlich in etwa

Abb. 105 Heustadelwirtschaft. Reste einer alten Kulturlandschaft im Oberinntal.

drei bis fünf Jahren, zur Abnahme der Mittelgräser, bringt dadurch mehr Licht auf den Boden und erhöht damit Artenzahl und Abundanz buntblühender Kräuter. Bei den Gräsern nimmt meist nur das Ruchgras als Magerkeitszeiger zu. Über Heuverkauf als Entsorgungsmöglichkeit gilt dasselbe wie für die Salbei-Glatthaferwiese.

Analog zu anderen Graslandgesellschaften ist das **Mulchen** zu den entsprechenden Nutzungsterminen die nächstoptimale Pflegemaßnahme (Schreiber 1995a; s. Abb. 142). Stellenweise wurden die Bestände sogar in ihrer Artengarnitur sowie im Sinne des Naturschutzes optimiert (Neitzke 1991). Fast überall ist eine durchaus deutliche Artenzunahme gegenüber dem Ausgangsbestand festzustellen; selbst die – unter der Streudecke von Brachen leidenden – Rosetten-Hemikryptophyten können zum Teil deutlich höhere Deckungsgrade erreichen (Briemle & Schreiber 1994).Von großer Bedeutung für die Bestandesentwicklung ist der schnelle Abbau des gemulchten Materials, der bei einer Biomasse von 60 dt/ha TS schon nach vier bis sechs Wochen vollzogen ist. Dieser schnelle Abbau, der selbst Rosetten-Hemikryptophyten nur kurzfristig beschattet, ist allerdings von früh einsetzenden Mulchterminen abhängig. Spätes Mulchen, etwa im Spätsommer oder gar zum Ende der Vegetationsperiode, hat aufgrund der nunmehr ungünstigeren mikroklimatischen Bedingungen eine starke Lignifizierung der Biomasse zur Folge. Die Mulchdecke bleibt über den Winter liegen. Insbesondere Geophyten und Rosetten-Hemikryptophyten können diese Streumatratze im Frühjahr dann nicht mehr durchstoßen.

Eine **extensive Beweidung,** wie sie etwa über die Mutterkuhhaltung heute vermehrt geschieht, ist zwar zur Offenhaltung der Landschaft geeignet, entfernt jedoch auf längere Sicht die Pflanzenbestände vom ehemaligen Wiesenbild immer mehr, da trittempfindliche Kräuter wie etwa Waldstorchschnabel, Schwarze Flockenblume oder Teufelskralle zunehmend ausbleiben. Intensiver beweidbare Goldhafer-Bergwiesen gehen dann in Kammgrasweiden über, schwächerwüchsige Formen dagegen eher in Rotschwingelweiden. Langjährige Weide ohne Düngung führt zur Annäherung an Borstgrasrasen beziehungsweise Kalkmagerrasen. Beweidung des zweiten Aufwuchses oder Herbstweide als Letztnutzung nach dem zweiten Schnitt haben dagegen nur geringen Einfluss auf die Veränderung der Wiesenbestände.

Das **kontrollierte Brennen**, also ein schnelllaufendes, „kaltes“ Feuer im Spätherbst oder zeitigen Frühjahr unter Berücksichtigung von Temperatur, Wind und Bestandesfeuchte, vermag zwar die Flächen gehölzfrei zu halten, ist aber nicht in der Lage, die typische Wiesenflora zu konservieren. Bei generell abnehmenden Artenzahlen breiten sich vermehrt Pyrophyten aus (Schreiber 1995a); es kommt zum Beispiel zur herdenhaften Ausbreitung rhizombildender und damit feuertoleranter Arten wie Weichem Honiggras und Fiederzwenke.

8.7.3 Feucht- und Nasswiesen (Calthion palustris Tüxen 1937)

Wollte man das 20. Jahrhundert in prägnanter Weise landschaftsökologisch charakterisieren, könnte man es als das „**Jahrhundert der landwirtschaftlichen Meliorationen und Intensivierung**“ bezeichnen. Die technischen Erfindungen und Errungenschaften des 19. Jahrhunderts machten – im Gegensatz zu früheren Jahrhunderten – beispiellose und gravierendste Eingriffe in die bis dahin durch bloße Menschenkraft veränderte Kulturlandschaft möglich. Im Landbau manifestierte sich die Anwendung der vorausgegangenen industriellen Revolution vorwiegend in der maschinellen Absenkung des landschaftstypischen Wasserspiegels, respektive in der **Entwässerung von Mooren und Sümpfen**. Noch heute ist die Redewendung „dieser Sumpf muss trocken gelegt werden“ stehender Ausdruck in der Tagespolitik. In Anbetracht des großen Wasserbedarfs der Graslandökosysteme musste sich diese landwirtschaftliche Meliorationswelle vor allem auf die Feucht- und Nasswiesen verheerend auswirken. In der Tat ist es dieser Wiesentyp, der in Mitteleuropa am stärksten abgenommen hat und heute schätzungsweise nur noch 20 % des Flächenanteils von 1950 ausmacht.

Sumpfdotterblumenwiesen (Calthion; s. Kap. 7.5.1.) wurden im Gegensatz zu den auf ähnlichen Böden wachsenden Pfeifengraswiesen immer schon als Futterwiesen genutzt. Obwohl Feuchtwiesen vom Typ der Kohldistel- oder Greiskrautwiesen den Glatthaferwiesen in Ertrag und Futterqualität nicht viel nachstehen, wurden viele von ihnen in der Vergangenheit gründlich entwässert, um geeignete Bodenverhältnisse für den Silomaisanbau oder zumindest für Vielschnittwiesen vom Typ der Fuchsschwanzwiesen zu schaffen. Der Grund dafür liegt vor allem in der Möglichkeit, früher im Jahr zu mähen, um dadurch jüngeres Futter mit höheren Einweißgehalten und Energiedichten zu erhalten. Problematisch aus futterbaulicher Sicht war ja stets die Tatsache, dass solche Wiesen Mitte bis Ende Mai noch nicht befahrbar waren und dass dadurch viel Futterqualität „verschenkt“ wurde. So ist heute ein Großteil ehemaliger zweischnittiger Feuchtwiesen – soweit es sich noch um Dauergrasland handelt – in drei- bis vierschnittige Fuchsschwanzwiesen umgewandelt.

Die Nutzungs- und Ertragsmöglichkeiten werden stark von den Standortverhältnissen geprägt. Abbildung 106 verdeutlicht die Abhängigkeit der oberirdischen **Phytomasseproduktion** vom Maß der ökologischen Bodenfeuchte. Ausgehend vom Volltrockenrasen erhöht sich die potentielle Biomassenproduktion mit zunehmender Bodenfeuchte bis zu deren physiologischem Optimum für Pflanzen bei frischen bis mäßig feuchten Verhältnissen. Mit zunehmendem Feuchtegrad nimmt die Produktivität dann wieder bis zum Minimum unter feuchten bis nassen Bedingungen bei Kleinseggenwiesen ab. Bei ihnen liegen nährstoffärmste Verhältnisse (z. B. Kalkoligotrophie mit Phosphatfestlegung) bei häufig konstant niedrigen Bodentemperaturen und starker Wasserdurchtränkung vor. Ist die Nährstoffverfügbarkeit aufgrund von ziehendem Grundwasser oder Sedimentation bei periodischer Überstauung besser, steigt die Produktivität trotz erhöhtem Wasserangebot wieder an: Großseggen, Rohrglanzgras und Schilf, haben hier ihr ökologisches Optimum. In Verbindung mit einem internen Nährstoffkreislauf (s. Kap. 6.3.2) werden auf solchen Standorten auf Dauer hohe Streuproduktionsleistungen möglich. In diesen Ökosystemen sind dann meist Phosphor und Kalium, nicht dagegen Stickstoff, ertragsbegrenzend. Denn auf rein organischen Böden können aufgrund mangelnder Sorptionsfähigkeit lediglich geringe Kalium- und Phosphatvorräte angelegt werden (Ellenberg 1952, Kapfer 1988).

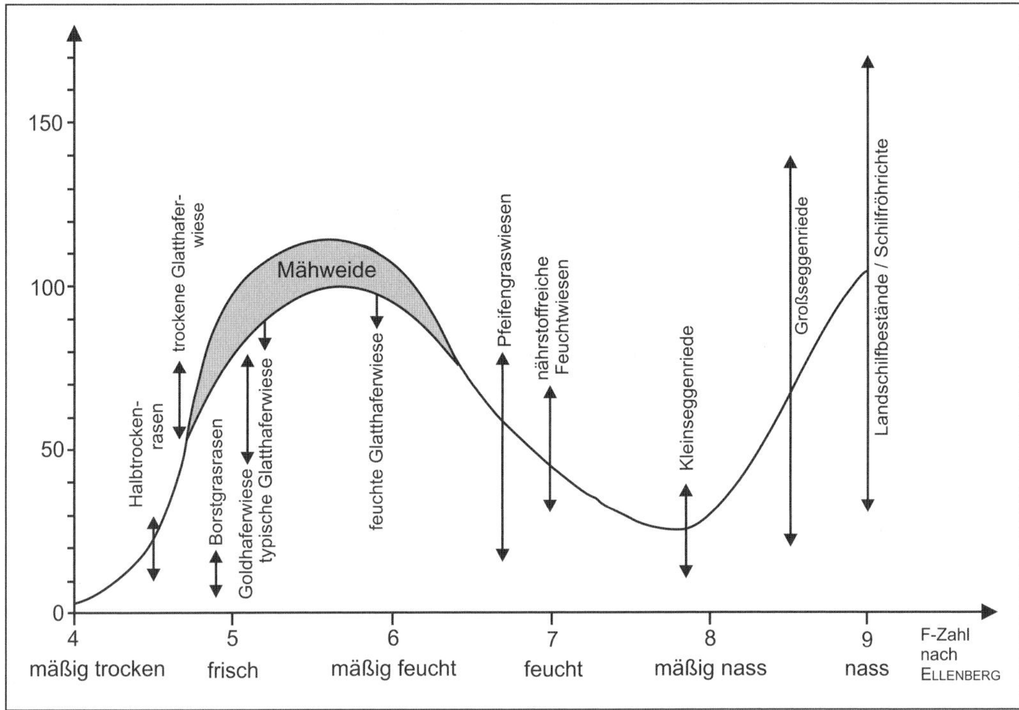

Abb. 106 Produktivität verschiedener Graslandtypen in Abhängigkeit von der Bodenfeuchte (F-Zahl) (nach Böcker et al. 1983, Ellenberg et al. 1992). Erläuterung im Text.

Wie alle Feucht- und Nasswiesen haben auch die **Waldbinsen-** und die **Waldsimsenwiese** (*Crepido-Juncetum acutiflori-*, *Scirpus sylvaticus*-Gesellschaft; s. Kap. 7.5.1.3) durch landwirtschaftliche Standortmelioration in den letzten Jahrzehnten stetig abgenommen. In Grenzertragslagen der Mittelgebirge sind diese Wiesentypen vielerorts durch Brachfallen und Übergang in Hochstaudenbestände verschwunden oder stark degeneriert. Die Erhaltung wäre möglich durch Beibehaltung extensiver futterbaulicher Nutzung. Können die Wiesen nicht mehr landwirtschaftlich genutzt, sondern sollen sie künstlich in ihrem Bestand erhalten werden, bietet sich als Notlösung ein- bis zweimal jährliches Mulchen an. Viele dieser Wiesen in hängigen Lagen wurden durch Standortmelioration weidefähig gemacht. Als feuchteliebendes Weideungras konnte sich dann *Deschampsia cespitosa* stellenweise massenhaft ausbreiten. Solche Weiden sind gegenüber der Ausgangsgesellschaft artenmäßig verarmt.

8.7.3.1 Verwertbarkeit der Aufwüchse in der Landwirtschaft

Die Ertragsfähigkeit der Feuchtwiesen war dank gesicherter Wasserversorgung (s. Kap. 6.2) stets hoch und auch in Trockenjahren zuverlässig. Sie hängt aber stark von Wasserführung, Basenreichtum und Bodentyp sowie vor allem von Art und Umfang der Düngung und Pflege ab. Dasselbe gilt für Futterwert und Aufwuchs. Die Regel bildet zwei- bis dreimalige Mahd. Mäßig feuchte Wiesen liefern jährlich 30 bis 50 dt TM/ha, feuchte 40 bis 60 dt/ha. Durch behutsame Entwässerung und Düngung konnte der Futterwert dieser Wiesen deutlich gesteigert werden. Erhält dieser Wiesentyp, der meist auf organogenen Böden wächst, keine Kalium- und Phosphatdüngung mehr, nimmt sein Ertrag bei gleicher Nutzungsintensität bald ab (Klapp 1965, 1971). Eine Mahd Mitte Juni und im Spätsommer sichern ausreichende und verwertbare Futtererträge und -qualitäten für Pferde, Schafe, heranwachsende Rinder und Milchkühe mit geringerer Milchleistung. Die Eiweißgehalte liegen zwischen 8 und 13 % TS, die Verdaulich-

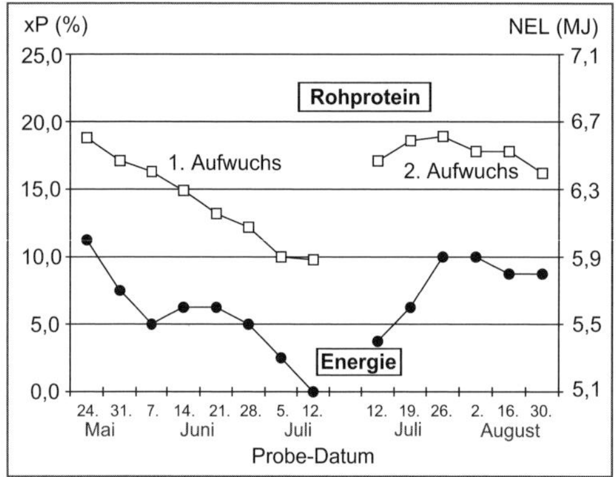

Abb. 107 Qualitätsveränderungen des Futters einer extensiv genutzten Wiese in Abhängigkeit vom Schnittzeitpunkt (nach Angaben bei Kühbauch et al. 1997).
xP = Rohproteingehalt, NEL = Energiedichte in Megajoule pro kg TS.

keit zwischen 55 und 65 % der organischen Substanz und die Energiedichte als Heu zwischen 4 und 5 MJ NEL pro kg TS. Durch die oben genannte Intensivierung nach vorausgegangener Melioration können aber heutzutage Erträge zwischen 80 und 110 dt TM mit Energiegehalten bis zu 6,0 MJ NEL pro kg TS geerntet werden. Ein Verfüttern dieser Aufwüchse ist damit auch an Kühe mittlerer Milchleistung möglich. Über den dominierenden Einfluss des Schnittzeitpunktes auf die Verwertbarkeit als Viehfutter gibt Abbildung 107 Aufschluss.

Aufgrund ihres Mindestpflegecharakters und wegen nicht mehr vorhandener kleinbäuerlicher Besitzstrukturen ist die anfallende Biomasse nässerer Standorte als der Dotterblumenwiesen heute meist nicht geeignet, über die Viehhaltung sinnvoll verwertet zu werden. Es ergeben sich kostspielige **Entsorgungsprobleme**. Theoretisch könnte Streu aus Nasswiesen aber als Strohersatz in der Rinderfütterung eingesetzt werden, doch ist derartiges Material oft so verunreinigt, dass das Vieh gesundheitlichen Schaden nehmen kann (Jilg & Briemle 1992). Die Nachfrage durch die Landwirtschaft nach dem kostenlos abgegebenen Streugut ist daher gering, so dass die Hauptmenge kompostiert, auf Ackerland ausgebracht oder anderweitig verwertet werden muss. Der Einsatz moderner, geländegängiger Einachsbalkenmäher, wie sie vor allem für Gebirgsgegenden entwickelt wurden, erleichtert zwar die Pflege dieser Nasswiesen entscheidend, für die Pflege größerer, zusammenhängender Flächen kommen aber nur Mähraupen in Frage. Um das Problem des Abtransportes zu lösen, wurden in jüngster Zeit umgebaute Skipistenraupen mit aufgesatteltem Ladewagen eingesetzt (Spatz 1994).

8.7.3.2 Überkommene Bewirtschaftung und Pflegehinweise

Auch Feucht- und Nasswiesen erfuhren, sofern deren Aufwüchse nicht nur der Einstreu dienten, sondern auch an Nutzvieh verfüttert wurden, eine gelegentliche **Düngung** mit Festmist (100 bis 150 dt). Allerdings wurden sie etwas später als Glatthaferwiesen gemäht, da ihre Böden in der Regel Anfang bis Mitte Juni noch nicht befahrbar sind. Daher ist die Futterqualität oft geringer als die der Glatthaferwiesen. Wegen zuverlässiger Wasserversorgung werfen Feuchtwiesen manchmal noch höhere Erträge ab als jene. Gelegentliche Düngung mit Festmist oder ersatzweise mit Kalium und Phosphat erhält ihren eu- bis mesotraphenten Zustand. Naturschutzkonzepte gehen vielfach von einer zusätzlichen Extensivierung aus, die unter zwei Schnitten liegt. Sollen futterbaulich genutzte Feuchtwiesen im Rahmen von Pflegeverträgen für Flora und Fauna optimiert werden, ist allerdings mit den in Tabelle 10 dargestellten Effekten zu rechnen, die dann finanziell auszugleichen sind.

Können Feuchtwiesen mangels viehhaltender Betriebe nicht mehr landwirtschaftlich genutzt, sondern sollen „künstlich" in ihrem Bestand erhalten werden, bietet sich ein- bis zweimal jährliches **Mulchen** an. Dies kommt dem Entwicklungszyklus der Arten entgegen und vermag diesen Graslandtyp noch am ehesten zu konservieren. Eine eutrophierende Wirkung des Mulchens ist in Feuchtwiesen, die aufgrund der bisherigen Nutzung einen hohen Trophiegrad aufweisen, nicht zu befürchten. Zweimaliges beziehungsweise einmaliges Mulchen entspricht im wesentlichen den zu den gleichen Terminen durchgeführten Schnittnutzungen mit Ausgleichsdüngung (Spatz 1994). Wegen der oft hohen natürlichen Nährkraft der Feuchtwiesen ist es ratsam, vor dem Übergang zur generellen Mulchpflege durch Unterlassung jeglicher Düngung eine gewisse Ausmagerung auf Ertragsmengen unter 50 dt TM/ha herbeizuführen. Das in Deutschland noch verbliebene Feuchtgrasland ist aber primär durch Beibehaltung und Förderung einer **extensiven futterbaulichen Nutzung** zu erhalten. Es ist eine Utopie, diese Flächen außerhalb der

Tab. 10 Wirkung der Extensivierung auf den Pflanzenbestand (nach KNAUER, 1992, ergänzt)

Ziele	erreichbar durch...	Nebeneffekte
Senkung der Wüchsigkeit der Gräser	Unterlassung der *mineralischen* Stickstoffdüngung	geringere Futtermenge
Förderung blühender Kräuter	relativ späte Mahd und Stallmistdüngung	Abnahme der Futterqualität
Feuchtgebiete: Förderung von Nasswiesenpflanzen und -tieren	Anheben des Grundwasserstandes durch Vernachlässigung der Grabenentwässerung	Abnahme der Befahrbarkeit und Trittfestigkeit Zunahme von harten und z. T. giftigen Pflanzen

Landwirtschaft, also verwertungslos zu pflegen und entsorgen zu wollen. Dieses Ziel ist agrarpolitisch eine große Herausforderung!

Waldbinsen- und **Waldsimsenwiesen**, die auf langfristig wassergesättigten, leicht quelligen, wasserzügigen Standorten vorkommen, sind von Natur aus ein- bis zweischnittig. Dauernde zweimalige Mahd würde ihnen schaden. Mitunter wurden die Flächen früher auch beweidet, doch wurde dadurch die Grasnarbe für die nächste Mähnutzung stark geschädigt (WESTHUS et al. 1984). Die Erträge streuen in sehr großen Spannen und reichen von 20 bis 70 dt TM/ha. Der Heuwert ist der geringste unter den feuchten bis nassen Wirtschaftswiesen. Wie auch bei den anderen Nasswiesentypen kann das Pflegeintervall zeitlich durchaus gestreckt werden. Um eine zu starke Verfilzung und Verbuschung zu verhindern, sollte im Mittelgebirge alle drei bis fünf Jahre eine Mahd ab Oktober erfolgen.

Als **Fazit** bei der Diskussion über die Pflege von Graslandgesellschaften nasser Böden gilt folgender allgemeiner Grundsatz: Je extremer die Standort- und Bodenverhältnisse sind, desto weiter können die Pflegeintervalle in Graslandbiotopen sein. Dies gilt sowohl für die trockene Seite als auch für die nasse. In beiden Fällen gestalten sich die Lebensbedingungen für das Edaphon so ungünstig, dass die allgemeine Nährstoffverfügbarkeit für Gefäßpflanzen auf ein Minimum absinkt (s. Kap. 6.3.2). Diese Tatsache spiegelt sich in der natürlichen Biomasseproduktion, welche in Nassbiotopen mit weniger als 40 dt TM/ha weit unter jener der Frisch- und Feuchtwiesen liegt.

8.7.4 Fuchsschwanzwiesen (*Alopecuretum pratense* Regel 1925)

Mit zunehmender Intensivierung, also dem Übergang von einer zwei- bis dreimaligen auf eine drei- bis viermalige Nutzung mit entsprechender NPK-Düngung, aber auch durch häufigeres Befahren mit schweren Maschinen verlieren Fuchsschwanzwiesen manche ihrer bezeichnenden Arten (s. Kap. 7.3.1.3; Abb. 108, S. 114). Ähnlich den Vielschnittwiesen kann bei unausgewogener Düngung die so genannte „**Gülleflora**“ (s. Kap. 6.3.3) überhand nehmen. Bei ausschließlicher Schnittnutzung werden über drei bis fünf Nutzungen pro Jahr zwischen 70 und 100 dt TM/ha geerntet, dann aber nicht als Heu, sondern überwiegend als Silage konserviert. Die Düngung erfolgt weitgehend über Wirtschaftsdünger nach dem Prinzip des Nährstoffkreislaufs. Im Frühjahr kann der Grundwasserstand, der im Mittel 60 bis 80 cm unter Flur ansteht, höher steigen und so eine rechtzeitige Nutzung verzögern. Unter generell höheren Grundwasserständen ist aus standortökologischen Gründen eine **Reduzierung der Nutzungshäufigkeit** auf drei bis vier Schnittnutzungen/Jahr bei Verzicht auf mineralische Stickstoffdüngung angezeigt. Die TM-Erträge können dabei auf 50 bis 80 dt TM/ha zurückgehen. Es bilden sich dann Fuchsschwanz-Glatthaferwiesen oder Kohldistelwiesen der ursprünglichen Prägung heraus. In solchen Stadien ist es wichtig, dass keine weiteren Dränagen angelegt sowie bestehende oder infolge schwieriger Befahrbarkeit sich bildende Bodenunebenheiten mittels Schleppen oder Walzen ausgeglichen werden. Ansonsten besteht erhöhte Gefahr von Futterverschmutzungen, etwa durch Maulwurfshaufen und nachfolgend Probleme bei der Futterkonservierung.

8.7.4.1 Verwertbarkeit der Aufwüchse in der Landwirtschaft

Die Verfütterung der Aufwüchse an Milchkühe ist bei fuchsschwanzreichen Wiesen, mehr noch als bei anderem Wirtschaftsgrasland, nur bei frühzeitiger Nutzung der Primär-

Tab. 11 Trockenmasseertrag (dt/ha) und Energiekonzentration (MJ NEL/kg TS) in Abhängigkeit von der Nutzungshäufigkeit unterschiedlicher Graslandtypen (Rieder 1987)

Zahl der Nutzungen	Ertrag dt TM/ha	Energiekonzentration MJ NEL/kg TS				
		1. Schnitt	2. Schnitt	3. Schnitt	4. Schnitt	5. Schnitt
		Weidelgras-Weißkleeweide				
3	104	5,7	5,7	6,4	–	–
4	123	6,7	5,8	6,1	6,5	–
5	135	7,4	5,8	6,2	6,7	6,7
		Vielschnittwiese oder Mähweide				
3	86	6,0	5,8	6,0	–	–
4	92	6,0	5,9	6,1	6,9	–
5	100	6,9	6,1	6,4	6,8	7,0
		Fuchsschwanzwiese				
3	101	5,0	5,8	6,1	–	–
4	108	5,4	5,9	5,9	6,4	–
5	115	6,3	6,0	6,2	6,1	6,5

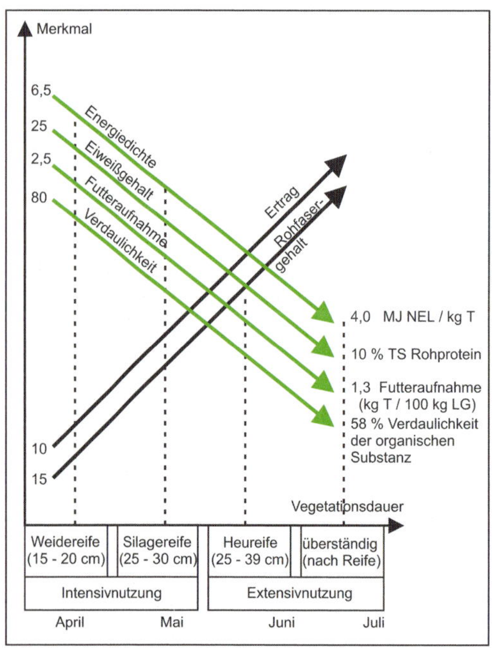

Abb. 109 Qualitätsveränderung des Wiesenfutters mit zunehmender Alterung (Rieder 1997, ergänzt).

und Folgeaufwüchse uneingeschränkt gegeben (Tab. 11). Bei geringer Nutzungsfrequenz beziehungsweise zeitlich großem Abstand der jeweiligen Nutzungen sinkt die Energiekonzentration unter das notwendige Maß ab. Das Futter kann dann nur noch an Tier- oder Nutzungsarten mit geringeren Ansprüchen (Mutterkuh-, Pferde- oder Schafhaltung) verfüttert werden. Über die Qualitätsveränderung des Wiesenfutters mit zunehmender Alterung informiert Abbildung 109.

8.7.4.2 Überkommene Bewirtschaftung und Pflegehinweise

Fuchsschwanzwiesen ursprünglicher Prägung entstanden als **Fettwiesen** im Überschwemmungsbereich der Flüsse oder auf schweren, wasserhaltenden Böden (Gleye, Pelosole) (s. Kap. 7.3.1.3). Sie haben sich durch eine reine Mähwirtschaft mit jährlich zwei- bis dreimaliger Schnittnutzung entwickelt. Die Düngung erfolgte bis in die 1960er Jahre ausschließlich über Festmist. Die Aufwüchse wurden als Dürrfutter konserviert. Ein künstlicher Erhalt dieses „herkömmlichen Typus" (Dierschke 1997c) ist mit jährlich zweimaligem Mulchen oder Mähen mit Abräumen durchaus möglich (Briemle & Fink 1993). Auf frischen, tiefgründigen und damit produktiven Aueböden, Kolluvien und Parabraunerden führt selbst eine zwei- bis dreimalige Mahd pro Jahr nicht zwangsläufig zu einem Ertragsabfall. Optimale Bodenfeuchte, Wurzeltiefgang, hoher Humusgehalt und günstige Wärmeverhältnisse können eine jährliche Stickstoffnachlieferung von über 100 kg/ha ermöglichen. Eine Ausmagerung kann deshalb auf diesen Standorten unter Umständen sehr lange dauern (Briemle 1987a, 1994). Um das Artenspektrum zu erhalten, muss entweder **gemäht** oder mindestens zweimal im Jahr im Juni und August **gemulcht** werden. Mit dem Mulchmaterial verbleiben die Nährstoffe im Nährstoffkreislauf, wodurch eine angestrebte Ausmagerung verlangsamt wird. Durch die beschriebenen Nutzungs- und Pflegeverfahren können Fuchsschwanzwiesen auch erfolgreich vor einer etwaigen Durchdringung mit Rohrglanzgras, Schilf oder gar Großseggen bewahrt werden.

Sollen intensiv genutzte, vier- bis fünfschnittige, **artenarme Fuchsschwanzwiesen** aus Naturschutzgründen örtlich in Hochstaudennasswiesen zurückgeführt werden, so geht dies am besten, wenn die früheren Wasserverhältnisse durch aktive Wiedervernässung (Aufstauen von Gräben, Reduzierung der Graben- und Drainagepflege) wieder hergestellt werden. Bei dieser Maßnahme ist darauf zu achten, dass die Befahrbarkeit der späteren (Streuwiesen-)Flächen gewährleistet bleibt (SPATZ 1994). Können die Grundwasserverhältnisse leicht reguliert und auf ca. 40 bis 60 cm angehoben werden, lässt sich dieser Wiesentyp durch Ausmagern über ein Kohldistelstadium auch in ökologisch wertvolle Sumpfdotterblumenwiesen verwandeln. Erst wenn die Erträge dauerhaft auf etwa 50 dt TM/ha abgesunken sind, sollte zum Erhalt dieses Wiesentyps wieder mit Stallmist (130 dt/ha) oder ersatzweise mit Handelsdünger (140 kg/ha Kalium und 40 kg/ha Phosphat) gedüngt werden.

8.7.5 Vielschnittwiesen und Mähweiden (*Taraxacum-Lolium*-Gesellschaften Briemle et Fink 1993)

Im ausgehenden 20. Jahrhundert waren Vielschnittwiesen und Mähweiden die mit Abstand häufigsten Graslandtypen Deutschlands. Beide Formen dürften zusammen etwa 75 % des gesamten Graslandes einnehmen. Die meisten dieser mehr als dreimal genutzten Intensivwiesen und -weiden entwickelten sich durch Nutzungsintensivierung der bislang zwei- bis dreischnittigen Glatthaferwiesen und Kohldistelwiesen frischer bis feuchter Lagen.

8.7.5.1 Vielschnittwiesen

Vielschnittwiesen (Abb. 110, S. 114) werden mehr als dreimal genutzt. Ihre Aufwüchse werden entweder frisch verfüttert („reingegrast") oder aber siliert. Mit Zunahme der Betriebsgröße (Flächen- und Viehausstattung) nehmen die eigentlichen „echten" Mähweiden zugunsten von Vielschnittwiesen ab. Letztere weisen

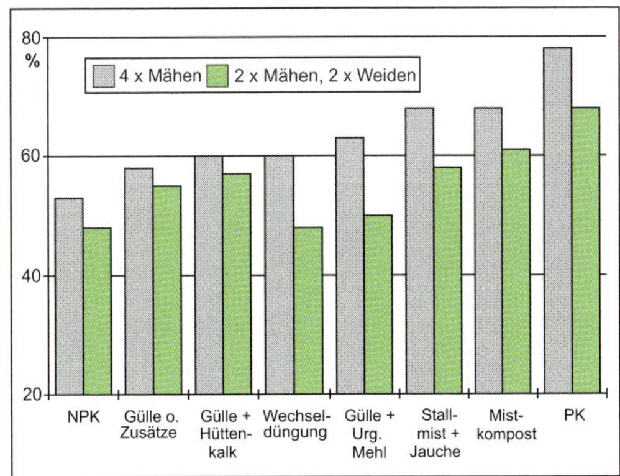

Abb. 111 Ertragsanteile krautiger Pflanzen unter viermaliger Nutzung (ELSÄSSER et al. 1998).

in der Regel mehr krautige Pflanzen auf, da Weidegänge diese aufgrund geringerer Trittverträglichkeit dezimieren (Abb. 111). Es bilden sich gern **Doldenblütler-reiche Formen** aus. Im Übrigen reagieren Gräser mehr auf mineralische Dünger, Kräuter hingegen mehr auf organische Düngestoffe (BRIEMLE 1997). Auch aus diesem Grund – neben der Notwendigkeit, die Wirtschaftsdünger wieder dem Nährstoffkreislauf zuzuführen – wird in der landwirtschaftlichen Praxis eine **Wechseldüngung** (organisch/mineralisch) durchgeführt. Mit steigender Stickstoff- und Kaliumdüngung über Rindergülle nehmen insbesondere Arten wie Wiesenkerbel und Bärenklau zu (RIEDER 1983). Dabei werden diese Pflanzenarten sehr mastig und verdrängen wertvolle Untergräser wie Wiesenrispe und Deutsches Weidelgras. Ursache dafür ist zum einen eine Anreicherung von Nährstoffen im Boden und die Verlagerung der Nährstoffe in tiefere Bodenschichten. Dieser Effekt verschafft tiefwurzelnden Pflanzenarten, zumeist Kräutern, einen Wettbewerbsvorteil, und es kommt langfristig zu einer Vermehrung dieser Pflanzengruppe (DIETL 1988). Zum anderen besitzen Wiesenkräuter für die Nährstoffe Kalium, Phosphor und Calcium ein größeres **Nährstoffaneignungsvermögen** als die Gräser, was auch an den erhöhten Mineralstoffgehalten dieser Arten zu erkennen ist. RAUSCHERT (1961) berichtet zudem, dass die Kräuter in der Lage sind, Phosphorsäure auch bei geringen Bodenvorräten besser aufzunehmen als andere Pflanzen. Die im Milchviehbetrieb anfallende **Rindergülle** ist in der Regel reich an Kalium und Stickstoff (davon 60 % als Ammonium-N), aber arm an Phosphor (KUNZ 1996).

8.7.5.2 Mähweiden

Mähweiden sind mehr als dreimal genutzte Graslandflächen unter wechselnder Mahd- und Weidenutzung (s. Kap. 4.3.1.4). Bei der **Schnittnutzung** wird der Aufwuchs überwiegend zur Frischverfütterung im Stall oder zur Silagebereitung geerntet. Als Weidesystem herrscht die **Umtriebsweide** vor, oft in Form einer streng reglementierten Portionsweide. In der Regel findet eine Mähweidewirtschaft nur auf tiefgründigen Lehm- und Tonböden mit günstigem Wasserhaushalt sowie guter Befahrbarkeit statt. Geht der Anteil der Weidenutzung teilweise oder ganz aufgrund arbeitswirtschaftlicher Gegebenheiten beziehungsweise ungünstiger Verkehrslage zurück, so ist der Übergang zur so genannten Vielschnittwiese (3 bis 5 Nutzungen/Jahr) mit fast ausschließlicher Silagebereitung vollzogen.

Die intensive Mähweidewirtschaft in Bayern wurde durch die Beratungstätigkeit von Lorch und Straehler von der ehemaligen landwirtschaftlichen Beratungsstelle der I.G. Farbenindustrie in den dreißiger Jahren begründet. Ausgehend von Bayern haben sich die Grundzüge der Mähweidewirtschaft auch in ganz Süddeutschland, in der Schweiz und in Österreich ausgebreitet. Der mehr oder weniger regelmäßige **Wechsel zwischen Mahd und Weidegang** ermöglicht es, gemeinsam mit Düngungs- und Pflegemaßnahmen, die Zusammensetzung des Pflanzenbestandes zu beeinflussen. Je nach betonter Nutzungsrichtung (Weide, Schnitt) passen sich die Pflanzenbestände der Mähweiden sehr schnell der Nutzungsrichtung an, wobei das Befahren mit schweren Erntegeräten unter Mehrschnittnutzung ähnliche Auswirkungen hat wie der Tritt der Weidetiere (Voigtländer & Vollrath 1970). Vielschnitt lässt die meisten auf generative Vermehrung angewiesenen Arten verschwinden und begünstigt ausdauernde, häufige Nutzung ertragende beziehungsweise nicht zwingend auf generative Vermehrung angewiesene Pflanzen. In den Weiderhythmus eingeschobene Schnittnutzungen beseitigen vom Vieh gemiedene Arten.

Auf Vielschnittwiesen und Mähweiden werden nicht nur die **höchsten Futtererträge** (90 bis 120 dt TM/ha), sondern auch das **qualitativ beste Futter** geerntet (> 6 MJ NEL/kg TS). Die Verfütterung der Aufwüchse wird, wie unter den Ausführungen zur Weidelgras-Weißkleeweide (s. Kap. 8.7.6.2) dargestellt, maßgeblich von der Energiekonzentration und demnach dem Zeitpunkt des ersten Schnittes bestimmt (Tab. 5).

8.7.5.3 Spezielle Kraut- und Grastypen

In den meist sehr früh silierten Vielschnittwiesen beschränkt sich das Kräuterspektrum häufig nur auf die **Gülleflora**, also Wiesenkerbel, Bärenklau, Löwenzahn und Stumpfblättrigen Ampfer (s. Kap. 6.3.3). Diese tiefwurzelnden Pflanzen sind in der Lage, sowohl den Kaliumüberschuss zu verwerten und Phosphorsäure im Boden aufzuschließen als auch die häufige (Schnitt-)Nutzung zu ertragen. Ziel einer standortkonformen und wirtschaftlichen Grundfuttererzeugung auf Mähweiden beziehungsweise Vielschnittwiesen muss es sein, Viehbestand und Düngung sowie Standort und Nutzungshäufigkeit so aufeinander abzustimmen, dass ausgewogene Pflanzenbestände mit 60 bis 70 % Gräsern und 40 bis 30 % Krautigen (inkl. Leguminosen) ohne Überhandnehmen der Gülleflora entstehen. Die mineralische Düngung dient zur Ergänzung der organischen. Eine bereits vorhandene Gülleflora kann über Regulierung der Düngung, Beweidung oder Walzen mittels Wiesenwalze bei 25 bis 30 cm Aufwuchshöhe zurückgedrängt werden.

8.7.5.4 Möglichkeiten der Extensivierung

Die heute oft formulierte Forderung, auch Vielschnittwiesen oder Mähweiden nicht mehr so intensiv zu nutzen, stößt an Grenzen. Abgesehen davon, dass es wenig Sinn macht, produktive und von Natur aus wüchsige Graslandstandorte (Gruppe 1 der Abb. 112) „gewaltsam“ zu extensivieren, brächte dies erhebliche Einbußen im Futterwert mit sich. Im Übrigen ist zumindest auf Vielschnittwiesen keine Nitratauswaschung ins Grundwasser zu erwarten (Elsässer 1996). Mit einer generellen, spontanen Zunahme der Artenzahl ist auf diesen gut mit Nährstoffen versorgten Standorten nicht zu rechnen. Sollen Mähweiden oder Vielschnittwiesen in artenreichere Glatthaferwiesen umgewandelt werden, ist zunächst eine **langjährige Ausmagerungsphase** ohne jegliche Düngung vorzuschalten (Briemle 1994). Nach dieser Phase kann dann auf eine zwei- bis dreimalige Nutzung übergegangen werden, wobei im Hinblick auf die Förderung typischer Heuwiesenpflanzen der erste Aufwuchs nicht vor Mitte Juni geschnitten werden darf. Erst nach einer entsprechenden Artenzunahme, die allerdings meist lange auf sich warten lässt

(Abb. 113), ist dann wieder eine Düngung sinnvoll, und zwar in der Größenordnung von 110 kg N, 65 kg P_2O_5 und 200 kg K_2O. Sie sollte weitgehend über Festmist oder Gülle erfolgen.

Eine **verringerte Schnitthäufigkeit** ergibt sich im Allgemeinen aus späterer Nutzung des ersten Aufwuchses. Weil erst während oder nach der Blüte der hauptbestandsbildenden Gräser geschnitten wird, entspricht dann die Qualität des erzeugten Futters (meistens Heu) nicht mehr den Anforderungen zur Ernährung von Milchkühen (JILG 1993, SCHUBIGER & DIETL 1995). Verdaulichkeit und Futterwert sinken rasch ab (ELSÄSSER 1992), und die Integration der Aufwüchse in den rindviehhaltenden Betrieb wird erschwert (MALCHAREK & ANGER 1997). DAHMEN & KÜHBAUCH (1991) errechneten deshalb bei reduzierter Nutzungshäufigkeit auf nur noch zwei Schnitte im Vergleich zu einem Vierschnittregime je Hektar einen **Verlust an Milchleistung** von etwa 6500 kg und an Geldertrag von rund 1800 Euro. Unter dem Aspekt Markt- und Umweltentlastung könnte bei Mähweiden oder Vielschnittwiesen noch am ehesten die Stickstoffdüngung reduziert werden. Ziel ist dabei ein Leguminosenbetonter Pflanzenbestand, der sich bei verringerten Stickstoffgaben schneller ausbildet. Deshalb kann die mineralische Düngung häufig auf die Grundnährstoffe P und K als Ergänzung der organischen Düngung beschränkt werden. Im Hinblick auf die Verfütterbarkeit der Aufwüchse an Milchkühe muss der Zeitpunkt der ersten Nutzung weiterhin qualitätsorientiert, also frühzeitig liegen (spätestens Mitte/Ende Mai). Die zeitlichen Abstände der Folgenutzungen können dagegen ausgedehnt werden. Weil die Erträge bei dieser Bewirtschaftungsform rückläufig sind, kann in landwirtschaftlichen Betrieben bei gegebener Flächenausstattung eine Reduzierung der Viehbestände mit entsprechenden wirtschaftlichen Konsequenzen notwendig werden.

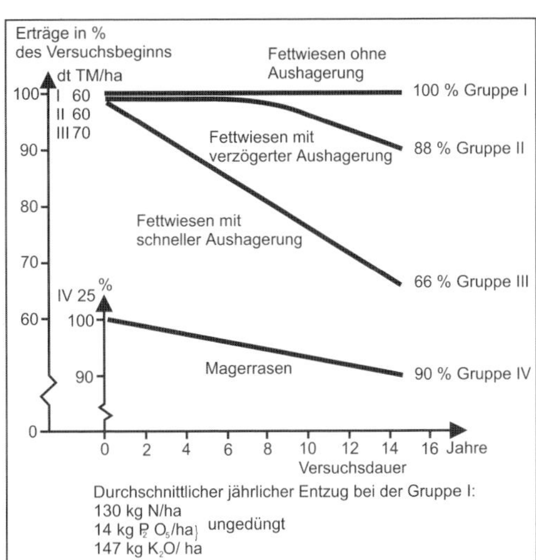

Abb. 112 Ertragsentwicklung in nicht mehr gedüngtem Grasland (BRIEMLE 1987).

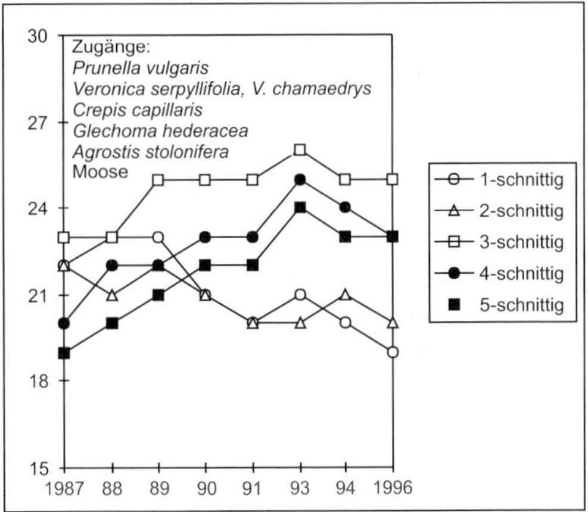

Abb. 113 Entwicklung der Artenzahlen in zehn Jahren bei der Variante „Mahd ohne Düngung (MoD)“ des „Aulendorfer Extensivierungsversuchs“.

8.7.6 Fettweiden (**Lolio-Cynosurion** C. A. Weber 1901)

Fettweiden oder **Weidelgras-Weißkleeweiden** sind intensiv gedüngte, häufig genutzte und vom Deutschen Weidelgras bestimmte, niedrigwüchsige Weiden (Abb. 114, S. 115). Schon seit Jahrhunderten ist in der norddeutschen Tiefebene, insbesondere im Küstenbereich Schleswig-Holsteins, Niedersachsens und am Niederrhein, auf meist schweren und nährstoffreichen Marschböden ein reiner (Stand-)Weidebetrieb die Regel (s. Kap. 7.3.3). Biss, Tritt und Exkremente der Weidetiere, Nährstoffvorrat des Bodens sowie Klimalage haben zu einem Gleichgewicht zwischen Tier und Pflanze geführt. Hinzu kommen Siedlungsweise und Verteilung des Grundbesitzes in der Flur. Dauerweiden sind weitgehend an Einzelhoflagen oder arrondierte Flächen gebunden und setzen ein reichliches Flächenangebot voraus.

Tab. 12 Nutzungsformen und Leistungen der Weide (NITSCHE & NITSCHE 1994 nach MOTT 1988, verändert)

Nutzungsintensität und -form	Anzahl der Koppeln	Auftriebs-dauer = Fress-zeit in Tagen	N-Dün-gung kg/ha	Besatzstärke GV/ha	Brutto-Ertrag* dt TM/ha
gering					
Hutungen	keine	laufend besetzt	0	0,2 bis 0,8	10 bis 20
Almen	1 bis 2	über 30	↓	1 bis 2	25 bis 50
Standweide	1 bis 2	über 30	↓	1 bis 2	25 bis 50
mittel					
Standweiden	1 bis 2	über 30	↓	2 bis 3,6	35 bis 75
Umtriebsweiden	4 bis 8	4 bis 10	↓	2 bis 3,6	35 bis 80
hoch					
Standweiden	1 bis 2	über 30	↓	3 bis 5	75 bis 125
Umtriebsweiden	8 bis 16	2 bis 4	↓	3 bis 5	75 bis 130
Portionsweiden	laufende Zuteilung mit E-Zaun	0,5 bis 1	200	4 bis 6	80 bis 130

* Bei der Beweidung entsteht ein Weiderest, der selbst bei optimaler Weideführung 20 bis 25 % des Bruttoertrages und unter ungünstigen Bedingungen 60 bis 70 % erreicht (ELSÄSSER et al. 1997)

Im Osten und Süden Deutschlands war die Weidewirtschaft ursprünglich nur in den höheren Gebirgslagen und am niederschlagsreichen Alpenrand verbreitet. Durch hohe Düngungs- und Nutzungsintensität haben Weidelgrasweiden in günstigen Lagen der Mittelgebirge und im Alpenvorland die Mähweidetypen beziehungsweise die früheren Glatthaferwiesen abgelöst. Dazu beigetragen hat die Einführung der so genannten **Mähumtriebsweide**, die durch kurze Beweidung und längere Ruhepausen gekennzeichnet ist. Gut geführte Weiden sind auch dort anzutreffen, wo die Flurbereinigung durchgeführt und Betriebe ausgesiedelt wurden. Mit zunehmender Höhenlage setzt die lange Schneedecke des Winters dem Deutschen Weidelgras allerdings eine natürliche Verbreitungsgrenze.

Intensiv genutzte Weidelgras-Weißkleeweiden sind monoton und artenarm (s. Kap. 7.3.3.1), dafür aber sehr ertragreich (> 100 dt TM/ha) und demnach für die Wirtschaftlichkeit heutiger landwirtschaftlicher Betriebe äußerst wichtig. Nährstoffausträge bleiben bei sachgerechtem Gülleeinsatz relativ gering, da die **Nährstoffe** sofort wieder vom Pflanzenbestand aufgenommen werden. Bei hohem Viehbesatz kann unter Kot- und Urinstellen jedoch punktuell eine Stickstoffverlagerung stattfinden (KÜHBAUCH 1995). Das Ziel einer standortkonformen und wirtschaftlichen Grundfuttererzeugung auf Weidelgras-Weißkleeweiden wird demnach bei nachhaltiger Bewirtschaftung unter Verzicht auf Höchsterträge erreicht. So geht es nicht darum, reine Grasbestände zu erzeugen, die höchste Erträge liefern. Der als „ausgewogen" bezeichnete Pflanzenbestand enthält 60 bis 70 % Ertragsanteile (EA) Gräser, und jeweils 15 bis 20 % EA Kräuter beziehungsweise Leguminosen. Die **Nutzungshäufigkeit** beträgt vier bis sechs Weidegänge pro Jahr. Die Düngung erfolgt weitgehend über Weideexkremente bzw. Gülledüngung unter Berücksichtigung der Standortnachlieferung. Handelsdünger wird bei sachgerechter Bewirtschaftung lediglich als Ergänzung der organischen Düngung auf der Basis einer Nährstoffbilanzierung eingesetzt. Um möglichst geschlossene Nährstoffkreisläufe zu erhalten, ist der Viehbesatz der Futterfläche anzupassen (Tab. 12).

8.7.6.1 Verwertbarkeit der Aufwüchse in der Landwirtschaft

Die Zucht auf höhere Individualleistung beim **Milchvieh** stellt eine effiziente ökonomische Möglichkeit dar, Futter-, Arbeits- und Stallplatzkosten einzusparen (HAIGER 1993). Mit dem züchterischen Fortschritt wachsen aber die Anforderungen an den **Futterwert**, also an Verdaulichkeit, Rohfasergehalt und Energiedichte des Grundfutters (JILG & BRIEMLE 1993). Da das Futter auf Intensivweiden in sehr jungem Zustand und deshalb zum Zeitpunkt höchsten Futterwertes abgefressen wird, ist die Qualität oft noch besser als die der Schnittwiesen. Eine Übersicht über den Energiegehalt im Wiesenfutter und die Anforderungen verschiedener Tierarten gibt Tabelle 13, über den Einfluss der Nutzungshäu-

Tab. 13 Energiegehalte im Wiesenfutter (MJ NEL/kg TS) in Abhängigkeit von Nutzungszeitpunkt und Konservierungsart sowie Anforderungen der Weidetiere an die Energiekonzentration des Grundfutters (nach Jilg 1993)

Phänologisches Stadium der Gräser vor der 1. Nutzung	Nutzungsart			Anforderungen der Nutztiere an die Qualität des Grundfutters			
	Grünfutter	Silage	Heu	laktierendes Schaf mit Zwillingen, Lämmer	Milchkuh, laktierendes Schaf mit Einling, lakt. Stute	Mastochse, Mastfärse, Mutterkuh, Färse < 1 Jahr, Pferde	Färse > 1 Jahr, nichttr. Schafe, Hammel, Robustpferde
vor Ähren-/Rispenschieben	6,9	6,7	6,5	↑ ↑	↑ ↑		
im Ähren-/Rispenschieben	6,4	6,0	5,9	↑ ↓	↑ ↓	↑ ↑	
Beginn bis Mitte der Blüte	6,0	5,6	5,2	↓	↓ ↓	↑ ↓	↑ ↑
Ende der Blüte	5,6	5,4	4,7			↓	↓
überständig	5,1	5,0	4,6				↓

figkeit der wichtigsten Graslandtypen auf die Futterqualität sowie die konservierungsbedingten Verluste Tabelle 5. Die Verfütterbarkeit der Aufwüchse an verschiedene Tierarten wird demnach über die **Energiekonzentration** bestimmt. Diese hängt maßgeblich vom Zeitpunkt der ersten Nutzung und weniger von der Intensität der Düngung ab (Thumm 1995, Rieder 1996). Die Verwertbarkeit in der Landwirtschaft wird darüber hinaus vom Anteil des spät geschnittenen ersten Aufwuchses am Gesamtjahresertrag, von Tierart und -rasse und dem Leistungsniveau der Nutztiere beeinflusst (Hand 1991). Futter mit einer Energiekonzentration von unter 5,0 MJ NEL/kg TS ist nur begrenzt in der Milchviehhaltung einsetzbar, weil auch dem dann notwendigen erhöhten Kraftfuttereinsatz pansenphysiologisch bedingte Grenzen entgegenstehen (Steinwender & Gruber 1995). Die Energiekonzentration der Folgeaufwüchse wird vom zeitlichen Abstand zu den vorherigen Nutzungen bestimmt und liegt unter derjenigen des ersten Aufwuchses.

8.7.6.2 Möglichkeiten der Extensivierung

Um Weidelgras-Weißkleeweiden unter dem Gesichtspunkt der Markt- und Umweltentlastung extensiv zu bewirtschaften, wird die Stickstoffdüngung unterlassen und die Beweidungsdichte reduziert. Zielbestand dieser „mittleren" Intensität ist ein Weißklee-betonter Pflanzenbestand. Der Beweidungszeitpunkt des ersten Aufwuchses sollte zur Förderung des Weißklees wie bisher frühzeitig (Ende April/Anfang Mai) terminiert werden, sonst stellt sich der kleereiche Bestand nicht ein (Lichtkonkurrenz der Gräser). Bei einem späteren Weideauftrieb ergeben sich physiologisch ältere Bestände und damit große Weidereste, die dann durch erhöhten Aufwand (Nachmahd mit Abräumen der Weidereste) wieder beseitigt werden müssen.

Ist das erklärte Ziel eine **Magerweide**, genügt das bloße Einstellen der Düngung nicht. Dies liegt an dem weitgehend geschlossenen Nährstoffkreislauf und der Stickstofffixierung über die Leguminosen (Spatz 1994). Zur **Nährstoffausmagerung** ist demnach zwingend vor der Nutzung als Extensivweide eine reine Mähnutzung mit Nährstoffexport vorzuschalten, um die Erträge auf 30 bis 40 dt TM/ha zu senken (Oomes & Mooi 1985). Nach einer Ausmagerungsphase empfiehlt sich eine **Beweidung mit Schafen**, da diese einen großen Teil ihrer Exkremente nicht auf der Weidefläche selbst, sondern im Nachtpferch ausscheiden. Darüber hinaus ist eine regelmäßige **Nachmahd** als Reinigungsschnitt sinnvoll, um die bei geringen Besatzstärken und folglich selektiver Unterbeweidung drohende Überhandnahme unerwünschter Arten zu verhindern. Wird eine extensive Beweidung (späte-

Tab. 14 Erforderliche Tierzahl pro Herde unter wirtschaftlichen Gesichtspunkten (Luick 1996c, verändert)

Tierart	Nebenerwerb	Vollerwerb
Mutterkuhhaltung	5 bis 10	80 bis 150
Schafhaltung	50 bis 100	400 bis 600

rer Weideauftrieb, geringere Besatzdichte, verlängerte Besatzzeit, längere Ruhepausen) ohne vorherigen Nährstoffexport durchgeführt, dann nimmt der Weiderest infolge geringerer Verdaulichkeit des Futters im Pansen und sinkender täglicher Futteraufnahme drastisch zu. Dem kann auch eine Verlängerung der Freßzeiten nicht entgegenwirken, weil mit zunehmender Fressdauer (ab fünf bis sechs Tagen) das überständige Futter nicht restlos abgefressen, sondern das nachgewachsene Futter früher beweideter Flächen bevorzugt aufgenommen wird. Es kommt folglich trotz reichlichem Futterangebot zu **selektiver Überbeweidung**, während größere Teilflächen **unterbeweidet** werden. Dort breiten sich dann Arten wie Disteln, Nesseln, Rasenschmiele, Quecke und Stumpfblättriger Ampfer aus. Die negativen Auswirkungen einer Unterbeweidung lassen sich durch Nachmahd des verbleibenden Aufwuchses mildern (Mott & Müller 1971).

Sollte aus Gründen des Naturschutzes eine **Umwandlung in Wiesen** im Sinne einer „biologischen Optimierung" angezeigt sein, ist zuerst die Düngung einzustellen. Nach einer etwa dreijährigen Ausmagerungsphase mit viermaliger Schnittnutzung kann auf ein- bis zweimalige (in mittleren bis höheren Lagen) oder zwei- bis dreimalige Mahd (in tieferen, besseren Lagen) umgestellt werden. Langfristig entwickeln sich dabei je nach Standort, Höhenlage und Wasserversorgung Glatthafer-, Fuchsschwanz- oder Goldhaferwiesen. Der wirtschaftliche Nachteil für den Landwirt ist in diesem Fall über entsprechende Verträge auszugleichen.

Landschaftspflege durch Weidewirtschaft lässt sich langfristig wirtschaftlich nur durch großräumige Standweiden erreichen (Elsässer et al. 1997), wobei eine geringe Besatzstärke den Weidetieren bessere Selektionsmöglichkeiten schafft und damit eine hohe Grundfutteraufnahme sichert (Opitz von Boberfeld 1995). Für diesen Zweck sind neben der **Schaf- und Ziegenhaltung** die **Mutterkuhhaltung** sowie **Weidemast weiblicher Rinder** möglich, wobei selbst Mutterkuhhaltung als beste ökonomische Variante ohne Fördermittel allenfalls bei Direktvermarktung und Nutzung vorhandener Altgebäude rentabel ist (Elsässer et al. 1997). Bei der Schafhaltung sollten möglichst die regional geeigneten typischen **Landschaftsrassen** eingesetzt werden (Nitsche & Nitsche 1994). Die unter wirtschaftlichen Gesichtspunkten erforderliche Tierzahl ist in Tabelle 14 angegeben. Andererseits ist die Wirtschaftlichkeit der **Schafhaltung** trotz länderspezifischer Förderprogramme vom Einsatz auf Leistung gezüchteter Rassen (in der Regel Fleischschafrassen) abhängig. In Süddeutschland ist deshalb überwiegend das Merino-Landschaf, in Norddeutschland das Schwarzköpfige Fleischschaf beliebt, sowohl in der Hüte- als auch in der Koppelhaltung. **Ziegen** nutzen ein weites Futterspektrum und sind deshalb besonders auf zur Verbuschung neigenden Graslandflächen zur Pflege geeignet. In Deutschland kommen dabei überwiegend Fleischziegenrassen zum Einsatz (zur Wirkung verschiedener Weidetiere s. Kap. 4.3.1.5).

8.7.7 Magerweiden (*Festuco-Cynosuretum* Tüxen 1942)

Magerweiden **(Rotschwingel-Weißkleeweiden)** sind extensiv genutzte, artenreiche Graslandtypen vorzüglich der Mittelgebirge, des Hügellandes und der montanen Stufe der Alpen. Früher kamen sie auch in den sandigen Tieflagen Norddeutschlands häufiger vor. Weniger bunt blühend als die extensiven Wiesengesellschaften, zeichnen sich die Magerweiden bei vergleichbarem Artenreichtum durch ein **Mosaik unterschiedlicher Vegetationsstrukturen** aus: über- und unterbeweidete Stellen, Geilstellen, in weitläufigem Gelände auch Gehölzgruppen und Einzelbäume wechseln einander ab. In steileren Hanglagen kommt es zur Bildung von Viehtreppen („Gangeln"). Je nach geologischem Untergrund tendieren die Bergweiden bei extensiver Bewirtschaftung zu den beweideten Kalkmagerrasen oder den Borstgrasrasen und zeichnen sich durch entsprechende Artengarnitur aus (s. Kap. 4.4.2 und Kap. 7.3.3.2; Spatz 1994, Ellenberg 1996).

Die Nutzung der Bergweiden erfolgt in Regionen wie den Randlagen der Alpen oder im Verbreitungsgebiet der „Weidfelder" des

Schwarzwaldes, in denen sie noch in typischer Ausprägung vorhanden sind, auf traditionelle Weise. Dabei wird teilweise **Pensionsvieh** aus der weiteren Umgebung für die „Sömmerung" auf die Bergweiden aufgetrieben. Da die Rotschwingel-Weißkleeweiden als stille Reserve der tierischen Veredelungswirtschaft im Mittelgebirge angesehen wurden, sind nach 1945 viele Flächen intensiviert worden (KLAPP 1965). Dies hatte den Übergang der artenreichen Bergweiden zu artenarmen, intensiveren Weidelgrasweiden zur Folge. In abgelegenen Lagen fielen die Bergweiden jedoch brach, was häufig eine relativ schnell einsetzende Wiederbewaldung mit Artenverarmung zur Folge hatte, oder aber es wurde großflächig aufgeforstet. Zum Ende des 20. Jahrhunderts lag die Gefährdung der noch vorhandenen Bergweiden der Mittelgebirge im generellen Rückzug der Milchwirtschaft aus den höheren Lagen. Dies führt im Zusammenhang mit Prämien der EG zum verstärkten Aufforstungsdruck auf diesen ertragsschwachen Flächen.

8.7.7.1 Verwertbarkeit der Aufwüchse in der Landwirtschaft

Sauber geworbenes Heu von Bergweiden kann in der Rinderfütterung eingesetzt werden. Seine bei später Mahd (ab Mitte Juli) relativ geringen Energiegehalte von etwa 4,2 MJ NEL/kg TS (SCHMID 1992) lassen einen Einsatz aber nur bei trockenstehenden Milchkühen, nicht laktierenden Mutterkühen, Jungrindern, Pferden und Schafen zu (DACCORD & ARRIGO 1995, JILG & BRIEMLE 1993). Nach TROXLER et al. (1990) ist im Hinblick auf die Vegetationsentwicklung auf Bergweiden generell eine **Beweidung mit Rindern** jener mit Schafen vorzuziehen, da Rinder weniger selektiv fressen, artenreiche Bestände eher erhalten und besser in der Lage sind, Verbuschung und Wiederbewaldung zu verhindern. Nach JILG (1995) ist bei extensiver Standweide beziehungsweise Hutung bei nur einer Koppel pro Hektar mit einem Nettoertrag von 3000 bis 25 000 MJ NEL bei Einsatz von 10 bis 15 Arbeitskraftstunden und einer Besatzstärke von 0,3 bis 1,5 GV zu rechnen. Für wirtschaftlich sinnvolle Nutzung sind aber zusammenhängende Flächen von mindestens 10 ha erforderlich. Weiterhin ist eine Verwertung der Aufwüchse als **Einstreu** in der Tierhaltung denkbar, die jedoch aus ökonomischen Gründen nur bei starker Subventionierung realisiert werden wird.

8.7.7.2 Überkommene Bewirtschaftung und Pflegehinweise

Traditionell erfolgte die Bewirtschaftung der Magerweiden als **Huteweiden** oder **Standweiden** für Rindvieh oder Schafe. In vielen Fällen handelte es sich dabei um **Allmendweiden**, auf die der gesamte Viehbestand einer Ortschaft aufgetrieben wurde. Diese Allmenden, die sich oft mit den althergebrachten Waldweiden verzahnten, waren von zentraler Bedeutung für die frühere Viehhaltung. Private Flächen wurden regional bis ins 19. Jahrhundert ausschließlich zur Gewinnung von Winterfutter genutzt, oft auch nach dem Heuschnitt von der gemeindeeigenen Herde beweidet, so dass die Ernährung des Viehbestandes ganz auf Basis der Allmendweiden geschah. Im Falle von Jungvieh- oder Schafweiden lagen diese Weideflächen durchaus auch auf anderen Gemarkungen.

In Regionen und Zeiten mit guter Ausstattung an Arbeitskräften bzw. in Relation zur Bevölkerungsdichte geringen Weideflächen (Realteilungsgebiete) wurden auf den Weideflächen teils Kotstellen (Kuhfladen) verrieben, um die Bildung von Geilstellen zu verhindern beziehungsweise den Nährstoffeffekt für größere Flächenanteile zu nutzen. Ebenso wurden regional Steine zu Haufen zusammen getragen, was wiederum einer Vergrößerung der Weidefläche gleichkam. Weiterhin wurden die Weideflächen teils regelmäßig, teils unregelmäßig vom Gehölzanflug befreit. Dies illustriert die Bedeutung, welche die mageren Weideflächen hatten. Wenn sie aus heutiger Sicht auch extensive Nutzungsformen darstellten, so ist doch davon auszugehen, dass ihre **Nutzung in der jeweils höchstmöglichen Intensität,** bis zur Übernutzung betrieben wurde. Schon allein die Notwendigkeit, aufgrund der geringen Winterfuttervorräte zeitig im Frühjahr auszutreiben und im Herbst solange wie möglich auf der Weide zu bleiben, sorgte für starken Verbiss der Vegetation. Erst mit der Aufhebung der Allmenden und insbesondere mit der Einführung der Stallfütterung dienten die Bergweiden nur noch als **Sommerweiden für Jungvieh oder Schafe** und wurden ihrer geringen Leistungsfähigkeit entsprechend genutzt. Diese Nutzung stellt in der Regel auch die aktuelle Nutzung der noch vorhandenen Magerweiden dar, wie sie zum Beispiel in den Randlagen der Alpen im Rahmen der Alpwirtschaft noch ausgeprägt stattfindet (BRIEMLE et al. 1999).

Sollen die **Bergweiden** in ihrer Vegetationsstruktur erhalten werden, so ist eine Mindest-

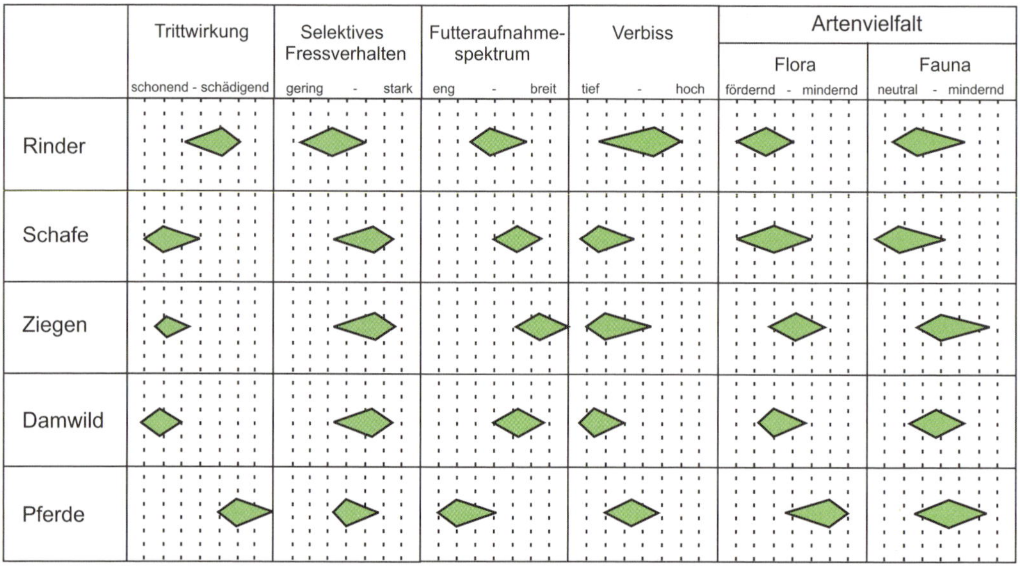

	Trittwirkung schonend - schädigend	Selektives Fressverhalten gering - stark	Futteraufnahme-spektrum eng - breit	Verbiss tief - hoch	Artenvielfalt Flora fördernd - mindernd	Artenvielfalt Fauna neutral - mindernd
Rinder						
Schafe						
Ziegen						
Damwild						
Pferde						

Abb. 116 Einfluss der Nutztiere auf das Grasland bei angemessener Weideführung (V. KORN 1987).

pflege beziehungsweise -nutzung erforderlich, wobei natürlich die Beweidung sowohl ökologisch wie ökonomisch die beste Pflegeform darstellt. Da auf den Weiden etwas „produziert“ wird, findet sie bei der ländlichen Bevölkerung eine höhere Akzeptanz als etwa die maschinelle Offenhaltung. Die bei extensiver Produktion **naturnahe Erzeugung hochwertigen Fleisches** kann neue Einkommensquellen für die Landwirtschaft erschließen. Dies belegen die zahlreichen Initiativen zur **„Öko-Fleisch“**-Vermarktung in den letzten Jahren. Weiterhin ist bei angemessener Weideführung eine Diversität zu erreichen, wie sie sich durch Mahd oder Mulchen nicht erzielen lässt; Geilstellen als Stellen der lokalen Anreicherung von Nährstoffen beeinflussen das Vegetationsmuster ebenso deutlich wie die Selektion durch die Weidetiere. Arten mit höheren Ansprüchen können im Umkreis von Geilstellen auch auf kleinräumigen Standorten gedeihen. Selbst Erosionsstellen und offener Boden, die im Allgemeinen aus futterbaulicher Sicht negativ beurteilt werden, tragen zur Vielfalt des „Lebensraumes Magerweiden“ bei.

Beweidung kann mit allen **Nutztierarten** (Abb. 115, S. 115), teilweise auch mit allochthonen wie Yak, Kamel oder Bison geschehen. Die Auswirkungen der Beweidung sind dabei je nach Nutztierart verschieden: Verbisshöhe, Selektionsverhalten, Trittwirkung, Futteraufnahmespektrum und damit die Auswirkungen auf Flora und Fauna unterscheiden sich zwischen den Nutztierarten zum Teil erheblich (Abb. 116; Kap. 4.3.1.5). Nicht jede Tierart eignet sich für alle Standorte gleichermaßen. In Steillagen sind Hüteschafhaltung, Damwild und Ziegen am wirtschaftlichsten, unter nassen Verhältnissen ist die Pflege durch Hüteschafhaltung am sinnvollsten. Letzteres gilt auch bei sehr geringen Futtererträgen, bei denen der Aufwand für Zaunbau mit der größer werdenden notwendigen Futterfläche/Tier steigt. In langjährigen Versuchen (SCHREIBER 1995a) konnte die extensive Beweidung mit Schafen oder Ziegen Bergweiden in ihrer Bestandeszusammensetzung erhalten. Generell ist davon auszugehen, dass die Beweidung durch Rinder oder Schafe nicht ausreicht, um jeglichen Gehölzaufwuchs zu unterdrücken. Zwar werden insbesondere schmackhafte Arten wie Esche oder Ahorn teils stark verbissen, im Schutz aufkommender wehrhafter Sträucher wie Rosen oder Schlehen können sich jedoch auch solche Arten etablieren und behaupten (SCHREIBER 1995a), so dass längerfristig **triftartige Landschaftsbilder** entstehen. Die Beweidung mit Ziegen dagegen ist geeignet, die Gehölzentwicklung auch nachhaltig zu verhindern, wobei Ziegen jedoch auch erwünschte Gehölze (z. B. Obstbäume) durch Schälen und Entlaubung unterdrücken.

Tab. 15 Besatzstärken auf ertragsarmen Extensivweiden (nach Luick 1996c, ergänzt)

Tierart	Körpergewicht (kg)	Futterbedarf pro Tag (kg TS)	Futterbedarf pro Jahr (kg TS)	Ertragserwartung (dt TM/ha)	Weidereste (%)	Besatzstärke pro 2 ha
Hinterwälderrind	400–450	12	4400	35	20	1 Mutterkuh + Kalb
Schaf	60–75	1,8	650	20	10	4–10 Mutterschafe

Für die Wirkungen der Weide sind die Art der Weideführung und die Weideleistung entscheidend. Vorgaben der Naturschutzverwaltung wie etwa „Beweidung mit einer Besatzdichte bis 1,2 GV/ha und Jahr oder Formulierungen wie „Enzian-Schillergrasrasen sind mit einer Besatzdichte von 6 bis 8 Schafen/ha zu beweiden“, sind in der Praxis meist nicht ausreichend. Da die **Besatzdichte** das Gewicht derjenigen Tiere angibt, die sich gleichzeitig auf einer Weidefläche befinden, steht sie unabhängig von der Weideperiode und ist daher kein echtes Intensitätsmaß. Besser ist es, die **Besatzleistung** anzugeben, die sich aus der Besatzdichte multipliziert mit der Zahl der Fresstage (GV-Tage/ha) ergibt. Oder aber man orientiert die für die Pflege notwendige Beweidungsintensität an Parametern wie Weiderest und Bestandesentwicklung. Beispielsweise für das Hinterwälderrind und das Schaf können die in Tabelle 15 angegebenen Besatzstärken angesetzt werden.

Ist eine Beweidung brachgefallener Bergweiden nicht mehr möglich, kann ersatzweise auch **gemäht** oder **gemulcht** werden. Maertens et al. (1990) empfehlen für Magerweiden eine „einmalige Mahd/Jahr ab Mitte Juli mit Entfernen des Mähgutes“. Langfristig sind die weidegeprägten Ausgangsgesellschaften der Bergweiden jedoch durch Mahd nur fragmentarisch und unter deutlicher Anreicherung mit Pflanzenarten der Wiesen zu erhalten (Schreiber 1995a, Schreiber & Neitzke 1992, Hülss 1991). Ob eine Entwicklung zu Magerrasen sinnvoll erscheint, muss im Einzelfall entschieden werden. Die **Schnittnutzung** ergibt allerdings längerfristig eine Bestandesumwandlung, die je nach Nährstoffversorgung, Ausgangssubstrat und Düngung zu Beständen führt, die Goldhaferwiesen oder Kalkmagerrasen nahe kommen. Da die Bergweiden aus Artenschutzgesichtspunkten keine hochgradige Bedeutung haben, kann eine solche Entwicklung unter Umständen durchaus positiv bewertet werden. Zweimaliges **Mulchen** während der Vegetationsperiode hat ähnliche Effekte wie die Mahd; eine Anreicherung mit Wiesenarten findet statt und die Ausmagerung verläuft im Vergleich zur Mahd mit Abfuhr des Mähgutes langsamer. **Brennen** scheint als Pflegemaßnahme für Bergweiden nicht geeignet zu sein, wobei hierüber allerdings Untersuchungen fehlen. Maertens et al. (1990) kommen aber aufgrund der vorhandenen Literatur zu diesem Schluss, da Brennen generell eher negative Auswirkungen auf die Fauna zeitigt und außerdem Pyrophyten stark begünstigt.

8.8 Ausblick

Die **Spezialisierung auf eine rentable Graslandwirtschaft** ist in vielen, von der Natur aus benachteiligten Regionen Mitteleuropas, vor allem in den Mittelgebirgslagen, oft die einzig mögliche standortangepasste landwirtschaftliche Nutzungsform. Voraussetzung dafür ist heute allerdings eine Infrastruktur mit gut erschlossenen Verkehrswegen, die es erlauben, die Dinge des täglichen Bedarfs, die in früheren Generationen noch im eigenen Betrieb erzeugt wurden, zu beschaffen.

Aus dieser Sichtweise haben die in den letzten Jahrzehnten angestiegenen Hektarerträge eine noch raschere Abwanderung der Landwirtschaft aus diesen Regionen verhindert. Die Einführung **neuer Weidesysteme** ermöglichte eine Einsparung an Graslandfutter beziehungsweise -fläche. Auch hat sich die **Futterqualität** entscheidend verbessert: Lagen die Heuqualitäten der 1960er Jahre vielfach noch im Bereich von 400 Stärkeeinheiten je kg Trockensubstanz, so befindet sich die durchschnittliche Silagequalität mit 5,5 bis 6,0 MJ je

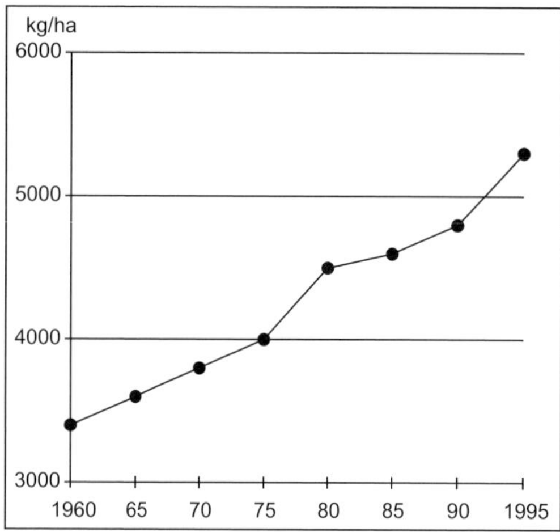

Abb. 117 Entwicklung der durchschnittlichen Milchleistung von Kühen in Deutschland (KÜHBAUCH 1996).

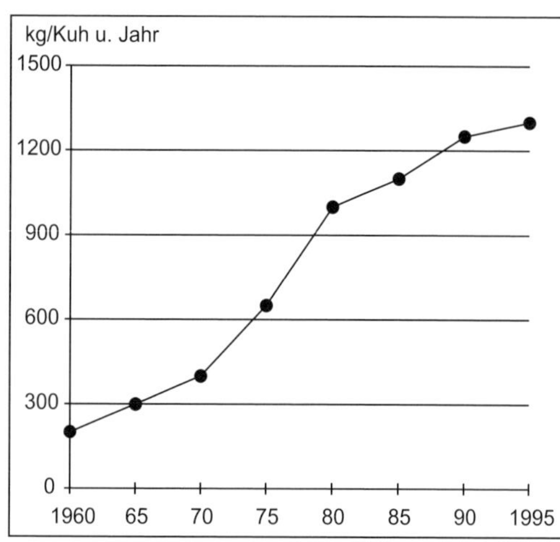

Abb. 118 Entwicklung des durchschnittlichen Kraftfuttereinsatzes in Deutschland (KÜHBAUCH 1996).

kg TS auf einem bemerkenswert hohen Niveau. Diese Entwicklung wurde von erheblichen **Fortschritten in der Technik** der Stallwirtschaft, der Futterwerbung und Futterkonservierung bis hin zur Güllewirtschaft flankiert. Wird schließlich noch die enorme Steigerung der durchschnittlichen individuellen **Milchjahresleistung** der Kühe hinzugenommen, die von 3 395 kg im Jahre 1960 auf 5 318 kg im Jahre 1993 anstieg, könnte man mit KÜHBAUCH (1996) zu dem Schluss kommen, dass die Graslandwirtschaft gut für die Zukunft gerüstet ist.

Dem ist aber nicht so! Die Uniformierung und damit auch **Belastung des Ökosystems Grasland** hat im Zuge dieser Intensivierung erheblich zugenommen. Nicht nur in den regenreichen steilen Lagen ist die hohe Besatzdichte, wie sie zum Beispiel mit intensiven Umtriebsweiden oder gar mit der Portionsweide praktiziert wird, häufig Ursache für die Beschädigung der Graslandnarbe. Lücken in der Vegetation und Verunkrautung müssen dann mit Nachsaaten oder Graslanderneuerung kostspielig repariert werden. Häufige Graslanderneuerung ist daher nicht als eine ordnungsgemäße und nachhaltig betriebene Graslandwirtschaft anzusehen. Außerdem erhöhen hohe Besatzdichten auf Weiden die Gefahr unerwünschter **Nitratausträge** (KÜHBAUCH 1995).

Schließlich muss noch auf einen Trend aufmerksam gemacht werden, der zwar auf den ersten Blick erfreulich erscheint, aber in seiner ungebrochenen Fortsetzung die Graslandwirtschaft und Graslandstandorte regelrecht bedroht: die stetige, genetisch verankerte **Höherentwicklung der Leistungsfähigkeit der Milchkühe**, auf die sich die Fütterung immer zwingender einstellen muss (Abb. 117). Hierin liegt nicht nur ein sehr bedenklicher ethischer und ökologischer, sondern auch ein ökonomischer Konflikt. Ethisch bedenklich ist die Tatsache, dass das Hausrind unter ständiger Verkürzung seiner Lebenszeit geradezu „zu Tode gemolken“ wird. Ökologisch bedenklich ist, dass mit zunehmender Leistung der Milchkühe über Kraftfutter verstärkt Nährstoffe in die Graslandbetriebe importiert werden (Abb. 118), denen keine entsprechenden Nährstoffexporte über Milch und Fleisch gegenüber stehen.

Die **Milchleistung** aus dem Grundfutter – also aus den Aufwüchsen von Wiesen und Weiden, beispielsweise der nordrhein-westfälischen Durchschnittskuh – liegt nach KÜHBAUCH (1996) unter 3000 kg Milch je ha und Jahr. Bei einem Landesdurchschnitt von rund 6000 kg Milch pro Kuh und Jahr werden (unter der Annahme, dass für 2 kg Milch etwa 1 kg Kraftfutter aufzuwenden ist) 1500 kg **Kraftfutter** jährlich importiert. Dabei handelt es sich um einen reinen Milchviehbetrieb, der selbst kein Getreide oder ein anderes energiereiches Futter erzeugt und auch keine nennenswerten Nährstoffmengen aus dem Betrieb exportiert. Bei 1500 kg Milchleistungsfutter, aus denen 3000 kg Milch gemolken werden, kommt es in einem Betrieb mit 40 Kühen dieser Leistungsstufe zu einem jährlichen **Überhang** von etwa 1 356 kg Stickstoff, 208 kg Phosphor und 625 kg Kalium! Andererseits kann aus ökonomischer Sicht keinem Landwirt empfohlen werden, auf Hochleistungstiere zu verzichten.

Es ist weitaus ökonomischer, mit einer 8000-Liter-Kuh das vorhandene Milchkontingent zu erzeugen, als mit zwei 4000-Liter-Kühen. Die eindeutige ökonomische Überlegenheit der Hochleistungstiere bringt aber die Graslandwirtschaft an die **Grenzen ihrer Möglichkeiten**. Selbst bei bester Graslandbewirtschaftung sind Energiegehalte von mehr als 7 MJ NEL je kg TS nicht zu erzielen. Heu und Silage erreichen häufig nur etwa 5,7 MJ je kg TS. Das bedeutet, dass mit zunehmender Milchleistung der Tiere in immer stärkerem Umfang energiereiches Futter zugekauft werden muss. Damit kommt es zu einer **Anreicherung von Nährstoffen auf den Graslandflächen** mit landschaftsökologischen Problemen der Stickstoffbilanz (KÜHBAUCH 1996). Aus ökonomischen Gründen fordern Betriebswirte bereits mittelfristig eine durchschnittliche Herdenleistung von 7000 kg Milch pro Jahr und Tier, langfristig „deutlich" mehr als 7000 kg Milch (KOESLING 1995). Nach dem Grasland selbst wird dabei gar nicht mehr gefragt, und es gibt schon Tendenzen, nach denen die Milch aus dem Grasland in die Ackerbaugebiete abwandert. Für die reinen Graslandbetriebe, und damit für große Teile der europäischen Mittelgebirge wie für das gesamte Alpengebiet, ist diese Entwicklung nicht akzeptabel.

KÜHBAUCH fordert daher **vier politische Maßnahmen**, die geeignet sind, die Milchviehbetriebe aus diesem Dilemma herausführen:

1. Bindung der Milchproduktion an das Grasland; kein freier Handel von Milchkontingenten.
2. Stärkung der Marktposition der Molkereien gegenüber dem Lebensmittelhandel. Hier liegen Reserven in der Größenordnung von 1 bis 2 Cent pro kg Milch.
3. Im Grasland sind keine Rekordkühe vonnöten, was die Milchleistung anlangt, sondern solche, die Rekorde in der Fressleistung erreichen. Darin steckt ein Potential von 10 bis 12 kg Milch pro Kuh und Tag.
4. Schaffung und Vermarktung eines Qualitätsbegriffes für Milch und Fleisch, die aus dem Grasland kommen und besser sind, als Milch und Fleisch aus Kraft- und Zukauffutter.

Hierin liegt die Möglichkeit, auch weniger produktive Flächen des Graslandes weiterhin futterwirtschaftlich zu nutzen, wodurch nicht nur bäuerliche Existenzen, sondern auch Kulturlandschaften langfristig erhalten werden können.

9 Vegetationsdynamik im Kulturgrasland

Graslandgesellschaften sind nur **quasistabile Ökosysteme**, die durch permanent gleichartige Störungen (Mahd, Tierfraß, Tritt) entstanden sind und erhalten werden.

9.1 Allgemeine Trends

Das fein ausbalancierte Gleichgewicht des Ökosystems Grasland kann schon durch kleine Veränderungen eines Einflussfaktors gestört werden. Floristische **Fluktuationen** wurden bereits mehrfach angesprochen. Besonders auffällig sind sie bei den Flutrasen (s. Kap. 7.4), die einem von Jahr zu Jahr wechselnden Überflutungsgeschehen unterliegen. Eher gerichtet, das heißt als **Sukzession** interpretierbar, sind Entwicklungen, die mit anthropogen gesteuerten Vorgängen zusammenhängen. Über plötzliche oder schleichende Veränderungen im Kulturgrasland durch Intensivierung der Nutzung wurde bereits in vielen vorhergehenden Kapiteln berichtet. Deshalb konzentrieren wir uns hier auf die **progressive Sekundärsukzession** bei Nutzungsaufgabe.

9.2 Sekundärsukzession von Graslandbrachen

In älterer Literatur über Kulturgrasland findet man wenig Angaben über ungenutzte, also brachliegende Bereiche. Erst durch die sozioökonomische Umstrukturierung der Landwirtschaft seit den 1950er Jahren (s. Kap. 8) gibt es zunehmend nicht mehr genutzte Bereiche.

9.2.1 Graslandbrachen als allgemeines Problem

Seit den 1960er Jahren wurde die sog. **„Sozialbrache"** zu einem in Wissenschaft und Praxis viel diskutierten Problem. Milton et al. (1997) geben für Deutschland Anfang der 1990er Jahre 7,5 % (900 000 ha) der landwirtschaftlichen Nutzfläche als Brache an, die sich zudem in Problemgebieten mit hohen Anteilen von **Grenzertragsstandorten** konzentrieren. Hierunter versteht man flachgründige und/oder stark hängige Bereiche, Feuchtgebiete, abgelegene Flächen, kleine Täler (Abb. 119, S. 116) und Hochlagen.

Die Zunahme der Brachen war ein Anlass für zahlreiche Arbeiten über die Sukzession auf Acker- und Graslandbrachen. Seit den 1960er Jahren gibt es auch viele **Dauerflächen**, die dazu dienen, sekundäre Sukzessionsprozesse im Brachland aufzuklären und Möglichkeiten zu erproben, solche unerwünschten Entwicklungen aufzuhalten, zu lenken oder rückgängig zu machen. Zu den frühzeitig begonnenen Dauerflächenuntersuchungen gehört ein sehr umfangreiches und **langfristiges Projekt in Baden-Württemberg**. Auf Initiative von K.-F. Schreiber wird seit 1975 auf 16 (später 14) weit geographisch und nach ihrer Vegetation gestreuten Flächen die Graslanddynamik sowohl in Brachen als auch unter mehreren Nutzungsvarianten beziehungsweise Pflegemaßnahmen untersucht. Zu den erfassten Vegetationstypen gehören auch verschiedene Gesellschaften des Kulturgraslandes. Zwischenbilanzen der sehr zahlreichen Untersuchungsdaten zur Vegetation und Ökologie gaben bisher unter anderen Schiefer (1981), Schreiber & Schiefer (1985), Neitzke (1991), Briemle & Schreiber (1994) und Schreiber (1997), auf die sich auch viele unserer Erörterungen beziehen. Nach zwanzig Jahren zeigt sich ein sehr vielschichtiges, wenig übersichtliches Bild. Anstatt erhoffter verallgemeinerbarer Entwicklungstrends hat sich ein von Fläche zu Fläche wechselndes, eher individuelles Sukzessionsbild ergeben. Hier sind zwar gewisse allgemeinere Gesetzmäßigkeiten erkennbar, die aber je nach lokalen Bedingungen stark variieren und von Zufällen abhängig sind.

9.2.2 Grundlegende Entwicklungsvorgänge der Brachlandsukzession

Wie bei ökologischen Standortbetrachtungen müssen auch bei Überlegungen zur Vegetationsdynamik zahlreiche Vorgänge, Wirkungen und Wechselwirkungen in ihrem engen Beziehungsgeflecht gesehen werden. Wichtige Grundlagen, die nicht immer extra zitiert werden, stammen aus Dierschke (1994), Dierschke & Engels (1991), Falinska (1991), Hard (1975), Neitzke (1991), Rosenthal (2001), Schiefer (1981) und Schreiber (1997).

9.2.2.1 Strukturveränderungen im Grasland

Vor allem in ein- bis zweischnittigen Wiesen mit mäßiger Düngung gibt es ein enges Neben- und Miteinander vieler Pflanzenarten, zum Beispiel bei Glatthafer-, Goldhafer-, Sumpfdotterblumen- und Pfeifengraswiesen (s. Kap. 7). Sobald die Nutzung als stabilisierender Faktor aufhört, ändern sich schlagartig die Konkurrenzbedingungen (Abb. 120). Nicht Störungstoleranz sondern Hochwüchsigkeit ist jetzt von Vorteil, noch verstärkt durch eine effektive vegetative Ausbreitung und Reservestoffspeicherung. Solche „**Konkurrenzstrategen**" nehmen vor allem auf nährstoffreicheren Standorten rasch, das heißt innerhalb weniger Jahre, zu und drängen andere Arten zurück. Allgemein kommt es zu **Umstrukturierungen im Lebensformspektrum** (Abb. 40 in Kap. 4.3.3.2; s. auch Briemle & Schreiber 1994); hochwüchsige Hemikryptophyten, besonders solche mit unterirdischen Ausläufern und Speicherorganen, nehmen zu. Kleinwüchsige Pflanzen können zwar teilweise für einige Zeit die verschlechterten Lichtbedingungen durch verlängerte Sprossachsen und senkrechte Blattausrichtung etwas ausgleichen, gehen aber zurück.

a) Entmischung, Herden- und Musterbildung

Das enge Miteinander vieler Arten in relativ homogen strukturierten Kulturwiesen und -weiden entmischt sich bei Brachebeginn recht bald, das heißt innerhalb der ersten drei bis fünf Jahre, zu einem herdenartigen Nebeneinander. Vegetative Sprosskolonien einzelner Arten sind hierbei besonders wirksam (s. Kap. 9.2.2.4). Auch kleinräumige, feine Standortunterschiede, die vorher durch Mahd- und Weideeinfluss verdeckt waren, können jetzt wirksam werden. Es entsteht ein **unregelmäßiges, mosaikartiges Muster** meist hochwüchsiger Pflanzengruppen (Abb. 121, S. 116 und Abb. 122, S. 116). Der Beginn der Musterbildung ist eher vom Zufall bereits in guter Startposition befindlicher Pflanzen abhängig. So besitzt jede Brachfläche ihre eigenständige Entwicklung.

b) Dominanzbildung

Dieser Vorgang ist mit der Entmischung eng verbunden. Aus kleinräumig unterschiedlichen Beständen entstehen große Herden bis weiträumige Bestände mit Vorherrschen einer oder weniger Arten. Mit wachsendem Brachealter nehmen Dominanzbestände zu und können teilweise ein eher monotones, aber stabiles Dauerstadium bilden (Abb. 123, S. 116).

Abb. 120 Junge Brache einer Kohldistelwiese. Die Wiesenstruktur ist noch erkennbar.

c) Verkrautung

Zu den erfolgreichen Lebensformen in anfänglichen Brachephasen gehören hochwüchsige, krautige Stauden mit oft auffälliger Blüte. Sie machen solche Phasen zu sehr bunten, abwechslungsreichen Elementen (Abb. 122, S. 116), bei Dominanzbildung eher zu relativ monotonen Beständen (Abb. 123, S. 116), die nur zur Blütezeit der wenigen Arten auffallen. Zu diesen wuchskräftigen Kräutern gehören (s. auch **e**)

- auf feucht-nassen Standorten: *Achillea ptarmica, Angelica sylvestris, Bistorta officinalis, Chaerophyllum hirsutum, Cirsium oleraceum, C. palustre, Epilobium hirsutum, Filipendula ulmaria, Geranium palustre, Lotus uliginosus, Lysimachia vulgaris, Lythrum salicaria, Sanguisorba officinalis, Stachys palustris, Trollius europaeus, Valeriana officinalis* agg. und andere;
- auf frischen Standorten: *Anthriscus sylvestris, Galium album, Geranium pratense, G. sylvaticum, Heracleum sphondylium, Hypericum maculatum, Lathyrus pratensis, Meum athamanticum, Vicia cracca* und andere.

d) Vergrasung

Je nach Ausgangsbestand können sich eher Kräuter oder Gräser in der ersten Brachephase ausbreiten. Vergraste Flächen haben ein mehr wiesenartiges Aussehen, allerdings nicht mit deren Arten- und Farbdiversität (Abb. 124, S. 133). Auch in brachfallenden Weiden geht die rasenartige Struktur in hochwüchsigere Grasbestände über. Besonders wirksam ist die Vergrasung in Feuchtbereichen, wo Cyperaceen und Juncaceen stärkeres Gewicht erlangen (Abb. 79 und 80 in Kap. 7). Auch röhrichtartige Bestände durch Schilf, Rohrglanzgras oder Wasserschwaden sind möglich (Abb. 125). Zu den sich in Brachen ausbreitenden Arten gehören

- auf feucht-nassen Standorten: *Carex acuta, C. acutiformis, C. brizoides, C. disticha, Calamagrostis canescens, Deschampsia cespitosa, Glyceria maxima, Juncus acutiflorus, J. effusus, J. subnodulosus, Molinia caerulea, Phalaris arundinacea, Phragmites australis, Scirpus sylvaticus* und andere;
- auf frischen Standorten: *Agrostis capillaris, Arrhenatherum elatius, Brachypodium pinnatum, Calamagrostis epigeios, Elymus repens, Holcus lanatus, H. mollis, Poa chaixii* und andere.

Abb. 125 Hochwüchsige, röhrichtartige Feuchtwiesenbrache aus *Phalaris arundinacea.*

9.2.2.2 Artenveränderungen im Grasland

Während die Brachlandsukzession zu Beginn vor allem von den bereits vorher anwesenden Arten bestimmt wird, können bald oder später auch neu einwandernde Arten um sich greifen. Dieser positive Effekt wird aber durch Verschwinden anderer Arten eher umgekehrt, so dass die Bilanz meist negativ ist.

e) Versaumung

Hierunter versteht man das Eindringen und die Ausbreitung von Pflanzen **thermophiler oder nitrophiler Saumgesellschaften** (Trifolio-Geranietea, Artemisietea). Erstere findet man vor allem in Brachen von Kalkmagerrasen, aber einige auch in Tieflagen-Magerwiesen, zum Beispiel in Brachen der Salbei-Glatthaferwiesen. Im Kulturgrasland frischer Standorte haben nitrophile Saum-(und Ruderal-)arten Ausbreitungsmöglichkeiten (Abb. 126, S. 133). Da Saumpflanzen allgemein empfindlich gegen Mahd und Fraß sind, kommen sie nur gelegentlich im genutzten Grasland mit reduzierter Vitalität vor. Sie können aber von benachbarten Säumen einwandern, oder sie sind schon in der Samenbank im Boden vorhanden, wie Jensen (1998) für die Brennnessel gezeigt hat (s. **n**). Auf feucht-nassen Böden gibt es kaum Säume obiger Klassen. Hier bilden die Hochstauden des Filipendulion eigenständige Wiesensäume und liefern die entsprechenden Arten (s. Kap. 7.5.4). Zu den **Saumpflanzen** gehören

- thermophile, mehr oder weniger trockenheitsertragende Arten: *Agrimonia eupatoria, Astragalus glycyphyllos, Brachypodium pinnatum, Clinopodium vulgare, Coronilla varia, Galium verum, Hypericum perforatum, Inula conyza, Origanum vulgare, Trifolium medium, Vicia tenuifolia* und andere; auf sauren Böden auch *Teucrium scorodonia* und *Cytisus scoparius*;
- nitrophile, frischeliebende Arten (inkl. Ruderalpflanzen): *Aegopodium podagraria, Calystegia sepium, Chaerophyllum aureum, Ch. bulbosum, Cirsium arvense, Cruciata laevipes, Epilobium angustifolium, Eupatorium cannabinum, Galeopsis tetrahit, Galium aparine, Petasites hybridus, Rubus caesius, Silene dioica, Solidago* spec., *Urtica dioica* und andere.

f) Artenverarmung

Artenabnahme ist vor allem durch Verdrängung kleinwüchsiger oder sonstwie konkurrenzschwächerer Arten bedingt (Abb. 127, S. 133). Entscheidend ist der Lichtmangel (s. Abschn. Beschattung). Eine Bilanz solcher Arten für Feuchtgrasland in Schleswig-Holstein geben Schrautzer & Jensen (1999). Nach Brachfallen verschwanden dort rasch 89 Arten, 52 nahmen allmählich ab, 85 zeigten zunehmende Tendenz. Auch bei den Moosen gingen viele Arten in Brachen rasch zurück. Besonders stark ist die Verarmung in Nassbrachen durch Ausbreitung von Seggen mit starker Streubildung (Abb. 134).

g) Veränderungen im Samenpotential des Bodens

Wenn sich die Artenzusammensetzung wandelt, wird auch die Qualität und möglicherweise ebenfalls die Quantität des Sameneintrages verändert. Es kommt im Boden zu Überlagerungen von Samen neuer Pflanzen über solche zurückgegangener oder verschwundener Arten, soweit diese eine langlebige (persistente) Samenbank besitzen (s. Kap. 9.3.3.2). Durch Lichtmangel unter den dichten, streureichen Brachebeständen ist die Samenkeimung gehemmt. Nach einer Mahd und Entfernung der Streu können deshalb manche Arten plötzlich wieder auftauchen (Abb. 128, S. 133).

Jensen (1998) hat in unterschiedlich alten Feuchtbrachen von Calthion-Wiesen genaue Samenbankuntersuchungen durchgeführt. Immer war der Samenvorrat von wenigen Arten beherrscht. Im Anfangsstadium der Brache stimmen oberirdische Artenzusammensetzung und Samenbank qualitativ gut überein. Später ist das weniger der Fall, da einige oberirdisch verschwindende Arten noch als Samen ausharren, allerdings mit rasch abnehmender Dichte. Der aktuelle Samenregen ist zwar von den oberirdisch vorkommenden Arten abhängig, quantitativ aber von wenigen Arten mit kleinen Früchten beherrscht (hier machten *Scirpus sylvaticus*, *Juncus effusus* und *Urtica dioica* über 65 % aller Samen aus). 80 % aller Arten haben eine Ausbreitungsdistanz von weniger als 1,5 m (s. Kap. 9.3.3.2).

h) Phänologische Veränderungen

Die Artenabnahme und gleichzeitige Dominanz weniger Sippen bewirkt auch eine **Monotonisierung der phänologischen Rhythmik**. Im Frühjahr bleiben die Brachen noch länger fahlgelb. Teilweise verzögert sich die Entwicklung durch behinderte Bodenerwärmung; auch die Blütezeit ist oft verspätet. Das Auf und Ab der Bestände mit dem vielfältigen Wechsel der in verschiedenen Schichten blühenden Pflanzen entfällt. Zum Herbst hin herrschen gelbliche bis braune Farben vor (Abb. 129). Phänologi-

Abb. 129 Monotoner Herbstaspekt einer Bergwiesenbrache.

sche Spektren finden sich bei Schreiber & Schiefer (1985), Schwartze (1992), Weber & Pfadenhauer (1987).

9.2.2.3 Gehölzansiedlung

Das Eintreffen, die Etablierung und der Aufwuchs von Gehölzen stellen in der Brachlandsukzession einen einschneidenden Vorgang dar (Abb. 119, S. 116). Die Ausbildung einer Strauch- und/oder Baumschicht bedeutet eine völlige Strukturveränderung, die vor allem durch Schattenwurf (s. **m**), aber auch durch Wurzelkonkurrenz die vorher vorhandenen Pflanzen beeinträchtigt. Noch mehr als bei der Entwicklung der Krautschicht sind örtliche und ökologische Gegebenheiten sowie Zufälle wirksam, so dass heutige Kenntnisse ein ziemlich widersprüchliches Bild ergeben.

Negativ auf die Gehölzansiedlung wirkt neben hochwüchsiger Dominanz von Stauden (s. **b**-**e**) vor allem die Streuschicht (s. **k**). In dichten, hohen Lagen verkümmern die Keimlinge, da sie den Mineralboden nicht erreichen. Samen unter der Streu werden am Keimen gehemmt. In brachfallenden Viehweiden mit Trittlücken ist dagegen eher eine rasche Gehölzetablierung wahrscheinlich; in hängigen Lagen kommt es relativ rasch zu einer Verbuschung (Kienzle 1979).

i) Verbuschung

Die Einwanderung und Ausbreitung von Sträuchern in Brachen ist seit langem bekannt. In Baden-Württemberg fand Schreiber (1997) sowohl stärker verbuschte (bis verwaldete) als auch nach zwanzig Jahren noch völlig gehölzfreie Brachen. Wichtig ist die Existenz von **Gebüschinitialen** in oder in Nähe der Fläche. Obwohl viele Sträucher ornithochor sind, ist eine Fernausbreitung durch Vögel wenig gegeben, da sich die Vögel bevorzugt in bereits existierenden Gebüschen und deren Nähe aufhalten (Kollmann 1994). Auch bei anemochoren Arten ist die Etablierung in Brachen oft gering. Gigon & Bocherens (1985) stellten in einer Feuchtbrache starke Verbuschung durch *Salix cinerea* fest, die aber fast nur auf der vegetativen Ausdehnung weniger schon sehr alter Exemplare beruhte (Abb. 130).

Bei den Sträuchern kann man zwei **Wuchstypen** unterscheiden, die zu unterschiedlichen Verbuschungen führen. **Niedrigwüchsige**, zum

Abb. 130 Ausbreitung von *Salix cinerea* in einer *Calthion*-Brache.

Teil mit Kriechtrieben sich ausbreitende, relativ kurzlebige Arten, vor allem der Gattung *Rubus* (*R. idaeus* mit unterirdischen Ausläufern; Abb. 131, S. 134). Sie können von Invasionskernen oder bestehenden Kleingebüschen am Rande rasch an Fläche gewinnen und niedrige Dickichte bilden. Eine Sonderstellung hat der Besenginster (*Cytisus scoparius*), der sich nur durch Samen vermehrt, deren Keimung durch Hitze (Feuer) gefördert wird. Daneben gibt es **höherwüchsige**, langlebige Sträucher, die große und dichte Gebüsche ausbilden. Hierzu gehören viele auch sonst an Waldrändern oder in der freien Landschaft wachsende Arten, vor allem *Cornus sanguinea*, *Corylus avellana*, *Crataegus*, *Frangula alnus*, *Prunus spinosa*, *Rhamnus cathartica*, *Rosa*, *Viburnum*, *Sambucus*, im feuchten Bereich *Salix aurita* und *S. cinerea*. Hinzu kommt die Liane *Clematis vitalba*, die als Kriechpflanze ohne Stütze auch zum ersten Typ gehört.

Verbuschung ist ein sehr einschneidender Vorgang im Sukzessionsverlauf. Unter dem dichten Geäst und Blattwerk der Sträucher werden die lichtbedürftigen Graslandarten völlig ausgemerzt oder bleiben nur noch mit kümmernden Resten übrig. Da es selbst für lichtgenügsame Waldpflanzen zu dunkel ist, gibt es kaum eine Krautschicht. Sogar Jungpflanzen der Büsche oder von Bäumen können schwer Fuß fassen.

j) Wiederbewaldung

Theoretisch kann man bei der Brachlandsukzession von einer Kraut-, Gebüsch-, Waldabfolge ausgehen (s. Kap. 9.2.3), was aber oft nicht zutrifft. Sind genügend vegetationsfreie Flächen da, stellen sich Baumsämlinge schon zu Beginn des Brachfallens ein und entwickeln sich weiter ohne ein vorhergehendes Gebüsch (Briemle 1982). Im Gegensatz zur Verbuschung (s. **i**) spielen bei der Waldansiedlung vor allem anemochore Arten zunächst die Hauptrolle. Typische Pioniere sind die Lichthölzer *Betula*, *Populus tremula*, *Salix caprea* und die ornithochore *Sorbus aucuparia*. Auch *Acer*, *Carpinus* und *Fraxinus* mit ihren geflügelten Früchten sind sehr wirksame Erstansiedler, in höheren Lagen *Picea abies* (Abb. 119, S. 116). In Feuchtbrachen können sich am ehesten Schwarz-Erlen (*Alnus glutinosa*) ausbreiten, vor allem wenn sie schon an Ufern von Gewässern vorhanden sind. Wie in Gebüschen verschwinden auch unter sich verdichtenden Laubkronen der Bäume die meisten Graslandarten wegen Lichtmangels. Zwar wäre der offene Boden zur Aufnahme von Waldpflanzen geeignet, diese wandern aber meist nur sehr zögerlich oder lange Zeit gar nicht ein, am ehesten über Ausbreitung durch Tiere. In Baden-Württemberg haben sich nach zwanzig Brachejahren vereinzelt dichtere, 10 bis 15 m hohe Pionierwälder entwickelt (Schreiber 1997). Die Bäume des potentiellen Schlusswaldes mit schweren Samen (*Fagus*, *Quercus*) sind bisher kaum oder gar nicht aufgetaucht. Mit der vollständigen Ausbildung solcher Bestände ist wohl erst nach Jahrhunderten zu rechnen.

9.2.2.4 Polycormon-Sukzession (k)

Manche Arten können sehr effektiv durch (meist unterirdische) Ausläufer aufgelassene Bereiche erobern. Besonders bei der Verbuschung spielen solche **Sprosskolonien (Polycormone)** eine wichtige Rolle. Von ersten Ansiedlern dringen diese frontartig mit bis zu 0,5 bis 1 m pro Jahr in das Grasland vor. Als besonders wuchskräftig gilt *Prunus spinosa* (Abb. 132, 133, S. 134). Auch *Cornus sanguinea*, *Euonymus europaeus*, *Frangula alnus*, *Ligustrum vulgare*, *Rubus idaeus* und andere breiten sich sehr wirksam durch Polycormone aus. Bei den Bäumen gehören *Populus tremula* und die eingeschleppte *Robinia pseudoacacia* dazu.

Polycormone gibt es auch bei krautigen Pflanzen; sie sind wiederum in der Brachlandsukzession ein wirksames Ausbreitungsmittel, vor allem in den Anfangsphasen mit Versaumung und Vergrasung (s. Kap. 9.2.2.1). Schiefer (1981) nennt für Kulturgraslandbrachen zum Beispiel *Achillea millefolium*, *Aegopodium podagraria*, *Carex acutiformis*, *Cirsium palustre*, *Elymus repens*, *Filipendula ulmaria*, *Galium album*, *Hypericum maculatum*, *Juncus acutiflorus*, *Poa pratensis*, *Ranunculus repens*, *Trifolium medium*, *Urtica dioica* und *Veronica chamaedrys*. Genauere Einzelbeispiele, vor allem von *Filipendula ulmaria*, beschreibt Falinska (1991).

9.2.2.5 Mit der Sukzession verbundene Erscheinungen

l) Streubildung

Im genutzten Kulturgrasland ist ein dauernder Entzug oberirdischer Biomasse charakteristisch. So bleiben im Herbst nur wenige Pflanzenreste übrig. In Brachen erhält sich dagegen die gesamte Biomasse. Die strohigen Reste bleiben stehen, knicken um und werden vom

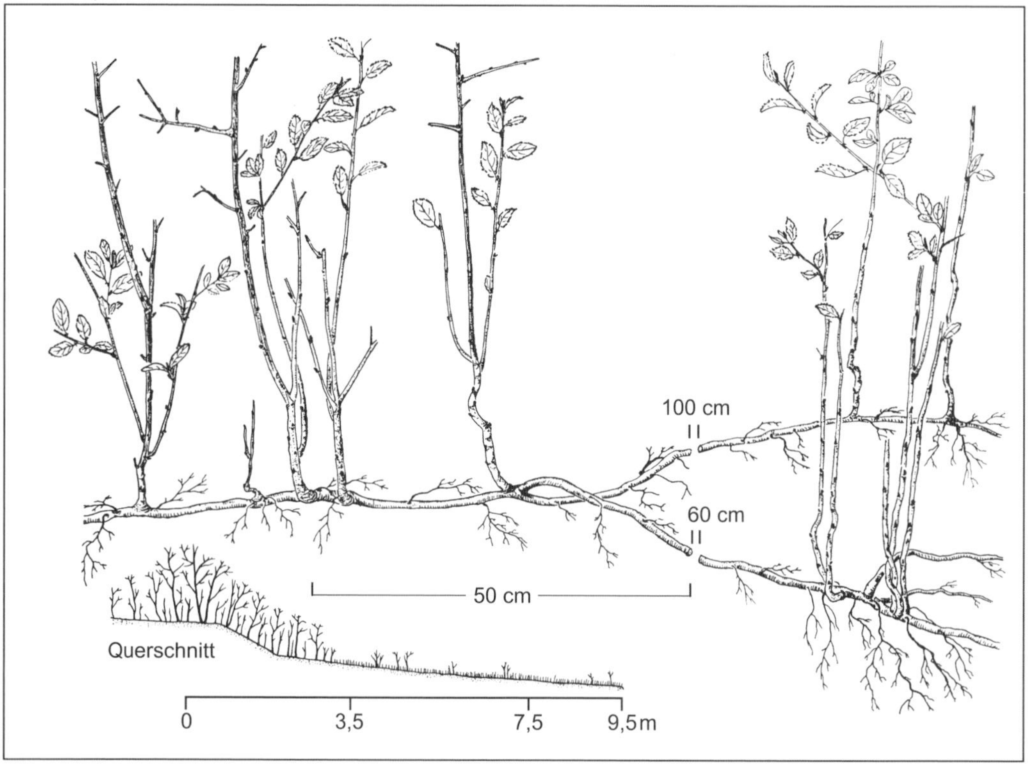

Abb. 132 Polycormonausbreitung von *Prunus spinosa* vom Gebüsch der Terrassenkante in einen Magerrasen (aus Wolf 1980).

Abb. 134 Starke Streubildung in einer *Carex acutiformis*-Brache. Von der ehemaligen Seggen-Kohldistelwiese ist nur noch *Caltha palustris* zu sehen.

Schnee zu Boden gedrückt. Zu Beginn der Brachlandsukzession besteht ein Ungleichgewicht zwischen Streuakkumulation und -abbau, so dass sich längerfristig Streudecken ausbilden. Ihre Dichte und Mächtigkeit hängt von der Abbaugeschwindigkeit und diese wiederum von der Streuzusammensetzung ab (Schiefer 1982). Allgemein zersetzt sich Streu von Gräsern schlechter als von Kräutern. Besonders einige Seggen und Binsen, aber auch manche Süßgräser produzieren eine dichte, hohe (bis etwa 10 cm) ausdauernde Streuschicht (Abb. 134, 137). Oben liegt junge, relativ lockere Streu, die nach unten in eine sehr dichte, verfilzte Lage mit ersten Abbautendenzen übergeht. Diese Lage ist besonders wirksam als Wasserspeicher und Evaporationsschutz und verursacht die oft erwähnte verdämmende Wirkung.

m) Beschattung

Die zeitweise Lichtstellung ist ein wesentlicher Faktor für viele Graslandarten (s. Kap. 8.3.1), insbesondere für Pflanzen der unteren Schichten. Entsprechend bedeutet schon die Entwicklung dichter Hochstaudenfluren (Abb. 135, S. 133), teilweise auch einer dichten Streulage (s. **l**), das Aus für wuchsschwächere Arten. In 10 cm Höhe, also für kleinwüchsige Pflanzen, verbleiben in Wiesen noch 10 bis über 20 % der Einstrahlung, in der Hochstaudenflur liegt der Wert dicht über 0 %.

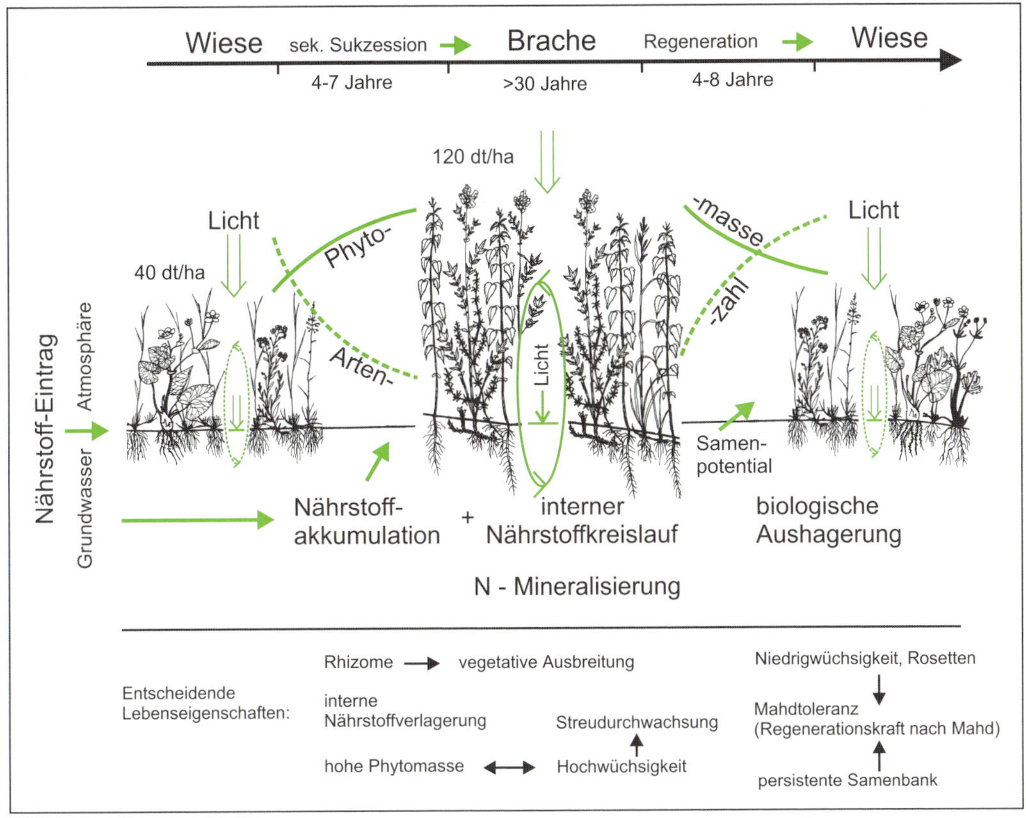

Abb. 136 Bestandsentwicklung und interne Veränderungen einer Feuchtwiese, ihres Brache-Hochstaudenstadiums und der hieraus regenerierten Wiese (aus Müller et al. 1992, verändert).

n) Auteutrophierung

Im Verlauf der Brachlandsukzession nehmen oft wuchskräftig-anspruchsvollere Pflanzen zu. Von neu eindringenden Arten gehören viele zu den Stickstoffzeigern (s. **e**). Offenbar gibt es in Brachen Effekte, die als „**Auteutrophierung**“ zusammengefasst werden (Gigon & Bocherens 1985). Sobald Mahd und Beweidung aufhören, ist der dauernde Stoffentzug schlagartig beendet. Jetzt haben solche Arten Vorteile, die über Speicherorgane im **internen Stoffkreislauf** einen großen Teil ihrer Nährstoffe behalten und im Folgejahr rasch und fast verlustlos verfügbar haben (s. auch Kap. 6.3.2). *Filipendula ulmaria* erreicht zum Beispiel im Juli ihr höchstes Sprossgewicht und beginnt Ende des Monats bereits mit der Rückverlagerung von Nährstoffen in die Rhizome (Rosenthal 1992). Uchtmann & Rosenthal (1996) geben für einen Mädesüßbestand einen Stickstoffgehalt der oberirdischen Phytomasse von über 100 kg/ha an, dem nur eine sehr geringe Nachlieferung aus dem Boden (5 kg/ha x 33 Wochen) gegenübersteht. Der Hauptumsatz muss also innerhalb der Pflanzen ablaufen (Abb. 136). Der innere Nährstofflevel wird durch Aufnahme weiterer Nährstoffe erhöht, so dass es zu einem **Aufschaukelungseffekt** kommt (Müller et al. 1992). Graslandbrachen sind deshalb ausgesprochene Anreicherungssysteme oder **Nährstoffsenken** (Schreiber 1997).

o) Veränderungen des Bodens

Das Aufhören von Befahren und Tritt hat in Brachen positive Effekte auf die Struktur des Oberbodens. **Auflockerung** bewirkt in Moorböden eine höhere Wasserkapazität. Auch die Bodenoberfläche verändert sich. Es gibt viele Pflanzen, die **bultige Strukturen** entwickeln, vor allem einige Horstgräser wie *Deschampsia cespitosa*, *Molinia caerulea* oder *Carex*-Arten. Hinzu kommen direkte Veränderungen der Bodenoberfläche durch **Tiere**. Ameisen, Maul-

Abb. 137 Unregelmäßige Oberflächenstruktur in einer über zwanzigjährigen Bergwiesenbrache. Im Tal ist eine stärkere Verbuschung bis Verwaldung erkennbar.

würfe, Wühlmäuse, Kaninchen und Wildschweine schaffen unregelmäßige, kleinräumig eingestreute Störstellen (Abb. 137). Durch Aufwühlen des Bodens kommen Samen aus tieferen Schichten an die Oberfläche und zur Keimung. Außerdem bilden offene Bodenstellen im streuverfilzten Brachland eventuell geeignete Etablierungspunkte für eingetragene Samen (Ryser & Gigon 1985, Milton et al. 1997).

Bei **gebremster Evaporation** durch die Streu trocknet der Boden weniger aus. Der Verfall früherer Entwässerungssysteme in Feuchtbrachen führt zu stärkerer **Bodenvernässung** (Knauer 1979) und entsprechender Dominanz von Nässezeigern, oft Arten mit schlecht abbaubarer Streu. Auteutrophierung (s. **n**) verändert die **bodenchemischen Bedingungen** kaum oder gar nicht. Selbst in den langzeitigen Brachen in Baden-Württemberg hat sich bisher wenig getan (Schreiber et al. 1997). Die pH-Werte zeigen dort teilweise leicht abnehmende Tendenz. Die oberirdische Streuakkumulation fördert selten die Humusbildung im Boden; der organische Kohlenstoffgehalt ist in Brachen eher geringer als unter genutzten Beständen (Broll et al. 1993). Die **mikrobielle Aktivität** und auch die Stickstoffmineralisation (ebenfalls der gesamte Stickstoffgehalt) haben abgenommen (Broll & Schreiber 1985,1992), was die weitgehend autogene Nährstoffanreicherung in Brachen unterstreicht. Auch die Wurzelmasse ist in Brachen niedriger als in gemähten Beständen.

9.2.3 Sukzessionsmodelle

Für die Brachlandsukzession gibt es ein schwer durchschaubares Muster von Wirkungen und Wechselwirkungen externer und bestandesinterner Faktoren. Dennoch lassen sich gewisse Grundzüge erkennen. Geringe Artenverschiebungen werden als **Phasen** interpretiert, stärkere Abweichungen, meist von längerer Dauer, werden **Stadien** zugeordnet (s. Dierschke 1994, S. 418).

Im Verlaufe der Brachlandsukzession von Kulturgrasland lassen sich grob folgende **Stadien** unterscheiden (Falinska 1991, Jensen 1997, Kienzle 1979, Schrautzer & Jensen 1999 u. a.; Abb. 138):

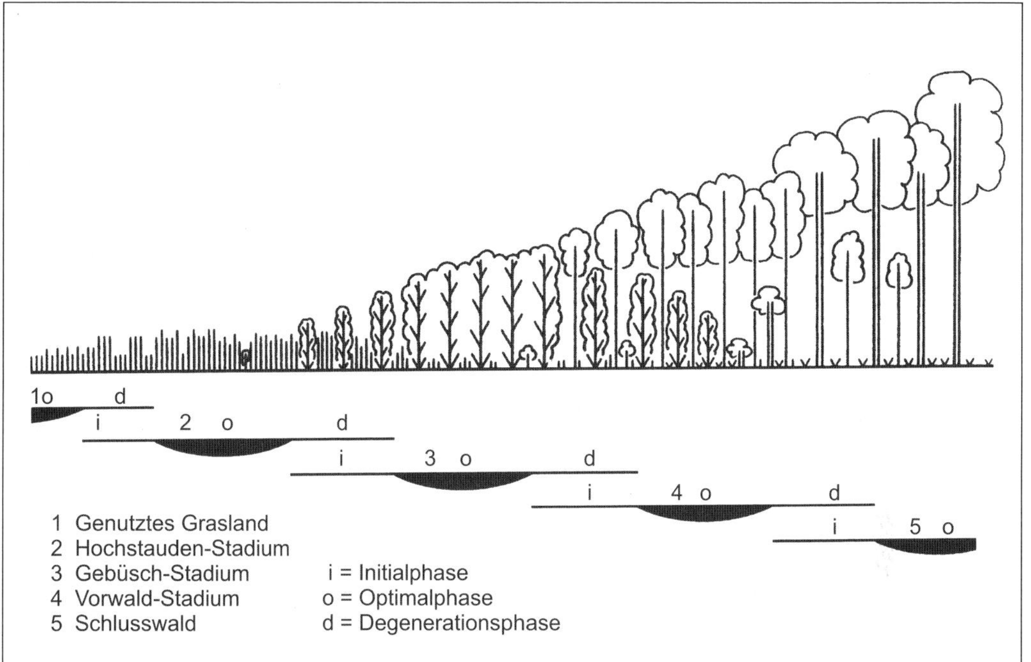

Abb. 138 Schema der Sekundärsukzession einer Graslandbrache.

1. Wiesen- oder Weidestadium
Dieses Stadium entspricht dem Kulturgrasland, wie wir es in Kapitel 7 besprochen haben. Gehen wir vom genutzten Bestand als Optimalphase aus, bilden die ersten Brachejahre mit beginnenden strukturellen Umstellungen innerhalb des vorliegenden Artenbestandes (s. Kap. 9.2.2.1) die Degenerationsphase. Auch erste Gehölzjungpflanzen können zugegen sein. Solche jungen Brachen stellen teilweise biologisch besonders wertvolle Bestände dar, da sich hier manche vorhandenen Arten besser entwickeln als unter Nutzung.

2. Hochstauden-(Kräuter/Gräser-)Stadium
Durch gleitende Übergänge mit dem Wiesen- oder Weidestadium verbunden, entwickeln sich hochwüchsig-dichte Bestände aus Kräutern und/oder Gräsern (s. Kap. 9.2.2 a-e). Unterscheiden kann man Phasen, in denen lediglich die bereits vorhandenen Arten wirksam sind, und solche mit neu eindringenden Arten. Gemeinsam ist starke Beschattung bodennaher Bereiche und ein eigenes Bestandesklima (Wärme, Feuchte), auch im Zusammenhang mit sich bildenden Streulagen. Insgesamt entwickelt sich ein zwar dynamisches, aber doch oft langfristig **relativ stabiles Dauerstadium** (fast) ohne Gehölze.

3. Gebüschstadium
Hier lassen sich gut verschiedene Phasen abgrenzen (Kollmann 1994). Sich etablierende, noch locker stehende Gehölze (zum Teil gruppenweise) kennzeichnen die Degenerationsphase des Hochstaudenstadiums, das zugleich die **Pionierphase** des Gebüschstadiums darstellt. Die **Aufbauphase** ist durch zunehmenden Schluss und Schattenwurf der Strauchschicht charakterisiert und geht in die **Optimalphase** über. Diese besteht aus dichtem Gesträuch, oft fast ohne Unterwuchs. Vor allem gibt es (fast) keine Arten des Ausgangsbestandes mehr, die in den Phasen davor noch teilweise zugegen sind. Auch die Streuschicht verschwindet wieder. In der **Degenerationsphase** kommen allmählich erste Bäume auf, in deren Schatten die Sträucher an Vitalität verlieren.

4. Vorwaldstadium
Sobald die Pionierbäume an Höhe und Dichte gewinnen, gehen die Gebüsche zurück. Als erste Bäume kommen sowohl echte Pioniere wie auch langlebigere Arten richtiger Wälder

in Frage, die aber hier noch nicht ihre volle Wuchshöhe erreichen (s. Kap. 9.2.2.3 j).

5. Waldstadium

Erst nach langer Zeit setzen sich allmählich die langlebigen und hochwüchsigen Baumarten der (potentiell) natürlichen Vegetation durch, die das Schlussstadium der Sukzessionsserie bestimmen. Fast alle Arten der vorhergehenden Stadien werden durch echte Waldpflanzen ersetzt.

Sehr grob gesehen, kann die anfängliche Degenerationsphase drei bis fünf Jahre, das Hochstaudenstadium viele Jahre bis Jahrzehnte andauern. Kienzle (1979) gibt eine Dauer bis über vierzig Jahre an, ebenfalls für das Gebüschstadium. Eine Bewaldung (4 bis 5) beginnt frühestens nach zehn Jahren oder auch sehr viel später, für einen echten (jungen) Wald rechnet Kienzle mindestens zwanzig Jahre. Dies entspricht auch Angaben von Schreiber (1997 u. a.) bei Sukzessionen mit rasch auftretenden Gehölzen.

9.2.4 Syntaxonomische Einordnung von Kulturgraslandbrachen

Brachephasen und -stadien bestehen aus mehr oder weniger dynamischen Beständen, oft nur instabilen Durchgangsphasen, aber teilweise auch solchen relativ großer Stabilität und Dauer. Erstere lassen sich als dynamische Untereinheiten (Varianten, Ausbildungen) einstufen. Sich deutlicher absetzende Stadien können eher als eigenständige, wenn auch häufig artenarme Typen beschrieben und eingeordnet werden. Es ergeben sich **Dominanzgesellschaften** mit einer bezeichnenden Art oder artenarme **„Rumpfgesellschaften"**, die nur einem Verband oder einer Ordnung anzugliedern sind. Ein Beispiel ist die zum Filipendulion gehörige *Filipendula ulmaria*-Gesellschaft (s. Kap. 7.5.4). Andere Dominanzen wurden schon als Gesellschaften der **Sauergras-Nasswiesen** (s. Kap. 7.5.1.3) beschrieben. Seggenreiche Bestände werden zum Teil den Riedgesellschaften **(Magnocaricion)** zugerechnet. Ihnen fehlen aber meist weitere Kennarten der Phragmitetea. Ähnliches gilt für das **„Landschilf"**, das trotz Dominanz von *Phragmites australis* mit einem echten *Phragmitetum* sonst wenig gemeinsam hat. Auch das teilweise beschriebene *Phalaridetum arundinaceae* ist oft nur ein Brachestadium aus Rohrglanzgras, aber kein echtes Röhricht (s. Abb. 125).

Auf frischen Böden sind Dominanzen weniger ausgeprägt. Die Brachebestände sind vielfach als artenverarmte Ausbildungen der Arrhenatheretalia ansprechbar. Sobald nitrophile Arten einwandern, ergeben sich Übergänge zu entsprechenden Saumgesellschaften der **Glechometalia** oder auch **Convolvuletalia**, oft aber auch nur artenarme Ausprägungen, zum Beispiel dichte Brennnesselbestände.

9.2.5 Brachlandentwicklung einzelner Graslandtypen

Feuchtwiesen des **Calthion** (s. Kap. 7.5.1) sind heute besonders stark vom Brachfallen betroffen, da eine Nutzungsintensivierung unrentabel ist. Problemgebiete sind sowohl größere Niederungen im norddeutschen Tiefland, wo allerdings auch großflächige Meliorationen bis zu Ackerland erfolgt sind, als auch die kleineren, abgelegenen Täler der Mittelgebirge. Hier wurden manche Teile aufgeforstet oder blieben einfach brach liegen.

9.2.5.1 Sumpfdotterblumen-Feuchtwiesen

Ein Beispiel zeigt Abbildung 139 mit zwei vereinfachten Vegetationskarten aus dem **Ostetal**, wo seit 1960 weite Gebiete nicht mehr genutzt werden (Rosenthal & Müller 1988). Der Zustand **1952** lässt eine dem Kleinrelief folgende Vegetationsgliederung erkennen. Auf dem Uferwall der Oste wächst eine Glatthaferwiese (1) und ein kleines Auengehölz (9). Vom Fluss weg folgen verschiedene Ausbildungen der Wassergreiskrautwiese: das *Bromo-Senecionetum typicum* (2) geht in einer Flutrinne in das *B.-S. phalaridetosum* (3) über, mit dem *Caricetum gracilis* (5) in nassen Senken. Weiter weg vom Fluss wächst großflächig das *B.-S. caricetosum nigrae* (4). Im Jahr **1991**, nach dreißig Jahren Brache, sind die ehemaligen Gräben verlandet, aber noch erkennbar, zum Beispiel durch kleine Gruppen von *Alnus glutinosa* (9), die sich auf offenem Grabenaushub angesiedelt haben. Auf dem Uferwall hat sich das Auengehölz stark ausgebreitet, gesäumt von *Anthriscus-Urtica*-Beständen (8). Anstelle der ehemals artenreichen Feuchtwiesen (Artenzahl pro 4 m^2 35 bis 40) wachsen jetzt artenarme Dominanztypen (6 bis14 Arten) hoher Kräuter und Gräser (6: *Phalaris arundinacea*, 7: *Filipendula ulmaria*), unterschiedlich durchmischt mit *Scirpus sylvaticus*, *Glyceria maxima*, *Urtica dioica* und anderen.

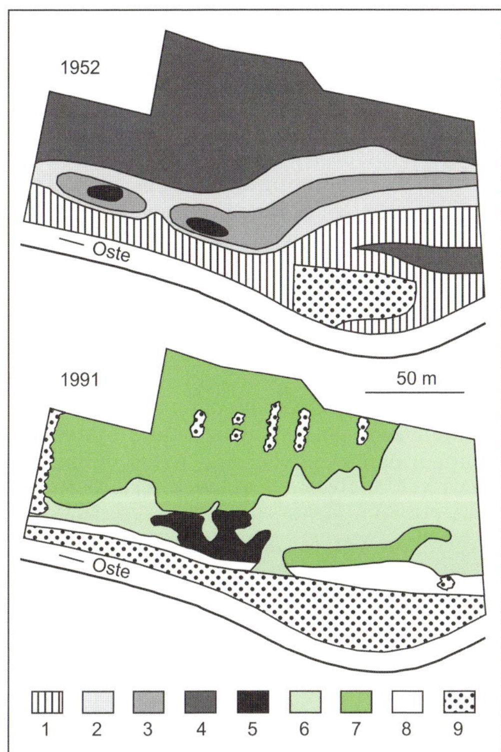

Abb. 139 Vegetationskarten einer Feuchtwiese (1952) und deren Brache (1991) aus dem Ostetal (nach MÜLLER er al. 1992, verändert). Erläuterung im Text.

Die hier skizzierte Entwicklung ist mit gewissen lokalen Abweichungen weithin gültig (z. B. ROSENTHAL 1992, in Nachbarschaft, SCHWARTZE 1992 im Münsterland, SCHRAUTZER 1988, JENSEN 1997, SCHRAUTZER & JENSEN 1999 in Schleswig-Holstein).

Auch im **Mittelgebirgsraum** verläuft die Brachlandsukzession von Calthion-Wiesen sehr ähnlich. Stellvertretend für weitere Arbeiten sei hier WOLF (1979) genannt, der größere Bereiche des Westerwaldes untersucht hat. Die genutzten Wiesen lassen sich großenteils dem *Crepido-Juncetum acutiflori* oder der *Scirpus sylvaticus*-Gesellschaft, teilweise auch der *Polygonum bistorta*-Gesellschaft zuordnen (s. Kap. 7.5.1). In den vorwiegend in Tälern verbreiteten, bis über zwanzig Jahre alten Brachen herrscht oft eine artenarme *Filipendula*-Gesellschaft mit weiteren Hochstauden, ebenfalls in höher gelegenen Bereichen anstelle montaner Trollblumen-Kohldistelwiesen. An nassen Stellen wachsen Seggenbestände mit *Carex acuta*, *C. acutiformis*, *C. paniculata*, *C. rostrata* und *C. vesicaria*, alles Arten, die auch in den Wiesen vorkommen. Von Grabenrändern und Ufern neu eingewandert sind *Aegopodium podagraria*, *Petasites hybridus*, *Phalaris arundinacea* und *Urtica dioica*. Wiederum wird auf die geringe bis fehlende Gehölzansiedlung hingewiesen, obwohl die Bachufer teilweise von dichten Weiden- und Erlenstreifen begleitet werden.

9.2.5.2 Pfeifengras-Streuwiesen

Die Entwicklung von Streuwiesenbrachen haben ABT & EGE (1993) durch Vergleich von 72 Flächen unterschiedlichen Brachealters (2 bis 30 Jahre) im **Allgäu** untersucht. Allgemein wurde mit zunehmendem Alter eine Erhöhung von Zahl und Menge wuchskräftiger Nährstoffzeiger, aber auch von Sträuchern und Bäumen festgestellt, wogegen viele kleinwüchsige Arten rasch oder allmählich verschwanden. *Molinia caerulea* hat oft durch Ausbildung und Verbreiterung von Bulten und Streubildung die Vorherrschaft erlangt **(Vergrasung)**, geht aber häufig in älteren Brachen wieder zurück. Auch Hochstauden wie *Angelica sylvestris*, *Cirsium oleraceum*, *C. palustre*, *Lysimachia vulgaris* und anderen profitieren von der Brache, bilden aber keine dichten Hochstaudenfluren wie im Calthion. Erst wenn zusätzlich eine Eutrophierung stattfindet, können zum Beispiel dichte *Eupatorium cannabinum*- oder *Filipendula*-Bestände entstehen (KLÖTZLI 1979).

Schon ab fünf Jahren Brache beginnt mitunter die **Gehölzentwicklung**, erreicht aber auch nach dreißig Jahren meist nur einen lockeren Buschbewuchs bis zu 20 %, zum Teil durch Polycormonausbreitung von *Frangula alnus* (BRIEMLE 1992, BUCHWALD 1996). Weitere Polycormonpflanzen sind zum Beispiel *Rubus idaeus*, *Salix aurita* und *S. cinerea*. Auch jüngere Bäume (*Betula pubescens*, *Picea abies*) kommen vor.

9.2.5.3 Frischwiesen und -weiden tieferer Lagen

Generell gelten auch für frische Standorte die im Kap. 9.2.2 geschilderten Vorgänge und Merkmale der Sukzession. Häufig findet zu Beginn der Bracheentwicklung eine allmähliche **Vergrasung** mit langsamer Artenabnahme statt. Verkrautung ist nur auf nährstoffreichen (bis überdüngten) und/oder etwas feuchteren Böden (z. B. in Auen) zu beobachten, meistens im Zusammenhang mit Versaumung durch nitrophile Arten. Dominanzbestände werden selten so dicht und hoch wie in Feuchtwiesenbrachen oder bleiben ganz aus. Der Grasreichtum bedingt eine teilweise hohe, verfilzte Streudecke. Auch die Bildung von Ameisenhügeln und Maulwurfshaufen ist bezeichnend. Unterschiedlich und widersprüchlich sind Angaben zur **Gehölzentwicklung** (z. B. SCHREIBER 1995, 1997).

9.2.5.4 Bergwiesen und -weiden

In allen Mittelgebirgen ist heute Brache ein sehr akutes Thema. Ein Haupterwerbszweig ist heute häufig der Fremdenverkehr, der allerdings wiederum von der Attraktivität der Berglandschaften lebt. Hierzu gehören waldfreie Flächen, die im Sommer möglichst vielfältig und bunt, im Winter zum Skifahren geeignet sein sollen.

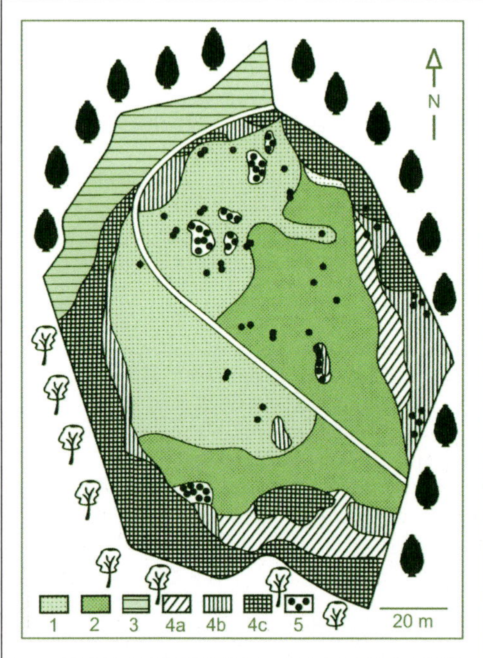

Abb. 141 Vegetationskarte einer brachliegenden Bergwiese zwischen Buchenwald und Fichtenforst im Harz (nach MARKGRAF, Diplomarbeit Göttingen 1988).
1 *Meum*-Brachwiese, 2 *Holcus mollis*-Fazies, 3 *Calamagrostis villosa*-Hochgrasflur, 4 Himbeergestrüpp (*Rubus idaeus* von a nach c zunehmend), 5 *Senecio ovatus*-Einzelpflanzen und -Herden.

Genauere floristische und strukturelle Vergleiche zwischen Bergwiesen und Brachen (2 bis 5 Jahre alt) stellten SUCK & GUTSCHE (1994) in der **Rhön** an. Die Magerwiesen des *Geranio-Trisetetum primuletosum veris* erlitten bald unter Streueinfluss einen Artenrückgang von etwa 25 %, aber wenig strukturelle Umstellungen. Zunehmende Tendenz zeigten zum Beispiel *Poa chaixii* (bis zur Dominanz) und Klimmpflanzen wie *Vicia cracca* und *Galium album*. Auch BORSTEL (1974) betont für **hessische Mittelgebirge** die relativ geringen physiognomischen Veränderungen von Brachen, wenn man von der Streubildung absieht. Auf produktiveren (etwas feuchteren) Standorten können dagegen hochwüchsigere Arten zunehmen und kleinwüchsige Arten verschwinden (ARENS 1989). Auch WEGENER & REICHHOFF (1989) berichten aus **mitteldeutschen Gebirgen** von Vergrasung der Magerwiesen und Verstaudung produktiverer Standorte mit anschließender Verfichtung.

Entsprechende Ergebnisse gibt es auch aus dem Harz (z. B. DIERSCHKE & VOGEL 1981, DIERSCHKE & PEPPLER-LISBACH 1997; Abb. 140, S. 134). Abbildung 141 zeigt ein fortgeschrittenes Brachestadium mit verschiedenen Dominanztypen und Ausbreitung der Himbeere.

Allgemein besteht Einigkeit, dass auch Bergwiesenbrachen meist nur sehr langsam von **Gehölzen** erobert werden. Als **Baumpioniere** treten vor allem *Acer pseudoplatanus*, *Salix caprea* und *Sorbus aucuparia* auf. Häufiger gibt es einzelne oder gruppenweise Fichten, in deren Umkreis Waldrandeffekte wie Versaumung oder Ausbreitung der Himbeere wirksam werden können.

9.3 Regeneration von artenreichen Wiesen aus Brachen

Aus gesamtbiologischer Sicht sind Brachen durchaus positiv zu bewerten, besonders wenn es ein Mosaik unterschiedlicher Entwicklungsphasen und -stadien gibt. Dies gilt insbesondere für viele Tiere (s. Kap. 10), während Pflanzen nur in geringem Maße profitieren. Aus Sicht des Kulturgraslandes ist allerdings jede Nutzungsaufgabe auch über kürzere Zeit als negativ einzustufen.

9.3.1 Allgemeines

Für die **Regeneration** von Kulturgrasland aus Brachen ist eine gute Kenntnis der Graslanddynamik, insbesondere der Brachlandsukzession erforderlich. Für jede Brache muss eine genaue Analyse den augenblicklichen Zustand, die Vorgeschichte und die erkennbaren abgelaufenen oder gerade ablaufenden Entwicklungen festhalten, immer auch im Bezug zum Standort und dem landschaftlichen Umfeld. Regenerationsmaßnahmen müssen mit einem aufzustellenden **Leitbild** in Beziehung gesetzt werden (s. hierzu ROSENTHAL 2001). Oft spielen auch Kostenfragen für die Auswahl geeigneter Maßnahmen eine Rolle. Jede Brachlandregeneration sollte zumindest botanisch durch **Anlage von Dauerflächen** kontrolliert werden. Dies ist auch deshalb wichtig, weil die Kenntnisse über solche Regenerationen noch relativ gering sind.

9.3.2 Umkehrung der Brachlandsukzession

Die Regeneration artenreichen Kulturgraslandes aus Brachen sollte am besten gelingen, wenn man die jeweiligen Sukzessionsschritte und Standortveränderungen rückgängig machen kann, was zumindest in jungen Brachen denkbar ist. Optimal dürfte durchweg die **Wiederaufnahme der Mahd** entsprechend früheren Verhältnissen sein. Zwei Schnitte, nicht zu spät im Jahr (etwa im Juni/ August; außer Streuwiesen) greifen stärker in den Entwicklungsrhythmus der Brachepflanzen ein, unterbrechen interne Nährstoffumlagerungen, fördern durch Abfuhr des Mähgutes eine Ausmagerung der Böden und schaffen zeitweise offene Bodenstellen für Keimlinge. Damit können in wenigen Jahren die oben erwähnten Ziele erreicht werden, wenn bestimmte Schlüsselfaktoren positiv sind (s. Kap. 9.3.3). Allerdings bereitet die Verwertung des Mahdgutes oft Probleme (s. Kap. 8).

Ein- bis zweimaliges Mulchen hat auf lange Sicht ähnliche Effekte (BRIEMLE 1992, BRIEMLE et al. 1991, SCHREIBER 1993a,1995a, SCHREIBER & SCHIEFER 1985, SPATZ 1994 u. a.), ist billiger und erfordert keine Nutzung beziehungsweise Entsorgung des Mahdgutes (Abb. 142). Es findet aber kaum eine Ausmagerung statt. Bracheempfindliche Horst-, Schaft- und Rosettenhemikryptophyten ohne Ausläufer nehmen zu und Arten mit langen oberirdischen Ausläufern gehen zurück (im Gegensatz zur Mahd).

Abb. 142 Frisch gemulchte Bergwiesen im Erzgebirge.

Über längere Zeit werden Gehölze weitgehend ferngehalten und wieder gleichmäßig strukturierte Bestände erzeugt. Zum raschen Entfernen der Streu wären zu Beginn zwei bis drei Schnitte mit Abfuhr der Biomasse sinnvoll. Für eine rasche Zersetzung des Mulchgutes ist ein möglichst früher Mulchtermin günstig. Bei sehr spätem Mulchen bleiben die Pflanzenreste über den Winter liegen und fördern unerwünschte Streueffekte. Ähnliches gilt für Mulchen nur alle zwei bis drei Jahre (Schiefer 1983; s. auch Kap. 8.7).

Häufig diskutiert wird auch das **Kontrollierte Brennen** (Schreiber 1995a, 1997a u. a.). Abgesehen davon, dass Feuer heute weithin verboten sind, wurden dabei auch einige unerwünschte Wirkungen festgestellt. Gefördert werden nämlich oft Arten mit unterirdischen Speicherorganen (Rhizome, Knollen, Pfahlwurzeln u.ä.), also gerade auch Polycormonpflanzen der Brachen. **Beweidung** (in extensiver Form) ist zu Beginn der Bracheregeneration nicht sehr wirksam, da nur selektiv gefressen und viel zertrampelt wird. Nach einigen Jahren mit Schnitt kann aber auch Beweidung wieder eingeführt werden, wenn entsprechende Gesellschaften gewünscht sind (Schreiber 1995a).

Gegenüber Brachen zeigen alle Regenerationsmaßnahmen **positive floristische Effekte** (Abb. 128, S. 133). Je jünger die Brache, desto rascher ist eine Rückentwicklung mit rascher Artenzunahme einleitbar, wobei Mahd etwas besser geeignet ist als Mulchen. Eine volle Restitution des Ausgangsbestandes dauert aber sehr lange.

9.3.3 Schlüsselfaktoren für den Erfolg der Graslandregeneration

Für eine erfolgreiche Regeneration von artenreichem Kulturgrasland aus Brachen (auch aus Intensivgrasland) ist das Vorhandensein von dessen Arten, zumindest in kleinen Resten, von vorrangiger Bedeutung. Schon Kümmerexemplare können durch Regenerationsmaßnahmen wieder ans Licht gebracht werden und eine vegetative und/oder generative Neuausbreitung einleiten. Durch Mahd und Mulchen werden samentragende Sprosse auf größerer Fläche verteilt. Die Entfernung der Brachestreu schafft offene Bodenstellen für Keimlinge.

9.3.3.1 Vorhandenes Pflanzenpotential

Bei Kenntnis des gesamten **Artenpools** einer Landschaft ist also eine gewisse Voraussage der Regenerierbarkeit möglich (Rosenthal 2001). Von alleine wandern allerdings die meisten Graslandarten kaum. Neben allgemeineren Beobachtungen gibt es genaue Untersuchungen des **Samenregens**, die belegen, dass viele Diasporen nur über sehr kurze Abstände von der Mutterpflanze Fuß fassen. Jensen (1998) hat dies für Feuchtwiesen und deren Brachen festgehalten. Etwa 80 % der gefundenen Arten hatten eine Ausbreitungsdistanz von weniger als 1,5 m. Bei Untersuchungen von Fischer (1987) gehörten in Feuchtwiesen 97 % aller Samen zu *Juncus effusus/conglomeratus*, 1 % zu *Betula*, also nur 2 % zu anderen Arten. In Glatthaferwiesen waren 80 % Gramineensamen, 97,5 % der Samen stammten aus einem Meter Umkreis der Samenfalle. Auf einer gefrästen Wiesenfläche waren nach zehn Jahren noch keine Streuwiesenarten aus der Nachbarschaft eingewandert (Thorn 2000). Auch der Samentransport mit fließendem Wasser bei Überschwemmungen ist wenig effektiv (Rosenthal 2001).

Diese und weitere Arbeiten unterstützen die Vorstellung, **dass sich viele Graslandarten wenig zu einer aktiven Wanderung eignen**. Sind Brachflächen im Wechsel mit noch genutztem Grasland vorhanden oder gibt es zumindest an Rändern, Böschungen oder Gräben Reste ehemaliger Wiesenvegetation, ist das Artenpotential noch unmittelbar benachbart erhalten. Eine Neuausbreitung ist aber trotzdem fraglich, es sei denn, dass Weidetiere den Diasporentransport übernehmen. So bleibt eigentlich nur die Möglichkeit, gezielt Pflanzen in Regenerationsflächen wieder einzubringen (s. Kap. 11).

9.3.3.2 Vorhandenes Samenpotential

In Graslandbrachen, die erstmals wieder gemäht werden, findet man plötzlich Pflanzen, die offenbar für längere Zeit als Samen überdauert haben (Abb. 128, S. 133). Für Fragen der Vegetationsdynamik und der Regeneration von Pflanzengesellschaften ist also das Samenpotential von großer Bedeutung. Mit der raschen Ausweitung der Populationsbiologie der Pflanzen sind auch Untersuchungen zur **Samenbank** (seed bank) in rasch steigender Zahl angeregt worden. Eine erste umfassende Bilanz geben Thompson et al. (1997; zu älterer Literatur Fischer 1987). Unter den **hundert**

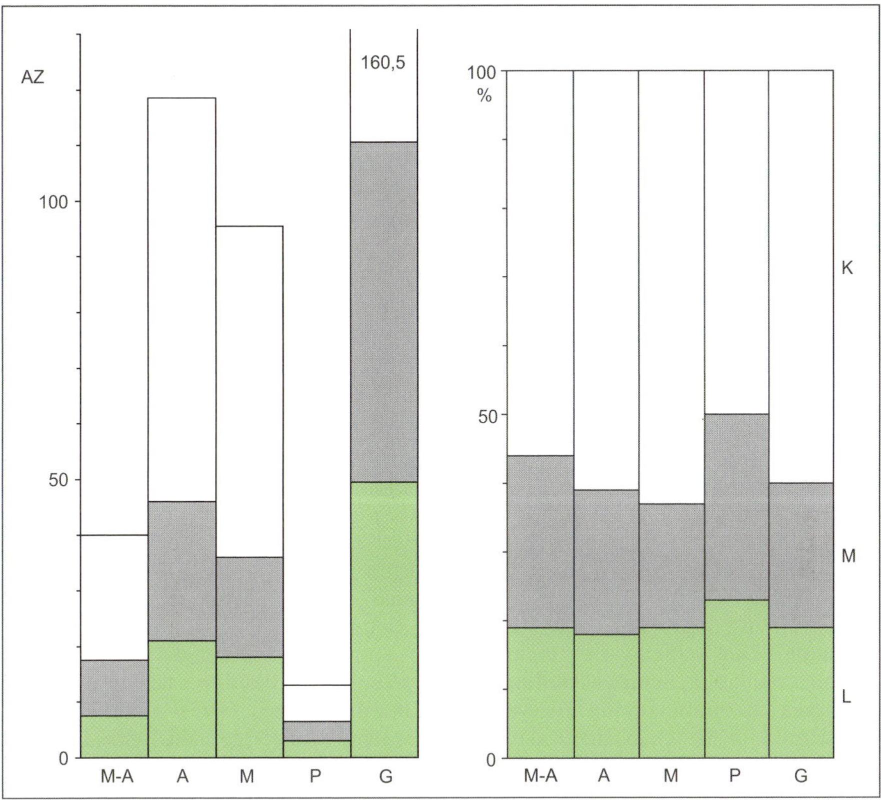

Abb. 143 Anteil der Samenbanktypen L, M, K von 267 Arten des Kulturgraslandes. (M-A: Molinio-Arrhenatheretea, A: Arrhenatheretalia, M: Molinietalia, P: Agrostietalia, G: gesamt); links = absolut, rechts = prozentual.

Arten mit längster festgestellter Lebensdauer (an erster Stelle steht *Lamium album* mit über 660 Jahren) gibt es zwanzig Arten des Kulturgraslandes. Vermutlich lange keimfähige Samen (über 50 Jahre) haben *Taraxacum officinale*, *Trifolium repens*, *Juncus conglomeratus*, *J. effusus* und *Rumex crispus*. An 97. Stelle der Liste steht noch *Achillea millefolium* mit einem festgestellten Höchstalter keimfähiger Samen von über zwanzig Jahren.

In einer für unsere Fragestellung sinnvollen Übersicht lassen sich drei **Lebensdauertypen von Samen** unterscheiden (s. auch Bakker 1989, Bekker 1998, Maas 1987 u. a.), die auch schon früher Verwendung fanden:

K: kurzlebige Samen (transient seed bank). Samen weniger als ein Jahr, oft wesentlich kürzer keimfähig (Keimung direkt anschließend im Herbst oder im nächsten Frühjahr).

M: mittellebige Samen (short-term persistent seed bank). Samen wenigstens ein Jahr, aber weniger als fünf Jahre keimfähig.

L: langlebige Samen (long-term persistent = permanent seed bank). Samen fünf oder mehr Jahre keimfähig.

K-Arten sind bei generativer Vermehrung auf jährliche Samenproduktion angewiesen. M-Arten sind in der Lage, einige ungünstige Jahre (z. B. auch kurzfristiges Brachfallen) als Samen zu überstehen. L-Arten bleiben lange Zeit latent erhalten und können plötzlich bei geeigneten Keim- und Wuchsbedingungen wieder auftauchen. Allgemein sind Samen von Gramineen kurzlebiger als diejenigen von Kräutern und Sauergräsern.

Aus der Liste von Thompson et al. (1997) wurden für die Biologische Tafel (s. Kap. 12) die Angaben in die Kategorien K, M, L umgesetzt, wobei häufig zwei Typen angegeben sind, da die Werte stark variieren. Eine Auswertung zeigt Abbildung 143, getrennt nach grober Gesellschaftszugehörigkeit (Ordnungen, Klasse), wobei weit verbreitete Begleiter ihren Schwerpunkten im Kulturgrasland zugeordnet wurden. Die absolute Artenzahl (links) zeigt hohe Werte für K-Arten; ihr Prozentanteil (rechts) liegt bei 50 bis 62 %. **Fast zwei Drittel der ausgewerteten Graslandarten haben also kein dauerhaftes Samenpotential.** Eine permanente Samenbank haben nur knapp 20 %. Zu ähnlichen Ergebnissen kommen Bekker et al. (1998), die Samenbankspektren einzelner Pflanzengesellschaften errechnet haben.

Die vorhandene Samenbank ist also meist völlig unzureichend für die Regeneration artenreichen Kulturgraslandes. Auch bei langlebigen Samen nimmt die Dichte mit fortschreitender Brachesukzession ab. Seltene, gefährdete Arten, darunter viele Charakterarten einzelner Pflanzengesellschaften, sind in der Samenbank kaum zu finden (Jensen 1998). Selbst die Auskeimung existierender Samen ist nicht überall gegeben; ohne Beseitigung der Streu dürfte die Keimung meist unterbleiben. Nach Rosenthal (1992) gibt es Keimungserfolge auch nur bei frühem Schnitt (Juni), nicht jedoch bei Herbstmahd. Dies schließt aber nicht aus, dass der Samenbank eine **Schlüsselstellung für Regenerationen** zukommt. Immerhin sind die Erfolgsaussichten in Brachen noch deutlich besser als im Intensivgrasland (Rosenthal 2001). Sogar auf gerodeten Flächen langjähriger Fichtenforste fanden sich in der Samenbank noch etliche Arten des Graslandes (Müller & Poschlod 1997). Bohn (1987) beschreibt eine rasche Entwicklung abgeräumter Fichtenforste zu rasenartigen Beständen, wobei vermutlich etliche Arten aus der Samenbank stammen. Besonders erfolgreich waren solche Regenerationsversuche auf feuchten Standorten.

9.3.4 Ergebnisse einiger Regenerationsversuche

Da das **Grasland feucht-nasser Standorte** am stärksten von Brachfallen betroffen ist und Feuchtbiotope generell als bedrohte und besonders erhaltenswerte Biotope gelten, gibt es hier auch die stärksten Bemühungen zur Wiederherstellung von Kulturgrasland (Abb. 144, S. 135). Von einer Bremer Arbeitsgruppe (z. B. Müller et al. 1992, Rosenthal et al. 1998, Rosenthal 2001) wurden dreißigjährige Brachen im Ostetal wieder gemäht. Die Wuchskraft der Dominanten *Filipendula ulmaria*, *Glyceria maxima* und *Phalaris arundinacea* konnte eingeengt werden, wovon andere Arten profitierten. Sehr auffällig war die rasche Neuausbreitung von *Lychnis flos-cuculi* (Abb. 128, S. 133) und einiger weiterer Arten. Die Artenzahl einer Dauerbeobachtungsfläche stieg von 13 auf 31. Schwartze (1992) stellte bereits nach zwei Jahren Mahd einer Feuchtbrache eine deutliche Zunahme von Graslandarten fest. Besonders wirksam war zweimalige Mahd mit Abräumen, die die Lichtstellung kleinwüchsiger Arten förderte. In einer artenarmen, wieder gemähten *Carex acutiformis*-Brache verdoppelte sich sogar die Artenzahl (s. auch Abb. 145, S. 135). Wolf et al. (1984) machten ähnliche Erfahrungen in einer artenarmen Mädesüßbrache im Bergland und kamen bei zweimaliger Mahd zu einer Artenverdoppelung innerhalb von acht Jahren; Mulchen hatte weniger Wirkung. Eine alte Feuchtbrache mit Brennnesseldominanz in Süddeutschland konnte bei dreimaliger Mahd pro Jahr binnen zwei Jahren wieder in eine noch relativ artenarme Kohldistelwiese rückgeführt werden; auch hier verdoppelte sich die Artenzahl (Briemle 2001).

Langfristige Untersuchungen über Regenerationsmöglichkeiten von **Streuwiesen** machte Briemle (1985, 1992). Eine sechzehnjährige Brache wurde gemäht, gemulcht oder gebrannt. Spätsommerlicher Schnitt führte bald wieder zu deutlicher Artenzunahme, teilweise noch verstärkt bei leichter Düngung. Schon Mulchen bewirkte eine starke Reduzierung dominanter Hochstauden wie *Filipendula* oder *Phragmites*, auch von *Molinia* innerhalb von sechs Jahren. Brennen ergab dagegen eher eine Verarmung unter Zunahme einiger Rhizom- und Knollengeophyten. Thorn (2000) mähte etwa 25 Jahre alte Streuwiesenbrachen und konnte erfolgreich Molinion-Arten wieder nachweisen. Hohe Stauden gingen zurück.

Für die Wiederherstellung artenreicher **Glatthaferwiesen** ist die Rückkehr zu zwei Schnitten erforderlich (Spatz 1994). Auch zweimaliges Mulchen ist erfolgsversprechend (Schreiber & Schiefer 1985). Im Harz werden seit über zehn Jahren Regenerationsversuche in **Bergwiesenbrachen** durchgeführt (Dierschke & Peppler-Lisbach 1997; Abb. 146, S. 135). Reversibel sind vor allem unerwünschte Strukturveränderungen durch Dominanzen und Streulagen. Jährliche Mahd Anfang Juli reduziert am stärksten wuchskräftige Arten (Abb. 147, S. 135). Selbst dichte, artenarme Himbeergestrüppe konnten in wenigen Jahren in Magerwiesen zurückgeführt werden. Mahd nur alle zwei bis drei Jahre stärkt die Vitalität einiger Stauden (damit auch ihre Blüte) und hat durchaus positive Aspekte. Mulchen brachte dagegen wenig Erfolg, führte schon ab Mitte Juli zu neuer Streuüberdeckung. Eine stärkere Neuetablierung von Arten fand allerdings nirgends statt, weder aus der unmittelbaren Umgebung, noch aus der Samenbank.

Trotz mancher Erfolge muss man verallgemeinernd feststellen, dass eine volle Restaurierung vormaliger Bestände zumindest in absehbarer Zeit kaum möglich ist. Wesentliche Gründe sind die **geringe Mobilität** und das **kurzlebige Samenpotential** vieler Arten. Auch bedarf es genauer allgemeinerer Kenntnisse der Vegetationsdynamik, gepaart mit lokalen Erfahrungen. Stets sollten auch andere Lebewesen mit einbezogen werden, die möglicherweise ein Mosaik genutzter und unterschiedlich lange brachliegender Flächen als beste Lösung fordern. Abschließend sei noch einmal gesagt: Die langzeitig entstandenen artenreichen Wiesen und Weiden sind **biologisch hochwertige Ökosysteme** und bedürfen dringend des Schutzes. Da eine volle Regeneration aus Brachen (und auch aus Intensivgrasland) nicht möglich ist, **hat die Erhaltung noch bestehender Bestände unbedingte Priorität**.

10 Biozönologische Aspekte im Kulturgrasland

(von Anselm Kratochwil und Angelika Schwabe)

10.1 Herkunft von Tierarten

Die Herkunftsgebiete der Pflanzen- und Tierwelt des Kulturgraslandes Mitteleuropas sind weitgehend identisch, allerdings fehlen bei Tierarten die Möglichkeiten einer genetischen Diversifizierung der Ausgangstaxa durch Polyploidisierung (s. u.).

Wie auch bei den Pflanzenarten (s. Kap. 3.2) liegen die Artenreservoire der Tierarten des Kulturgraslandes im Wesentlichen im Bereich der **Flussauen**, wo sich oft feuchte, trockenere, besonnte und beschattete Lebensräume eng miteinander verzahnen (Pionier-, Saum-, Strauch- und Waldgesellschaften), sowie an flussfernen **lichten Waldstandorten**. Hinzu treten als Herkunftsgebiete **natürliche Offenlandstandorte** wie Küstenstreifen, offene Uferbereiche von Seen, Nieder- und Hochmoore, Steppenheiden oder subalpine Hochgrasfluren. Während der westliche Teil Mitteleuropas stärker durch subatlantisch verbreitete Tierarten als Besiedler von Kulturgrasland charakterisiert wird, treten im Osten auch vermehrt subkontinental verbreitete Steppenarten auf.

Die ursprünglichen Lebensräume der Tierarten weisen Umweltbedingungen auf, die denen der Kulturlandschaft durchaus ähnlich sind, so dass die Arten bereits an die Besiedlung der vom Menschen geprägten Landschaft **präadaptiert** waren. Solche unvorhersagbaren Störungen in der Naturlandschaft waren unter anderem Bodenumlagerungen, Überschwemmungen und lokale Nährstoffanreicherungen. Da Graslandökosysteme vom Menschen auf einem frühen Sukzessionsstadium „quasistabil" gehaltene Systeme darstellen (s. Kap. 9), werden zum Teil Tierarten selektiv gefördert, die „Vermehrungsstrategen" **(r-Strategen)** sind. Aufgrund der Vergrößerung von Wohnraum und Ressourcen können viele Arten sogar besonders hohe Dominanzen erreichen, zum Beispiel die Feldmaus (*Microtus arvalis*) in Weiden (Schröpfer et al. 1984).

Auf der anderen Seite gibt es aber auch, insbesondere im nährstoffärmeren Feuchtgrasland, eine Reihe **stenöker Arten**, so zum Beispiel in Pfeifengraswiesen den Dunklen und den Hellen Wiesenknopf-Ameisenbläuling (*Maculinea nausithous*, *M. teleius*).

Belege für die Herkunft der Tierarten des Kulturgraslandes können einerseits durch das Studium fossiler/subfossiler Tierfunde, andererseits durch heute noch dokumentierbare Tier-Pflanze-Beziehungen nachgewiesen werden. Subfossile Tierfunde lassen auch eine Aussage über das Alter des Kulturgraslandes zu.

Man hat in England **40 000 Jahre alte Insektenreste** aus Schichten einer Zwischeneiszeit analysiert, in der mit Sicherheit weder Ackerbau noch Viehzucht betrieben wurde. Die Käfergemeinschaften aus dieser Zeit, die dort Sumpfgebiete und auch trockenere Standorte besiedelten, leben heute im Dauergrasland, in Feldern mit feuchten lehmigen bis trockenen sandigen Böden (Coope & Angus 1975).

Aus der **Bronzezeit** liegen zum Beispiel Befunde aus Wiltshire nahe Stonehenge in Großbritannien vor (Osborne 1969). Die nachgewiesenen Käferarten lassen dabei auf ein offenes, vorwiegend durch mesophytische, zum Teil Trockenheit anzeigende Pflanzenarten geprägtes Weideland mit einzelnen Altbäumen schließen. Die häufigsten Funde wiesen **Dungkäfer** (Scarabaeidae) der Gattungen *Aphodius*, *Onthophagus* und *Geotrupes* auf; daneben gab es solche des Offenlandes wie den Blattkäfer *Crepidodera ferruginea* (Chrysomelidae) und andere. Die Fraßpflanzen der Käfer lassen auf eine frische bis trockene Weidelandschaft mit Ruderalisierungs- und/oder Weidezeigern schließen. Vorkommen des Pochkäfers (*Anobium punctatum*, Anobiidae) und des Splintkäfers (*Lyctus fuscus*, Lyctidae) deuten auf Totholzvorkommen. Demnach ist anzunehmen, dass es sich um eine **Hudelandschaft** handelte, vergleichbar mit den heute noch zum Beispiel in Nordwestdeutschland vorhandenen Relikten (z. B. Assmann & Kratochwil 1995, Kratochwil & Assmann 1996).

Einige der heutigen Wiesenpflanzen können cytotaxonomisch von Waldsippen hergeleitet werden, zum Beispiel *Cardamine pratensis* (Dersch 1969). Folglich muss man annehmen, dass die an dieser Art sich ernährenden Insektenarten in der Naturlandschaft auch Waldtiere oder Mosaikbewohner mit Waldanteilen gewesen sind, wenngleich sie heute (auch) offenes Kulturgrasland besiedeln. Hierzu gehört zum Beispiel der **Aurorafalter** (*Anthocharis cardamines*), der im Raupenstadium an *Cardamine pratensis* und *Alliaria petiolata* gebunden ist (Wiklund & Åhrberg 1978, Dennis 1982, Courtney & Duggan 1983). Auch saugt der Falter häufig an den Blüten von *Cardamine pratensis* und *Alliaria petiolata*. Nach Dennis (l.c.) wird *A. cardamines* im nördlichen Teil seines Verbreitungsgebietes als Art der Flussuferlandschaften eingestuft. Auch zahlreiche an Disteln monophag lebende Insektenarten belegen solche Zusammenhänge (s. u.).

Nährstoffzeiger wie *Urtica dioica* haben ebenfalls ihre Heimat in Flussauen. Schmetterlingsarten leben im Raupenstadium monophag an der Brennnessel **(Urticophagie)**, so der Landkärtchenfalter (*Araschnia levana*), der Kleine Fuchs (*Aglais urticae*), das Tagpfauenauge (*Inachis io*) und der Admiral (*Vanessa atalanta*). Auch ihre ursprünglichen Habitate sind die Flussauen, wobei sie artspezifisch feuchtere, trockenere, schattigere und besonntere Bereiche bevorzugen (Kratochwil & Schwabe 2001: Tab. 6.2).

Viele **polyploide Wiesenpflanzensippen** sind erst nacheiszeitlich durch Polyploidisierung aus diploiden Ausgangssippen entstanden (s. Kap. 3.3). Zahlreiche mitteleuropäisch verbreitete Wildbienenarten besuchen bevorzugt solche Wiesenpflanzenarten, zum Beispiel *Knautia arvensis* (Abb. 148, S. 136), *Campanula-* und *Hieracium*-Arten (Kratochwil 1991). Einige polyploide Wiesenpflanzenarten, die von di-/tetraploiden Ausgangssippen abstammen, sind zu **Apomikten** geworden; sie benötigen im Gegensatz zu ihren diploiden Vorfahren zum Teil keine Insektenbestäubung mehr; dennoch stellen sie eine wichtige Nahrungsressource für die Entomofauna dar (z. B. *Taraxacum officinale*).

Interessant ist in diesem Zusammenhang, dass auch bei einzelnen Schädlingen über einen der Wirte bei einem Wirtswechsel die frühere Herkunft „verraten" werden kann. Dies belegt die **Schwarze Rübenblattlaus** (*Aphis fabae*), ein großer Schädling an Rüben. Als Wirte dienen ihr im Winter der Schneeball (*Viburnum*) und im Sommer zum Beispiel auch der Breitblättrige Sumpfstendel (*Epipactis helleborine*) (Tischler 1980).

10.2 Ressourcen- und Requisitenangebot für Tierarten

Sowohl Weiden als auch Wiesen bilden wichtige Ressourcen für die Tierarten des Kulturgraslandes.

10.2.1 Weiden

Weiden zeichnen sich durch ein ausgeprägtes Kleinmosaik von selektiv durch das Weidevieh befressenen und gemiedenen Pflanzenarten, Trittstellen des Viehs oder Weidepfade aus (s. Kap. 4.3.1 und 7.3.3). Je produktiver die Standorte sind und je intensiver die Beweidung ist, umso weniger ist das weidebedingte Kleinmosaik ausgeprägt. Bei sehr extensiver Rinder- oder Schafbeweidung bilden sich Ökostrukturen mit Gebüschen und Staudensäumen und einer hohen Diversität an Tierarten aus (Kratochwil & Schwabe 2001).

Die durch das Weidevieh gemiedenen und sich deshalb oft anreichernden Pflanzenarten (s. Kap. 4.3.1) können bedeutende **Requisiten oder Ressourcen für zahlreiche Tierarten** darstellen. So dienen Disteln, Königskerzen und andere als Ansitz- und Singwarten für viele Vogelarten (z. B. Braunkehlchen). Distelköpfe der Gattungen *Carduus*, *Cirsium*, *Carlina* und *Echinops* und andere Asteraceae (z. B. *Centaurea*) weisen hochkomplexe **Insektenkonnexe** auf (Zwölfer 1980, 1988, Zwölfer & Arnold-Rinehart 1993). Die Beziehung zwischen Gallbildnern, beispielsweise verschiedenen Bohrfliegenarten (*Urophora*), und der jeweiligen Pflanze begünstigt wiederum das Vorkommen spezifischer Parasitoide und Hyperparasitoide. An dreizehn Pflanzenarten wurden allein 67 Phytophagenarten und wiederum 89 Parasitoidenarten gefunden (Freese 1997). Nach Freese lassen sich allein sieben verschiedene **Ernährungsstrategien** unterscheiden: Gallbildner, Meristemfresser, reine Markfresser, „Totgewebefresser", Saprophytophage, fakultativ Entomophage, Wurzel- und Rhizomfresser. Disteln haben auch eine besonders große Bedeutung für blütenbesuchende Insekten.

Das Weidevieh verursacht lokale Nährstoffakkumulationen durch Faeces- und Urinabgabe und an anderen Stellen entsprechend Nährstoffentzüge. Faeces wiederum stellen ein Mikrohabitat für eine artenreiche **Gilde coprophager Wirbelloser** dar und unterliegen einer abbauenden Sukzession. In mitteleuropäischen Frischwiesen spielen im Dung lebende Blatthornkäfer (Scarabaeoidea), zum Beispiel *Aphodius*-Arten, eine große Rolle; andere Käfer bewirken als „Tunnelgräber“ eine horizontale und vertikale Verlagerung der Dungpartikel im Boden (z. B. *Geotrupes*-Arten; HANSKI & CAMBEFORD 1991). Durch die zunehmende Verwendung von starken Antiwurmmitteln wird vielen coprophagen Käferarten die Lebensgrundlage entzogen, und es kommt zu schwer zersetzlichen Dungakkumulationen (ASSMANN mdl.). Weitere bedeutende Tiergruppen, die im Dung leben, sind vor allem Fadenwürmer (Nematoda) und verschiedene Zweiflüglerlarven (Diptera) (KRATOCHWIL & SCHWABE 2001: Tab. 7.61 und Tab. 7.62). Ressourcen für **blütenbesuchende Insekten** werden zwar zum Teil zerstört, gerade bei extensiver Beweidung ist jedoch oft noch ein ausreichendes Blütenangebot vorhanden. Manche Arten treiben nach frühem Verbiss nochmals aus und blühen dann besonders intensiv und lang andauernd (z. B. *Centaurea jacea*; Abb. 149, S. 136). Durch das Vieh verschmähte Arten, die sich anreichern, haben zum Teil eine große blütenökologische Bedeutung, zum Beispiel *Ononis spinosa*, verschiedene Distelarten (*Carduus*, *Cirsium*) und auf Ameisenerdhügeln *Thymus pulegioides*.

10.2.2 Wiesen

Bei Wiesennutzung kommt es zeitweise zu besonders starken Strukturveränderungen der Vegetation und des Mikroklimas (s. Kap. 4.3.2). Dies wirkt sich sehr gravierend auf die blütenbesuchende Entomofauna (Schmetterlinge, Wildbienen, auf verschiedene Fliegenfamilien wie Schwebfliegen) oder auf Zikaden und Heuschrecken aus, wenn die Mahd schnell und großflächig erfolgt. BONESS (1953) wies in fünf Gebieten Norddeutschlands (vorwiegend Feucht- und Frischwiesen) an die 2000 Arthropodenarten nach. Zahlreiche fehlen zumindest vorübergehend, bedingt durch den scharfen Einschnitt in Wiesengesellschaften (z. B. Netze bauende Spinnen), andere wiederum treten parallel zum Mahdrhythmus auf (s. dazu BONESS l.c.). Viele typische Wieseninsekten zeigen jedoch in **Abhängigkeit vom Mahdzyklus** ausgeprägte Populationswellen vor der Mahd sowie nach der ersten und nach der zweiten Mahd, so beispielsweise die Poaceen-minierende Fritfliege (*Oscinella frit*, Chloropidae). Die Flugzeit zahlreicher Kleinbienenarten ist nur kurz. Einige haben ihre Hauptaktivitätszeit vor der ersten Mahd, zum Beispiel die Sandbienen *Andrena cinerea* und *A. humilis* (KRATOCHWIL 1989a). Die zweite Generation einiger Wildbienenarten nutzt auch die Blüten, die sich erst nach der zweiten Mahd entwickeln, zum Beispiel die polylektische Sandbiene *Andrena minutuloides*, *Pimpinella saxifraga* und *Pastinaca sativa*.

Einige Pflanzenarten der Wiesen zeigen als **Präadaptation für die Einpassung in den Mahdrhythmus** sehr frühe Blühtermine (z. B. das Wiesenschaumkraut mit dem Aurorafalter, s. o.) oder sehr späte Termine (*Colchicum autumnale*). Es gibt jedoch auch junge evolutive Prozesse; dies konnte zum Beispiel an *Crepis biennis* gezeigt werden, der über zwei **unterschiedliche Blühzeitsippen** verfügt: in atlantisch-submediterran geprägten Klimagebieten eine im ersten Wiesenhochstand blühende und im kontinental geprägten eine im zweiten. Brachen besitzen Populationen mit intermediären Blühzeiten. Diese beiden verschiedenen Blühzeittypen sind mit verschiedenen Phytophagen synchronisiert. Die Bohrfliege *Tephritis crepidis* kommt an der früh blühenden Sippe vor, *Noeeta crepidis* an der spät blühenden. Der gesamte Phytophagenkomplex mit zum Beispiel im Vergleich zu den Distelbewohnern nur wenigartigen Parasitoidengilden spricht für ein junges Alter der Wirtspflanze (STICKROTH 1996).

GERSTMEIER & LANG (1996) analysieren in einem Übersichtsartikel die **Auswirkungen der Mahd auf Arthropoden**. Sowohl aus vegetations- als auch tierökologischer Sicht ist an mittleren Graslandstandorten eine einmalige (höchstens zweimalige) Mahd für die Diversität der meisten Tierorganismengruppen am günstigsten. Dreischnittige Wiesen beherbergen zum Beispiel im Vergleich zu einschnittigen nur noch ein Zehntel der Spinnenindividuen. Für Pfeifengraswiesen (Molinion) ist ein später Mähtermin insbesondere zum Schutz der dort typischen Heuschrecken- und Tagfalterfauna notwendig (OPPERMANN 1987, STEFFNY et al. 1984). Die konkurrenzschwachen, oft sehr spät blühenden Pflanzenarten des Molinion sind an diesen späten Termin gebunden.

Auch die **Art des Eingriffs** ist von entscheidender Bedeutung. Eine Sensenmahd ist in jedem Fall der pfleglichste Eingriff, auch der Balkenmäher erwies sich für die meisten Arthropoden als relativ günstige Methode; Saugmäher wirken sich sehr negativ auf Arten- und Individuenzahl von Arthropoden aus (HEMMANN et al. 1987). Eine **Staffelmahd** kann den radikalen Eingriff mildern, im Falle von manchen wiesenbrütendenden Vogelarten sind allerdings oft sogar große, gleichmäßig gemähte Flächen essentiell (s. u.). Besonders gravierend kann sich eine rigorose, großflächige Mahd auf spezifische Phytophagenkomplexe auswirken; ein Beispiel geben VÖLKL & BLAB (1992) für solche der Distel- und Flockenblumenköpfe.

Während die meisten Kleinbienenarten nur einen geringen Flugradius um ihr Nest besitzen und auf eine Mahd sehr empfindlich reagieren, sind **Hummeln** aufgrund ihrer größeren Mobilität gegenüber einer Mahd wesentlich flexibler. Dies zeigt sich zum Beispiel im Falle der Ackerhummel (*Bombus pascuorum*) und Waldhummel (*B. sylvarum*), die nach einem Mahdereignis einfach auf andere, nicht gemähte Pflanzengesellschaften ausweichen und das Pflanzenartenspektrum erweitern (KRATOCHWIL & KOHL 1988). Andere Hummelarten, zum Beispiel die Dunkle und Helle Erdhummel (*Bombus terrestris*, *B. lucorum*) sowie die Steinhummel (*B. lapidarius*) sind auf Pflanzengesellschaften mit blühdominanten Pflanzenarten angewiesen. Für sie ist eine Mahd ein erheblicher Eingriff.

Folgende **biozönotische Gesichtspunkte** sind für aus Naturschutzsicht wertvolle Graslandbestände von Bedeutung (Auswahl nach KRATOCHWIL & SCHWABE 2001):

- Nur eine **Staffelmahd** über mehrere Wochen bietet wirbellosen Tierarten die Möglichkeit zum Ausweichen.
- Kleine nicht gemähte Bereiche **(Inselmahd)** stellen Rückzugsgebiete für Arthropoden dar.
- Eine **Mahd in Abständen von zwei bis vier Jahren**, musterartig verteilt, erhält eine große Tierartendiversität, kann aber sehr negative Folgen zum Beispiel auf wiesenbrütende Limikolen haben (s. Kap. 10.3.2).
- Es müssen **Zielarten** (Zielartengruppen) definiert werden, da nicht alle Tierarten mit Hilfe definierter Mahdtermine gefördert werden können. Doch ist vor einer „**Zielüberfrachtung**" zu warnen (KUNDEL et al. 1995), wenn eine Inkompatibilität von Zielarten unterschiedlicher Habitatansprüche festzustellen ist.
- Um eine Standardisierung zu erreichen, sollten **Mahdtermine nach Phänophasen** definiert werden (s. Kap. 5).

10.3 Prozessoren und zoologische Leitarten

(Beispiele wichtiger Tiergruppen)

Prozessoren sind Schlüsselorganismen für wichtige Prozesse in Ökosystemen, zum Beispiel für die Humusbildung, die Durchmischung von Substrat oder die Bestäubung von Pflanzenarten. **Leitarten** sind solche, die in einem Lebensraum/Lebensraumkomplex oder wenigen Lebensräumen signifikant höhere Stetigkeiten und oft auch höhere Abundanzen erreichen als in allen anderen Lebensräumen/Lebensraumkomplexen (FLADE 1994, SCHULTZ & FINCH 1996, KRATOCHWIL & SCHWABE 2001). Für **zoologische Leitarten** gilt, dass sie in diesen Lebensräumen die notwendigen Ressourcen und Requisiten wesentlich häufiger und regelmäßiger finden als in allen anderen Gebieten.

Unterschieden werden Typen zoologischer Leitarten für vegetationsgeprägte Lebensräume auf der Ebene von Pflanzengesellschaften oder der von Vegetationskomplexen. Darüber hinaus können Arten mit trophischer Bindung (z. B. Phytophage), mit struktureller Bindung (z. B. netzbauende Spinnen), mit mikroklimatischer Bindung (z. B. Heuschrecken) und komplexeren Beziehungen (z. B. trophische Bindung/Mikroklima und trophische Bindung/Struktur) abgegrenzt werden.

10.3.1 Zoozönosen des Kulturgraslandes

a) Bodenfauna

Je nach Alter der Bestände setzt sich die Bodenfauna aus recht unterschiedlichen Tierarten und Lebensformgruppen zusammen. WASILEWSKA (1992) konnte zeigen und auch experimentell belegen, dass zwei bis drei Jahre alte Glatthaferwiesen weitaus höhere Dichten und Artenzahlen von **Nematoden** aufweisen als acht bis neun Jahre alte Bestände. Im Laufe der Sukzession wird die Mikrofauna an Nematoden, die sich zunächst hauptsächlich aus bakteriophagen (*Acrobeloides*, *Prismatolaimus*, *Panagrolaimus*) und mycetophagen Arten (*Aphelenchoides*, *Aphelenchus*) zusammensetzt, durch Elemente der Meso- und Makrofauna ersetzt, die dann eine Zersetzung organischen Materials beschleunigen, zum Beispiel Springschwänze (*Collembola*), Milben (*Acarina*), Enchyträen (*Enchytraeidae*) und Regenwürmer

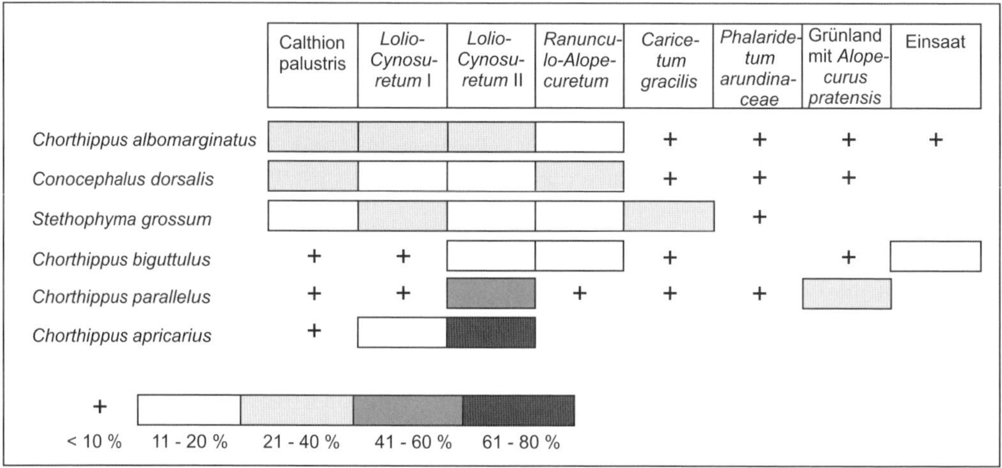

Abb. 151 Verbreitungsschwerpunkte von Heuschreckenarten eines Feuchtgrasland-Vegetationsmosaiks in der Dümmerniederung (nach Schulte 1996, verändert).

(*Lumbricidae*). Fakultative Pflanzenparasiten treten erst in einem späteren Stadium (*Filenchus*, *Aglenchus*), noch später obligatorische Pflanzenparasiten auf (*Paratylenchus*, *Pratylenchus*). Ein Grund liegt in der fortschreitenden Bodenbildung und Vegetationsentwicklung. In älteren Wiesenökosystemen dominieren mehr omnivore Arten (z. B. *Eudorylaimus*) und Prädatoren (z. B. *Mononchus*).

Eine besondere Bedeutung für die stete Durchmischung von Bodenmaterial (Bioturbation), die Humusbildung (Ton-Humus-Komplexe) und die dort ablaufenden Stoffumsätze sowie die Bodengare haben **Regenwürmer** (Edwards & Bohlen 1996). Es ist nachgewiesen, dass sie unter anderem das Wurzelwachstum positiv beeinflussen (Springett & Syers 1979), indirekt über Prozesse der Bioturbation die Stickstoffverfügbarkeit und die Enzymaktivität für Pflanzen deutlich erhöhen können (Aldag & Graff 1975, Tomati et al. 1990) und die Produktivität der Pflanzen erhöhen (Nielson 1951, Hoogerkamp et al. 1983). Regenwürmer sind im Bereich des Kulturgraslandes wichtige Prozessoren insbesondere von Frischwiesen (z. B. *Allobophora cupulifera* und *Aporrectodea longa*).

b) Heuschrecken

Die einzelnen Heuschreckenarten besitzen sowohl sehr unterschiedliche Temperatur- und Feuchtigkeitspräferenzen als auch unterschiedliche Eiablagesubstrate (Boden, Wurzelfilz von Gräsern, markhaltige Pflanzenteile). Deshalb spielt die Vegetationsstruktur (Dichte und Deckung der Vegetation) eine entscheidende Rolle, bedingt diese doch die spezifischen Mikroklimabedingungen. Heuschrecken kommen in sehr unterschiedlichen Lebensräumen vor, so auch im extensiv bewirtschafteten Grasland. Federschmidt (1989) untersuchte die Heuschreckenfauna von Pfeifengraswiesen (Molinion). Als typische Arten in einem Untersuchungsgebiet der Südlichen Oberrheinebene fand er die Langflügelige Schwertschrecke (*Conocephalus discolor*), die Säbeldornschrecke (*Tetrix subulata*) und die Große Goldschrecke (*Chrysochraon dispar*). Eine weitere wichtige Zeigerart feuchter Standorte ist die Sumpfschrecke (*Stethophyma grossum*; Abb. 150, S. 136).

Ein Vergleich mit norddeutschen Pfeifengraswiesen zeigt gute Übereinstimmungen (Abb. 151). Marchand (1953) benennt als typische Molinietalia-Art den Bunten Grashüpfer (*Omocestus viridulus*), als typisch für das *Molinietum* den Weißrandigen Grashüpfer (*Chorthippus albomarginatus*); wechselfeuchte Bereiche bevorzugen in Norddeutschland die Gemeine Dornschrecke (*Tetrix undulata*), die Säbeldornschrecke, die Sumpfschrecke und die Große Goldschrecke, nassere Bereiche der Sumpfgrashüpfer (*Chorthippus montanus*) und der Wiesengrashüpfer (*Ch. dorsatus*). Schulte (1996) untersuchte die Bindung von Heuschreckenarten an verschiedene Feuchtgraslandflächen in der Dümmerniederung, wobei auch die Frage unterschiedlicher Bewirtschaftungsformen auf die Zusammensetzung der Heuschreckenzönose berücksichtigt wurde. So besiedelte die in Deutschland stark gefährdete Sumpfschrecke im Untersuchungsgebiet alle einschnittigen Bestände mit Nachbeweidung durch Schafe, etwa 94 % der Dauerweiden und 60 % der Mähweiden.

c) Zikaden

Viele Zikadenarten zeigen durch ihre Lebensweise als Pflanzensaftsauger (Waloff 1980, Prestidge & McNeill 1983) und durch die Bevorzugung eines spezifischen Mikroklimas (z. B. Emmrich 1966, Müller 1978) eine große Standortspezifität. Auch lassen sich Zikaden als Bioindikatoren für die Beurteilung von Graslandökosystemen einsetzen (Bornholdt & Remane 1993).

Die Untersuchungen von Marchand (1953) im norddeutschen Raum zeigten, dass auch hier Unterschiede in der Artenkombination in vielen Fällen auf Subassoziations- und Variantenniveau des pflanzensoziologischen Systems auftreten (s. dort Tab. 6.25). Tabelle 16 fasst Arten der Gesellschaften des Wirtschaftsgraslandes zusammen. Innerhalb der Molinio-Arrhenatheretea lassen sich die Zikadengemeinschaften der Fettwiesen und -weiden (Arrhenatheretalia) durch das Vorkommen eigener Trennarten von denen der Nass- und Streuwiesen (Molinietalia) unterscheiden.

Müller (1978) untersuchte im Naturschutzgebiet „Leutratal“ bei Jena unter anderem auch eine Glatthaferwiese (*Arrhenatheretum*). Folgende von Marchand (1953) in Norddeutschland als typisch festgestellte Arten wurden auch von ihm bestätigt: *Euscelis incisus*, *Megadelphax sordidulus*, *Cicadula persimilis*, *Javesella pellucida* und *Acanthodelphax spinosus*. Im wesentlichen stellen Süßgräser, Seggen und Binsen die Fraßpflanzen von Zikaden dar. Nur wenige Zikadenarten haben sich auf andere Pflanzenfamilien spezialisiert. Einige Arten zeigen eine besondere Nahrungsbindung, zahlreiche sind jedoch polyphag.

d) Hummeln

Hummeln sind als Bestäuber zahlreicher Pflanzenarten des Kulturgraslandes wichtige Prozessoren für die Erhaltung der Vegetation (Heinrich 1979). In Wiesentypen mit blühdominanten Arten haben die Dunkle Erdhummel (*Bombus terrestris*), die Steinhummel (*B. lapidarius*) und die Helle Erdhummel (*B. lucorum*) ihren Verbreitungsschwerpunkt Auch die Wiesenhummel (*B. pratorum*), Veränderliche Hummel (*B. humilis*) und Gartenhummel (*B. hortorum*) halten sich vorwiegend in Blühfazies-reichen Gesellschaftsmosaiken auf. Ackerhummel (*B. pascuorum*) und Waldhummel (*B. sylvarum*; Abb. 152, S. 136) haben keine Präferenzen für Gesellschaften mit blühdominanten Pflanzenarten. Wie Sowig (1989) nachweisen konnte, spielt die **Größe der „Blütenflecken“** eine wichtige Rolle. Kleine „Blütenflecken“ können von einzelnen Hummelindividuen komplett und zeitgleich genutzt werden, wobei der Nektar nach einer gewissen Zeit wieder nachproduziert wird. In großen „Blütenfeldern“ finden sich viele Blütenbesucher ein. Es ergibt sich hier eine zeitliche Diversität der Nektarausbeute mit vielen zu bestimmten Zeitpunkten auch nicht mehr nutzbaren Blüten.

Steffny et al. (1984), Kratochwil & Kohl (1988) und Kratochwil (1989b) untersuchten ein Rasenvegetationsmosaik mit ein- und zweischnittigen Glatthaferwiesen (*Arrhenatheretum salvietosum*) in Südwestdeutschland. 70 % aller Beobachtungen (etwa 5000 Blütenbesuche an 44 Pflanzenarten) wurden an fünf Pflanzenarten gemacht, obwohl zum selben Zeitpunkt zahlreiche andere Pflanzenarten blühten: 32 % an *Vicia cracca*, 11 % an *Trifolium pratense*, 9 % an *Echium vulgare* und 7 % an *Ononis spinosa*. Erklärt wird dies mit der **Theorie des „optimal foraging“** (Optimierungsstrategie im Nahrungserwerb; s. ausführlich in Kratochwil & Schwabe 2001). Untersuchungen von Teräs (1976) aus Südfinnland belegen auch dort deutliche Präferenzen der Hummeln: Die wichtigsten Sammelpflanzen waren dort zu Beginn des Juli *Lathyrus pratensis*, über den gesamten Juli *Vicia cracca* und im August *Trifolium pratense*. In Finnland haben Hummeln für die Bestäubung von Kulturpflanzen eine besondere Bedeutung, da dort die Honigbiene (*Apis mellifera*) aus klimatischen Gründen nicht mehr vorkommt.

e) Schmetterlinge

Folgende drei Arten dokumentieren beispielhaft die **Spanne der Habitatschwerpunkte** von Kulturrasenarten (nach einer Auswertung von Ebert & Rennwald 1991a/b, bezogen auf pflanzensoziologische Verbände, ergänzt durch Weidemann 1995 und eigene Untersuchungen): Das sind der Gemeine Heufalter (*Colias hyale*), der Violette Silberfalter (*Bren-*

Tab. 16 Zikadengemeinschaften unterschiedlicher Offenlandstandorte des norddeutschen Raumes (nach MARCHAND 1953)

	I	II	III	IV	V	VI	VI
Arrhenatheretum*, Subass. von *Briza media							
Psammotettix confinis	2	2	2	1	+		1
Euscelis incisus	3	3	3		+	+	
Arrhenatheretum							
Megadelphus sordidulus	4	4	4	4	+		
Cicadula persimilis	1	2	1	1			
Errastunus ocellaris	2	2		3			
Anoscopus serratullae	1			1			
Molinietum typicum*, Var. von *Nardus stricta							
Doratura stylata		1		+	3	2	+
Rhopalopyx preyssleri		1			2	1	
Kelisia punctula					1	1	
Arrhenatheretum* und *Molinietum							
Eupterix notata	1	2	1	1	1	1	
Macrosteles laevis (Männchen)	1	1	1	1	1	1	
Graphocraerus ventralis	2	2	1	2	3	1	
Molinietum hydrocotyletosum							
Macrosteles viridigriseus			+	+	1	1	5
Streptanus sordidus				+	1	1	3
Molinietalia ohne *M. hydrocotyletosum*							
Elymana sulphurella		2	2	+	4	2	1
Acanthodelphax spinosus		+	3		4	2	
Molinietalia							
Forcipata forcipata	+			+	+	+	2
Macrosteles sexnotatus (Männchen)	+	+				+	2
Anoscopus flavostriata							1
Notus flavipennis		1					
Eupteryx vittata							1
Javesella obscurella							1
Molinio-Arrhenatheretea							
Arthaldeus pascuellus	+	1	4	3	3	3	4
Deltocephalus pseudocellaris	2	2	4	4	4	1	5
Javesella pellucida	+	2	5	3	4	3	3
Deltocephalus pulicaris		1	3	3	3	2	2
Athysanus argentatus			3	1	2	2	2
Aphrodes bicincta			1		1	1	2
Megophthalmus scanicus			2		1		1
Macrosteles sexnotatus/laevis (Weibchen)	2		2	2	2	2	2

I, II = *Arrhenatheretum*, Subass. von *Briza media*; III = *Arrhenatheretum* (Mischbestand Subass. von *Briza media* und *Sanguisorba*, Var. der Subass. von *Alopecurus pratensis*); IV = *Arrhenatheretum*, Subass. von *Alopecurus pratensis*, Var. von *Rumex crispus*; V/VI = *Molinietum typicum*, Var. von *Nardus stricta*, VII = *Molinietum hydrocotyletosum*
5 = massenhaft (mehr als 100 Individuen in 100 Fangschlägen), 4 = sehr zahlreich (26–100 Individuen), 3 = zahlreich (10–25 Individuen), 2 = wenig zahlreich (2–9 Individuen), 1 = spärlich (1–2 Individuen), + = einzeln (zufällig)

Tab. 17 Habitatschwerpunkte des Gemeinen Heufalters (*Colias hyale*), des Violetten Silberfalters (*Brenthis ino*) und des Aurorafalters (*Anthocharis cardamines*). ● = Hauptvorkommen, □ = Nebenvorkommen, obere Reihe: Imaginalstadium, untere Reihe: Raupenstadium (aus Kratochwil & Schwabe 2001)

Verband → Art ↓	Wichtige Futterpflanzen Raupe ↓	Pa	Cy	Ar	PT	Ca	Mc	Cn	Fi	Ae	Al
Colias hyale	Leguminosen:		●	●	●	●	□				
	Trifolium repens u. a.	●	●	□							
Brenthis ino	*Filipendula* u. a.			□	□	●	●	□	●	□	
	Rosaceae					●	●		□		
Anthocharis cardamines	*Cardamine pratensis*,			●		●	□			□	●
	Arabis hirsuta u. a.			●		●	●		□		●

Grasland: Pa = Potentillion anserinae, Cy = Cynosurion, Ar = Arrhenatherion, PT = Polygono-Trisetion, Ca = Calthion, Mc = Molinion caeruleae, Cn = Cnidion dubii, Fi = Filipendulion; **Frischsäume:** Ae = Aegopodion podagrariae, Al = Alliarion

this ino) und der Aurorafalter (*Anthocharis cardamines*); siehe Tabelle 17. Während der Heufalter seinen Schwerpunkt in Cynosurion- und Arrhenatherion-Gesellschaften hat, bevorzugt der Violette Silberfalter Calthion-, Molinion- und Filipendulion-Gesellschaften, der Aurorafalter Arrhenatherion-, Calthion- und Alliarion-Gesellschaften. Entscheidend neben spezifischen Raupenpflanzen und dem Meso- und Mikroklima ist besonders auch die Kontaktvegetation. Es handelt sich um typische Vegetationskomplexbewohner.

Untersuchungen in Süddeutschland zeigten ein Schwerpunktvorkommen in einschnittigen Glatthaferwiesen zum Beispiel vom Zwergbläuling (*Cupido minimus*), Kurzschwänzigen Bläuling (*Everes argiades*), Tintenfleckweißling (*Leptidea sinapis*) und in Pfeifengraswiesen vom Dunklen Wiesenknopf-Ameisenbläuling (*Maculinea nausithous*). Ein guter Indikator für extensiv bewirtschaftetes Grünland ist das Schachbrett (*Melanargia galathea*; Abb. 153, S. 136). In nicht intensiv bewirtschaftetem Kulturgrasland kommen das Kleine Wiesenvögelchen (*Coenonympha pamphilus*), das Große Ochsenauge (*Maniola jurtina*) und der Hauhechelbläuling (*Polyommatus icarus*) regelmäßig vor.

Eine Analyse der **Tagfalterdiversität** (Raupenlebensraum) von Kulturgrasland nach Weidemann (1995) zeigt die herausragende Bedeutung der Pfeifengraswiesen (24 Arten), gefolgt von Nasswiesen (12 Arten), Goldhaferwiesen (9 Arten) und Glatthaferwiesen (5 Arten). Die Artenzahl der im Falterstadium in diesen Lebensraumtypen feststellbaren Arten ist wesentlich größer. So konnten zum Beispiel in einem etwa fünf Hektar großen Gebiet in der südlichen Oberrheinebene in zweischnittigen Glatthaferwiesen 26 Arten, in einschnittigen 30 Arten und in einer Pfeifengraswiese 27 Arten nachgewiesen werden (Kratochwil 1990).

f) Säugetiere

Schröpfer (1990) untersuchte „Echtmäuse", „Wühlmäuse" und Spitzmäuse in Hinblick auf ihre Habitatbindung und berücksichtigte dabei auch Weiden und Wiesen (Tab. 18). Hierbei wurden Haupt-, Begleit- und externe Arten unterschieden. Hauptarten dominieren in der Individuenzahl, wobei die drei vorherrschenden Arten mehr als 75 % der Gesamtindividuenzahl erreichen. Begleitarten hingegen treten nicht dominant auf. Externe Arten zeigen keine Bindung. In Weiden und Wiesen fehlen Hauptarten in der Regel; es dominieren hier die externen Arten. Während in Weiden mit der Feldmaus (*Microtus arvalis*) noch eine Hauptart auftritt, haben Wiesengesellschaften keine. Die Erdmaus (*Microtus agrestis*) konkurriert aufgrund gleicher Nahrungsansprüche besonders mit Feldmaus (*Microtus arvalis*), Rötelmaus (*Clethrionomys glareolus*) und Schermaus (*Arvicola terrestris*). Konkurrenz zwischen *Microtus agrestis* und *M. arvalis* oder *Arvicola terrestris* findet vor allem in Rasengesellschaften statt, dem Hauptreproduktionsraum von *Microtus agrestis*.

Pflanzenfressende Kleinsäugetiere werden vom Landwirt zwar nicht gern gesehen, sie haben aber eine große Bedeutung für die Entstehung so genannter **„Regenerationsnischen"** für die Pflanzenwelt (Grubb 1977). So fördern Feldmausstörstellen die Etablierung kurzlebiger Pflanzenarten (Abb. 154). Besonders die bodenbewegenden Prozesse erhöhen kleinräumig die Pflanzenartendiversität durch Aktivierung der Samenbank (z. B. an Wühlmausstel-

Tab. 18 Kleinsäugetiergemeinschaften in Weiden und Wiesen (nach SCHRÖPFER 1990). Echtmaus-Typ (Muridae): unterstrichen, Wühlmaus-Typ (Arviculidae): ohne Signatur, Spitzmaus-Typ (Soricidae): gepunktet; H = Hauptarten, B = Begleitarten, e = externe Arten

Weiden	– Weidelgrasweide (*Lolio-Cynosuretum*) – Flatterbinsen (*Juncus effusus*-) Ges.	H: *Microtus arvalis* B: *Sorex araneus* e: *Crocidura russula, Microtus agrestis, Apodemus agrarius, Apodemus sylvaticus, Micromys minutus*
Wiesen	– Kohldistelwiese (*Angelico-Cirsietum oleracei*) – Glatthaferwiese (*Arrhenatheretum*)	B: *Sorex araneus, Sorex minutus, Neomys fodiens, Microtus agrestis, Arvicola terrestris, Apodemus agrarius, Apodemus sylvaticus, Micromys minutus* e: *Clethrionomys glareolus, Microtus arvalis, Apodemus flavicollis, Mus musculus*

Brandmaus (*Apodemus agrarius*), Gelbhalsmaus (*A. flavicollis*), Waldmaus (*A. sylvaticus*), Schermaus (*Arvicola terrestris*), Rötelmaus (*Clethrionomys glareolus*), Hausspitzmaus (*Crocidura russula*), Zwergmaus (*Micromys minutus*), Erdmaus (*Microtus agrestis*), Feldmaus (*Microtus arvalis*), Hausmaus (*Mus musculus*), Waldspitzmaus (*Sorex araneus*), Zwergspitzmaus (*Sorex minutus*)

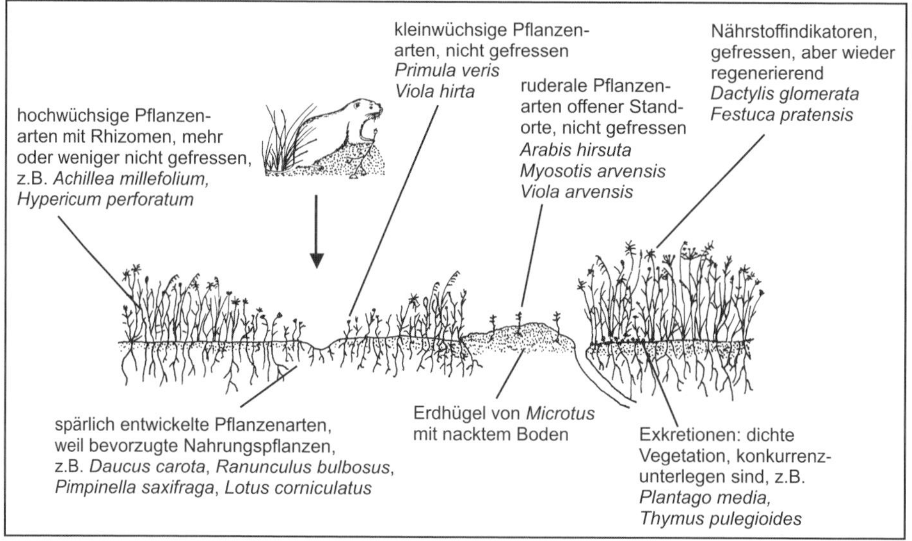

Abb. 154 Durch die Feldmaus (*Microtus arvalis*) induzierte kleinräumige Dynamik in einem Übergangsbestand Glatthaferwiese-Halbtrockenrasen (nach GIGON & LEUTERT 1996, KRATOCHWIL & SCHWABE 2001).

len 38 Arten/m², in den Vergleichsflächen nur 26 Arten/m²; MILTON et al. 1997).

g) Vögel

Insbesondere das Feuchtgrasland hat große Bedeutung für eine Reihe gefährdeter Vogelarten. „Mittlere" Graslandstandorte weisen vor allem dann eine reiche Vogelfauna auf, wenn es sich um Ökotonstrukturen mit einem reichhaltigen Offenland-Gebüsch-Feldgehölz-Mosaik handelt. Hier wird das Grasland als Nahrungsraum zum Beispiel von der Goldammer (*Emberiza citrinella*) genutzt. Weitere bedrohte Arten des Offenlandes, wie der Steinschmätzer (*Oenanthe oenanthe*) und der Brachpieper (*Anthus campestris*), besiedeln lückigere, sehr offene Vegetationstypen und fehlen dem Kulturgrasland im engeren Sinne. Zu den gefährdeten Limikolen von Feuchtwiesenvegetationskomplexen gehören Uferschnepfe (*Limosa limosa*; Abb. 155, S. 136) und Brachvogel (*Numenius arquata*), die insbesondere im Falle des Brachvogels weite, offene, niedrigwüchsige, extensiv genutzte und im Frühjahr nasse Graslandflächen besiedeln. Die Uferschnepfe hat ihre Primärstandorte unter anderem in natürlichen Flusswiesen und Seengebieten und besiedelt sekundär insbesondere Feuchtwiesen der Marsch. Ihre Hauptnahrung im Bereich des Marschgraslandes stellen Regenwürmer dar.

Gefährdete Kleinvogelarten wie das Braunkehlchen (*Saxicola rubetra*) haben ausgeprägte Strukturansprüche. Sie nutzen Doldenblütler (Apiaceae) wie *Angelica sylvestris*, aber auch *Filipendula ulmaria* oder Kratzdisteln (*Cirsium*) sowie abiotische Strukturen als Singwarten und sind auch in Brachen des Filipendulion vertreten. Durch Intensiv-Graslandbewirtschaftung, verbunden mit häufigem Schnitt, gingen Braunkehlchenpopulationen stark zurück (Hagemeijer & Blair 1997).

Rosenthal et al. (1998) legten eine umfangreiche Studie zum Feuchtgrasland in Norddeutschland vor, wobei Aspekte der Vegetation, Wirbellosen- und Wirbeltierfauna Berücksichtigung fanden. Die Flächen werden von März bis April mehrfach befahren, Anfang Mai wird das Vieh eingetrieben, oder es folgt ab Mitte Mai die erste Mahd. Die frühe Mahd und häufige Mahdzeitpunkte stehen den Habitatansprüchen vieler Wiesenwatvögel entgegen; demnach muss eine extensive Bewirtschaftung für den Erhalt der Limikolen beibehalten bleiben. Aus diesem Grund wurden Extensivierungsprogramme unter Berücksichtigung der Bruttermine und Jungenaufzucht entwickelt. Die Beweidungsdichte sollte 1,5 GVE/ha (Beweidung erst Mitte April/Anfang Mai) nicht überschreiten und der Schnittzeitpunkt vor Juni sein. Beim Kampfläufer (*Philomachus pugnax*) sollte er erst im Juli und beim Wachtelkönig (*Crex crex*) erst Ende Juli/August liegen.

In Abbildung 156 sind die Zeitspannen für Brut- und Jungenaufzucht charakteristischer Wiesenvogelarten bei zweimaligem Schnitt dargestellt. Besonders gefährdet sind Nesthocker, da sie erst nach zehn bis fünfzehn Tagen das Nest verlassen. Bei Brachfallen des Graslandes vermögen von den Limikolen nur noch Bekassine (*Gallinago gallinago*) und Doppelschnepfe (*G. media*) zu brüten. Nassbrachen haben eine andersartige, sehr reiche Vogelwelt; unter anderen können das Blaukehlchen (*Luscinia svecica*) und die Wiesenweihe (*Circus pygargus*) auftreten.

10.4 Wertvolle und gefährdete Kulturgraslandtypen aus biozönotischer Sicht

Ssymank et al. (1998) haben in einem Handbuch zur Umsetzung der Flora-Fauna-Habitat Richtlinie und der Vogelschutzrichtlinie („Europäisches Schutzgebietssystem NATURA 2000") auch Kulturgraslandlebensräume benannt und die dort besonders typischen Tierarten aus den Gruppen der Vögel, Heuschrecken, Schmetterlinge, Käfer, Hautflügler, Zweiflügler, Wanzen, Spinnen, Zikaden, Weichtiere und anderen aufgeführt. Als Tierlebensräume gefährdeter Arten sind besonders bedeutend:

- Pfeifengraswiesen auf kalkreichem Boden und Lehmboden,
- feuchte Hochstaudensäume der planaren bis alpinen Höhenstufe inkl. Waldsäume,
- Brenndoldenauenwiesen der Stromtäler,
- extensive Mähwiesen der planaren bis submontanen Stufe,
- Bergmähwiesen.

Hinzu kommen biozönotisch sehr bedeutende Ökotonstrukturen (Feldgehölze, Gebüsche, Säume, Offenland) unter Beteiligung von mageren Ausbildungen des Kulturgraslandes.

Neben dem direkten Schutz solcher Lebensräume müssen auch Renaturierungen weiter verfolgt werden. So existieren eine Reihe von Modellstudien, wo es über Grundwasseranhebung und Extensivierung zum Beispiel zu einer Besiedlung durch bedrohte Wiesenvogelarten gekommen ist (Handke 1996).

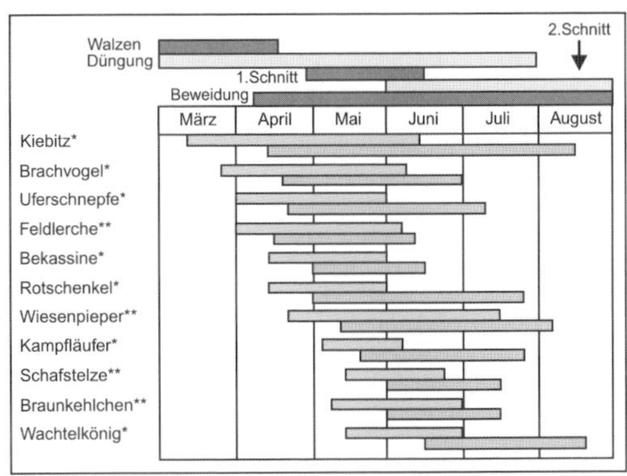

Abb. 156 Mittlere Zeitspanne für Brut (blau) und Jungenaufzucht (grau) charakteristischer Wiesenvögel im Feuchtgrasland Norddeutschlands und landwirtschaftliche Eingriffe. *Nestflüchter (Junge verlassen das Nest, bevor flugfähig), **Nesthocker i.e.S. (nach Rosenthal et al. 1998, verändert).

11 Naturschutz von Kulturgrasland-ökosystemen

Mit diesem letzten Kapitel sind wir wieder zum Anfang zurückgekehrt: Wiesen und Weiden als gefährdetes Kulturerbe Europas. In keinem anderen Erdteil gibt es eine so große Vielfalt von Ökosystemen des Kulturgraslandes. Viele Pflanzengesellschaften sind gebietstypisch und einzigartig, ebenfalls ihre Tierwelt. Anfängliche Kapitel haben gezeigt, dass sich unser Kulturgrasland über lange Zeiträume hinweg entwickelt und gewandelt hat, dass seine Pflanzen zwar überwiegend auch in der Naturlandschaft vorhanden waren, dass die Pflanzengesellschaften aber erst im engen Wechselspiel von natürlichen Gegebenheiten und den Einwirkungen von Mensch und Tier entstanden sind. Die meisten muss man deshalb als naturfern einstufen, extensivere Formen gehören eher noch zur halbnatürlichen Vegetation. Weitere Kapitel unseres Buches behandeln die vielfältigen ökologischen und anthropo-zoogenen Einflüsse bis zu aktuellen Fragen heutiger Agrarproduktion und schließlich die einzelnen Pflanzengesellschaften selbst. Sie sind eine wichtige Grundlage als Bezugssystem für viele Naturschutzfragen und stehen deshalb auch namentlich in den Roten Listen (s. Kap. 11.2).

11.1 Gründe zur Erhaltung der Pflanzengesellschaften

Seine höchste Diversität, sowohl an Arten als auch an Gesellschaften, hatte das Kulturgrasland in Zeiten halbextensiver bis halbintensiver Landnutzung, also vor allem vom 18. bis ins 20. Jahrhundert. Seit den 1960er Jahren, mit starkem Umbruch im Agrarbereich, sind die meisten Gesellschaften rückläufig und in Degeneration begriffen, einige stehen vor dem Aussterben. Sie sollten aber als Zeugnis langzeitiger Kulturtätigkeit nicht verloren gehen. So bezieht sich auch die Rote Liste der Pflanzengesellschaften Deutschlands (Rennwald 2000) ausdrücklich auf Vegetationszustände der 1950er Jahre.

Wer einen „musealen Kulturschutz“ für kein ausreichendes **Argument für die Erhaltung des Kulturgraslandes** ansieht, kann auf andere, konkretere Tatsachen zurückgreifen, die für die Erhaltung artenreicher Wiesen, Weiden und Hochstaudenfluren (nur von solchen ist hier die Rede!) sprechen:

- Viele Bestände haben eine hohe bis sehr hohe **Artendiversität**, mit Artenzahlen von 40 bis über 60 (bei 20 bis 50 m^2). Viele dieser Arten haben im halbextensiven bis halbintensiven Kulturgrasland ihren optimalen Wuchsbereich.
- Im Kulturgrasland wachsen eine Reihe von Arten, die sich erst im Laufe der Graslandentwicklung neu gebildet haben (s. Kap. 3.3). Außerdem gibt es zahlreiche, meist noch kaum bekannte Ökotypen. Einige Gesellschaften sind deshalb auch aus **evolutionsbiologischer Sicht** sehr hoch einzuschätzen (Poschlod & Schumacher 1998). In Genbanken lässt sich die große genetische Vielfalt nicht erhalten.
- Im Kulturgrasland gibt es eine größere Zahl von allgemein im Rückgang befindlichen bis stärker **gefährdeten Arten** (s. Kap. 11.2).
- Das Kulturgrasland enthält ein reiches Potential an **Nutzpflanzen**, sowohl für die Landwirtschaft als auch als Zierpflanzen und im Landschaftsbau.
- Viele Arten sind wegen ihrer **Inhaltsstoffe** für medizinische und pharmazeutische Zwecke von unmittelbarem Interesse. Über ihre Wirkungen ist vieles noch unbekannt.
- Gesellschaften des Kulturgraslandes zeigen gemäß bestimmter Standortgradienten und menschlicher Einflüsse eine große Vielfalt von Ausbildungen in oft charakteristischen Abfolgen oder Mosaiken. Sie tragen somit maßgeblich zur **Gesellschaftsdiversität von Landschaften** bei.
- Die enge Beziehung von Artenkombinationen zu standörtlichen und anthropogenen Wirkungen macht Graslandgesellschaften zu idealen **Zeigerökosystemen** sowohl für den aktuellen Zustand als auch für dynamische Vorgänge (s. Kap. 6 und 9).
- Viele Gesellschaften des Kulturgraslandes beruhen auf einem ausgewogenen Fließgleichgewicht natürlicher Ressourcen und menschlicher Nutzungen. Ihre Existenz gewährleistet eine langfristig **nachhaltige, naturverträgliche Landnutzung** und verhin-

dert stärkere Beeinträchtigungen des Landschaftshaushaltes.

- Artenreiches Kulturgrasland hat wichtige **landschaftsökologische Funktionen** wie Bodenschutz, Gewässer- und Grundwasserschutz, Regulierung des Wasserabflusses, Grundwasserneubildung.
- Bestände des Kulturgraslandes bilden mit ihrer Vielfalt an Strukturen und zeitlich gestaffelten Blühabfolgen ein weites Feld von **Tierbiotopen**, von größeren Tieren bis zur Kleinlebewelt von Blüten und Blütenständen, wobei teilweise sehr enge (teilweise noch gar nicht genauer bekannte) Wechselbeziehungen bestehen (s. Kap. 10).
- Viele Gesellschaften tragen mit ihrer Vielfalt an Formen und Farben in Raum und Zeit (s. Kap. 5) maßgeblich zur **Eigenart, Harmonie und Schönheit einer Landschaft** bei und fördern hierdurch die Lebensqualität für den Menschen.
- Obwohl das Kulturgrasland anthropogen ist, lassen sich seine Gesellschaften nicht beliebig neu herstellen. Auch ihre **Regeneration** aus artenarmen Resten ist oft unmöglich, da viele Arten eine kurzlebige Samenbank besitzen und nur sehr langsam wandern (s. Kap. 9.3), häufig auch die Standorte (fast) irreversibel verändert (z. B. eutrophiert) sind. **Einmal zerstörte Bestände sind deshalb kaum ersetzbar.**

Diese Aufzählung lässt sich beliebig erweitern und verfeinern, um noch nachdrücklicher auf die materiellen, ästhetischen und ideellen Werte von Kulturgraslandökosystemen hinzuweisen. Probleme bereitet die Umsetzung in einen Nutzen- beziehungsweise Kostenrahmen, mit denen man den handfesten Zahlen der Landwirtschaft stichhaltig entgegentreten kann.

11.2 Rote Liste der Pflanzengesellschaften

Die kürzlich erstellte Rote Liste der Pflanzengesellschaften Deutschlands (Rennwald 2000) stuft viele Gesellschaften des Kulturgraslandes als gefährdet ein. Auch in der Roten Liste der Biotoptypen (Riecken et al. 1994) wurden bereits alle artenreicheren Wiesen und Weiden als stark gefährdet eingestuft. Tabelle 19 gibt ein noch etwas differenzierteres Bild über Untereinheiten, die eine genauere Gefährdungsanalyse ermöglichen. Besonders für kleinere Gebiete sollte von möglichst niederrangigen Vegetationstypen ausgegangen werden.

In der Deutschlandliste und auch in unserer Tabelle werden verschiedene Gefährdungskategorien unterschieden:

1. **Vom Verschwinden bedroht:** durch anhaltend starken bis sehr raschen Rückgang beziehungsweise starke Degeneration überall in ihrem Fortbestand akut gefährdet. Es gibt nur noch wenige kleinflächige, kaum überlebensfähige Bestände, deren Verlust demnächst zu befürchten ist.
2. **Stark gefährdet:** ehemals häufigere Gesellschaften, die im ganzen Gebiet hinsichtlich Bestandesgröße und -zahl sehr stark zurückgegangen und regional bereits verschwunden sind.
3. **Gefährdet:** in großen Teilgebieten deutlich und stetig zurückgehende, lokal bereits verschwundene Gesellschaften oder relativ seltene Gesellschaften mit weniger starkem Rückgang.
4. **Zurückgehend** (V = Vorwarnung): rückläufige Entwicklung bereits erkennbar, insgesamt aber aktuell noch nicht gefährdet.

– **Ungefährdet:** zur Zeit ohne erkennbare Gefährdung, teilweise eher in Ausbreitung begriffen.

Obwohl viele Pflanzengesellschaften des Kulturgraslandes als gefährdet gelten, ist ihr Anteil an Rote-Liste-Arten (Korneck et al. 1996) relativ gering. Nach unserer Biologischen Tafel (s. Kap. 12) sind nur 49 Arten gefährdet, 25 stark gefährdet und eine ist vom Aussterben bedroht. Ohne die extensiven Pfeifengraswiesen wären die Zahlen noch deutlich geringer. Nach einer Auswertung von A. Krause (1998) gehören zu den 100 häufigsten Arten Deutschlands etwa die Hälfte zum Kulturgrasland, an der Spitze der Weißklee. Dieser Gegensatz beruht darauf, dass viele Pflanzen des Kulturgraslandes zwar noch genügend Rest- und Rückzugsbiotope besitzen, ihre Gesellschaften aber keinen Platz mehr finden. Zu den **Refugien** gehören viele Kleinbiotope, meist von saumartiger Struktur und Anordnung (Gehölzränder, Raine, Böschungen, Gewässerufer oder Ränder des Intensivgraslandes selbst; s. Dierschke 2000). Sie bilden ein gewisses Regenerationspotential, wobei allerdings die geringe Wanderfähigkeit der Arten (s. Kap. 9.3) Erfolge in dieser Richtung fraglich macht.

Tab. 19 Rote Liste der Pflanzengesellschaften des Kulturgraslandes – Nutzungsintensität (I), Natürlichkeitsgrad (N) und Gefährdungsgrad (G)

I	N	G	Gesellschaft
			1. Feucht- und Stromtalwiesen und verwandte Hochstaudenfluren (Molinietalia caeruleae)
			1.1. Mädesüß-Hochstaudenfluren (Filipendulion ulmariae)
			1.1.1. Engelwurz-Mädesüß-Hochstaudenfluren (Angelico-Filipendulenion)
0	2	3	Baldrian-Mädesüßflur *(Valeriano-Filipenduletum)*
0	2	–	Sumpfstorchschnabel-Mädesüßflur *(Filipendulo-Geranietum palustris)*
			1.1.2. Blauweiderich-Hochstaudenfluren (Veronico-Lysimachienion vulgaris)
0	2	3	Blauweiderich-Sumpfwolfsmilchflur *(Veronico longifoliae-Euphorbietum palustris)*
0	2	3	Blauweiderich-Mädesüßflur *(Veronico longifoliae-Filipenduletum)*
0	2	–	Mädesüß-Dominanzbestände (*Filipendula ulmaria*-Ges.)
			1.2. Basiphile Pfeifengrasstreuwiesen (Molinion caeruleae)
1	2	2	Reine Pfeifengraswiese *(Molinietum caeruleae)*
1	2	1	Knollendistel-Pfeifengraswiese *(Cirsio tuberosi-Molinietum arundinaceae)*
1	2	2	Duftlauch-Pfeifengraswiese *(Allio suaveolentis-Molinietum)*
			1.3. Stromtalwiesen (Cnidion venosi u. a.)
2–3	3	1	Brenndolden-Rasenschmielenwiese *(Cnidio-Deschampsietum cespitosae)*
2	3	3	Wiesenknopf-Silgenwiese (*Sanguisorba officinalis-Silaum silaus*-Ges.)
			1.4. Sumpfdotterblumen-Futterwiesen (Calthion palustris)
			Engelwurz-Kohldistelwiese *(Angelico-Cirsietum oleracei)*
2	2–3	3	Seggen-Kohldistelwiese *(A.-C. caricetosum)*
3	3	V	Typische Kohldistelwiese *(A.-C. typicum)*
3	3	V	Bärenklau-Kohldistelwiese *(A.-C. heracleetosum)*
3	3	3	Trollblumen-Kohldistelwiese (*A.-C.*, *Trollius*- bzw. *Bistorta*-Höhenform)
3	3	2	Wassergreiskraut-Wiese *(Bromo-Senecionetum aquaticae)*
3	3	3	Bachkratzdistel-Wiese *(Cirsietum rivularis)*
2–3	2–3	3	Eisenhutblatthahnenfuß-Kälberkropfflur *(Chaerophyllo-Ranunculetum aconitifolii)*
2–3	2–3	3	Waldsimsen-Sumpfwiese (*Scirpus sylvaticus*-Ges.)
2	2–3	2	Knotenbinsen-Sumpfwiese (*Juncus subnodulosus*-Ges.)
2	2–3	3	Waldbinsen-Sumpfwiese (*Crepido-Juncetum acutiflori)*
1	3	2	Binsen-Pfeifengraswiese (*Sussica pratensis-Juncus conglomeratus*-Ges.)
2–3	3	V	Artenärmere Sumpfdotterblumenwiese (Calthion-Basalges.)
			2. Flut- und verwandte Kriechrasen (Potentillo-Polygonetalia)
			2.1. Gänsefingerkraut-Rasen (Potentillion anserinae, Agropyro-Rumicion)
2–3	2–3	–	Knickfuchsschwanz-Rasen *(Ranunculo repentis-Alopecuretum geniculati)*
2–3	2–3	2	Rispengras-Klebkornkrautrasen *(Poo-Cerastietum dubii)*
1	2	–	Fingerkraut-Rohrschwingelrasen *(Potentillo-Festucetum arundinaceae)*
0–1	2	–	Roßminzen-Blaubinsenflur *(Junco inflexi-Menthetum longifoliae)*
0–1	2	–	Stumpfblattampfer-Flur (*Poa trivialis-Rumex obtusifolius*-Ges.)
			3. Wiesen, Weiden und Vielschurrasen mittlerer Standorte (Arrhenatheretalia)
			3.1. Glatthafer-Tieflagenwiesen *(Arrhenatheretum elatioris)* und verwandte Gesellschaften
			Glatthaferwiese *(Arrhenatheretum elatioris)*
			Zittergras-Glatthafer-Magerwiesen (Subass.-Gr. von *Briza media*)
2–3	3	3	Salbei-Glatthaferwiese *(A. salvietosum)*
2–3	3	3	Ferkelkraut-Glatthaferwiese *(A. hypochaeretosum radicatae)*
			Glatthafer-Fettwiesen (Typische Subass.-Gruppe)
3	3	–	Typische Glatthaferwiese *(A. typicum)*
3	3	V	Beinwell-Glatthaferwiese *(A. symphytetosum)*
3	3	3	Kohldistel-Glatthaferwiese *(A. cirsietosum oleracei)*
3	3	3	Bergglatthafer-Wiese (*A.*, *Alchemilla*-Höhenform)
2	3	–	Beifuß-Glatthaferwiese (*Artemisia vulgaris-Arrhenatherum*-Ges.)
			Fuchsschwanz-Frischwiesen (*Ranunculus repens-Alopecurus pratensis*-Ges.)
3	3	3	artenreichere Stromtalvariante
4–5	4	–	artenarme Intensivvariante (Vielschnittwiese)
1	3	3	Rotschwingel-Straußgras-Magerwiese (*Festuca rubra-Agrostis capillaris*-Ges.)

Tab. 19 (Fortsetzung)

3.2.			**Goldhafer-Bergwiesen (Polygono-Trisetion)**
3.2.1.			Mittelgebirgs-Goldhaferwiesen (Phyteumo-Trisetenion)
			Storchschnabel-Goldhaferwiese *(Geranio-Trisetetum)*
2	3	2	Fingerkraut-Storchschnabel-Goldhaferwiese *(G.-T. potentilletosum erecti)*
3	3	2	Rispengras-Storchschnabel-Goldhaferwiese *(G.-T. poetosum trivialis)*
1–2	3	1	Rotschwingel-Bärwurz-Magerwiese (*Festuca rubra-Meum athamanticum*-Ges.)
3.2.2.			Subalpine Goldhaferwiesen (Rumici alpestris-Trisetenion)
2–3	3	3	Sterndolden-Goldhaferwiese *(Astrantio-Trisetetum)*
3.3.			**Weiden und Vielschnittrasen (Cynosurion cristati)**
			Weidelgras-Weißkleeweide *(Lolio-Cynosuretum)*
3–4	3	–	Fettweide (*L.-C.* typicum)
2	3	3	Magerweide *(L.-C. luzuletosum, Festuco-Cynosuretum)*
2–3	3	3	Feuchtweide *(L.-C. lotetosum)*
4–5	4–5	–	Kleinkopfpippau-Rotschwingelrasen *(Crepido capillaris-Festucetum rubrae)*
3–4	4	–	Weißklee-Breitwegerichrasen (*Trifolium repens-Plantago major*-Ges.)
3.4.			**Alpenrispengras-Almweiden (Poion alpinae)**
2	3	–	Goldpippau-Rotschwingelweide *(Crepido aureae-Festucetum commutatae)*

Intensitätsstufen	**Natürlichkeitsgrade**	**Gefährdungsgrad**
0 ohne Nutzung	1 natürlich-naturnah	1 vom Verschwinden bedroht
1 extensiv	2 halbnatürlich	2 stark gefährdet
2 halbextensiv	3 naturfern	3 gefährdet
3 halbintensiv	4 naturfremd	V rückläufig
4 intensiv	5 künstlich	– ohne erkennbare Gefährdung
5 sehr intensiv		

11.3 Erhaltung und Wiederherstellung artenreichen Kulturgraslandes

Über dieses Thema lassen sich ganze Bücher schreiben, was ja auch bereits geschehen ist (z. B. Nitsche & Nitsche 1994, Spatz 1994; Briemle et al. 1999, Poschlod & Schumacher 1998, Schreiber 1995a, Rosenthal 2001 u. a.). Trotz mancher Wissenslücken liegen heute breite Kenntnisse über die Pflanzengesellschaften selbst, über die Ansprüche ihrer Arten, über ihre Dynamik bei sich ändernden Umweltbedingungen und über ihre Erhaltung und Restitution vor. In jeder Arbeit im Fragenkomplex Kulturgrasland – Naturschutz – Landschaftspflege werden solche Aspekte angesprochen.

Allgemein gilt, dass eine **Weiterführung traditioneller landwirtschaftlicher Praktiken** am besten die Erhaltung bestimmter Gesellschaften gewährleisten würde und dass stärkere Veränderungen der Nutzung (Intensivierung) oder deren Aufgabe (Brache) große Gefahren darstellen. Auch gilt, dass es wesentlich einfacher ist, noch existierende Bestände zu erhalten als sie aus Resten zu regenerieren oder gar ganz neue Bestände herzustellen. Halbintensives Grasland bildet in vielen Agrarlandschaften das „Rückgrat" des Naturschutzes (Schumacher 1995).

Über die Regeneration von Brachen wurde bereits gesprochen (s. Kap. 9.3). Bei der Wiederherstellung (Regeneration) artenreicher Bestände aus artenarmem Intensivgrasland gibt es neben dem Mangel keimfähiger Samen noch das Problem mehr oder weniger stark eutrophierter Böden und/oder abgesenkter Grundwasserstände (Moore). **Extensivierung** bedeutet vor allem eine reduzierte Nährstoffzufuhr und Schnittzahl (s. a. Kap. 8.6). Sie soll eine Ausmagerung des Bodens ermöglichen, die Konkurrenzkraft sehr anspruchsvoller beziehungsweise sich rasch regenerierender Pflanzen mindern und so die Möglichkeiten für weniger wuchskräftige Arten verbessern. Positive Effekte in absehbarer Zeit scheint es vor allem im feucht-nassen Bereich zu geben, wo eine stärkere Bodenvernässung zusätzlich die Mineralisation von Nährstoffen mindert und Luftarmut im Boden manche Arten verdrängt oder fernhält (s. Rosenthal 2001). Auf frischen, eutrophierten Lehmböden kann der Erfolg hingegen langzeitig gering sein.

Extensivierung im Rahmen von Kulturgrasland bedeutet aber keine Rückkehr zu Extensivgrasland im engeren Sinn, sondern lediglich eine Rückführung von einem intensiven in einen halbintensiven Nutzungszustand (s. auch KLEIN et al. 1997). Allerdings funktioniert die Neuausbreitung erwünschter Arten unter heutigen Bedingungen oft gar nicht oder äußerst zögerlich. So sind die Widerstände gegen **gezieltes Einbringen von Pflanzen oder Diasporen** nach zeitweilig heftiger Diskussion zurückgegangen (z. B. KÜHN & PFADENHAUER 1998, J. MÜLLER 1999). Am naturnächsten erscheint das Aufbringen von Mähgut aus benachbarten, noch artenreichen Beständen oder die Aussaat von Heublumensamen-Mischungen aus solchen Beständen (PFADENHAUER 1999). Sogar auf ehemaligem Ackerland kann man hiermit relativ gute Erfolge erzielen (RECK et al. 1999), nämlich Bestände, die Glatthaferwiesen ähneln. Genauere Anweisungen hierzu hat BOSSHARD (1999, 2000) zusammengestellt. Insgesamt sind aber bisherige Ergebnisse widersprüchlich (THORN 2000).

In den letzten Jahren wird zudem mit hohem Aufwand an Geld und Maschinen versucht, artenreiche **Graslandbestände zu verpflanzen** (BRUELHEIDE & FLINTROP 1999) oder nach Abschieben des eutrophierten Oberbodens **neu einzusäen** (z. B. PATZELT et al. 1997, PFADENHAUER 1999, HILBIG 2000, HÖLZEL 2000). Solche aufwendigen Verfahren können sicher nicht großflächig eingesetzt werden, weisen aber auf die Notlage hin, in der wir uns befinden. Insgesamt zeigt sich, dass gewisse floristische Starthilfen notwendig sind, wenn man in absehbarer Zeit eine erfolgreiche Regeneration durchführen will.

11.4 Ausblick

Obwohl die Wende zur hochintensiven Agrarwirtschaft noch nicht lange zurückliegt, hat sich bereits ein rasanter Wandel in unserer Pflanzendecke vollzogen, der in Kulturgraslandökosystemen besonders merklich und großflächig abläuft. Wo noch vor wenigen Jahrzehnten bunte Wiesen und Weiden herrschten, gibt es heute nur noch eintönig-großflächiges Grün artenarmen Graslandes, oder sie sind zugunsten von Ackerland ganz verschwunden.

Die **Landwirtschaft**, einst Grundlage für sehr diverse Kulturlandschaften, ist zum **Hauptverursacher monotoner Landschaftsbilder** geworden, wo jeder Quadratmeter einer zu steigernden Produktivität dient. Wenn in Naturschutzgesetzen und -richtlinien eine Nutzung nach „guter fachlicher Praxis“ oder als **„ordnungsgemäße Landwirtschaft“** gefordert wird, ist der begriffliche Inhalt unklar und umstritten. KLEIN et al. (1997) befürworten deshalb den Begriff **„naturschutzgerechte Landwirtschaft“**. Sie soll den Zielen des Naturschutzes dienen, den Erhalt bezeichnender Lebensgemeinschaften gewährleisten, entsprechende Nutzungssysteme verwenden und naturnahe Strukturelemente erzeugen beziehungsweise dauerhaft erhalten. Dadurch werden Belastungen der natürlichen Ressourcen vermieden. Eine biologische Bewirtschaftung alleine, aktuell durch die BSE-Krise gefördert, bringt für das Grasland noch keine positiven Effekte, wie umfangreiche Vergleiche von SCHILLER (2000) zeigen.

Eine naturschutzgerechte Nutzung ohne finanzielle **Subventionen** ist heute nicht mehr möglich (s. Kap. 8.3.3). Geldmangel dürfte kein so großes Problem sein, eher der naturschutzorientierte Einsatz der verfügbaren EU-Millionen. Es kann aber auch nicht darum gehen, alte Nutzungsweisen und Wirtschaftssysteme wieder einzuführen oder einfach zu konservieren. **Leitbilder** für die Erhaltung, Regeneration oder Neuschaffung artenreicher Kulturgraslandökosysteme sollten sich zwar an früheren Vegetationsverhältnissen und Nutzungen orientieren, müssen aber den heutigen Gegebenheiten, das heißt Ansprüchen und Möglichkeiten gerecht werden (z. B. BOSSHARD 1999). So wird man nicht in eine kleinparzellierte Agrarlandschaft zurückkehren können, sondern man muss großräumigere Konzepte, auch unter Berücksichtigung vegetationsdynamischer Fragen und der heute verfügbaren Maschinen erarbeiten. Auch großräumige Beweidungskonzepte werden diskutiert.

Gewisse hoffnungsvolle Ansätze sind vielerorts erkennbar. Von etlichen lokalen bis überregionalen Naturschutzverbänden werden noch bestehende Wiesen und Weiden betreut und gepflegt oder regeneriert. Großflächiger wirksam können aber wohl nur **staatliche Programme** sein. Seit 1992 läuft in Baden-Württemberg ein Programm zum Marktentlastungs- und Kulturlandschaftsausgleich (MEKA; s. auch Kap. 8.6.2, BRONNER 2000) mit Fördermitteln von 85 Mio. Euro/Jahr. In Bayern gibt es das Kulturlandschaftsprogramm KULAP, in Nordrhein-Westfalen ein Feuchtwiesenschutz- und ein Mittelgebirgsprogramm. Bei Feuchtwiesen wurden zum Beispiel in NRW von 1985 bis 1996 etwa 90 Mio. Euro für Grundstückskäufe, 15 Mio. Euro für Extensivierungen und 5 Mio. Euro für Pflegemaßnahmen aufgewendet (Michels 1998). Aus Bundesmitteln werden seit 1979 Naturschutzgroßprojekte gefördert, in denen auch größere Anteile von Kulturgrasland enthalten sind (Scherfose 1997). Diese und weitere Programme werden teilweise aus EU-Umweltprogrammen finanziert.

Staatliche Umwelt- und Schutzprogramme dienen nicht nur dem Erhalt oder der Restitution vielfältiger Graslandökosysteme, sie sichern auch die Existenz von Landwirten, die in diese Vorhaben eingebunden sind. Höchste Effizienz ist dort gegeben, wo noch etwas extensivere Nutzungen üblich sind. So sollten bevorzugt Landwirte unterstützt werden, die noch traditionell wirtschaften, nicht aber (wie heute teilweise üblich) das Geld nach dem Gießkannenprinzip verteilt werden (Poschlod & Schumacher 1998). Nicht die Maßnahme sondern der Erfolg (also der Vegetationszustand) sollte honoriert werden (Briemle 2000, Bronner 2000). Hierzu müssen leicht nachvollziehbare Bewertungskriterien entwickelt werden, die den Effekt für Naturschutz und Landschaftshaushalt klassifizieren. Einen Ansatz liefert das erwähnte MEKA, wo die Wiesen der Bauern nach dem Vorkommen bestimmter Zeigerarten bewertet werden (s. Kap. 8.6.2, Tab. 7). Allerdings sind alle Programme zusammen genommen bisher nur ein Tropfen auf dem heißen Stein und betreffen weder flächen-, zahlen- noch finanzmäßig den größten Teil landwirtschaftlicher Betriebe mit ihrem EU-Einheitsgrasland.

Im Idealfall können die bei der Pflege von Wiesen anfallenden Mengen von **Biomasse auf dem Hof verwertet** werden. Dies ist allerdings oft wegen wenig hochwertigem Heu (s. Kap. 8) oder wegen zu großer Flächen nicht möglich. Auch hier wird über mancherlei Konzepte nachgedacht. Poschlod & Schumacher (1998) fordern für noch vorhandene vielfältigere Gebiete, dass 25 bis 30 % der Fläche extensiv bewirtschaftet werden sollen, was nach Briemle et al. 1996 auch möglich ist. Mutterkuhhaltung oder genügsamere Tierrassen kämen dem entgegen. Kann der Landwirt das Heu nicht verbrauchen (oder notfalls kompostieren) oder

Abb. 157 Großräumige Erhaltung von Kulturgrasland in Naturschutzgebieten.

sind überhaupt kaum noch Bauernhöfe vorhanden (wie in manchen Berggebieten), muss versucht werden, das Heu anderswo sinnvoll zu verwerten, z. B. energetisch. So gab es schon 1991 im Wendland ein **Vermarktungsprojekt** für die Abnahme von kräuterreichem Heu extensiv genutzter Feuchtwiesen (Filoda et al. 1996; s. Kap. 8.7.1). Im Thüringer Wald wurde 1996 als Modellprojekt eine Heubörse eingerichtet. Das im Vertragsnaturschutz von einheimischen Bauern gewonnene „Bergwiesen-, Kräuter- und Gesundheitsheu“ wird weiter vermittelt, zum Beispiel an Reiter, Jäger, Förster, Kleintierhalter, Zoohandel und andere. Gedacht wird auch an Heu als Baustoff und Rohmaterial für den Garten- und Landschaftsbau (Bericht in den LÖBF-Mitteilungen 3/1997).

In Rio haben sich 1992 die Staaten der Erde verpflichtet, zum **Erhalt der biologischen Vielfalt** beizutragen. Mancher mag hier zunächst an tropische Ökosysteme oder andere exotische Räume denken. Aber die Vielfalt ist auch (noch) vor unserer Haustür zu finden, nicht zuletzt in unseren Kulturgraslandökosystemen, die auch den Nichtbotaniker durch ihre mannigfachen Erscheinungsformen beeindrucken. Manche hoffnungsvollen Tendenzen sind erkennbar, zumindest Restbestände artenreicher Pflanzengesellschaften zu erhalten oder ihre Wiederherstellung zu fördern. Glücklicherweise gibt es sie noch in vielen Gebieten, in den Mittelgebirgen sogar teilweise noch großflächig. Das geplante europäische Schutzgebietssystem NATURA 2000 auf der Grundlage der Flora-Fauna-Habitat (FFH)-Richtlinie (Ssymank et al. 1998) sollte der Förderung von artenreichem Kulturgrasland entgegenkommen (Abb. 157). Hoffentlich wird auch unser Buch dazu beitragen, tieferes Verständnis für diese Ökosysteme und ihre Erhaltung zu wecken.

12 Biologische Tafel von Graslandpflanzen

Zum Abschluss werden tabellarisch wichtige Eigenschaften, Merkmale und Wertzahlen aufgeführt, zusammengetragen aus vielen Quellen und nach eigenen Einschätzungen. Allerdings hat die Tabelle etliche Lücken, die fehlende Kenntnisse zeigen. Aufgeführt sind 396 Sippen, das heißt fast alle Arten, die in unserem Buch erwähnt werden (außer Holzgewächsen und einigen nur randlich genannten Arten). Nähere Erläuterungen gibt es zum Teil in den angegebenen Kapiteln.

Wissenschaftlicher und deutscher Pflanzenname

Die Namen beziehen sich (bei deutschen Namen nicht immer) auf die Standardliste von WISSKIRCHEN & HAEUPLER (1998).

LF Lebens- und Wuchsform

(s. Kap. 4.3.3)

H Hemikryptophyten
- HH Horstpflanze
- HR Rosettenpflanze
- HS Schaftpflanze
- HK Ausläufer- und Kriechpflanze
- HL Kletterpflanze

Weitere Lebensformen, Unterteilung wie H
G Geophyten (Kryptophyten)
C Krautige Chamaephyten
Z Verholzte Chamaephyten
T Therophyten

A Ausläufer, Rhizome und Kriechtriebe

(s. Kap. 4.3.3.2)

k kurz, unterirdisch
l lang, unterirdisch
K kurz, oberirdisch
L lang, oberirdisch

WT Wurzeltiefe

T Tiefwurzler: häufig über 50 cm tief
F Flach- bis Mitteltiefwurzler: meist weniger als 50 cm tief

B Blütezeit nach Phänophasen

(s. Kap. 5.2)

1 Blütenarme Vorfrühlingsphase
2 *Anemone nemorosa-Primula*-Phase
3 *Cardamine pratensis-Taraxacum officinale*-Phase
4 *Ajuga reptans-Alopecurus pratensis*-Phase
5 *Anthriscus sylvestris-Ranunculus acris*-Phase
6 *Leucanthemum-Silene flos-cuculi*-Phase
7 *Cirsium palustre-Galium album*-Phase
8 *Centaurea jacea-Filipendula ulmaria*-Phase
9 *Colchicum autumnale*-Phase

SG Samengewicht

mg/1000 Korn

SB Samenbank-Typ

(s. Kap. 9.3.3.2)

k kurzlebig: weniger als ein Jahr
m mittellebig: 1 bis 5 Jahre
l langlebig: über 5 Jahre
In vielen Fällen sind zwei Angaben als Spanne vorhanden.

FRN Ökologische Wertzahlen

1 bis 9, x = indifferent

F Feuchtezahl (s. Kap. 6.3.4)
kursiv: Wechselfeuchtezeiger
unterstrichen: Überflutungszeiger

R Reaktionszahl (s. Kap. 6.4.1.2)

N Stickstoffzahl (Nährstoffzahl)
(s. Kap. 6.4.2.2)

MWT Resistenz gegen mechanische Störungen

(BRIEMLE et al. 2001)

M Mahdverträglichkeit (s. Kap. 4.3.2.1)
1 unverträglich
3 empfindlich

5 mäßig verträglich
7 gut verträglich bzw. kaum betroffen
9 überaus verträglich bzw. nicht betroffen
(2, 4, 6, 8 dazwischen stehend)

W Weideverträglichkeit, **TV Trittverträglichkeit** (s. Kap. 4.3.1)
1 unverträglich
3 empfindlich
5 mäßig verträglich
7 gut verträglich bzw. kaum betroffen
9 überaus verträglich bzw. nicht betroffen
(2, 4, 6, 8 dazwischen stehend)

FW Futterwert

(Briemle et al. 2001; s. 4.3.1)

1 giftig
2 ohne oder sehr gering
3 gering
5 mittel
7 hoch
9 sehr hoch
(4, 6, 8 dazwischen stehend)

G Gefährdungsgrad

(Rote Liste, Korneck et al. 1996)

1 vom Aussterben bedroht
2 stark gefährdet
3 gefährdet

Soz Gesellschaftsschwerpunkt

(s. Kap. 4.4.2 und Kap. 7)

Angaben bezogen auf Grasland und benachbarte gehölzfreie Vegetationstypen.

1 Molinio-Arrhenatheretea: Kulturgrasland
11 Arrhenatheretalia: Wiesen, Weiden und Vielschnittrasen mittlerer Standorte
111 Arrhenatherion elatioris: Tieflagen-Frischwiesen
112 Polygono-Trisetion: Gebirgs-Frischwiesen
113 Cynosurion cristati: Fettweiden und Vielschnittrasen
12 Molinietalia: Feuchtwiesen und Hochstaudenfluren
121 Calthion palustris: Sumpfdotterblumen-Feuchtwiesen
122 Cnidion venosi: Brenndolden-Stromtalwiesen
123 Molinion caeruleae: Pfeifengras-Streuwiesen
124 Filipendulion ulmariae: Mädesüß-Hochstaudenfluren

2 (Agrostietea stoloniferae) Potentillo-Polygonetalia: Flutrasen

3 Festuco-Brometea, Koelerio-Corynephoretea, Trifolio-Geranietea: Magerrasen und Säume ± trocken-basenreicher Standorte

4 Nardo-Callunetea: Borstgrasrasen und Zwergstrauchheiden

5 Scheuchzerio-Caricetea nigrae: Kleinseggen-Sumpfrasen

6 Phragmiti-Magnocaricetea: Röhrichte und Seggenriede

7 Artemisietea, Agropyretea, Stellarietea mediae: Nitrophile Saum-, Acker-, Ruderalgesellschaften

Biologische Tafel

	LF	A	WT	B	SG	SB	F	R	N	M	W	TV	FW	G	Soz
Achillea millefolium Wiesen-Schafgarbe	CS	l	T	7	180	km	4	x	5	7	4	5	6	.	11
Achillea ptarmica Sumpf-Scharfgarbe	HH	l	T	8	280	k	8	4	2	4	4	4	4	.	12
Aconitum napellus Blauer Eisenhut	HS	.	F	7	3000		7	7	8	2	2	1	1	.	124
Aegopodium podagraria Gewöhnl. Giersch	GS	l	F	7		k	6	7	8	6	2	4	4	.	7
Agrimonia eupatoria Kleiner Odermennig	HS	k	T	8		k	4	8	4	3	4	3	3	.	3
Agrostis canina Sumpf-Straußgras	HK	L	F	7	50	km	9	3	2	6	3	4	4	.	5
Agrostis capillaris Rotes Straußgras	HH	l	F	8	50	kl	x	4	4	6	5	5	6	.	11
Agrostis gigantea Riesen-Straußgras	HH	l	F	7		m	7	x	5	8	7	7	8	.	1
Agrostis stolonifera Weißes Straußgras	HK	L	F	7	1300	kl	7	x	5	9	9	9	4	.	13
Ajuga reptans Kriechender Günsel	HK	L	F	4		kl	6	6	6	7	5	5	3	.	1
Alchemilla hybrida Graugrüner Frauenmantel	HH	k	F	5		l	5	6	3	5	6	6	3	.	4
Alchemilla monticola Bergwiesen-Frauenmantel	HH	k	F	5	500	l	5	6	4	6	2	2	6	.	112
Alchemilla xanthochlora Gelbgrüner Frauenmantel	HH	k	F	5		l	7	7	5	6	2	2	6	.	1
Allium angulosum Kantiger Lauch	GR	k	F	6			*8*	8	2	4	7	3	1	3	122
Allium carinatum Gekielter Lauch	GS	.	F				*3*	8	2	4	6	3	1	3	123
Allium suaveolens Wohlriechender Lauch	GS	k	F				*8*	9	2	4	7	3	1	3	123
Alopecurus geniculatus Knick-Fuchsschwanz	HK	L	F	5		kl	8	7	7	4	4	5	5	.	13
Alopecurus pratensis Wiesen-Fuchsschwanz	HH	k	T	4		km	6	6	7	7	4	4	8	.	1
Anemone nemorosa Buschwindröschen	GS	l	F	2		k	3	5	4	5	7	6	1	.	1
Angelica sylvestris Wald-Engelwurz	HS	.	F	8	1970	km	8	x	4	5	2	2	3	.	12
Anthoxanthum odoratum Gewöhnl. Ruchgras	HH	.	F	4	600	km	x	5	x	7	5	5	4	.	1
Anthriscus sylvestris Wiesenkerbel	HS	.	T	5	4500	km	5	x	8	7	3	3	5	.	11
Anthyllis vulneraria Gewöhnl. Wundklee	HH	.	T	5	2400	k	3	7	2	4	4	4	6	.	3
Armeria mar. ssp. *elongata* Sand-Grasnelke	HR	.	T		5	k	3	6	2	3	6	6	2	3	3
Arnica montana Bergwohlverleih, Arnika	HS	k	F	6	940	k	5	3	2	4	4	4	2	3	4
Arrhenatherum elatius Gewöhnl. Glatthafer	HH	.	T	6	3000	km	5	7	7	6	3	3	8	.	111
Artemisia vulgaris Gewöhnl. Beifuß	HS	.	T	8	110	m	6	x	8	2	6	1	2	.	7
Astrantia major Große Sterndolde	HS	.	F	6			6	8	5	3	7	3	2	.	112
Barbarea vulgaris Gewöhnl. Barbarakraut	HS	.	F	3	780	m	6	x	6	3	7	2	2	.	13
Bellis perennis Gänseblümchen	HR	k	F	1	150	ml	5	x	6	9	8	8	3	.	11

	LF	A	WT	B	SG	SB	F	R	N	M	W	TV	FW	G	Soz
Betonica officinalis Heilziest	HS	k	T	8	1300	km	x	x	3	4	2	4	4	.	123
Bistorta officinalis Schlangen-Wiesenknöterich	GS	l	T	6	6500	k	7	5	5	6	4	4	5	.	1
Bistorta vivipara Knöllchen-Wiesenknöterich	HS	k	F	6		k	7	5	5	4	4	4	2	.	11
Blysmus compressus Zusammengedr. Quellbinse	GS	l	F	8			8	8	3	2	5	5	2	.	13
Bachypodium pinnatum Fiederzwenke	GS	l	F	8	3200	k	4	7	4	3	6	6	3	.	3
Briza media Mittleres Zittergras	HH	k	F	7	700	k	x	x	2	4	4	4	6	.	1
Bromus erectus Aufrechte Trespe	HH	.	F	6	5400	km	3	8	3	5	4	4	6	.	3
Bromus hordeaceus Weiche Trespe	TH	.	F	7	2800	km	x	5	3	6	4	5	4	.	11
Bromus racemosus Traubige Trespe	TH	.	F	8	2900	k	8	5	5	4	4	4	5	3	121
Buphthalmum salicifolium Weidenblättr. Ochsenauge	HS	k	T	6		m	4	8	3	3	2	2	3	.	3
Calamagrostis epigeios Land-Reitgras	GS	l	T	8		km	x	x	6	2	4	3	3	.	7
Caltha palustris Gewöhnl. Sumpfdotterblume	HH	k	F	3	1300	km	9	x	5	4	7	3	1	.	121
Calystegia sepium Gewöhnl. Zaunwinde	HL	k	F	8		kl	6	7	9	4	1	1	4	.	7
Campanula glomerata Knäuel-Glockenblume	HS	k	F	7	120		4	7	3	5	3	3	4	.	3
Campanula patula Wiesen-Glockenblume	HS	k	F	6	60	l	5	7	5	5	2	2	4	.	111
Campanula rapunculoides Acker-Glockenblume	HS	k	F	8		k	4	7	4	3	6	6	4	.	3
Campanula rapunculus Rapunzel-Glockenblume	HS	k	F	7		k	3	7	4	3	6	6	4	.	3
Campanula rhomboidalis Rautenblättr. Glockenblume	HS	k	F	7			5	x	7	6	2	2	4	.	112
Campanula rotundifolia Rundblättr. Glockenblume	HS	l	F	6	60	m	x	x	2	4	4	4	4	.	11
Campanula scheuchzeri Scheuchzers Glockenblume	HS	k	T	6		k	5	x	3	4	4	4	4	.	112
Capsella bursa-pastoris Gewöhnl. Hirtentäschel	TS	.	F	1		ml	5	x	6	3	7	6	2	.	7
Cardamine amara Bitteres Schaumkraut	HS	k	F	5		l	9	6	4	2	2	2	2	.	124
Cardamine dentata Sumpf-Schaumkraut	HS	.	F		120		9	7	4	5	6	3	1	.	6
Cardamine pratensis Wiesen-Schaumkraut	HS	.	F	3	120	km	6	x	x	6	7	3	1	.	1
Cardaminopsis halleri Wiesen-Schaumkresse	HS	l	F	4			6	3	x	5	5	6	2	.	112
Carex acuta Schlank-Segge	GS	l	T	4		km	9	6	4	5	3	3	2	.	6
Carex acutiformis Sumpf-Segge	GS	l	T	4		km	9	7	5	5	6	3	2	.	6
Carex brizoides Zittergras-Segge	GS	l	F	5			6	4	3	2	5	7	2	.	121
Carex canescens Graue Segge	HH	k	F	4		km	9	4	2	3	4	4	3	.	5
Carex caryophyllea Frühlings-Segge	HH	k	F	3		k	4	x	2	4	5	5	3	.	11
Carex cespitosa Rasen-Segge	HH	.		3			9	6	4	5	3	3	2	3	121

	LF	A	WT	B	SG	SB	F	R	N	M	W	TV	FW	G	Soz
Carex davalliana Davalls-Segge	HH	.	F	3		m	9	8	2	3	4	4	2	3	5
Carex distans Entferntährige Segge	HH	.	F	5			*6*	8	x	4	4	6	3	3	123
Carex disticha Zweizeilige Segge	GS	l	F	4		km	9	8	5	4	4	4	3	.	121
Carex echinata Igelsegge	HH	.	F	5		kl	*8*	3	2	3	2	2	2	.	5
Carex flacca Blaugrüne Segge	GS	l	F	4	830	km	*6*	8	4	4	6	6	5	.	5
Carex hirta Behaarte Segge	GH	l	T	4		k	*6*	x	5	5	8	6	3	.	13
Carex hostiana Saum-Segge	HH	k	F	3		m	9	6	2	3	4	4	2	.	5
Carex nigra Wiesen-Segge	HH	l	F	4		kl	*8*	3	2	4	4	4	2	.	5
Carex otrubae Hain-Segge	HS	l	F	5			8	7	6	5	5	5	2	.	13
Carex ovalis Hasenfuß-Segge	HH	k	F	6	540	kl	*7*	3	3	5	4	6	3	.	4
Carex pallescens Bleiche Segge	HH	.	F	5		m	*6*	4	3	4	5	5	3	.	4
Carex panicea Hirse-Segge	HS	L	F	4		km	8	x	4	5	4	4	3	.	5
Carex pilulifera Pillen-Segge	HH	.	F	4		ml	*5*	3	3	3	4	4	2	.	4
Carex praecox Frühe Segge	GH	l	F	4			*3*	x	4	3	8	8	2	3	122
Carex rostrata Schnabel-Segge	HS	l	F	4		k	9	3	3	4	2	2	2	.	6
Carex tomentosa Filz-Segge	GS	l	F	4			*7*	9	x	3	3	2	2	3	123
Carex vesicaria Blasen-Segge	HS	l	F	4		k	9	6	5	3	3	3	2	.	6
Carex vulpina Fuchs-Segge	HS	l	T	4	1000		8	x	5	3	4	4	2	.	122
Carum carvi Wiesenkümmel	HS	.	T	5	2000	k	5	x	6	6	6	6	6	.	11
Centaurea jacea Wiesen-Flockenblume	HS	k	T	8	1800	km	x	x	x	5	4	4	4	.	1
Centaurea montana Berg-Flockenblume	HS	.		5		k	5	7	6	4	2	2	4	.	112
Centaurea nigra Schwarze Flockenblume	HS	.	T	8	2000	km	5	3	4	4	2	2	4	.	112
Centaurea nigrescens Schwärzl. Flockenblume	HS	.	T				*4*	6	6	4	2	2	4	.	112
Centaurea phrygia Phrygische Flockenblume	HS	k	T				5	x	4	5	2	2	4	.	112
Centaurea pseudophrygia Perücken-Flockenblume	HS	.	T	8			5	5	4	5	2	3	4	.	112
Centaurea scabiosa Skabiosen-Flockenblume	HS	.	T	8	6500	k	3	8	4	5	3	2	4	.	3
Cerastium arvense Acker-Hornkraut	CS	l	F	4		m	4	6	4	5	5	5	4	.	3
Cerastium dubium Klebriges Hornkraut	TH	.	F				8	7	5	5	5	5	4	3	13
Cerastium holosteoides Gewöhnl. Hornkraut	HH	k	F	4	100	ml	5	x	5	8	4	4	4	.	1
Chaerophyllum aureum Gold-Kälberkropf	HS	.	T	7		km	5	9	9	4	2	2	2	.	7
Chaerophyllum hirsutum Rauhaariger Kälberkropf	HS	l	T	5	8000		8	x	7	6	4	4	2	.	12

	LF	A	WT	B	SG	SB	F	R	N	M	W	TV	FW	G	Soz
Chamaespartium sagittale Gewöhnl. Flügelginster	CK	L	T	6	3300		4	5	2	4	8	7	2	.	4
Cichorium intybus Gewöhnl. Wegwarte	HS	.	T	8	1300	km	4	8	5	4	5	5	2	.	113
Cirsium acaule Stängellose Kratzdistel	HR	k	T	8		k	3	8	2	3	8	7	2	.	3
Cirsium arvense Acker-Kratzdistel	GS	l	T	8		kl	x	x	7	5	7	4	2	.	7
Cirsium canum Graue Kratzdistel	HS	k	T	8			*8*	7	6	5	2	2	2	2	121
Cirsium dissectum Englische Kratzdistel	HS	.		7			8	4	2	3	2	2	3	2	123
Cirsium heterophyllum Verschiedenblättr. Kratzd.	HS	l	T	7		k	7	5	6	5	2	2	3	.	112
Cirsium oleraceum Kohl-Kratzdistel	HS	k	T	8	2500	k	7	7	5	5	3	2	5	.	12
Cirsium palustre Sumpf-Kratzdistel	HS	.	T	7	1400	kl	*7*	5	4	3	8	3	2	.	12
Cirsium rivulare Bach-Kratzdistel	HS	k	T	7	2600	k	*7*	8	5	5	5	2	4	.	121
Cirsium tuberosum Knollige Kratzdistel	HS	k		7			*6*	8	5	4	3	2	3	3	123
Cirsium vulgare Gewöhnl. Kratzdistel	HS	.	T	8		km	5	7	8	4	9	2	2	.	7
Cnidium dubium Sumpf-Brenndolde	HS	k	T	8			*8*	6	4	5	4	3	2	2	122
Colchicum autumnale Herbst-Zeitlose	GS	.	F	9	6000	k	6	7	x	5	9	3	1	.	1
Convolvulus arvensis Acker-Winde	GL	l	T	7		kl	4	7	x	4	4	4	4	.	7
Crepis biennis Wiesen-Pippau	HS	.	T	6	300	k	6	6	5	6	2	2	5	.	111
Crepis capillaris Kleinköpfiger Pippau	TS	.	F	6		k	5	6	4	8	5	5	5	.	113
Crepis mollis Weichhaariger Pippau	HS	k	T	6	300	k	5	5	5	5	3	3	5	3	112
Crepis paludosa Sumpf-Pippau	HS	k	F	7		k	8	7	6	5	2	2	5	.	121
Crocus vernus Frühlings-Krokus	GR	.	F	1			5	5	x	4	4	3	2	3	112
Cynosurus cristatus Wiesen-Kammgras	HH	k	F	7	590	k	5	x	4	7	7	7	7	.	11
Dactylis glomerata Wiesen-Knäuelgras	HH	.	F	6		km	5	x	6	8	4	6	8	.	11
Dactylorhiza incarnata Fleischfarb. Knabenkraut	GS	.	F	5			*8*	7	2	3	2	2	3	2	5
Dactylorhiza maculata Geflecktes Knabenkraut	GS	.	F	6			*8*	x	2	4	2	2	3	3	5
Dactylorhiza majalis Breitblättr. Knabenkraut	GS	.	F	5			*8*	7	3	4	3	3	3	3	121
Dactylorhiza traunsteineri Traunst. Knabenkraut	GS	.	F	5			9	4	2	3	3	3	3	2	5
Danthonia decumbens Dreizahn	HH	.	F	8		km	x	3	2	4	4	4	3	.	4
Daucus carota Wilde Möhre	HS	.	T	8	800	kl	4	x	4	6	3	4	4	.	7
Deschampsia cespitosa Rasen-Schmiele	HH	.	T	8	670	km	*7*	x	3	5	7	4	2	.	12
Deschampsia flexuosa Draht-Schmiele	HH	k	F	7		k	x	2	3	3	4	4	3	.	4
Dianthus superbus Pracht-Nelke	HS	l	F	7	950	k	*8*	8	2	4	4	4	3	3	123

	LF	A	WT	B	SG	SB	F	R	N	M	W	TV	FW	G	Soz
Eleocharis palustris Gewöhnl. Sumpfbinse	HH	l	F	5		km	9	x	5	3	6	3	3	.	6
Eleocharis uniglumis Einspelzige Sumpfbinse	HH	l	F	5		k	9	7	5	3	3	4	3	.	6
Elymus repens Kriech-Quecke	GH	l	F	8		km	*x*	x	7	7	5	7	6	.	13
Epilobium hirsutum Zottiges Weidenröschen	HS	l	T	8	120	kl	8	8	8	3	2	2	3	.	124
Epilobium palustre Sumpf-Weidenröschen	HS	l	F	7			9	3	2	3	3	3	3	.	5
Epilobium parviflorum Kleinblüt. Weidenröschen	HS	k	T		4	l	9	8	6	2	2	2	3	.	124
Epipactis palustris Sumpf-Stendelwurz	GS	l	F	8			*9*	8	2	3	1	1	2	3	5
Equisetum arvense Acker-Schachtelhalm	GS	l	T	–			*x*	x	3	5	7	6	2	.	7
Equisetum palustre Sumpf-Schachtelhalm	GS	l	T	–		km	8	x	3	6	8	4	1	.	12
Eriophorum angustifolium Schmalblättr. Wollgras	GH	l	F	3	440	k	9	4	2	3	3	3	2	3	5
Eriophorum latifolium Breitblättr. Wollgras	HH	k	F	3	450	k	9	8	2	3	4	4	2	.	5
Erophila verna Frühlings-Hungerblümchen	TR	.	F	1	30	m	3	x	2	4	7	5	2	.	3
Eupatorium cannabinum Wasserdost	HS	L	F	8		k	7	7	8	4	7	1	1	.	124
Euphorbia lucida Glänzende Wolfsmilch	HS	l	F	6			*7*	7	5	3	5	2	1	2	124
Euphorbia palustris Sumpf-Wolfsmilch	HS	k	F	4			*8*	8	x	3	7	2	1	3	124
Euphrasia off. rostkoviana Großer Augentrost	TS	.	F	6	110	km	x	x	4	5	6	5	1	.	1
Festuca arundinacea Rohr-Schwingel	HH	.	T	7		km	*7*	7	5	7	6	7	5	.	13
Festuca filiformis Grannenloser Schaf-Schw.	HH	.	F	6		k	4	2	2	6	4	4	4	.	4
Festuca guestfalica Westfälischer Schwingel	HH	.	F				4	7	x	6	4	4	4	.	3
Festuca nigrescens Horst-Rot-Schwingel	HH	k	F	6	800		x	3	2	7	4	4	5	.	11
Festuca ovina agg. Schaf-Schwingel	HH	.	F	6	500	k	x	3	1	6	4	4	4	.	3
Festuca pratensis Wiesen-Schwingel	HH	.	F	7		km	6	x	6	6	4	6	9	.	1
Festuca rubra Gewöhnl. Rot-Schwingel	HH	l	F	6	1100	km	6	x	x	9	7	6	7	.	1
Filipendula ulmaria Echtes Mädesüß	HS	l	T	8	600	km	8	x	5	3	2	2	4	.	12
Filipendula vulgaris Kleines Mädesüß	HS	k	T	7	900	k	*3*	8	4	4	2	2	2	.	3
Fritillaria meleagris Gewöhnl. Schachblume	GS	.	F	3		m	8	7	5	4	2	2	2	2	12
Galeopsis tetrahit Gewöhnl. Hohlzahn	TS	.	k	8		kl	5	x	6	4	3	3	2	.	7
Galium album Weißes Labkraut	HL	l	T	7	1000	km	5	7	x	7	3	3	4	.	111
Galium aparine Kletten-Labkraut	TL	.	F	6	9000	km	x	6	8	3	2	1	2	.	7
Galium boreale Nordisches Labkraut	HH	l	T	7		k	*6*	8	2	3	2	2	4	.	123
Galium palustre Sumpf-Labkraut	HL	k	F	6		kl	9	x	4	4	1	1	4	.	6

	LF	A	WT	B	SG	SB	F	R	N	M	W	TV	FW	G	Soz
Galium pumilum Triften-Labkraut	HH	k	F	6		k	4	6	2	5	4	4	4	.	3
Galium saxatile Harzer Labkraut	CK	L	F	7		km	5	2	3	5	7	7	4	.	4
Galium uliginosum Moor-Labkraut	HL	l	F	7		km	8	x	2	5	4	4	4	.	12
Galium verum Echtes Labkraut	HH	l	T	8	400	k	4	7	3	5	4	4	4	.	3
Genista tinctoria Gewöhnl. Färber-Ginster	CH	k	T	7	3200	k	*6*	6	1	3	5	4	2	.	1
Gentiana asclepiadea Schwalbenwurz-Enzian	HH	.	F	8			*6*	7	2	3	2	2	3	3	123
Gentiana pneumonanthe Lungen-Enzian	HH	k	F	8		k	7	x	1	3	4	3	2	3	123
Geranium palustre Sumpf-Storchschnabel	HH	k	T	5	3200	k	*7*	8	7	4	2	2	3	.	124
Geranium pratense Wiesen-Storchschnabel	HH	k	T	7	7300	m	5	8	7	5	2	2	3	.	111
Geranium sylvaticum Wald-Storchschnabel	HH	k	T	5	6000	k	6	6	7	5	2	2	3	.	112
Geum rivale Bach-Nelkenwurz	HS	k	F	4	1400	kl	*8*	x	4	4	2	3	3	.	12
Gladiolus palustris Sumpf-Siegwurz	GS	.	F	7			*6*	8	2	4	2	2	2	2	123
Glechoma hederacea Gewöhnl. Gundermann	HK	L	F	3		kl	6	x	7	8	5	5	2	.	7
Glyceria fluitans Flutender Schwaden	HK	K	T	6		kl	9	x	7	5	3	4	5	.	13
Glyceria maxima Großer Schwaden	HS	l	T	8		km	9	8	9	4	2	2	5	.	6
Gratiola officinalis Gottes-Gnadenkraut	HS	l	F	7			*8*	7	4	4	2	2	2	2	122
Gymnadenia conopsea Mücken-Händelwurz	GS	.	F	7			*x*	8	3	4	3	2	2	.	3
Gymnadenia odoratissima Wohlriechende Händelwurz	GS	.	F	8			*4*	9	2	4	2	2	2	3	123
Helictotrichon pratense Gewöhnl. Wiesenhafer	HH	k	F	6		k	3	x	2	5	3	3	3	.	3
Helictotrichon pubescens Flaumhafer	HH	k	F	6		k	3	x	4	5	4	4	5	.	11
Heracleum sphondylium Wiesen-Bärenklau	HS	.	T	6	7500	km	2	x	8	7	3	3	6	.	11
Hieracium aurantiacum Orangerotes Habichtskraut	HK	K	F	6	160	km	*5*	4	2	5	6	6	3	.	4
Hieracium caespitosum Wiesen-Habichtskraut	HK	K	F	6			*7*	7	3	5	4	4	3	.	12
Hieracium lactucella Geöhrtes Habichtskraut	HK	L	F	6		k	*6*	4	2	5	5	5	3	3	4
Hieracium laevigatum Glattes Habichtskraut	HS	.	F	7		k	5	2	2	3	3	3	3	.	4
Hieracium pilosella Kleines Habichtskraut	HK	L	F	6	150	k	4	x	2	4	7	7	3	.	3
Holcus lanatus Wolliges Honiggras	HH	.	F	7	400	kl	5	x	5	6	4	4	5	.	1
Holcus mollis Weiches Honiggras	GH	l	F	8		k	5	2	3	6	7	4	4	.	4
Hordeum secalinum Roggen-Gerste	HH	.	F	7		k	6	6	5	7	7	7	3	3	113
Hydrocotyle vulgaris Gewöhnl. Wassernabel	HK	L	F	7		k	*9*	3	2	2	7	3	1	.	5
Hypericum maculatum Geflecktes Johanniskraut	HS	l	F	8		kl	*6*	3	2	3	3	3	2	.	112

	LF	A	WT	B	SG	SB	F	R	N	M	W	TV	FW	G	Soz
Hypericum perforatum Tüpfel-Johanniskraut	HS	l	F	7		kl	4	6	4	3	4	4	2	.	3
Hypericum tetrapterum Geflügeltes Johanniskraut	HS	k	F	8	34	kl	8	7	5	2	2	2	2	.	124
Hypochaeris maculata Geflecktes Ferkelkraut	HR	.	T	7			4	6	2	2	3	3	2	3	3
Hypochaeris radicata Gewöhnl. Ferkelkraut	HR	.	T	6	680	km	5	4	3	5	8	8	2	.	11
Impatiens noli-tangere Großes Springkraut	TS	.	F	7		k	7	7	6	1	1	1	2	.	124
Inula britannica Ufer-Alant	HS	l	F	8			7	5	2	4	3	3	4	.	13
Inula salicina Weidenblättr. Alant	HS	l	F	8	1200	k	6	9	3	4	2	2	4	.	123
Iris pseudacorus Sumpf-Schwertlilie	GS	k	T	6	40000	k	9	x	7	4	3	2	2	.	6
Iris sibirica Sibirische Schwertlilie	GS	l	F	6			8	6	2	3	7	2	1	3	123
Juncus acutiflorus Spitzblütige Binse	GS	l	F	7	17	km	8	5	3	4	4	4	2	.	121
Juncus articulatus Glieder-Binse	HS	k	F	7		kl	9	x	2	4	4	4	2	.	5
Juncus atratus Schwarze Binse	GS	l	F				9	7	4	4	4	4	2	2	122
Juncus conglomeratus Knäuel-Binse	HH	k	T	7	13	kl	7	4	3	4	6	6	2	.	12
Juncus effusus Flatter-Binse	HH	k	T	6	20	kl	7	4	4	4	7	6	2	.	121
Juncus filiformis Faden-Binse	GS	l	F	6		kl	9	4	3	5	3	4	2	.	121
Juncus gerardii Bodden-Binse	GS	l		7		m	x	7	x	7	8	7	2	.	113
Juncus inflexus Blaugrüne Binse	HH	k	F	8	13	ml	7	8	4	5	7	6	2	.	13
Juncus subnodulosus Stumpfblütige Binse	GS	l	F	8		kl	8	9	3	4	4	4	2	3	121
Knautia arvensis Wiesen-Witwenblume	HS	k	T	7	7500	k	4	x	4	5	3	2	3	.	11
Knautia dipsacifolia Wald-Witwenblume	HS	k	T	8			6	6	6	4	2	2	3	.	3
Koeleria pyramidata Pyramiden-Schillergras	HH	k	F	7	566	k	4	7	2	4	4	4	4	.	3
Lamium purpureum Purpurrote Taubnessel	TH	.	F	1		kl	5	7	7	3	4	3	2	.	7
Laserpitium prutenicum Preußisches Laserkraut	HS	.	T	7			7	7	2	5	3	2	2	2	123
Lathyrus linifolius Berg-Platterbse	GH	k	F	5		k	5	4	2	2	1	2	6	.	112
Lathyrus palustris Sumpf-Platterbse	HL	l	F	6	11000	k	8	8	3	3	1	1	6	3	122
Lathyrus pratensis Wiesen-Platterbse	HL	l	T	7	10900	km	6	7	6	5	2	3	7	.	1
Leontodon autumnalis Herbst-Löwenzahn	HR	k	F	6	710	km	5	5	5	7	7	7	6	.	113
Leontodon hispidus Rauer Löwenzahn	HR	k	F	6	1600	km	5	7	6	5	5	5	6	.	11
Leontodon saxatilis Nickender Löwenzahn	TR	.	F			km	6	6	5	5	6	6	3	.	113
Leucanthemum ircutianum Wiesen-Wucherblume	HS	k	T	6	400	kl	4	x	3	6	3	4	3	.	11
Leucojum vernum Märzenbecher	GS	.	F	1			6	7	8	5	3	2	2	3	121

	LF	A	WT	B	SG	SB	F	R	N	M	W	TV	FW	G	Soz
Lilium bulbiferum Feuer-Lilie	GS	.	F	7			5	8	3	2	2	2	2	3	3
Linum catharticum Purgier-Lein	TH	.	F	6		kl	x	7	2	4	4	3	2	.	12
Lolium x *hybridum* Vielblütiges Weidelgras	HH	.	F	7			5	7	8	7	7	7	9	.	11
Lolium multiflorum Vielblütiges Weidelgras	TH	.	F	7		m	4	7	8	8	4	4	9	.	11
Lolium perenne Ausdauerndes Weidelgras	HH	.	F	7	1430	km	5	7	7	8	8	8	9	.	113
Lotus corniculatus Gewöhnl. Hornklee	HH	.	F	6	1250	kl	4	7	3	6	4	4	8	.	11
Lotus tenuis Schmalblättr. Hornklee	HH	.	F				7	8	4	6	4	4	8	.	13
Lotus uliginosus Sumpf-Hornklee	HH	l	F	8	770	kl	8	6	4	4	4	4	7	.	121
Luzula campestris Feld-Hainsimse	HH	k	F	3	630	kl	4	4	3	5	5	5	3	.	4
Luzula luzuloides Weißliche Hainsimse	HH	k	F	6		km	5	3	4	4	5	4	3	.	112
Luzula multiflora Vielblütige Hainsimse	HH	.	F	5	700	km	5	3	3	6	4	4	3	.	4
Lynchis flos-cuculi Kuckucks-Lichtnelke	HS	k	F	6	140	ml	7	x	x	4	2	2	2	.	121
Lysimachia nummularia Pfennigkraut	CK	L	F	7		km	7	x	x	6	5	5	2	.	13
Lysimachia vulgaris Gewöhnl. Gilbweiderich	HS	l	T	8	260	km	8	x	x	3	2	2	3	.	12
Lythrum salicaria Blut-Weiderich	HH	k	T	8	50	km	8	6	x	3	1	1	3	.	12
Malva moschata Moschus-Malve	HS	.		7	2000	l	4	7	4	3	2	2	4	.	111
Matricria discoidea Strahlenlose Kamille	TS	.	F	6		ml	5	7	8	6	9	9	2	.	113
Medicago lupulina Hopfenklee	HK	K	F	5	2200	kl	4	8	x	7	4	6	8	.	3
Medicago sativa Saatluzerne	HH	k	T	8		ml	4	7	x	7	2	2	9	.	11
Mentha aquatica Wasser-Minze	HS	l	F	8		kl	9	7	5	4	4	3	2	.	6
Mentha arvensis Acker-Minze	HS	l	T	8		kl	7	x	x	5	8	7	2	.	7
Mentha longifolia Roß-Minze	HS	l	T	8			8	9	7	3	5	4	2	.	13
Mentha pulegium Polei-Minze	HK	L	F	8	70		7	7	7	3	7	6	2	2	13
Mentha suaveolens Rundblättr. Minze	HS	l	F	8			8	6	5	3	7	6	2	2	13
Meum athamanticum Gewöhnl. Bärwurz	HS	k	T	5	7820	m	5	3	3	5	4	4	4	.	112
Molinia arundinacea Rohr-Pfeifengras	HH	.	T	8	1300		x	x	8	3	4	4	3	.	123
Molinia caerulea Gewöhnl. Pfeifengras	HH	.	T	8	1000	kl	7	x	2	3	3	3	3	.	123
Muscari botryoides Kleine Traubenhyazinthe	GS	.	F	2			5	x	x	4	3	3	4	3	112
Myosotis arvensis Acker-Vergissmeinnicht	TS	.	F	5		km	5	x	6	3	2	3	3	.	7
Myosotis nemorosa Scharfkantiges Sumpf-Vergissm.	HS	l	F	6	300	km	8	5	5	5	4	4	3	.	121
Myosotis scorpioides Großblütiges Sumpf-Vergissm.	HS	l	F	6	340	km	8	x	5	5	4	4	3	.	121

	LF	A	WT	B	SG	SB	F	R	N	M	W	TV	FW	G	Soz
Narcissus pseudonarcissus Gelbe Narzisse	GR	.	F	2			6	4	4	4	6	3	2	3	112
Narcissus radiiflorus Stern-Narzisse	GR	.	F	4	4700		5	6	5	4	5	4	2	2	112
Nardus stricta Borstgras	HH	.	F	5	580	km	x	2	2	3	5	5	3	.	4
Odontites vulgaris Roter Zahntrost	TS	.	F	8			*5*	7	5	6	5	7	2	.	13
Oenanthe fistulosa Röhriger Wasserfenchel	HK	L	F	8		k	9	8	5	3	7	3	1	3	6
Oenanthe lachenalii Wiesen-Wasserfenchel	HS	k	F	8			8	8	7	3	7	3	1	2	122
Onobrychis viciifolia Futter-Esparsette	HH		T	6	20000	k	3	8	3	6	2	2	8	.	3
Ononis repens Kriechende Hauhechel	HK	K	T	8	5200	k	*4*	7	2	3	6	5	2	.	3
Ononis spinosa Dornige Hauhechel	HK	K	T	8	4800	k	*4*	7	3	3	7	4	2	.	3
Ophioglossum vulgatum Gewöhnl. Natternzunge	GS	k	F	–			7	7	2	4	6	5	2	3	123
Orchis coriophora Wanzen-Knabenkraut	GS	.	F				7	4	2	4	2	2	3	1	3
Orchis mascula Stattliches Knabenkraut	GS	.	F	4			4	8	x	4	4	3	3	.	3
Orchis militaris Helm-Knabenkraut	GS	.	F	5			3	9	2	4	2	2	3	3	3
Orchis morio Kleines Knabenkraut	GS	.	F	3			*4*	7	3	4	3	3	3	2	3
Orchis palustris Sumpf-Knabenkraut	GS	.	F				*9*	8	2	3	2	2	3	2	5
Parnassia palustris Sumpf-Herzblatt	HH	.	F	8		k	*8*	7	2	3	4	3	2	3	5
Pastinaca sativa Pastinak	HS	.	T	8	3800	l	4	8	5	5	1	1	5	.	111
Persicaria amphibia v. *terr.* Wasser-Knöterich	GK	L	T	6		k	9	x	6	5	3	2	2	.	13
Peucedanum carvifolia Kümmelblättr. Haarstrang	HS	.	T	8			5	7	5	5	3	3	2	3	111
Phalaris arundinacea Rohr-Glanzgras	GS	l	T	8	900	kl	*8*	7	7	5	3	3	6	.	6
Phleum pratense Wiesen-Lieschgras	HH	k	F	7		kl	5	x	7	8	6	6	9	.	11
Phragmites australis Gewöhnl. Schilf	GS	l	T	9		k	9	7	7	3	3	2	3	.	6
Phyteuma nigrum Schwarze Teufelskralle	HS	.	F	6	120	k	5	5	4	4	2	2	6	.	112
Phyteuma orbiculare Kugelige Teufelskralle	HS	k	F	6		k	5	8	3	4	4	3	6	3	112
Phyteuma ovatum Eirunde Teufelskralle	HS	.	F	6			6	7	6	4	2	2	6	.	112
Phyteuma spicatum Ährige Teufelskralle	HS	.	F	6		k	5	5	5	4	1	2	6	.	112
Picris hieracioides Gewöhnl. Bitterkraut	HS	k	T	8	850	ml	4	8	4	5	4	2	2	.	7
Pimpinella major Große Pimpinelle	HS	.	T	6	1700	k	5	7	6	5	3	2	6	.	11
Pimpinella saxifraga Kleine Pimpinelle	HS	.	T	8	1100	k	3	x	2	6	5	5	6	.	3
Plantago intermedia Vielsamiger Breit-Wegerich	TR	.	F				7	5	4	4	8	8	3	.	13
Plantago lanceolata Spitz-Wegerich	HR	.	T	4	1500	kl	x	x	x	7	6	6	7	.	1

	LF	A	WT	B	SG	SB	F	R	N	M	W	TV	FW	G	Soz
Plantago major Gewöhnl. Breit-Wegerich	HR	.	F	7	300	kl	5	x	6	5	9	9	3	.	1
Plantago media Mittlerer Wegerich	HR	.	T	6	400	km	4	7	3	4	8	8	3	.	11
Poa annua Einjähriges Rispengras	TH	.	F	2	150	ml	6	x	8	9	9	9	6	.	113
Poa chaixii Wald-Rispengras	HH	.	F	6		kl	5	3	4	5	4	4	3	.	112
Poa palustris Sumpf-Rispengras	HH	k	F		300	k	9	8	7	5	2	2	6	.	122
Poa pratensis Wiesen-Rispengras	HH	l	F	6	300	kl	x	x	6	9	8	8	9	.	1
Poa trivialis Gewöhnl. Rispengras	HK	L	F	6	300	kl	7	x	7	8	6	6	7	.	1
Polemonium caeruleum Blaue Himmelsleiter	HS	l	F	6	1070		7	8	6	3	3	2	2	3	124
Polygala amarella Sumpf-Kreuzblümchen	HH	K	F	5	1400	k	9	9	1	4	3	3	2	.	123
Polygala serpyllifolia Thymianblättr. Kreuzbl.	HH	.	F	5	1400	km	6	2	2	4	3	3	2	3	4
Polygala vulgaris Gewöhnl. Kreuzblümchen	HH	.	F	5	1600	k	4	5	2	4	4	4	2	.	4
Polygonum aviculare agg. Gewöhnl. Vogelknöterich	TK	L	F	7	1810	kl	4	x	6	4	9	9	2	.	113
Potentilla anglica Niederliegendes Fingerkraut	HK	L	T			k	5	8	4	4	7	7	3	.	13
Potentilla anserina Gänse-Fingerkraut	HK	L	F	5		m	*6*	x	7	8	9	9	2	.	13
Potentilla erecta Blutwurz	HH	k	F	5	390	kl	x	x	2	3	4	5	3	.	4
Potentilla palustris Sumpfblutauge	CK	L	F	6	510	k	9	3	2	3	3	3	3	.	5
Potentilla reptans Kriechendes Fingerkraut	HK	L	F	7		km	6	7	5	8	4	5	3	.	13
Primula elatior Hohe Schlüsselblume	HR	k	F	2	870	k	6	7	7	5	5	5	3	.	1
Primula farinosa Mehlprimel	HR	.	F	5		k	*8*	9	2	3	3	3	3	3	5
Primula veris Echte Schlüsselblume	HR	k	F	2	1200	km	4	8	3	5	5	5	3	.	3
Prunella vulgaris Kleine Braunelle	HK	K	F	8	750	kl	5	7	x	9	8	8	3	.	1
Pseudolysimachion longifolium Langblättr. Blauweiderich	HS	l	T	8		m	*8*	7	6	3	2	2	3	.	124
Pulicaria dysenterica Großes Flohkraut	HS	l	T	8			*7*	7	5	3	6	6	3	.	13
Ranunculus aconitifolius Eisenhutblättr. Hahnenfuß	HS	.	F	4	1900		8	5	6	6	5	2	1	.	121
Ranunculus acris Scharfer Hahnenfuß	HS	k	F	5	2100	km	6	x	x	6	5	6	2	.	1
Ranunculus auricomus agg. Gold-Hahnenfuß	HS	.	F	3		k	x	7	x	5	7	2	1	.	1
Ranunculus bulbosus Knolliger Hahnenfuß	GS	.	F	4	3700	kl	3	7	3	6	5	4	2	.	111
Ranunculus ficaria Scharbockskraut	GS	.	F	2	2600	k	6	7	7	7	7	4	1	.	11
Ranunculus flammula Brennender Hahnenfuß	HK	K	F	5		kl	*9*	3	2	4	7	3	1	.	5
Ranunculus nemorosus Gewöhnl. Hain-Hahnenfuß	HS	.	F	6	1800		5	6	x	5	4	4	2	.	11
Ranunculus polyanthemos Vielblütiger Hain-Hahnenfuß	HS	.	F	6			*4*	x	2	5	4	4	2	.	3

	LF	A	WT	B	SG	SB	F	R	N	M	W	TV	FW	G	Soz
Ranunculus repens Kriechender Hahnenfuß	HK	L	F	5	2300	kl	7	x	7	8	7	7	3	.	1
Rhinanthus alectorolophus Zottiger Klappertopf	TS	.	F	6	4200	m	4	7	3	4	8	2	1	.	111
Rhinanthus angustifolius Großer Klappertopf	TS	.	F	6		k	6	7	2	4	8	2	1	3	11
Rhinanthus minor Kleiner Klappertopf	TS	.	F	6	3000	km	4	x	3	5	8	3	1	.	11
Rorippa amphibia Wasser-Sumpfkresse	HS	l	F	6		k	9	7	8	3	2	2	2	.	6
Rorippa austriaca Österr. Sumpfkresse	HS	l	F	6			7	8	8	3	3	3	2	.	13
Rorippa pyrenaica Pyrenäen-Sumpfkresse	HS	k	F	6			5	6	6	5	5	4	2	.	11
Rorippa sylvestris Wilde Sumpfkresse	HS	l	F	6		k	8	8	6	5	4	4	2	.	13
Rumex acetosa Großer Sauerampfer	HS	k	T	5	1100	kl	x	x	6	6	4	2	5	.	1
Rumex acetosella Kleiner Sauerampfer	HH	k	F	5	540	kl	3	2	2	7	4	4	2	.	3
Rumex arifolius Berg-Sauerampfer	HH	.	T	6			6	8	6	6	2	2	5	.	112
Rumex crispus Krauser Ampfer	HS	.	T	7	1500	kl	7	x	6	6	7	3	2	.	13
Rumex obtusifolius Stumpfblättr. Ampfer	HS	.	T	7	1500	kl	6	x	9	7	7	3	2	.	13
Rumex thyrsiflorus Straußblütiger Sauerampfer	HS	k	T	8			3	7	4	6	5	3	2	.	111
Salvia pratensis Wiesen-Salbei	HS	.	T	6	1800	k	3	8	4	5	3	3	3	.	3
Sanguisorba minor Kleiner Wiesenknopf	HS	.	T	5	7000	km	3	8	2	4	4	5	5	.	3
Sanguisorba officinalis Großer Wiesenknopf	HS	k	T	8	2200	k	6	x	5	5	3	2	6	.	12
Saxifraga granulata Knöllchen-Steinbrech	HS	.	F	3	20	km	4	5	3	4	5	3	3	.	11
Scabiosa columbaria Tauben-Scabiose	HS	.	T	8	1500	km	3	8	3	5	3	4	4	.	3
Scirpus sylvaticus Wald-Simse	GS	l	T	7	80	kl	8	4	4	5	3	2	3	.	121
Scorzonera humilis Niedrige Schwarzwurzel	HS	k	T	6		k	7	5	2	3	2	2	5	3	123
Scutellaria hastifolia Spießblättr. Helmkraut	HH	l	F	7			8	7	5	3	3	3	2	2	122
Scutellaria minor Kleines Helmkraut	HH	l	F			k	9	2	3	3	5	5	2	3	12
Selinum carvifolium Kümmel-Silge	HS	.	F	7		k	7	5	3	3	2	2	4	.	123
Senecio aquaticus Wasser-Greiskraut	HS	.	F	6	260	k	8	4	5	5	7	3	1	.	121
Senecio erraticus Spreizendes Greiskraut	TS	.	F				6	x	6	5	6	3	2	.	122
Senecio jacobaea Jakobs Greiskraut	HS	.	T	7	250	kl	4	7	5	6	9	4	1	.	11
Senecio ovatus Fuchs Greiskraut	HS	l	F	8		k	5	x	8	2	8	2	1	.	124
Senecio paludosus Sumpf-Greiskraut	HH	k	F			8	9	x	6	4	7	1	1	3	124
Serratula tinctoria Färber-Scharte	HS	k	F	8			x	7	3	3	2	2	4	3	122
Silaum silaus Wiesensilge	HS	.	T	7	2500	k	7	7	3	5	2	2	3	.	12

	LF	A	WT	B	SG	SB	F	R	N	M	W	TV	FW	G	Soz
Silene dioica Rote Lichtnelke	HS	k	T	5	670	m	6	7	8	5	2	2	4	.	112
Silene vulgaris Taubenkropf-Leimkraut	HH	K	T	6	800	l	*4*	7	4	4	2	2	4	.	3
Solidago virg. ssp. *minuta* Alpen-Goldrute	HS	.	T	7	600		5	3	3	3	3	2	2	.	112
Stachys palustris Sumpf-Ziest	GS	l		8	1600	k	7	7	6	4	2	2	3	.	124
Stachys sylvatica Wald-Ziest	HS	l	F	7		kl	7	7	7	2	2	2	3	.	124
Stellaria graminea Gras-Sternmiere	HK	K	F	6	340	m	5	4	3	4	5	5	3	.	1
Stellaria media Gewöhnl. Vogelmiere	TK	K	F	1	500	ml	x	7	8	7	4	4	3	.	7
Stellaria nemorum Hain-Sternmiere	HS	l	F	5		k	7	5	7	2	2	4	3	.	124
Succisa pratensis Gewöhnl. Teufelsabbiss	HS	.	T	8	1600	km	7	x	2	3	3	4	3	.	12
Succisella inflexa Östlicher Teufelsabbiss	HS	k	F	8			8	5	2	3	3	2	3	.	12
Symphytum officinale Gewöhnl. Beinwell	HS	l	F	5	9400	k	7	x	8	6	4	4	3	.	1
Tanacetum vulgare Rainfarn	HS	l	F	8	110	k	5	8	5	4	3	2	2	.	7
Taraxacum officinale agg. Wiesen-Löwenzahn	HR	.	T	3	650	kl	5	x	8	8	7	7	7	.	1
Taraxacum palustre agg. Sumpf-Löwenzahn	HR	.	F	3		m	*8*	8	2	4	4	4	5	2	5
Tetragonolobus maritimus Gelbe Spargelerbse	HH	.		6			*x*	9	1	4	4	4	5	3	123
Teucrium scordium Lauch-Gamander	HK	L	F				8	8	4	3	4	4	2	2	122
Thalictrum aquilegiifolium Akeleiblättr. Wiesenraute	HS	.	F	6	2000	k	8	7	7	3	7	2	1	.	124
Thalictrum flavum Gelbe Wiesenraute	HS	l	T	7		l	*8*	8	5	3	7	2	1	.	124
Thalictrum lucidum Glänzende Wiesenraute	HS	l	F	7			8	7	3	3	5	2	1	3	12
Thalictrum minus Kleine Wiesenraute	HS	k	F	7			3	8	3	3	2	2	1	.	3
Thalictrum simplex Einfache Wiesenraute	HS	l	F				*6*	8	2	2	2	2	1	2	123
Thlaspi caerulescens Gebirgs-Hellerkraut	HS	.	F	3			5	5	4	5	7	6	2	.	112
Thymus pulegioides Feld-Thymian	ZH	k		6	130	kl	4	x	1	4	4	4	2	.	3
Thymus serpyllum Sand-Thymian	ZK	L		7	170		2	5	1	4	6	6	2	.	3
Tragopogon pratensis Wiesen-Bocksbart	HS	.	T	5	8000	kl	4	7	6	6	2	2	5	.	11
Trientalis europaea Europäischer Siebenstern	GS	l	F	4		k	x	3	2	2	2	3	2	.	112
Trifolium campestre Feld-Klee	TH	.	F	6		k	4	6	3	6	4	4	7	.	3
Trifolium dubium Kleiner Klee	TS	.	F	5	500	kl	4	6	4	7	4	4	7	.	111
Trifolium fragiferum Erdbeer-Klee	HK	L	F	7		k	7	8	7	6	4	4	7	.	13
Trifolium hybridum Schweden-Klee	HH	.	T	7		kl	6	7	5	7	4	4	8	.	13
Trifolium micranthum Kleinster Klee	TH	.	F				*7*	x	x	3	4	3	6	.	13

	LF	A	WT	B	SG	SB	F	R	N	M	W	TV	FW	G	Soz
Trifolium montanum Berg-Klee	HH	k	T	7		k	*3*	8	2	5	4	4	6	.	3
Trifolium pratense Wiesen-Klee	HH	.	T	6		kl	5	x	x	7	4	4	8	.	1
Trifolium repens Weiß-Klee	CK	L	F	6	590	kl	5	6	6	8	8	8	9	.	1
Trifolium spadiceum Moor-Klee	TH	.	F	5			8	3	3	4	4	4	6	2	12
Tripleurospermum perforatum Geruchslose Kamille	TS	.	F	7		ml	x	6	6	2	5	8	2	.	7
Trisetum flavescens Wiesen-Goldhafer	HH	.	F	7	200	k	x	x	5	7	5	4	7	.	11
Trollius europaeus Europäische Trollblume	HS	.	F	5	700	k	7	6	5	5	7	2	1	3	121
Urtica dioica Große Brennessel	HS	l	T	7	137	kl	6	7	9	4	8	2	2	.	7
Valeriana dioica Kleiner Baldrian	HK	K	F	5		k	8	5	2	5	3	3	2	.	5
Valeriana officinalis Echter Arzneibaldrian	HS	.	F	7		k	*8*	7	5	4	1	1	2	.	124
Valeriana pratensis Wiesen-Baldrian	HS	.	F	7			7	9	2	4	2	2	2	.	123
Valeriana procurrens Kriechender Baldrian	HK	K	F	7	600	k	8	6	6	4	2	2	2	.	124
Valeriana sambucifolia Holunderblättr. Baldrian	HS	k	F	7			8	6	5	4	2	2	2	.	124
Veratrum album Weißer Germer	HS	.	F	8	3800		x	7	6	3	7	2	1	.	1
Verbena officinalis Gewöhnl. Eisenkraut	HS	k		8	400	km	5	7	7	3	3	7	2	.	13
Veronica arvensis Feld-Ehrenpreis	TH	.	F	3		km	x	6	x	7	4	4	2	.	111
Veronica chamaedrys Gamander-Ehrenpreis	CS	l	F	4	50	kl	5	x	x	7	6	6	3	.	11
Veronica filiformis Faden-Ehrenpreis	CK	L	F	2			5	5	7	9	7	7	2	.	113
Veronica officinalis Wald-Ehrenpreis	CK	L	F	6	123	km	4	4	4	4	4	4	2	.	4
Veronica serpyllifolia Thymian-Ehrenpreis	HK	L	F	4	148	kl	6	5	5	8	7	7	2	.	113
Vicia angustifolia Schmalblättr. Wicke	TL	.	F	6		km	x	x	x	6	1	1	6	.	111
Vicia cracca Gewöhnl. Vogel-Wicke	HL	k	T	7	40500	k	6	x	x	6	1	2	7	.	1
Vicia sepium Zaun-Wicke	HL	l	F	5	16000	k	5	6	5	6	1	2	7	.	11
Viola canina Hunds-Veilchen	HH	k	F	3		kl	4	5	2	4	2	2	2	.	4
Viola elatior Hohes Veilchen	HH	k	F	5			*8*	8	2	4	2	2	2	2	122
Viola hirta Rauhaariges Veilchen	HH	k	F	2		km	3	8	3	4	3	3	2	.	3
Viola palustris Sumpf-Veilchen	HH	l	F	3		k	9	3	2	4	3	3	2	.	5
Viola persicifolia Gräben-Veilchen	HH	.	F	6		l	*8*	6	3	4	4	4	2	2	122
Viola pumila Niedriges Veilchen	HH	.	F				*7*	6	4	4	4	4	2	2	122
Viola tricolor Wildes Stiefmütterchen	HH	.	F	4		ml	4	x	x	5	4	4	2	.	112
Willemetia stipitata Gestielter Kronenlattich	HR	k	F				9	7	4	3	2	2	4	.	5

Literaturverzeichnis

ABT, K. & EGE, M. (1993): Sukzession contra Pflege von Streuwiesen? Ber. Inst. Landschafts- Pflanzenökologie Univ. Hohenheim 2: 39–58.

ALDAG, R. & GRAFF, O. (1975): Einfluß der Regenwurmtätigkeit auf Proteingehalt und Proteinqualität junger Haferpflanzen. Landwirtsch. Forsch. 31(2): 277–284.

AMANI, M.R. (1980): Vegetationskundliche und ökologische Untersuchungen im Grünland der Bachtäler um Suderburg. 116 S., Diss. Univ. Göttingen.

ARENS, R. (1989): Versuche zur Erhaltung und Wiederherstellung von Extensivwiesen. Telma Beih. 2: 215–232.

ASSMANN, T. & KRATOCHWIL, A. (1995): Biozönotische Untersuchungen in Hudelandschaften Nordwestdeutschlands. Grundlagen und erste Ergebnisse. Osnabrücker Naturwiss. Mitt. 20/21: 275–337.

BAKKER, J.P. (1989): Nature management by grazing and cutting. On the ecological significance of grazing and cutting regimes applied to restore former species-rich grassland communities in the Netherlands. Geobotany 14: 1–400. Kluver, Dordrecht.

BAKKER, J.P. & DE VRIES, Y. (1985): Über die Wiederherstellung artenreicher Wiesengesellschaften unter verschieden Mahdsystemen in den Niederlanden. Natur Landschaft 60: 292–296.

BARTSCH, J. & BARTSCH, M. (1940): Vegetationskunde des Schwarzwaldes. Pflanzensoz. 4, 229 S.

BAUMANN, K. (1996): Kleinseggenriede und ihre Kontaktgesellschaften im westlichen Unterharz (Sachsen-Anhalt). Tuexenia 16:151–177.

BAUMANN, K. (2000): Vegetation und Ökologie der Kleinseggenriede des Harzes. – Wissenschaftliche Grundlagen und Anwendungen im Naturschutz. 219 S., Cuvillier, Göttingen.

BEHRE, K.-E. (1988): Die Umwelt prähistorischer und mittelalterlicher Siedlungen. Rekonstruktion aus botanischen Untersuchungen an archäologischem Material. Siedlungsforschung 6: 57–80.

BEHRE, K.-E. (1988a): The role of man in European vegetation history. In: HUNTLEY, B. & WEBB, T. (eds.): Vegetation history. Handb. Veg. Sci. 7: 633–672. Kluwer, Dordrecht.

BEKKER, R.M. (1998): The ecology of soil seed banks in grassland ecosystems. 192 S., Proefschrift Rijksuniv. Groningen.

BEKKER, R.M., SCHAMINÉE, J.H.J., BAKKER, J.P. & THOMPSON, K. (1998): Seed bank characteristics of Dutch plant communities. Acta Bot. Neerl. 47 (1): 15–26. Amsterdam.

BERGMEIER, E. (1987): Magerrasen und Therophytenfluren im NSG „Wacholderheiden bei Niederlemp“ (Lahn-Dill-Kreis, Hessen). Tuexenia 7: 267–293.

BERGMEIER, E., NOWAK, B. & WEDRA, C. (1984): *Silaum silaus*- und *Senecio aquaticus*-Wiesen in Hessen. Ein Beitrag zu ihrer Systematik, Verbreitung und Ökologie. Tuexenia 4: 163–179.

BOCKHOLT, R., FUHRMANN, U. & BRIEMLE, G. (1996): Anleitung zur korrekten Einschätzung von Intensitätsstufen der Grünlandnutzung. Natur Landschaft 71 (6): 249–251.

BÖCKER, R., KOWARIK, J. & BORNKAMM, R. (1983): Untersuchungen zur Anwendung der Zeigerwerte nach Ellenberg. Verh. Ges. Ökol. 11: 35–56.

BÖGER, K. (1991): Grünlandvegetation im Hessischen Ried. Pflanzensoziologische Verhältnisse und Naturschutzkonzeption. Bot. Natursch. Hessen Beih. 3: 1–285.

BOHN, U. (1987): Beobachtungen zur spontanen Grünlandregeneration auf Fichtenräumungsflächen im Naturschutzgebiet „Rotes Moor„/ Hohe Rhön. Natur Landschaft 62 (9): 353–363.

BONESS, M. (1953): Die Fauna der Wiesen, unter besonderer Berücksichtigung der Mahd. Z. Morph. Ökol. Tiere 42: 255–277.

BONN, S. & POSCHLOD, P. (1998): Ausbreitungsbiologie der Pflanzen Mitteleuropas. 404 S., Quelle & Meyer, Wiesbaden.

BORNHOLDT, G. & REMANE, R. (1993): Veränderungen im Zikadenartenbestand eines Halbtrockenrasens in der Eifel (Rheinland-Pfalz) entlang eines Nährstoffgradienten. Z. Ökologie Natursch. 2: 19–29.

BORNKAMM, R. (1974): Die Unkrautvegetation im Bereich der Stadt Köln. I. Die Pflanzengesellschaften. Decheniana 126 (1/2): 267–306.

BORSTEL, U.v. (1974): Untersuchungen zur Vegetationsentwicklung auf ökologisch verschiedenen Grünland- und Ackerbrachen hessischer Mittelgebirge (Westerwald, Rhön, Vogelsberg). 159 S., Diss. Univ. Gießen.

BORSTEL, U.v. et al. (1994): Bewertung ökologischer Leistungen der Bewirtschaftung von Grünland. Natursch. Landschaftspl. 26 (5): 165–169.

BOSSHARD, A. (1999): Renaturierung artenreicher Wiesen auf nährstoffreichen Böden – Ein Beitrag zur Optimierung der ökologischen Aufwertung der Kulturlandschaft und zum Verständnis mesischer Wiesen-Ökosysteme. Diss. Bot. 303: 1–194.

BOSSHARD, A. (2000): Blumenreiche Heuwiesen aus Ackerland und Intensiv-Wiesen. Eine Anleitung zur Renaturierung in der landwirtschaftlichen Praxis. Natursch. Landschaftspl. 32 (6): 161–171.

BRAUN, J. (1915): Les Cévennes Méridionales (Massif de l'Aigoual). Arch. Sci. Phys. Nat. Genève 48: 1–208.

BRIEMLE, G. (1978a): Zur Verarmung der Kulturlandschaft durch Flurbereinigung. Leben und Umwelt 15 (2): 36–37.

BRIEMLE, G. (1978b): Flurbereinigung – Bereicherung oder Verarmung der Kulturlandschaft. Schwäbische Heimat 29 (4): 226–233.

BRIEMLE, G. (1982): Zur Frage der Naturverjüngung von Moorwald in Abhängigkeit von der Wind-Exposition. Natur Landschaft 57 (7/8): 261–263.

BRIEMLE, G. (1985): Vegetations- und Standortentwicklung auf Niedermoor unter dem Einfluß verschiedener Pflegemaßnahmen. Erste Tendenzen nach fünf Versuchsjahren. Telma 15: 197–221.

BRIEMLE, G. (1987): Erste Ergebnisse aus einem Streuwiesenversuch der LVVG Aulendorf und Folgerungen für die praktische Biotop-Pflege. Internat. Feuchtgebietssympos. Bad Wurzach 1987: 247–271.

BRIEMLE, G. (1987a): 17 Jahre ungedüngt – gleicher Ertrag. Schwäbischer Bauer 16: 32–35.

BRIEMLE, G. (1992): Ergebnisse aus 10jähriger Pflege einer brachgefallenen Streuwiese des Alpenvorlandes. Naturschutzforum 5/6: 87–114.

BRIEMLE, G. (1994): Extensivierung einer Fettwiese und deren Auswirkung auf die Vegetation. Ergebnisse eines Freilandversuchs. Veröff. Natursch. Landschaftspfl. Baden-Württ. 68/69: 109–133.

BRIEMLE, G. (1997): Möglichkeiten der Integration extensiv genutzter Wiesen und Weiden in die moderne Landwirtschaft. In: WEILER, H. (Red.): Wiesen und Weiden – ein gefährdetes Kulturerbe Europas. Kongreßdokumentation Kunst- und Austellungshalle BRD Bonn: 175–195.

BRIEMLE, G. (1998): Aulendorfer Extensivierungsversuch: Ergebnisse aus 10 Jahren Grünlandausmagerung. Landinfo 8/98: 1–8.

BRIEMLE, G. (2000): Ansprache und Förderung von Extensiv-Grünland. Natursch. u. Landschaftsplanung 32 (6): 171–175.

BRIEMLE, G. (2001): Kartierung von Kulturzustandsstufen im Federseeried (Süddeutschland) und Möglichkeiten der Rekultivierung alter Grünlandbrachen. Landnutzung Landentwicklung 42: 79–84.

BRIEMLE, G., ECKERT, G. & NUSSBAUM, H. (1999): Wiesen und Weiden. In: KONOLD, W., BÖCKER R. & HAMPICKE, U. (Hrsg.) Handbuch Natursch. Landschaftspfl., XI-2.8: 1–57. ecomed, Landsberg.

BRIEMLE, G., EICKHOFF, D. & WOLF, R. (1991): Mindestpflege und Mindestnutzung unterschiedlicher Grünlandtypen aus landschaftsökologischer und landeskultureller Sicht. Beih. Veröff. Natursch. Landschaftspfl. Bad.-Württ. 60: 1–160.

BRIEMLE, G. & ELLENBERG, H. (1994): Zur Mahdverträglichkeit von Grünlandpflanzen. Möglichkeiten der praktischen Anwendung von Zeigerwerten. Natur Landschaft 69 (4): 139–147.

BRIEMLE, G., ELSÄSSER, M., JILG, T. & NUSSBAUM, H. (1995): Grünlandwirtschaft in Baden-Württemberg. Broschüre Minist. Ländlicher Raum (MLR) Baden-Württemberg.

BRIEMLE, G., ELSÄSSER, M., JILG, T., MÜLLER, W. & NUSSBAUM, H.-J. (1996): Nachhaltige Grünlandbewirtschaftung in Baden-Württemberg. Nachhaltige Land- und Forstwirtschaft: 216–263. Springer, Berlin, Heidelberg, New York.

BRIEMLE, G.& FINK, C, (1993): Wiesen, Weiden und anderes Grünland. Biotope erkennen, bestimmen, schützen. In: HUTTER (Hrsg.): Biotop-Bestimmungsbücher 1. Weitbrecht-Verlag, Stuttgart.

BRIEMLE, G. & FREI, W. (1986): Die natürliche Mineralstickstoffversorgung (Nmin) einer Streuwiese im württembergischen Alpenvorland. Jahresh. Ges. Naturk. Württ. 141: 65–90.

BRIEMLE, G., NITSCHE, S. & NITSCHE, L. (2001): Nutzungswertzahlen für Gefäßpflanzen des Grünlandes. Im Druck.

BRIEMLE, G. & SCHREIBER, K.-F. (1994): Zur Frage der Beeinflussung pflanzlicher Lebens- und Wuchsformen durch unterschiedliche Landschaftspflegemaßnahmen. Tuexenia 14: 229–244.

BROLL, G., RUVILLE-JACKELEN, F. VON & SCHREIBER, K.-F. (1993): Nährstoffdynamik extensiv gepflegten Feuchtgrünlandes in Nordwestdeutschland. Verh. Ges. Ökol. 22: 21–25.

BROLL, G. & SCHREIBER, K.-F. (1985): Die mikrobielle Aktivität von Brachflächen unterschiedlicher Bewirtschaftung. Landwirtsch. Forschung 38 (1–2): 28–34.

BROLL, G. & SCHREIBER, K.-F. (1992): Einfluß extensiver Grünlandnutzung auf die mikrobielle Aktivität der Böden. VDLUFA-Schriftenr. 35: 837–841.

BRONNER, G. (2000): Öko-MEKA in der Diskussion – Umweltorientierte Gestaltung eines landwirtschaftlichen Förderprogramms. Natur Landschaft 75 (8): 323–327.

BRONNER, G., OPPERMANN, R. & RÖSLER,S. (1997): Umweltleistungen als Grundlage der landwirtschaftlichen Förderung. – Vorschläge zur Fortentwicklung des MEKA-Programms in Baden-Württemberg. Natursch. Landschaftspl. 29: 357–365.

BRUELHEIDE, H. (1999): Experiments as a tool to investigate plant range boundaries. Verh. Ges. Ökol. 29: 19–26.

BRUELHEIDE, H.& FLINTROP, T. (1999): Die Verpflanzung von Bergwiesen im Harz – Eine Erfolgskontrolle über fünf Jahre. Natursch. Landschaftspl. 31 (1): 5–12.

BUCHWALD, R. (1996): Basikline Pfeifengraswiesen (*Molinietum caeruleae*) und ihre Kontaktvegetation im weiteren Alb-Wutach-Gebiet (Hochrhein, SW-Deutschland). Tuexenia 16: 179–225.

BUNDESSORTENAMT (Hrsg.)(1997): Beschreibende Sortenliste 1997: Gräser, Klee, Luzerne. Landbuch-Verlag, Hannover.

BÜNGER, L. (1996): Erhaltung und Wiederbegründung von Streuobstwiesen in Nordrhein-Westfalen. LÖBF-Schriftenr. 9: 1–209.

BUNZEL-DRÜKE, M., DRÜKE, J. & VIERHAUS, H. (1995): Wald, Mensch und Megafauna. Gedanken zur holozänen Naturlandschaft in Westfalen. Mitt. LÖBF 4: 43–51.

Burkart, M. (1998): Die Grünlandvegetation der unteren Havelaue in synökologischer und syntaxonomischer Sicht. Archiv naturwiss. Diss. 7. 157 + 102 S., Galunder-Verlag, Wiehl.

Burrichter, E. & Pott, R. (1983): Verbreitung und Geschichte der Schneitelwirtschaft mit ihren Zeugnissen in Nordwestdeutschland. Tuexenia 3: 443–453.

Carbiener, R. (1969): Subalpine primäre Hochgrasprärien im hercynischen Gebirgsraum Europas, mit besonderer Berücksichtigung der Vogesen und des Massif Central. Ein Beitrag zur Pflanzensoziologischen Kenntnis des Calamagrostion arundinaceae. Mitt. Florist.-soziol. Arbeitsgem. N.F. 14: 322–345.

Classen, A. (1997): Landtechnik und Wiesenwirtschaft im Wandel der Zeit – Historischer Abriß und Auswirkungen auf die Wiesenfauna. Natursch. Landschaftspl. 29 (11): 331–335.

Coope, G. & Angus, R. (1975): An ecological study of a temperate interclude in the middle of the last glaciation, based on fossil *Coleoptera* from Isleworth, Middlesex. J. Animal Ecol. 44: 365–391.

Courtney, S.P. & Duggan, A.E. (1983): The population biology of the Orange Tip butterfly *Anthocharis cardamines* in Britain. Ecol. Entomol. 8: 271–281.

Daccord, R. & Arrigo, Y. (1995): Nährwert von Heu extensiv genutzter Wiesen. Agrarforschung 2 (11/12): 527–530.

Dahmen, P. & Kühbauch, W. (1991): Welche Folgen hat die Extensivierung? Veränderte N-Düngung und Schnitthäufigkeit beeinflussen Grünlandbestände. Schwäbischer Bauer 40: 19–20.

Dennis, R.L.H. (1982): Observations on habitats and dispersion made from oviposition markers in North Chesire *Anthocharis cardamines* (L.) (*Lepidoptera: Pieridae*). Entomol. Gaz. 33: 151–159.

Dersch, G. (1969): Über das Vorkommen von diploidem Wiesenschaumkraut (*Cardamine pratensis* L.) in Mitteleuropa. Ber. Dtsch. Bot. Ges. 82: 201–207.

Dierschke, H. (1968): Über eine Großseggen-Riedgesellschaft mit Carex aquatilis im Wümmetal östlich von Bremen.- Mitt. Florist.-soziol. Arbeitsgem. N.F. 13: 48–58.

Dierschke, H. (1974): Saumgesellschaften im Vegetations- und Standortsgefälle an Waldrändern. Scripta Geobot. 6: 1–246.

Dierschke, H. (1979): Die Pflanzengesellschaften des Holtumer Moores und seiner Randgebiete. Mitt. Florist.-soziol. Arbeitsgem. N.F. 21: 111–143.

Dierschke, H. (1981): Syntaxonomische Gliederung der Bergwiesen Mitteleuropas (*Polygono-Trisetion*). In: Dierschke, H. (Red.): Syntaxonomie. Ber. Int. Symp. IVV Rinteln 1980: 311–341, Cramer, Vaduz.

Dierschke, H. (1982): Pflanzensoziologische und ökologische Untersuchungen in Wäldern Südniedersachsens. I. Phänologischer Jahresrhythmus sommergrüner Laubwälder. Tuexenia 2: 173–194.

Dierschke, H. (1984): Natürlichkeitsgrade von Pflanzengesellschaften unter besonderer Berücksichtigung der Vegetation Mitteleuropas. Phytocoenologia 12 (2/3): 173–184.

Dierschke, H. (1990): Syntaxonomische Gliederung des Wirtschaftsgrünlandes und verwandter Gesellschaften (*Molinio-Arrhenatheretea*) in Westdeutschland. Ber. Reinhold-Tüxen-Ges. 2: 83–89.

Dierschke, H. (1994): Pflanzensoziologie. Grundlagen und Methoden. 683 S., Ulmer, Stuttgart.

Dierschke, H. (1995): Phänologische und symphänologische Artengruppen der Blütenpflanzen Mitteleuropas. Tuexenia 15: 523–560.

Dierschke, H. (1995a): Syntaxonomical survey of *Molinio-Arrhenatheretea* in central Europe. Colloques Phytosoc. 23: 387–399.

Dierschke, H. (1996): Syntaxonomische Stellung von Hochstauden – Gesellschaften, insbesondere aus der Klasse *Molinio-Arrhenatheretea* (*Filipendulion*). Ber. Reinhold-Tüxen-Ges. 8: 145–157.

Dierschke, H. (1997a): *Molinio-Arrhenatheretea* (E1) – Kulturgrasland und verwandte Vegetationstypen – Teil 1: *Arrhenatheretalia*. Wiesen und Weiden frischer Standorte. Synopsis Pflanzenges. Deutschlands 3: 1–74.

Dierschke, H. (1997b): Pflanzensoziologisch-synchorologische Stellung des Xerothermgraslandes (*Festuco-Brometea*) in Mitteleuropa. Phytocoenologia 27 (2): 127–140.

Dierschke, H. (1997c): Wiesenfuchsschwanz-(*Alopecurus pratensis*-)Wiesen in Mitteleuropa. Osnabrücker Naturwiss. Mitt. 23: 95–107.

Dierschke, H. (2000): Kleinbiotope in botanischer Sicht – ihre heutige Bedeutung für die Biodiversität von Agrarlandschaften. Pflanzenbauwiss. 4 (1): 52–62.

Dierschke, H. & Engels, M. (1991): Response of a *Bromus erectus* grassland (*Mesobromion*) to abandonment and different cutting regimes. In: Esser, G., Overdieck, D. (eds.): Modern ecology: basic and applied aspects: 375–397. Elsevier, Amsterdam.

Dierschke, H. & Peppler-Lisbach, C. (1997): Erhaltung und Wiederherstellung artenreicher Bergwiesen im Harz. Ergebnisse botanischer Begleituntersuchungen zu Pflegemaßnahmen um St. Andreasberg. Ber. Naturhist. Ges. Hannover 139: 201–217.

Dierschke, H. & Vogel, A. (1981): Wiesen- und Magerrasen-Gesellschaften des Westharzes. Tuexenia 1: 139–183.

Dierschke, H. & Wittig, B. (1991): Die Vegetation des Holtumer Moores (Nordwest-Deutschland). Veränderungen in 25 Jahren (1963–1988). Tuexenia 11: 171–190.

Dierssen, K. & Dierssen, B. (2001): Moore. Ökosysteme Mitteleuropas aus geobotanischer Sicht. 230 S., Ulmer, Stuttgart.

Dietl, W. (1988): Standort und Verbreitung der Kräuter in unseren Dauerwiesen. Schweiz. Landwirtsch. Forschung 27 (2): 117–125.

DIETL, W. (1995): Wandel der Wiesenvegetation im Schweizer Mittelland. Z. Ökol. Natursch. 4 (4): 239–249.

DUREN, I.C. VAN, PEGTEL, D.M., AERTS, B.A. & INBERG, J.A. (1997): Nutrient supply in undrained and drained Calthion meadows. J. Veg. Sci. 8 (6): 829–838.

EBERT, G. & RENNWALD, E. (1991a,b): Die Schmetterlinge Baden-Württembergs. Band 1,2. Tagfalter I/II. Ulmer, Stuttgart.

EDWARDS, C.A. & BOHLEN, P.J. (1996): Biology and Ecology of Earthworms. 3rd edn. 426 S., Chapman & Hall, London.

EGLOFF, T.B. (1986): Auswirkungen und Beseitigung von Düngungseinflüssen auf Streuwiesen. Eutrophierungssimulation und Regenerationsexperimente im nördlichen Schweizer Mittelland. Veröff. Geobot. Inst. ETH Stiftung Rübel 89: 1–183.

EHRENDORFER, F. (1962): Cytotaxonomische Beiträge zur Genese der mitteleuropäischen Flora und Vegetation. Ber. Dtsch. Bot. Ges. 75 (5): 137–153.

ELLENBERG, H. (1952): Wiesen und Weiden und ihre standörtliche Bewertung. Landwirtschaftl. Pflanzensoz. 2: 1–143.

ELLENBERG, H. (1952a): Auswirkungen der Grundwassersenkung auf die Wiesengesellschaften am Seitenkanal westlich Braunschweig. Angew. Pflanzensoz. 6: 1–46.

ELLENBERG, H. (1963): Vegetation Mitteleuropas mit den Alpen. 943 S., Ulmer, Stuttgart.

ELLENBERG, H. (1974): Zeigerwerte der Gefäßpflanzen Mitteleuropas. Scripta Geobot. 9: 1–97.

ELLENBERG, H. (1977): Stickstoff als Standortsfaktor, insbesondere für mitteleuropäische Pflanzengesellschaften. Oecol. Pl. 12 (1): 1–22.

ELLENBERG, H. (1996): Vegetation Mitteleuropas mit den Alpen in ökologischer, dynamischer und historischer Sicht. 5. Aufl. 1095 S., Ulmer, Stuttgart.

ELLENBERG, H. et al. (1992): Zeigerwerte von Pflanzen in Mitteleuropa 2. Aufl. Scripta Geobot. 18: 1–258.

ELLMAUER, T. & MUCINA, L. (1993): *Molinio-Arrhenatheretea*.- In: MUCINA, L., GRABHERR, G. & ELLMAUER, T. (Hrsg.): Die Pflanzengesellschaften Österreichs I: 297–401. Fischer, Jena.

ELSÄSSER, M. (1992): Die Grenzen der Grünlandextensivierung aus futterbaulicher Sicht. Tagungsber. zum Sympos. „Grünlandextensivierung" Aulendorf: 48–53, Lehr- und Versuchsanstalt Aulendorf.

ELSÄSSER, M. (1996): Wasserschutzgemäße Stickstoffdüngung von Grünland. Abschlußber. 8jähr. Forschungsprojektes Ökologieprogramm Baden-Württ., 131 S.

ELSÄSSER, M. et al. (1997): Mutterkuhhaltung als Alternative zur herkömmlichen Mähnutzung im Europareservat Federsee. Veröff. PAÖ 22: 203–222.

ELSÄSSER, M.,BRIEMLE, G. & KUNZ, H.G. (1998): Wirkung organischer und mineralischer Düngung auf Dauergrünland unter Mäh- und Weidenutzung. Jahresband Arbeitsgem. Grünland Futterbau, Ges. f. Pflanzenbauwiss.: 127–130, Selbstverlag, Aulendorf.

EMMRICH, R. (1966): Faunistisch-ökologische Untersuchungen über die Zikadenfauna von Grünlandflächen und landwirtschaftlichen Kulturen des Greifswalder Gebietes. Mitt. zool. Mus. Berlin 42: 61–126.

ERNST, W. (1979): Ökologische Aspekte eines *Rumici-Alopecuretum geniculati* in einem Feuchtegradienten von einem *Typhetum latifoliae* zu einem *Lolio-Cynosuretum*. Phytocoenologia 6: 74–84.

ESKUCHE, U. (1962): Herkunft, Bewegung und Verbleib des Wassers in den Böden verschiedener Pflanzengesellschaften des Erfttales. 72 S., Schriftenr. Minist. ELF Nordrhein-Westfalen, Düsseldorf.

EWALD, J. (1996): Graslahner – Rasengesellschaften in der montanen Waldstufe der Tegernseer Kalkalpen. Ber. Bayer. Bot. Ges. 66/67: 115–133.

EWALD, K.C. (1978): Der Landschaftswandel – Zur Veränderung schweizerischer Kulturlandschaften im 20. Jahrhundert. Ber. Eidgen. Anstalt Forstl. Versuchswes. 191: 55–308.

FALINSKA, K. (1989): Plant population processes in the course of forest succession in abandoned meadows. I. Variability and diversity of floristic compositions, and biological mechanisms of species turnover. Acta Soc. Bot. Polon. 58 (3): 439–465.

FALINSKA, K. (1991): Plant demography in vegetation succession. Tasks for vegetation science 26. 210 S., Kluver, Dordrecht.

FEDERSCHMIDT, A. (1989): Zur Koinzidenz von Heuschreckenvorkommen und Pflanzengesellschaften auf den Rasen des NSG Taubergießen. Mitt. bad. Landesv. Naturk. Natursch., N.F. 14 (4): 915–926.

FILODA, H., KALLEN, H.-W. & BEILKE, S. (1996): Wiesenschutz und Heuvermarktung – Schutzprogramm für traditionell bewirtschaftete Feuchtwiesen. Natursch. Landschaftspl. 28 (5): 133–138.

FISCHER, A. (1987): Untersuchungen zur Populationsdynamik am Beginn von Sekundärsukzessionen. Die Bedeutung von Samenbank und Samenniederschlag für die Wiederbesiedlung vegetationsfreier Flächen in Wald- und Grünlandgesellschaften. Diss. Bot. 110: 1–234.

FLADE, M. (1994): Die Brutvogelgemeinschaft Mittel- und Norddeutschlands. Grundlagen für den Gebrauch vogelkundlicher Daten in der Landschaftsplanung. 879 S., IHW-Verlag, Eching.

FLIERVOET, L. (1984): Canopy structure of Dutch grasslands. 256 S., Proefschrift Univ. Utrecht.

FOERSTER, E. (1983): Pflanzengesellschaften des Grünlandes in Nordrhein-Westfalen. Schriftenr. LÖLF 8: 1–68.

FRANK, D., KLOTZ, S. & WESTHUS, W. (1990): Botanisch-ökologische Daten zur Flora der DDR. 2. Aufl. Wiss. Beitr. Martin-Luther-Univ. Halle-Wittenberg 1990 (32): 1–167.

FREESE, G. (1997): Insektenkomplexe in Pflanzenstengeln. Eine vergleichende Analyse zu multitrophischen Interaktionen, Diversität, Gildenstruktur, Ressourcennutzung und „life-history"-Strategien am Beispiel ausgewählter krautiger Pflanzenarten. Bayreuther Forum Ökologie 44: 1–198.

FÜLLEKRUG, E. (1969): Phänologische Diagramme von Glatthaferwiesen und Halbtrockenrasen. Mitt. Florist.-soziol. Arbeitsgem. N.F. 14: 255–273.

GEISER, R. (1992): Auch ohne Homo sapiens wäre Mitteleuropa von Natur aus eine halboffene Weidelandschaft. Laufener Seminarbeitr. 2:22–34.

GERSTMEIER, R. & LANG, C. (1996): Beitrag zu Auswirkungen der Mahd auf Arthropoden. Z. Ökologie Natursch. 5: 1–14.

GEYGER, E. (1964): Methodische Untersuchungen zur Erfassung der assimilierenden Gesamtoberflächen von Wiesen. Ber. Geobot. Inst. ETH Stift. Rübel 35: 41–112.

GIGON, A. & BOCHERENS, Y. (1985): Wie rasch verändert sich ein nicht mehr gemähtes Ried im Schweizer Mittelland ? Ber. Geobot. Inst. ETH Stift. Rübel 52: 53–65.

GIGON, A. & LEUTERT, A. (1996): The dynamic keyhole-key model of coexistence to explain diversity of plants in limestone and other grasslands. J. Veg. Sci. 7: 29–40.

GLASER, K.-H. (1995): Bäuerliche Gesellschaft im Wandel. Veröff. Natursch. Landschaftspfl. Baden-Württ. Beih. 87: 19–39.

GLAVAC, V. & RAUS, T. (1982): Über die Pflanzengesellschaften des Landschafts- und Naturschutzgebietes „Dönche" in Kassel. Tuexenia 2: 73–113.

GÖNNERT, T. (1989): Ökologische Bedingungen verschiedener Laubwaldgesellschaften des Norddeutschen Tieflandes. Diss. Bot. 136: 1–224.

GRUBB, P.J. (1977): The maintenance of species-richness in plant communities: the importance of the regeneration niche. Biol. Rev. Cambr. Philos. Soc. 52: 107–145.

GRÜTTNER, A. (1990): Die Pflanzengesellschaften und Vegetationskomplexe der Moore des westlichen Bodenseegebietes. Diss. Bot. 157: 1–323.

GRÜTTNER, A. & WARNKE-GRÜTTNER, R. (1996): Flora und Vegetation des Naturschutzgebietes Federsee (Oberschwaben) – Zustand und Wandel. Beih. Veröff. Natursch. Landschaftspfl. Baden-Württ. 86: 1–314.

HAAS, D. & TRETER, U. (1990): Die Bedeutung des Streuobstbaus für die Süddeutsche Kulturlandschaft am Beispiel von Wertheim/Main. Mitt. Fränkischen Geogr. Ges. 35/36: 273–334.

HABER, W. (1996): Die Landschaftsökologen und die Landschaft. Ber. Reinhold-Tüxen-Ges. 8: 296–310.

HAGEMEIJER, W.J.M. & BLAIR, M.J. (eds) (1997): The EBCC Atlas of European Breeding Birds: Their distribution and abundance. 903 S., Poyser, London

HAIGER, A. (1993): Ökologie und Ökonomie in der Milchviehzucht. Ber. Landwirtschaft 71: 91–97.

HAND, K.-D. (1991): Mittelfristige Auswirkungen einer extensiven Grünlandbewirtschaftung auf Ertrags- und Futterqualitätsparameter sowie den Pflanzenbestand. Diss. Univ. Kiel.

HANDKE, K. (1996): Bestandssituation von Wiesenvögeln – Kiebitz, Uferschnepfe und Rotschenkel in der Bremer Flußmarsch. Natursch. Landschaftspl. 28 (4): 118–121.

HANSKI, I. & CAMBEFORT, Y. (1991): Dung Beetle Ecology. 481 S., Princeton University Press, Princeton, New Yersey.

HARD, G. (1975): Vegetationsdynamik und Verwaldungsprozesse auf den Brachflächen Mitteleuropas. Die Erde 106 (4): 243–276.

HARTMANN, W. (1969): Kulturlandschaftswandel im Raum der Mittleren Wümme seit 1970. – Untersuchungen zum Einfluß von Standort und Agrarstrukturwandel auf die Landschaft. Landschaft + Stadt Beih. 2: 1–55.

HASSLER, D., HASSLER, M. & GLASER, K.-H. (1995): Wässerwiesen. Geschichte, Technik und Ökologie der bewässerten Wiesen, Bäche und Gräben in Kraichgau, Hardt und Bruhrain. Beih. Veröff. Natursch. Landschaftspfl. Bad.-Württ. 87: 1–432.

HAUSER, K. (1988): Pflanzengesellschaften der mehrschürigen Wiesen (*Molinio-Arrhenatheretea*) Nordbayerns. Diss. Bot. 128: 1–156.

HEINRICH, B. (1979): Bumble Bee Economics. 245 S., Harvard Univ. Press, Cambridge, Massachusetts.

HELLBERG, F. (1995): Entwicklung der Grünlandvegetation bei Wiedervernässung und periodischer Überflutung. Vegetationsökologische Untersuchungen in nordwestdeutschen Überflutungspoldern. Diss. Bot. 243: 1–271.

HEMMANN, K., HOPP, J. & PAULUS, H.F. (1987): Zum Einfluß der Mahd durch Messerbalken, Mulchen und Saugmäher auf Insekten am Straßenrand. Natur Landsch. 62 (3): 103–106.

HILBIG, W. (2000): Die Vegetationsentwicklung auf künstlich geschaffenen Kalkschotterflächen. Ber. Bayer. Bot. Ges. 69/70: 31–42.

HÖLZEL, N. (2000): Renaturierung von Stromtalwiesen durch Oberbodenabtrag und Mahdgutübertragung. Verh. Ges. Ökol. 30: 114.

HOOGERKAMP, M., ROGAAR, H. & EIJSACKERS, H.J.P. (1983): Effect of earthworms on grassland and recently reclaimed polder soils in the Netherlands. In: SATCHELL, J.E. (ed.): Earthworm Ecology: 85–105, Chapman & Hall, London.

HUCK, G. & FISCHER, A. (1988): Die Vegetation der Obstwiesen in der Wetterau. Beitr. Naturk. Wetterau 8 (1/2): 15–25.

HÜLSS, D. (1991): Vegetationsentwicklung in Grünlandbrachen. Ber. Forschungsprojekt „Ökologische Untersuchungen der boden- und vegetationskundlichen Veränderungen unterschiedlich behandelter Brachflächen in Baden-Württemberg zur Erfassung der Nährstoff- und Artendynamik".

HÜPPE, J. (1997): Entstehung der Wiesen und Weiden als nutzungsbedingte Ökosysteme – eine kulturhistorische Betrachtung der Landschaftsentwicklung. In: WEILER, H. (Red.): Wiesen und Weiden – ein gefährdetes Kulturerbe Europas. Kongreßdokumentation Kunst- und Austellungshalle BRD Bonn: 63–75.

HUNDT, R. (1958): Beiträge zur Wiesenvegetation Mitteleuropas. I. Die Auenwiesen an der Elbe, Saale und Mulde. Nova Acta Leop. N.F. 20 (135): 1–206.

HUNDT, R. (1964): Die Bergwiesen des Harzes, Thüringer Waldes und Erzgebirges. Pflanzensoz. 14: 1–284.Fischer, Jena.

HUNDT, R. (1969): Wiesenvegetation, Wasserverhältnisse und Ertragsverhältnisse im Rückhaltebecken bei Kelbra an der Helme. Mitt. Inst. Wasserwirtschaft 30: 9–99.

HUNDT, R. (1970): Untersuchungen zum Wasserfaktor im *Arrhenatheretum elatioris*. Arch. Natursch. Landschaftsforsch. 10: 241–267.

HUNDT, R. (2001): Ökologisch-geobotanische Untersuchungen an den mitteldeutschen Wiesengesellschaften unter besonderer Berücksichtigung ihres Wasserhaushaltes und ihrer Veränderung durch die Intensivbewirtschaftung im Rahmen der Großflächenproduktion. – Mitt. Biosphärenres. Rhön, 3. Monografie: 1–366.

HUSICKA, A. & VOGEL, A. (1999): Zur Refugialfunktion von Weideparzellenrändern für Pflanzenarten und Vegetationstypen des Grünlandes – Vergleichende Vegetations- und Standortuntersuchungen. Tuexenia 19: 405–424.

JANIESCH, P. (1980): Standortfaktoren in Quellerlenwäldern und pflanzensoziologische Gliederung. In: WILLMANNS, O. &TÜXEN, R. (Hrsg.): Epharmonie. Ber. Internat. Sympos. IVV Rinteln: 265–274.

JANIESCH, P. (1986): Bedeutung einer Ernährung von *Carex*-Arten mit Ammonium oder Nitrat für deren Vorkommen in Feuchtgesellschaften. Abh. Westfäl. Mus. Naturk. 48 (2/3): 341–354.

JANIESCH, P., MELLIN, C. & MÜLLER, E. (1991): Die Stickstoff-Netto-Mineralisation in naturnahen und degenerierten Erlenbruchwäldern als Kenngröße zur Beurteilung des ökologischen Zustandes. Verh. Ges. Ökol. 20 (1): 353–359.

JENSEN, K. (1997): Vegetationsökologische Untersuchungen auf nährstoffreichen Feuchtgrünland-Brachen – Sukzessionsverlauf und dynamisches Verhalten von Einzelarten. Feddes Repert. 108 (7–8): 603–625.

JENSEN, K. (1998): Species composition of soil seed bank and seed rain of abandoned wet meadows and their relation to above-ground vegetation. Flora 193: 345–355.

JILG, T. (1993): Verwertbarkeit von extensiven Futteraufwüchsen durch Vieh. In: Deutsche Umwelthilfe (Hrsg.): Extensives Dauergrünland und seine standortgerechte Bewirtschaftung. Umweltschutzprojekt Bodensee: 13–20.

JILG, T. (1995): Formen der Weidehaltung aus langwirtschaftlicher Sicht. In: Wieder beweiden? Möglichkeiten und Grenzen der Beweidung als Maßnahme des Naturschutzes und der Landschaftspflege. Beitr. Akad. Natur- und Umweltschutz Baden-Württ. 18: 17–26.

JILG, T. & BRIEMLE, G. (1992): Zur Akzeptanz von Streuwiesenheu im Vergleich zu Gerstenstroh in der Fütterung von Aufzuchtrindern. Das Wirtschaftseigene Futter 38 (2): 91–104.

JILG, T. & BRIEMLE, G. (1993): Futterwert und Futterakzeptanz von Magerwiesen-Heu im Vergleich zu Fettwiesen-Heu. Natursch. Landschaftspfl. 25 (2): 64–68.

KAPFER, A. (1988): Versuche zur Renaturierung gedüngten Feuchtgrünlandes. Aushagerung und Vegetationsentwicklung. Diss. Bot. 120.

KIENAST, D. (1978): Die spontane Vegetation der Stadt Kassel in Abhängigkeit von bau- und stadtstrukturellen Quartierstypen. Urbs et Regio 10: 1–411.

KIENZLE, U. (1979): Sukzessionen in brachliegenden Magerwiesen des Jura und des Napfgebietes. 104 S., Diss. Univ. Basel.

KLAPP, E. (1965): Grünlandvegetation und Standort. 384 S., Parey, Berlin, Hamburg.

KLAPP, E. (1971): Wiesen und Weiden, eine Grünlandlehre. 4. Aufl. 620 S., Parey, Berlin, Hamburg.

KLEIN, M., RIECKEN, U. & SCHRÖDER, E. (1997): Begriffsdefinition im Spannungsfeld zwischen Naturschutz und Landwirtschaft. Vorschläge zur Diskussion. Natursch. Landschaftspl. 29 (8): 229–237.

KLESCZEWSKI, M. (2000): Die Glatthaferwiesen im Bergmassiv des Mount Aigoual (Cevennen, Südfrankreich). Tuexenia 20: 189–212.

KLÖTZLI, F. (1969): Die Grundwasserbeziehungen der Streu- und Moorwiesen im nördlichen Schweizer Mittelland. Beitr. Geobot. Landesaufn. Schweiz 52: 1–296.

KLÖTZLI, F. (1979): Ursachen für Verschwinden und Umwandlung von *Molinion*-Gesellschaften in der Schweiz. In: WILMANNS, O. & TÜXEN, R. (Red.): Werden und Vergehen von Pflanzengesellschaften. Ber. Internat. Sympos. IVV Rinteln: 451–467. Cramer, Vaduz.

KNAUER, N. (1972): Beitrag zur Standortcharakteristik verschiedener Grünland-Pflanzengesellschaften. Vegetatio 25 (5–6): 289–309.

KNAUER, N. (1979): Wiederherstellung naturnaher Grünlandpflanzengesellschaften durch die landwirtschaftliche Nutzung. Ber. Internat. Fachtagung Pflanzensoz. Land- und Almwirtschaft Gumpenstein 1978: 127–136.

KNAUER, N. (1992): Honorierung „ökologischer Leistungen" nach marktwirtschaftlichen Prinzipien. Kulturtechnik Landentw. 33: 65–76.

KNÖRZER, K.-H. (1975): Entstehung und Entwicklung der Grünlandvegetation im Rheinland. Decheniana 127: 195–214.

KNÖRZER, K.-H. (1996): Beitrag zur Geschichte der Grünlandvegetation am Niederrhein. Tuexenia 16: 627–636.

KOCH, W. (1926): Die Vegetationseinheiten der Linthebene unter Berücksichtigung der Verhältnisse in der Nordostschweiz. Jahrb. St. Gallischen Naturwiss. Ges. 61 (2): 1–144.

KÖRBER-GROHNE, U. (1990): Gramineen und Grünlandvegetation vom Neolithikum bis zum Mittelalter in Mitteleuropa. Biblioth. Bot. 139: 1–104.

Körber-Grohne, U. (1993): „Urwiesen" im Berg- und Hügelland aus archäologischer Sicht. Diss. Bot. 196: 453–468.

Koesling, T. (1995): Für 50 Pfennig produzieren. DLG-Mitt. 110: 16–17.

Kollmann, J. (1994): Ausbreitungsökologie endozoochorer Gehölzarten. Naturschutzorientierte Untersuchungen über die Rolle von Gehölzen bei der Erhaltung, Entwicklung und Vernetzung von Ökosystemen. Veröff. Projekt Angew. Ökol. 9: 1–212.

Konold, W. (1996): Naturlandschaft-Kulturlandschaft. Die Veränderung der Landschaften nach der Nutzbarmachung durch den Menschen. 322 S., ecomed, Landsberg.

Konold, W. (1997): Wässerwiesen, Wölbäcker, Hackäcker: Geschichte und Vegetation alter Kulturlandschaftselemente in Südwestdeutschland. Verh. Ges. Ökol. 27: 53–61.

Korn, S. von (1987): Im Einsatz in der Landschaftspflege. Welche Tierarten eignen sich? DLG-Mitt. 18: 974–977.

Korneck, D., Schnittler, M. & Vollmer, I. (1996): Rote Liste der Farn- und Blütenpflanzen (Pteridophyta et Spermatophyta) Deutschlands. Schriftenr. Vegetationsk. 28: 21–187.

Kratochwil, A. (1989a): Biozönotische Umschichtungen im Grünland durch Düngung. NNA Ber. 2 (1): 46–58.

Kratochwil, A. (1989b): Community structure of flower-visiting insects in different grassland types in Southwestern Germany (*Hymenoptera, Apoidea, Lepidoptera, Diptera*). Spixiana 12 (3): 289–302.

Kratochwil, A. (1990): Biozönologische Untersuchungen an Offenlandstandorten des Naturschutzgebietes Taubergießen mit einem Pflegekonzept für die Rasengesellschaften. Unveröff. Mskr. Minist. Umwelt Baden-Württemberg. 450 S.

Kratochwil, A. (1991): Blüten-/ Blütenbesucher-Konnexe: Aspekte der Co-Evolution, der Co-Phänologie und der Biogeographie aus dem Blickwinkel unterschiedlicher Komplexitätsstufen. Annali Bot. 49: 43–108.

Kratochwil, A. & Assmann, T. (1996): Biozönotische Konnexe im Vegetationsmosaik nordwestdeutscher Hudelandschaften. Ber. Reinhold-Tüxen-Ges. 8: 237–282.

Kratochwil, A. & Kohl, A. (1988): Pollensammel-Präferenzen bei Hummeln – ein Vergleich mit der Honigbiene. Mitt. bad. Landesv. Naturk. Natursch., N.F. 14 (3): 617–715.

Kratochwil, A. & Schwabe, A. (2001): Ökologie der Lebensgemeinschaften. Biozönologie. 755 S., Ulmer, Stuttgart..

Krausch, H.-D. (1961): Die kontinentalen Steppenrasen (Festucetalia vallesiacae) in Brandenburg. Feddes Repert. Beih. 139: 167–227.

Krausch, H.-D. (1963): Zur Soziologie der Juncus acutiflorus-Quellwiesen Brandenburgs. Limnologica 1 (4): 323–338.

Krause, A. (1998): Floras Alltagskleid oder Deutschlands 100 häufigste Pflanzenarten. Natur Landschaft 73 (11): 486–491.

Krause, W. (1974): Bestandesveränderungen auf brachliegenden Wiesen. Das wirtschaftseigene Futter 20 (1): 51–65.

Kretzschmar, F. (1992): Die Wiesengesellschaften des Mittleren Schwarzwaldes: Standort – Nutzung – Naturschutz. Diss. Bot. 189: 1–146.

Kühbauch, W. (1995): Grenzen für die Verwertung von Stickstoff durch die Grasnarbe. 47. Hochschultagung Landw. Fak. Univ. Bonn: 55–68. Landwirtschaftsverlag, Münster-Hiltrup.

Kühbauch, W. (1996): Was wird aus dem Grünland – aus Sicht des Pflanzenbaus. 48. Hochschultagung Landw. Fak. Univ. Bonn: 87–97.

Kühbauch, W., Heislmayer, P. & Szolga, I. (1997): Einfluß des Vegetationsstadiums, des Schnittzeitpunktes und des Pflanzenbestandes in Höhenstufen zwischen 570 und 900 m ü. NN auf die Qualität des Grünlandfutters im Flachgau (Salzburg) 1995. Ber. Alpenländ. Expertenforum Grundfutterbewertung BAL Gumpenstein: 119–126.

Kühn, N. & Pfadenhauer, J. (1998): Populationsbeobachtungen von ausgepflanzten *Centaurea jacea* – ein Beitrag zur Renaturierung von Glatthaferwiesen. Verh. Ges. Ökol. 28: 319–326.

Küster, H. (1995): Geschichte der Landschaft in Mitteleuropa – Von der Eiszeit bis zur Gegenwart. 424 S., C.H. Beck, München.

Kundel, W., Handke, K. & Zöckler, C. (1995): Leitbild für Schutz, Pflege und Gestaltung der Bremer Niederungslandschaft. Natursch. Landschaftspl. 27 (6): 218–226.

Kunz, H.G. (1996): Nährstoffgehalt von Rindergüllen. Tätigkeitsber. Staatl. Lehr- und Versuchsanstalt (LVVG) Aulendorf: 61–63.

Kunzmann, G. (1989): Der ökologische Feuchtegrad als Kriterium zur Beurteilung von Grünlandstandorten, ein Vergleich bodenkundlicher und vegetationskundlicher Standortmerkmale. Diss. Bot. 134: 1–277.

Kutschera, L. (1978): Einfluß von Düngung und Nutzung auf die kalzinose Wirksamkeit des Goldhafers (*Trisetum flavescens*). Ber. Internat. Fachtagung Gumpenstein 1978: 159–178. Selbstverlag BAL, Gumpenstein.

Landolt, E. (1967): Gebirgs- und Tieflandsippen von Blütenpflanzen im Bereich der Schweizer Alpen. Bot. Jahrb. 86: 463–480.

Landolt, E. (1970): Mitteleuropäische Wiesenpflanzen als hybridogene Abkömmlinge von mittel- und südeuropäischen Gebirgssippen und submediterranen Sippen. Feddes Repert. 81: 61–66.

Langensiepen, I. & Otte, A. (1994): Hofnahe Obstbaum-bestandene Wiesen und Weiden im Landkreis Bad Tölz – Wolfratshausen. Standortkundliche und nutzungsbedingte Differenzierungen ihrer Vegetation. Tuexenia 14: 169–196.

LENSKI, H. (1953): Grünlanduntersuchungen im mittleren Oste-Tal. Mitt. Florist.-soziol. Arbeitsgem. N.F. 4: 26–58.

LISBACH, I. & PEPPLER-LISBACH, C. (1996): Magere Glatthaferwiesen im Südöstlichen Pfälzerwald und im Unteren Werraland. – Ein Beitrag zur Untergliederung des *Arrhenatheretum elatioris* Braun 1915. Tuexenia 16: 311–336.

LOHMEYER, W. & SUKOPP, H. (1992): Agriophyten in der Vegetation Mitteleuropas. Schriftenr. Vegetationsk. 25: 1–185.

LUICK, R. (1996a): Extensivweiden und ihre Geschichte in Deutschland. Ber. Inst. Landschafts-Pflanzenökologie Univ. Hohenheim 5: 31–50.

LUICK, R. (1996b): Der Einfluß der europäischen Agrarpolitik auf strukturell benachteiligte Regionen in Deutschland – Die Fallstudie Schwarzwald. Artenschutzreport 6: 40–46.

LUICK, R. (1996c): Extensive Rinderweiden. Natursch. Landschaftspl. 28 (2): 37–45.

MAAS, D. (1987): Keimungsversuche von Streuwiesenpflanzen und deren Auswirkung auf das Samenpotential. 172 S, Diss. TU München.

MADER, H.J. (1982): Die Tierwelt der Obstwiesen und intensiv bewirtschafteten Obstplantagen im quantitativen Vergleich. Natur Landschaft 57 (11): 371–377.

MAERTENS, T., WAHLER, M. & UTZ, J. (1990): Landschaftspflege auf gefährdeten Grünlandstandorten. Schriftenr. Angew. Natursch. 9: 1–167.

MALCHAREK, A. & ANGER, M. (1997): Futterqualität von Extensivgrünlandgesellschaften und ihre Integration in den landwirtschaftlichen Betrieb. Mitt. Ges. Pflanzenbauwiss. 10: 215–216.

MANZ, E. (1997): Vegetation ehemals militärisch genutzter Übungsplätze und Flugplätze und deren Bedeutung für den Naturschutz. Tuexenia 17: 173–192.

MARCHAND, H. (1953): Die Bedeutung der Heuschrecken und Schnabelkerfe als Indikatoren verschiedener Graslandtypen. Beitr. Entomol. 3 (1/2): 116–162.

MARSCHALL, F. (1947): Die Goldhaferwiese (*Trisetetum flavescentis*) der Schweiz. Beitr. Geobot. Landesaufn. Schweiz 26: 1–168.

MEISEL, K. (1969): Zur Gliederung und Ökologie der Wiesen im nordwestdeutschen Flachland. Schriftenr. Vegetationsk. 4: 23–48.

MEISEL, K. (1970): Über die Artenverbindungen der Weiden im nordwestdeutschen Flachland. Schriftenr. Vegetationsk. 5: 45–56.

MEISEL, K. (1977): Die Grünlandvegetation nordwestdeutscher Flußtäler und die Eignung der von ihr besiedelten Standorte für einige wesentliche Nutzungsansprüche. Schriftenr. Vegetationsk. 11: 1–121.

MEISEL, K. (1977a): Flutrasen des nordwestdeutschen Flachlandes. Mitt. Florist.-soziol. Arbeitsgem. N.F. 19/20: 211–217.

MENTING, G. (2000): Überlegungen zum Aussterben der pleistozänen Megafauna. Natur Museum 130 (7): 201–212.

MEUSEL, H. & NIEMANN, E. (1971): Der Silgen-Stieleichenwald (*Selino-Quercetum roboris*) – Struktur und pflanzengeographische Stellung. Arch. Natursch. Landschaftsforsch. 11: 203–233.

MICHELS, C. (1998): 12 Jahre Feuchtwiesenschutzprogramm – Ergebnisse der landesweiten Effizienzkontrolle. LÖBF Jahresber.: 37–46.

MILTON, S.J., DEAN, W.R.J. & KLOTZ, S. (1997): Effects of small-scale animal disturbances on plant assemblages of set-aside land in Central Germany. J. Veg. Sci. 8 (1): 45–54.

MOTT, N. (1988): Grünlandwirtschaft. In: Ruhrstickstoff AG (Hrsg.): Faustzahlen für Landwirtschaft und Gartenbau.

MOTT, N. & MÜLLER, G. (1971): Wirkungen der Weidenachmahd auf Ertrag, Weiderest, Inhaltsstoffe und Pflanzenbestand. Wirtschaftseig. Futter 17: 245–260.

MÜLLER, A. v. (1956): Über die Bodenwasser-Bewegung unter einigen Grünland-Gesellschaften des mittleren Wesertales und seiner Randgebiete. Angew. Pflanzensoz. 12: 1–85.

MÜLLER, H.J. (1978): Strukturanalyse der Zikadenfauna (*Homoptera, Auchenorrhyncha*) einer Rasenkatena Thüringens (Leutratal bei Jena). Zool. Jb. Syst. 105: 258–334.

MÜLLER, J. (1999): Wiedereinbürgerung von gefährdeten Pflanzenarten – Einpassung und Populationsentwicklung. Abh. Naturwiss. Ver. Bremen 44 (2–3): 559–578.

MÜLLER, J. & POSCHLOD, P. (1997): Wiederbesiedlung von gerodeten Talflächen im Mittelgebirge. Verh. Ges. Ökol. 27: 63–70.

MÜLLER, J., ROSENTHAL, G. & UCHTMANN, H. (1992): Vegetationsveränderungen und Ökologie nordwestdeutscher Feuchtgrünlandbrachen. Tuexenia 12: 223–244.

MÜLLER, N. (1988): Südbayerische Parkrasen – Soziologie und Dynamik bei unterschiedlicher Pflege. Diss. Bot. 123: 1–176.

MÜLLER, N. (1989a): Zur Syntaxonomie der Parkrasen Deutschlands. Tuexenia 9: 293–301.

MÜLLER, N. (1989b): Vegetationsdynamik in brachgefallenen Parkrasen (*Cynosurion*). Braun-Blanquetia 3 (2): 399–408.

MÜLLER, N. & SUKOPP, H. (1993): Synanthrope Ausbreitung und Vergesellschaftung des Fadenförmigen Ehrenpreises – *Veronica filiformis* Smith. Tuexenia 13: 399–413.

NEITZKE, A. (1991): Vegetationsdynamik in Grünlandbracheökosystemen. Arbeitsber. Lehrstuhl Landschaftsökol. Univ. Münster 13: 1–140.

NIELSON, R.L. (1951): Effect of soil minerals on earthworms. N. Z. Jl. Agric. 83: 433–435.

NIEMANN, E. (1963): Beziehungen zwischen Vegetation und Grundwasser. Ein Beitrag zur Präzisierung des ökologischen Zeigerwertes von Pflanzen und Pflanzengesellschaften. Arch. Natursch. Landschaftsforsch. 3 (1): 3–36.

NIEMANN, E., HEINRICH, W. & HILBIG, W. (1973): Mädesüß-Uferfluren und verwandte Staudengesellschaften im hercynischen Raum.- Wiss. Z. Univ. Jena, Math.Nat. R. 22 (3/4): 591–635.

NITSCHE, S. & NITSCHE, L. (1994): Extensive Grünlandnutzung. 247 S., Neumann, Radebeul.

NOWAK, B. (1988): Die extensive Landwirtschaft im Lahn-Dill-Bergland – Historische und soziale Hintergründe, landschafts-ökologische Auswirkungen, Bedeutung für den Naturschutz. Oberhess. Naturwiss. Z. 50: 49–74.

OBERDORFER, E. (1952): Die Wiesen des Oberrheingebietes. Beitr. Naturk. Forsch. Südwestdeutschl. 11 (2): 75–88.

OBERDORFER, E. (1957): Süddeutsche Pflanzengesellschaften. Pflanzensoz. 10, 564 S., Fischer, Jena.

OBERDORFER, E. (1971): Zur Syntaxonomie der Trittpflanzen-Gesellschaften. Beitr. Naturk. Forsch. Südwestdeutschl. 30 (2): 95–111.

OBERDORFER, E. (1977): Süddeutsche Pflanzengesellschaften. 2. Aufl. Teil I. 311 S., Fischer, Stuttgart.

OBERDORFER, E. (1978): Süddeutsche Pflanzengesellschaften. 2. Aufl. Teil II. 355 S., Fischer, Stuttgart.

OBERDORFER, E. (1983): Süddeutsche Pflanzengesellschaften. 2. Aufl. Teil III: 455 S., Fischer, Stuttgart.

OBERDORFER, E. (1992): Süddeutsche Pflanzengesellschaften. 2. Aufl.Teil IV: 282 + 580 S., Fischer, Jena.

OOMES, M.J.M.& MOOI, H. (1985): The effect of management on succession and production of formerly agricultural grassland after stopping fertilization. In: SCHREIBER, K.-F. (Hrsg.): Sukzession auf Grünlandbrachen. Münstersche Geogr. Arb. 20: 59–67.

OPITZ VON BOBERFELD, W. (1994): Grünlandlehre. 336 S., Ulmer, Stuttgart.

OPITZ VON BOBERFELD, W. (1995): Wie Grünland zukünftig bewirtschaftet wird. DLG-Mitt. 5/95: 34–37.

OPPERMANN, R. (1987): Tierökologische Untersuchungen zum Biotopmanagement in Feuchtwiesen – untersucht am Beispiel von Schmetterlingen und Heuschrecken in zwei Feuchtgebieten Oberschwabens (Lkr. Ravensburg). 81 S., Diplomarb. TU München-Weihenstephan.

OSBORNE, P.J. (1969): An insects fauna of Late Bronze Age date from Wiltshire. J. Anim. Ecol. 38: 555–566.

PASSARGE, H. (1964): Die Pflanzengesellschaften des nordostdeutschen Flachlandes. I. Pflanzensoz. 13, 324 S., Fischer, Jena.

PASSARGE, H. (1969): Zur soziologischen Gliederung mitteleuropäischer Frischwiesen. Feddes Repert. 80 (4–6): 357–372.

PATZELT, A., MAYER, F. & PFADENHAUER, J. (1997): Renaturierungsverfahren zur Etablierung von Feuchtwiesenarten. Verh. Ges. Ökol. 27: 165–172.

PEGTEL, D.M. (1983): Ecological aspects of nutrient-deficient wet grassland (*Cirsio-Molinietum*). Verh. Ges. Ökol. 10: 217–228.

PEPPLER, C. (1992): Die Borstgrasrasen (*Nardetalia*) Westdeutschlands. Diss. Bot. 193: 1–404.

PEPPLER-LISBACH, C. & PETERSEN, J. (2001): Calluno-Ulicetea, Teil !: Nardetalia strictae, Borstgrasrasen. Synopsis Pflanzenges. Deutschlands 8: 1–117.

PEUKERT, M. (1990): Sumpfdotterblumen-Wiesen (*Calthion palustris* Tüxen 1937). In: NOWAK, B. (Hrsg.): Beiträge zur Kenntnis hessischer Pflanzengesellschaften. Bot. Natursch. Hessen Beih. 2: 77–82.

PFADENHAUER, J. (1999): Leitlinien für die Renaturierung süddeutscher Moore. Natur Landschaft 74 (1): 18–29.

PFADENHAUER, J. & MAAS, D. (1987): Samenpotential in Niedermoorböden des Alpenvorlandes bei Grünlandnutzung unterschiedlicher Intensität. Flora 179 (2): 85–97.

PFROGNER, J. (1973): Grünlandgesellschaften und Grundwasser der Innaue südlich von Rosenheim. Diss. Bot. 23: 1–179.

PHILIPPI, G. (1960): Zur Gliederung der Pfeifengraswiesen im südlichen und mittleren Oberrheingebiet. Beitr. Naturk. Forsch. Südwestdeutschl. 19 (2): 138–187.

POSCHLOD, P. et al. (1997): Die Ausbreitung von Pflanzenarten und -populationen in Raum und Zeit am Beispiel der Kalkmagerrasen Mitteleuropas. Ber. Reinhold-Tüxen-Ges. 9: 139–157.

POSCHLOD, P. & SCHUMACHER, W. (1998): Rückgang von Pflanzen und Pflanzengesellschaften des Grünlandes – Gefährdungsursachen und Handlungsbedarf. Schriftenr. Vegetationsk. 29: 83–99.

POTT, R. (1985): Vegetationsgeschichtliche und pflanzensoziologische Untersuchungen zur Niederwaldwirtschaft in Westfalen. Abh. Westfäl. Mus. Naturk. 47 (4): 1–75.

POTT, R. (1995): The origin of grassland plant species and grassland communities in Central Europe. Fitosociologia 29: 7–32.

POTT, R. (1995a): Die Pflanzengesellschaften Deutschlands. 2. Aufl. 622 S., Ulmer, Stuttgart.

POTT, R. (1996): Biotoptypen. Schützenswerte Lebensräume Deutschlands und angrenzender Regionen. 448 S., Ulmer, Stuttgart.

POTT, R. (1997): Von der Urlandschaft zur Kulturlandschaft – Entwicklung und Gestaltung mitteleuropäischer Kulturlandschaften durch den Menschen. Verh. Ges. Ökol. 27: 5–26.

POTT, R. & HÜPPE, J. (1991): Die Hudelandschaften Nordwestdeutschlands. Abh. Westfäl. Mus. Naturk. 53 (1/2): 1–313.

PREISING, E. et al. (1997): Die Pflanzengesellschaften Niedersachsens – Bestandsentwicklung, Gefährdung und Schutzprobleme. Rasen-, Fels- und Geröllgesellschaften. Natursch. Landschaftspfl. Nieders. 20 (5): 1–146.

PRESTIDGE, R.A. & MCNEILL, S. (1983): *Auchenorrhyncha* – host plant interactions: leafhoppers and grasses. Ecol. Entomol. 8: 331–339.

RAUSCHERT, S. (1961): Wiesen- und Weidepflanzen. Erkennung, Standort und Vergesellschaftung,

Bewertung und Bekämpfung. Neumann, Radebeul.

RECK, H., et al.(1999): Die Entwicklung neuer Lebensräume auf landwirtschaftlich genutzten Flächen. Angew. Landschaftsökologie 21: 1–124.

REIF, A., KATZMAIER, R. & KNOERZER, D. (1996): „Extensivierung" in der Kulturlandschaftspflege. Natursch. Landschaftspl. 28 (10): 293–298.

RENNWALD, E. (Bearb.) (2000): Verzeichnis und Rote Liste der Pflanzengesellschaften Deutschlands. Schriftenr. Vegetationsk. 35: 1–800.

REUTER, H.-G. (1996): Geschichte der Flurbereinigung von den Gemeinheitsteilungen bis zur Flurneuordnung. Ber. Nordd. Natursch. Akad. 7 (2): 2–8.RIECKEN, U., RIES, U. & SSYMANK, A. (1994): Rote Liste der gefährdeten Biotoptypen der Bundesrepublik Deutschland. Schriftenr. Landschaftspfl. Natursch. 41: 1–184.

RIEDER, J.B. (1983): Dauergrünland. BLV-Verlag, München.

RIEDER, J.B. (1987): Dauergrünland. In: Pflanzliche Erzeugung: 484–575. BLV-Verlag, München.

RIEDER, J.B. (1996): Standortgemäße und bestandesorientierte Düngung des Dauergrünlandes. Alpenländ. Experternforum Düngung im alpenländischen Grünland: 1–13. BAL Gumpenstein.

RIEDER, J.B. (1997): Extensive Bewirtschaftung von Dauergrünland. AID-Heft 1287/97: 1–46.

ROSENTHAL, G. (1992): Erhaltung und Regeneration von Feuchtwiesen. Vegetationsökologische Untersuchungen auf Dauerflächen. Diss. Bot. 182: 1–283.

ROSENTHAL, G. (2001): Zielkonzeptionen und Erfolgsbewertung von Renaturierungsversuchen in nordwestdeutschen Niedermooren anhand vegetationskundlicher und ökologischer Kriterien. 230 S., Habilitationsschrift Univ. Stuttgart.

ROSENTHAL, G. et al. (1998): Feuchtgrünland in Norddeutschland – Ökologie, Zustand, Schutzkonzepte. Angew. Landschaftsök. 15: 1–289 + Kartenband.

ROSENTHAL, G. & MÜLLER, J. (1988): Wandel der Grünlandvegetation im mittleren Ostetal. Ein Vergleich 1952–1987. Tuexenia 8: 79–99.

RUNGE, M. (1978): Die Stickstoff-Mineralisation im Boden einer montanen Goldhaferwiese (*Trisetetum flavescentis*). Ecol. Pl. 13 (2): 147–162.

RUTHSATZ, B. (1983): Kleinstrukturen im Raum Ingolstadt: Schutz- und Zeigerwerte. Teil I: Hochstaudenfluren an Entwässerungsgräben. Tuexenia 3: 365–388.

RUTHSATZ, B. (2000): Vergleich der Qualität von Quellwässern aus bewaldeten und agrarisch genutzen Einzugsgebieten im westlichen Hunsrück und ihr Einflluss auf die Vegetation der durchsickerten Feuchtflächen. Naturschutz Landschaftsforsch 39: 167–189.

RYSER, P. & GIGON, A. (1985): Influence of seed bank and small mammals on the floristic composition of limestone grassland (*Mesobrometum*) in Northern Switzerland. Ber. Geobot. Inst. ETH Stift. Rübel 52: 41–52.

SCHERFOSE, V. (1997): Zwischenbilanz der Förderaufwendungen des Bundes zur Erhaltung und Entwicklung artenreicher Grünlandregionen. In: WEILER, H. (Red.): Wiesen und Weiden – ein gefährdetes Kulturerbe Europas. Kongreßdokumentation Kunst- und Austellungshalle BRD Bonn: 196–217.

SCHIEFER, J. (1981): Bracheversuche in Baden-Württemberg. Vegetations- und Standortsentwicklung auf 16 verschiedenen Versuchsflächen mit unterschiedlichen Behandlungen (Beweidung, Mulchen, kontrolliertes Brennen, ungestörte Sukzession). Veröff. Natursch. Landschaftspfl. Bad.-Württ. Beih. 22: 1–325.

SCHIEFER, J. (1982): Einfluß der Streuzersetzung auf die Vegetationsentwicklung brachliegender Rasengesellschaften. Tuexenia 2: 209–218.

SCHIEFER, J. (1983): Wirkungen des Mulchens auf Pflanzenbestand und Streuzersetzung – Ergebnisse der Landschaftspflegeversuche in Baden-Württemberg. Natur Landschaft 58 (7/8): 295–300.

SCHIEFER, J. (1984): Möglichkeiten der Aushagerung von nährstoffreichen Grünlandflächen. Veröff. Natursch. Landschaftspfl. Baden-Württ. 57/58: 33–62.

SCHILLER, L. (2000): Das Vegetationsmosaik von biologisch und konventionell bewirtschafteten Acker- und Grünlandflächen in verschiedenen Naturräumen Süddeutschlands. Diss. Bot. 337: 1–183.

SCHMID, W. (1992): Futterbauliche, umweltökonomische und betriebswirtschaftliche Grundlagen der Erhaltung und Förderung artenreicher Wiesen. Diss. ETH Zürich.

SCHMIDT, M. (1995): Ansätze für eine zeitgemäße Landschaftspflege-Konzeption. Landschaftspflege Quo vadis? 2: 11–14.

SCHOLLE, D.& SCHRAUTZER, J. (1993): Zur Grundwasserdynamik unterschiedlicher Niedermoor-Gesellschaften Schleswig-Holsteins. Z. Ökol. Natursch. 2 (2): 87–98.

SCHOLZ, H. (1975): Grassland evolution in Europe. Taxon 24 (1): 81–90.

SCHRAUTZER, J. (1988): Pflanzensoziologische und standörtliche Charakteristik von Seggenriedern und Feuchtwiesen in Schleswig-Holstein. Mitt. Arbeitsgem. Geobot. Schleswig-Holst. Hamburg 38: 1–189.

SCHRAUTZER, J. & JENSEN, K. (1999): Quantitative und qualitative Auswirkungen von Sukzessionsprozessen auf die Flora der Niedermoorstandorte Schleswig-Holsteins. Z. Ökol. Natursch. 7 (4): 219–240.

SCHRAUTZER, J. & WIEBE, C. (1993): Geobotanische Charakterisierung und Entwicklung des Grünlandes in Schleswig-Holstein. Phytocoenologia 22 (1): 105–144.

SCHREIBER, K.-F. (1962): Über die standortsbedingte und geographische Variabilität der Glatthaferwiesen in Südwestdeutschland. Ber. Geobot. Inst. ETH Stift. Rübel 36: 65–128.

SCHREIBER, K.-F. (1993): Standortsabhängige Entwicklung von Sträuchern und Bäumen im Sukzessionsverlauf von brachgefallenem Grünland in Süddeutschland. Phytocoenologia 23: 539–560.

SCHREIBER, K.-F. (1993a): Ergebnisse aus den „Offenhaltungs"-Versuchen Baden Württembergs. In: Grünlandextensivierung. Forderungen und Grenzen. Tagungsber. Aulendorf: 16–21.

SCHREIBER, K.-F. (1995): Sukzessionsdynamik.-Die Entwicklung von Gehölzen und Krautschichten in den 20-jährigen ungestörten Sukzessionsparzellen der Bracheversuche Hepsisau und St. Johann in Baden-Württemberg. Nürtinger Hochschulschr. 13: 139–163.

SCHREIBER, K.F. (1995a): Renaturierung von Grünland – Erfahrungen aus langjährigen Untersuchungen und Managementmaßnahmen. Ber. Reinhold-Tüxen-Ges. 7: 111–139.

SCHREIBER, K.-F. (1997): Sukzession – Eine Bilanz der Grünlandbracheversuche in Baden-Württemberg. Ber. Umweltforsch. Baden-Württ. 23: 1–188.

SCHREIBER, K.F. (1997a): 20 Jahre Erfahrung mit dem Kontrollierten Brennen auf den Brachflächen in Baden-Württemberg. Mitt. Nordd. Natursch. Akad. 10 (5): 59–71.

SCHREIBER, K.-F., BROLL, G. & BRAUCKMANN, H.-J. (1997): Vegetationskundliche, bodenökologische und faunistische Untersuchungen auf den Bracheversuchsflächen in Baden-Württemberg – eine Bilanz nach über 20 Versuchsjahren. Veröff. PAÖ 22: 49–68.

SCHREIBER, K.-F. & NEITZKE, K. (1992): Mähen und Mulchen. Biotoppflege – Biotopentwicklung. Maßnahmen zur Stützung und Initiierung von Lebensräumen für Tiere und Pflanzen. Teil 1. Forschungsges. Landschaftsentw. Landschaftsbau: 78–90.

SCHREIBER, K.-F. & SCHIEFER, J. (1985): Vegetations- und Stoffdynamik in Grünlandbrachen. 10 Jahre Bracheversuche in Baden-Württemberg. In: SCHREIBER, K.-F. (Hrsg.): Sukzession auf Grünlandbrachen. Münstersche Geogr. Arb. 20: 111–153.

SCHRÖPFER, R., FELDMANN, R. & VIERHAUS, H. (1984): Die Säugetiere Westfalens. Abh. Landesmus. Naturk. Münster. 46 (4): 1–393.

SCHUBIGER, F.X. & DIETL, W. (1997): Futterwert der bedeutendsten Wiesentypen der Schweiz. Ber. 2. Pflanzensoz. Tagung BAL Gumpenstein: 85–89.

SCHULTE, F. (1996): Untersuchungen zur Saltatorienzönose ausgewählter Grünlandflächen am Dümmer (Niedersachsen) unter besonderer Berücksichtigung verschiedener Bewirtschaftungsweisen. 105 S., Diplomarb. Univ. Osnabrück.

SCHULTZ, W. & FINCH, O.-D. (1996): Biotoptypenbezogene Verteilung der Spinnenfauna der nordwestdeutschen Küstenregion – Charakterarten, typische Arten und Gefährdung. 141 S., Cuvillier, Göttingen.

SCHUMACHER, W. (1995): Offenhaltung der Kulturlandschaft? Naturschutzziele, Strategien, Perspektiven. LÖBF Mitt. 4: 52–61.

SCHWABE, A. (1987): Fluß- und bachbegleitende Pflanzengesellschaften und Vegetationskomplexe im Schwarzwald. Diss. Bot. 102: 1–368.

SCHWABE, A. & KRATOCHWIL, A. (1986): Schwarzwurzel- (*Scorzonera humilis*-) und Bachkratzdistel- (*Cirsium* *ri*vulare-) reiche Vegetationstypen im Schwarzwald: Ein Beitrag zur Erhaltung selten werdender Feuchtwiesen-Typen. Veröff. Natursch. Landschaftspfl. Baden-Württ. 61: 277–333.

SCHWABE-BRAUN, A. (1980): Eine pflanzensoziologische Modelluntersuchung als Grundlage für Naturschutz und Planung. Weidfeld-Vegetation im Schwarzwald: Geschichte der Nutzung – Gesellschaften und ihre Komplexe – Bewertung für den Naturschutz. Urbs et Regio 18: 1–212.

SCHWABE-BRAUN, A. (1983): Die Heustadel-Wiesen im nordbadischen Murgtal. Geschichte, Vegetation, Naturschutz. Veröff. Natursch. Landschaftspfl. Bad.-Württ. 55/56: 167–237.

SCHWARTZE, P. (1992): Nordwestdeutsche Feuchtgrünlandgesellschaften unter kontrollierten Nutzungsbedingungen. Diss. Bot. 183: 1–204.

SEIBERT, P. (1963): Über eine Grundwasserstufenkarte mit Darstellung verschiedener Wassereigenschaften. Mitt. Florist.-soziol. Arbeitsgem. N.F. 10: 223–231.

SOWIG, P. (1989): Effects of flowering plants' patch size on species composition of pollinator communities, foraging strategies, and resource partitioning in bumblebees (*Hymenoptera*: *Apidae*). Oecologia 78: 550–558.

SPATZ, G. (1994): Freiflächenpflege. 296 S., Ulmer, Stuttgart.

SPEIDEL, B. (1972): Das Wirtschaftsgrünland der Rhön. Vegetation, Ökologie und landwirtschaftlicher Wert. Ber. Naturwiss. Ges. Bayreuth 14: 201–240.

SPEIER, M. (1994): Vegetationskundliche und paläoökologische Untersuchungen zur Rekonstruktion prähistorischer und historischer Landnutzungen im südlichen Rothaargebirge. Abh. Westfäl. Mus. Naturk. 56 (3/4): 1–174.

SPEIER, M. (1996): Paläoökologische Aspekte der Entstehung von Grünland in Mitteleuropa. Ber. Reinhold-Tüxen-Ges. 8: 199–219.

SPRINGETT, J.A. & SYERS, J.K. (1979): Effect of earthworm casts on ryegrass seedlings. Proc. 2nd Australasian Conf. Grassld. Invertebr. Ecol.: 44–47.

SSYMANK, A., HAUKE, U., RÜCKRIEM, C. & SCHRÖDER, E. (1998): Das europäische Schutzgebietssystem NATURA 2000. BfN-Handbuch zur Umsetzung der Fauna-Flora-Habitat-Richtlinie (92/43/EWG) und der Vogelschutzrichtlinie (79/409/EWG). Schriftenr. Landschaftspfl. Natursch. 53: 1–560.

STAMPFLI, A. & ZEITER, M. (1999): Plant-species decline due to abandonment of meadows cannot easily be reserved by mowing. A case study from the southern Alps. J. Veg. Sci. 10 (2): 151–164.

Steffny, H., Kratochwil, A. & Wolf, A. (1984): Zur Bedeutung verschiedener Rasengesellschaften für Schmetterlinge (*Rhopalocera*, *Hesperiidae*, *Zygaenidae*) und Hummeln (*Apidae*, *Bombus*) im Naturschutzgebiet Taubergießen (Oberrheinebene) – Transekt-Untersuchungen als Entscheidungshilfe für Pflegemaßnahmen. Natur Landschaft 59 (11): 435–443.

Steinwender, R. & Gruber, L. (1995): Einfluß der Grundfutterqualität auf Verdaulichkeit, Futteraufnahme und Leistung bei Milchkühen. VDLUFA-Kongreßband Garmisch-Partenkirchen: 98. VDLUFA-Verlag, Darmstadt.

Stickroth, H. (1996): Der Einfluß der Mahd auf den Phytophagen-Parasitoiden-Komplex beim Wiesenpippau (*Crepis biennis* L.). Bayreuther Forum Ökologie 33. 199 S.

Stika, H.-P. (1995): Römerzeitliche Kultur- und Nutzpflanzenreste aus Baden-Würtemberg. Jahresh. Ges. Naturk. Württ. 151: 393–427.

Stöcklin, J. & Gisi, K. (1985): Bildung und Abbau der Streu in bewirtschafteten und brachliegenden Mähwiesen. In: Schreiber, K.-F. (Hrsg.): Sukzession auf Grünlandbrachen Münstersche Geogr. Arb. 20: 101–109.

Stottele, T. (1995): Vegetation und Flora am Straßennetz Westdeutschlands. Standorte, Naturschutzwert, Pflege. Diss. Bot. 248: 1–360.

Styner, F & Hegg, O. (1984): Wuchsformen in Rasengesellschaften am Südfuß des Schweizer Juras. Tuexenia 4:195–215.

Suck, R. & Gutsche, H. (1994): Das *Geranio-Trisetetum* Knapp 51 – eine stark rückläufige Futterwiesengesellschaft. Hoppea 55: 23–36.

Sykora, K.V. (1983): The *Lolio-Potentillion anserinae* R. Tüxen 1947 in the northern part of the atlantic domain. 119 S., Proefschrift Univ. Nijmegen.

Teräs, J. (1976): Flower visits of bumblebees, *Bombus* Latr. (*Hymenoptera*, *Apidae*), during one summer. Ann. Zool. Fenn. 13: 200–232.

Thomas, P. (1990): Grünlandgesellschaften und Grünlandbrachen in der nordbadischen Rheinaue. Diss. Bot. 162: 1–257.

Thompson, K., Bakker, J. & Bekker, R. (1997): The soil seed banks of North West Europe. Methodology, density and longevity. 276 S., Cambridge University Press, Cambridge.

Thorn, M. (2000): Auswirkungen von Landschaftspflegemaßnahmen auf die Vegetation von Streuwiesen. Natur Landschaft 75 (2): 64–73.

Thumm, U. (1995): Auswirkungen reduzierter Nutzungshäufigkeit auf Pflanzenbestand, Futterqualität und N-Haushalt einer Grünlandfläche im Württembergischen Allgäu. Mitt. Ges. Pflanzenbauwiss. 8: 97–100.

Tischler, W. (1980): Biologie der Kulturlandschaft. 253 S., Gustav Fischer, Stuttgart, New York.

Tomati, U., Galli, E., Grapelli, A. & Di Lena, G. (1990): Effect of earthworm casts on protein synthesis in radish (*Raphanus sativum*) and lettuce (*Lactuca sativa*). Biol. Fertil. Soils 9: 288–289.

Troxler, J., Jans, F. & Wyss, U. (1990): Weidenutzung und Landschaftspflege an Trockenstandorten mit Mutterkühen oder Schafen. II. Einfluß auf die Vegetation. Landwirtschaft Schweiz 3: 315–322.

Tüxen, R. (1937): Die Pflanzengesellschaften Nordwestdeutschlands. Mitt. Florist.-soziol. Arbeitsgem. Nieders. 3: 1–170.

Tüxen, R. (1950): Grundriß einer Systematik der nitrophilen Unkrautgesellschaften in der Eurosibirischen Region Europas. Mitt. Florist.-soziol. Arbeitsgem. N.F. 2: 94–175.

Tüxen, R. (1954): Pflanzengesellschaften und Grundwasserganglinien. Angew. Pflanzensoz. 8: 64–98.

Tüxen, R. (1955): Das System der nordwestdeutschen Pflanzengesellschaften. Mitt. Florist.-soziol. Arbeitsgem. N.F. 5: 155–176.

Tüxen, R. (1970): Zur Syntaxonomie des europäischen Wirtschafts-Grünlandes (Wiesen, Weiden, Tritt- und Flutrasen). Ber. Naturhist. Ges. Hannover 114: 77–85.

Tüxen, R. (1977): Das *Ranunculo repentis-Agropyretum repentis*, eine neu entstandene Flutrasen-Gesellschaft an der Weser und an anderen Flüssen. Mitt. Florist.-soziol. Arbeitsgem. N.F. 19/20: 219–224.

Tüxen, R. (1979): Soziologische Veränderungen in zwei Dauerquadraten in einer Weser-Wiese bei Stolzenau (Krs. Nienburg) von 1945–1978. In: Tüxen, R., Sommer, W.-H. (Red.): Gesellschaftsentwicklung (Syndynamik). Ber. Int. Symp. IVV Rinteln 1967: 339–359.

Tüxen, R. & Preising, E. (1951): Erfahrungsgrundlagen für die pflanzensoziologische Kartierung des westdeutschen Grünlandes. Angew. Pflanzensoz. 4: 1–28.

Uchtmann, H. & Rosenthal, G. (1996): Vegetations- und standörtliche Untersuchungen in Feuchtwiesenbrachen. Bremer Beitr. Naturkd. Naturschutz 1: 143–150.

Ullmann, I., Heindl, B., Fleckenstein, M. & Mengling, I. (1988): Die straßenbegleitende Vegetation des main-fränkischen Wärmegebietes. Ber. ANL 12: 141–187.

Verbücheln, G. (1987): Die Mähwiesen und Flutrasen der Westfälischen Bucht und des Nordsauerlandes. Abh. Westfäl. Mus. Naturk. 49 (2): 1–88.

Völkl, W. & Blab, J. (1992): Der Einfluß unterschiedlicher Bewirtschaftung und regionaler Faktoren auf die Insektenkomplexe in Distelblütenköpfen. Z. Ökologie Natursch. 1: 51–58.

Vogel, A. (1981): Klimabedingungen und Stickstoffversorgung von Wiesengesellschaften verschiedener Höhenstufen des Westharzes. Diss. Bot. 60: 1–167.

Voigtländer, G. & Jacob, H. (1987): Grünlandwirtschaft und Futterbau. Ulmer Verlag, Stuttgart.

Voigtländer, G. & Vollrath, H. (1970): Beobachtungen an Dauerquadraten auf Mähweiden unter Mehrschnittnutzung. Das wirtschaftseigene Futter 1: 36–47.

Vollrath, H. (1965): Das Vegetationsgefüge der Itzaue als Ausdruck hydrologischen und sedimentologischen Geschehens. Landschaftspfl. Vegetationsk. 4. München.

Vollrath, H. (1970): Unterschiede im Pflanzenbestand innerhalb der Koppeln von Umtriebsweiden. Bayer. Landwirt. Jahrb. 47 (2): 160–173.

Waloff, N. (1980): Studies on grassland leafhoppers and their natural enemies. Adv. Ecol. Res. 11: 81–215.

Walther, K. (1955): *Veronica longifolia-Scutellaria hastifolia*-Ass.. Mitt. Florist.-soziol. Arbeitsgem. N.F. 5: 103.

Walther, K. (1977): Die Vegetation des Elbtales. Die Flußniederung von Elbe und Seege bei Gartow (Kr. Lüchow-Dannenberg). Abh. Verh. Naturwiss. Ver. Hamburg N.F. 20 (Suppl.): 1–123.

Wasilewska, L. (1992): Participation of soil nematodes in grass litter decomposition under diverse biocenotic conditions of meadows. Ekol. Polska 40 (1): 75–100.

Wattez, J.-R. (1978): Les joncaies acidoclines à *Juncus acutiflorus* Ehr. du Nord de la France. Colloques Phytosoc. 5: 319–338.

Weber, H.E. (1978): Vegetation des Naturschutzgebiets Balksee und Randmoore (Kreis Cuxhaven). Natursch. Landschaftspfl. Nieders. 9: 3–168.

Weber, J. & Pfadenhauer, J. (1987): Phänologische Beoachtungen auf Streuwiesen unter Berücksichtigung des Nutzungseinflusses (Rothenheimer Moorgebiet bei Bad Tölz). Ber. Bayer. Bot. Ges. 58: 153–177.

Wegener, U. & Reichhoff, L. (1989): Zustand, Entwicklungstendenzen und Pflege der Bergwiesen. Hercynia N.F. 26 (2): 190–198.

Weidemann, H.J. (1995): Tagfalter (alle heimischen Arten, Alpenarten Auswahl): Biologie, Ökologie, Biotopschutz mit einer Einführung in die Vegetationskunde. 657 S., Naturbuch Verlag, Augsburg.

Weiler, H. (Red.) (1997): Wiesen und Weiden – ein gefährdetes Kulturerbe Europas. 319 S., Kongreßdokumentation Kunst- und Ausstellungshalle BRD, Bonn.

Weller, F. (1994): Obstwiesen.Herkunft, Bedeutung, Möglichkeiten der Erhaltung von Streuobstwiesen. Der Bürger im Staat 44 (1): 43–49.

Welss, W. (1983): *Cirsium canum* (L.) All. in Bayern. Erlanger Beitr. Flora Frankens. 4. Folge. Ber. Bayer. Bot. Ges. 54: 47–52.

Werner, W. (1983): Untersuchungen zum Stickstoffhaushalt einiger Pflanzenbestände. Scripta Geobot. 16: 1–95.

Westhus, W., Reichhoff, L. & Wegener, U. (1984): Nutzungs- und Pflegehinweise für die geschützten Grünlandtypen Thüringens. Landschaftspfl. Natursch. Thüringen 21 (1): 1–9.

Wiegleb, G. (1977): Die Wasser- und Sumpfpflanzengesellschaften der Teiche in den Naturschutzgebieten „Priorteich-Sachsenstein“ und „Itelteich“ bei Walkenried im Harz. Mitt. Florist.-soziol. Arbeitsgem. N.F. 19/20: 157–209.

Wieners, K.A. (1958): Die Wasserverhältnisse von sieben verschiedenen Wiesenstandorten des mittleren Ahrtales im Verlauf eines Jahres. Z. Acker-Pflanzenbau 106 (1): 1–25.

Wiesinger, K. & Otte, A. (1991): Extensiv genutzte Obstanlagen in der Gemeinde Neubeuern/Inn – Baumbestand, Vegetation und Fauna einer traditionellen, bäuerlichen Nutzung. Ber. ANL 15: 69–94.

Wiklund, C. & Åhrberg, C. (1978): Host plants, nectar source plants, and habitat selection of males and females of *Anthocharis cardamines* (*Lepidoptera*). Oikos 31: 169–183.

Willerding, U. (1977): Über Klima-Entwicklung und Vegetationsverhältnisse im Zeitraum Eisenzeit bis Mittelalter. In: Jankuhn, H. et al. (Hrsg.): Das Dorf der Eisenzeit und des frühen Mittelalters. Abh. Akad. Wiss. Göttingen, Phil.-Hist. Kl., 3. Folge 101: 357–405.

Wisskirchen, R. & Haeupler, H. (1998): Standardliste der Farn-und Blütenpflanzen Deutschlands. 765 S., Ulmer, Stuttgart.

Wolf, G. (1979): Veränderungen der Vegetation und Abbau der organischen Substanz in aufgegebenen Wiesen des Westerwaldes. Schriftenr. Vegetationsk. 13: 1–118.

Wolf, G. (1980): Zur Gehölzansiedlung und -ausbreitung auf Bracheflächen. Natur Landschaft 55 (10): 375–380.

Wolf, G., Wiechmann, H. & Forth, K. (1984): Vegetationsentwicklung in aufgelassenen Feuchtwiesen und Auswirkungen von Pflegemaßnahmen auf Pflanzenbestand und Boden. Natur Landschaft 59 (7/8): 316–322..

Wolf, J. & Hemm, K. (1994): Beobachtungen zu Flora und Vegetation von Streuobstbeständen im hessischen Nordspessart und seinen angrenzenden Naturräumen. Natur Museum 124 (9): 290–308.

Zacharias, D., Janssen, C. & Brandes, D. (1988): Basenreiche Pfeifengras-Streuewiesen des *Molinietum caeruleae* W.Koch 1926, ihre Brachestadien und ihre wichtigsten Kontaktgesellschaften in Südost-Niedersachsen. Tuexenia 8: 55–78.

Zwölfer, H. (1980): Distelblütenköpfe als ökologische Kleinsysteme: Konkurrenz und Koexistenz in Phytophagenkomplexen. Mitt. dtsch. Ges. allg. angew. Entomol. 2: 21–37.

Zwölfer, H. (1988): Evolutionary and ecological relationships of the insect fauna of thistles. Ann. Rev. Entomol. 33: 103–122.

Zwölfer, H. & Arnold-Rinehart, J. (1993): The evolution of interactions and diversity in plant-insect systems: the *Urophora-Eurytoma* food web in galls on paleartic *Cardueae*. In: Schulze, E.-D. & Mooney, H.A. (eds): Biodiversity and Ecosystem Function. Ecol. Studies 99: 211–233. Springer, Berlin u. a.

Register

der wissenschaftlichen Namen von Pflanzen und Pflanzengesellschaften

Das Register enthält alle im Text erwähnten Taxa und Syntaxa. Nicht berücksichtigt sind Tabelle 1 (S. 20) und die Biologische Tafel (S. 203 ff.). Dort finden sich auch die deutschen Pflanzennamen. Gesellschaftsnamen (in Normalschrift) werden, zum Teil etwas verkürzt, von der Assoziation/Gesellschaft bis zur Klasse aufgeführt. Ausführlichere Darstellungen stehen halbfett, Vorkommen in Abbildungen und Tabellen kursiv. Deutsche Namen wichtiger Pflanzengesellschaften und Tiere stehen im Sachregister.

D

E

F

T

U

V

X

Sachregister

In diesem Verzeichnis werden Begriffe und inhaltlich zuordenbare Stellen aufgeführt. Die wissenschaftlichen Namen von Pflanzen und Pflanzengesellschaften sind getrennt zusammengestellt; hier werden nur wichtige deutsche Gesellschaftsnamen einbezogen. Ausführlichere Darstellungen stehen halbfett, Abbildungen und Tabellen kursiv.

Bildquellen

Alle Abbildungen bis auf die im Folgenden genannten stammen von Hartmut Dierschke.

G. Briemle: Abb. 63, 92, 93, 101, 102, 103, 108, 110, 114, 115, 145

A. Kratochwil & A. Schwabe: Abb. 78, 148, 149, 150, 152, 153, 155 + Umschlag unten rechts

A. Hoppe: Abb. 23

M. Burkart: Abb. 83

W. Böhnert: Abb. 82

J. Morhard: Umschlagfotos klein (*Geranium, Tragopogon*)

Die Zeichnungen fertigte Christian Helmreich, Hannover, nach Vorlagen der Verfasser sowie aus der Literatur.